河南省普通高等教育"十四五"规划教材
普通高等教育"十四五"新形态教材

材料物理化学

（第二版）

仝玉萍　陈　希　张海龙　刘　丽　郝小非　编

中国水利水电出版社
www.waterpub.com.cn
·北京·

内 容 提 要

  本书以无机非金属材料中的物理化学概念和基本理论为重点，结合工程实际问题和科研前沿，详细介绍了材料物理化学的基础知识与实践应用。本书共 8 章，第 1 章介绍热力学基础，第 2、第 3 章介绍化学平衡和相平衡，第 4 章介绍熔体和玻璃体，第 5 章介绍表面与界面，第 6 章介绍扩散，第 7 章介绍固相反应，第 8 章介绍烧结。同时书中附有数字资源及思政课程案例，在拓宽学生视野的同时，促进学生的全面发展。

  本书既能作为材料科学与工程专业的教材，也可作为相关专业的参考书，同时可作为其他专业的选修课程教材。

图书在版编目（ＣＩＰ）数据

  材料物理化学 / 仝玉萍等编. -- 2版. -- 北京：
中国水利水电出版社，2022.11
  河南省普通高等教育"十四五"规划教材　普通高等
教育"十四五"新形态教材
  ISBN 978-7-5226-1134-1

  Ⅰ. ①材… Ⅱ. ①仝… Ⅲ. ①材料科学－物理化学－
高等学校－教材 Ⅳ. ①TB3

  中国版本图书馆CIP数据核字(2022)第224489号

书　　名	河南省普通高等教育"十四五"规划教材 普通高等教育"十四五"新形态教材 **材料物理化学**（第二版） CAILIAO WULI HUAXUE (DI - ER BAN)	
作　　者	仝玉萍　陈　希　张海龙　刘　丽　郝小非　编	
出版发行	中国水利水电出版社 （北京市海淀区玉渊潭南路 1 号 D 座　100038） 网址：www.waterpub.com.cn E-mail：sales@mwr.gov.cn 电话：(010) 68545888（营销中心）	
经　　售	北京科水图书销售有限公司 电话：(010) 68545874、63202643 全国各地新华书店和相关出版物销售网点	
排　　版	中国水利水电出版社微机排版中心	
印　　刷	清淞永业（天津）印刷有限公司	
规　　格	184mm×260mm　16 开本　20.25 印张　493 千字	
版　　次	2016 年 8 月第 1 版第 1 次印刷 2022 年 11 月第 2 版　2022 年 11 月第 1 次印刷	
印　　数	0001—2000 册	
定　　价	**59.00** 元	

第二版前言

　　材料是人类赖以生存和发展的物质基础，它与国民经济建设、国防建设和人民生活密切相关。材料物理化学以物理、化学等自然现象为基础，从热力学、动力学角度出发，研究了材料从微观到宏观的化学行为与规律。本书以材料的组成、结构和性能之间的关系以及变化规律为主线，从物理化学角度阐述与材料相关的基础理论和实践应用问题。

　　第1章围绕热力学第一定律和第二定律叙述热力学基础知识，第2章从化学角度阐述化学平衡知识，第3章介绍相平衡和相图，第4章介绍熔体和玻璃体两种聚集态物质，第5章介绍固体表面与界面结构与性质，第6章介绍固体材料中质点的运动方式和作用机制，第7章叙述固体材料发生的化学反应，第8章介绍材料高温动力学知识。同时加入了拓展应用内容，有利于培养学生应用理论知识解决实际问题的能力。

　　本书由华北水利水电大学仝玉萍教授编写并统稿，陈希、张海龙、刘丽、郝小非等参与各章节的编撰。在内容上，既侧重基本概念和基础理论，又适当地扩展了内容的深度和广度，还增加了思政课程案例。编写除了有传统的文字内容，还增加了一些相关数字资源。本书结合基础物理化学的课程内容对无机非金属材料的制备、结构、性能以及相关专业知识进行了介绍，同时注重专业基础教学的要求，尽可能做到简明扼要、重点突出。

　　本书在编写过程中，得到了河南省普通高等教育"十四五"规划教材建设经费的资助，在此表示感谢。

　　鉴于时间仓促，加之编者水平有限，书中难免存在错误和不妥之处，敬请各位读者及同行专家本着关心和爱护的态度，予以批评指正。

作者

2022 年 9 月

第一版前言

为适应无机非金属材料学科的不断发展，加强大学本科材料相关专业课程教学以及高等教育建设和改革的需要，以满足材料专业基础物理化学知识为基础，并结合近年来的相关科研文献和编者的教学工作经验，编写了《材料物理化学》一书。

本书由华北水利水电大学的仝玉萍主编，陈希、张海龙和刘丽等参与各章节的编撰。在内容上，本书的编写既侧重于基本概念和基础理论，又适当地扩展了内容的深度和广度，结合了基础物理化学的课程内容和无机非金属材料的制备、结构、性能以及相关专业知识的介绍。全书共分8章，主要包括热力学基础、化学平衡、相平衡、熔体和玻璃体、表面与界面、扩散、固相反应、烧结等。

本书在编写过程中，得到了"无机非金属材料专业"河南省专业综合试点工程项目的部分资助，在此表示感谢。

由于编者水平有限，书中难免存在错误和不妥之处，敬请各位读者及同行专家本着关心和爱护的态度，予以批评指正。

仝玉萍

2016 年 6 月

目 录

第1章 热力学基础

热力学研究宏观系统（粒子数量在 10^{23} 个以上）热量和其他形式能量之间的相互转换和转换过程中所遵从的宏观规律。热力学是总结物质的宏观现象而得到的热学理论，不涉及物质的微观结构和微观粒子的相互作用，所得的结论具有统计意义。

热力学第一定律和热力学第二定律是热力学的主要基础。这两个定律是人类经验的总结，正确性已经被无数次的实验证实，具有高度的普遍性和可靠性，是物理化学中最基本的定律。另外，20 世纪建立的以热平衡为基础的热力学第零定律和阐明规定熵的第三定律，也是热力学的重要组成部分。

化学热力学是物理化学和热力学的一个分支学科，它是将热力学基本原理应用到化学过程及相关物理过程中得到的一门学科。化学热力学根据热力学第一定律研究物质系统在化学反应以及化学反应所伴随的物理过程中的能量效应，根据热力学第二定律对化学反应的方向和进行的程度做出准确的判断，利用热力学第三定律解决有关化学平衡的计算问题。

热力学应用严格的数理逻辑推理方法，为实际问题的解决和科学的发展发挥了关键的作用。例如，金刚石和石墨都是由碳元素组成的单质，在 20 世纪末进行了多次由石墨制造金刚石的实验，但均以失败告终。后来通过热力学的计算知道，石墨转化为金刚石需要压力超过大气压力 15000 倍的条件。现在已经成功地实现了这个过程。对于合成氨反应，热力学计算表明，低温、高压对合成氨反应是有利的，但无催化剂时，反应的活化能很高，反应几乎不发生。当采用铁催化剂时，由于改变了反应历程，降低了反应的活化能，使反应以显著的速率进行。热力学只需要知道过程进行的外界条件和系统的始终态，就可以进行相应的计算，因此可以简易而方便地应用。但是，这也是它的局限性。热力学不考虑物质的微观结构和反应进行的机理，所以它只能说明在某种条件下变化发生的条件和程度，但不能告诉我们变化所需要的时间和变化的过程。

1.1 热力学基本概念

1.1.1 系统和环境

我们进行科学研究时，必须先把一部分物质与其余的分开，确定所要研究的对象。这种被划定的研究对象，就称为系统，而在系统以外且与系统有相互作用的部分，称之为环境。一般情况下，系统和环境之间存在界面，这个界面可以是实在的物理界面，也可以是想象的界面。

几个基本概念

1

根据系统和环境之间的相互关系，可以把系统分为三类：

　　（1）敞开系统：系统与环境之间既有能量交换，又有物质交换。

　　（2）封闭系统：系统与环境之间只有能量交换，没有物质交换。

　　（3）孤立系统：系统与环境之间既没有能量交换，也没有物质交换。

　　孤立系统认为系统和环境之间没有任何相互作用，显然，严格的孤立系统是不存在的。但是某些实际系统和外界的联系很微弱，为了处理问题方便，可以把这些系统看作是孤立系统。另外，还可以把非孤立系统与相关的环境放在一起当作孤立系统。

　　系统和环境的划分并不是绝对的，进行研究时，可以根据需要选择不同的系统。例如，对一个内部装有电阻丝，盛有大量水的绝热密闭容器通电一段时间。对此问题进行热力学处理时，若选容器及其中所含物质为系统，则为封闭系统；若连同电源一起选为系统，则为孤立系统。

1.1.2　系统的性质和热力学平衡状态

1. 系统的性质

　　系统在某一瞬间所呈现的宏观物理和化学性质的总和称为系统的状态。用以描述系统状态的宏观可测性质称为状态性质。状态性质可分为两类：

　　（1）广度性质（或称容量性质）。广度性质的数值和系统中的物质的量成正比。广度性质具有加和性，即整个系统的广度性质的数值是系统各部分该性质的总和。体积、质量、热容、熵等都是广度性质。

　　（2）强度性质。强度性质和系统中物质的量无关，只取决于系统自身的特性。强度性质没有加和性，即整个系统的强度性质与各部分该性质相同。温度、压力、密度、黏度都是强度性质。

　　系统的某种广度性质除以物质的量（或两个广度性质相除），就得到强度性质。例如，质量和体积都是广度性质，两者相除得到密度，为强度性质。体积除以物质的量，得到的摩尔体积为强度性质。

2. 热力学平衡状态

　　如果系统和环境之间没有任何物质和能量的交换，系统的各种性质不随时间而变化，则系统就处于热力学平衡状态，这时必须同时满足以下 4 个平衡：

　　（1）热平衡。系统各个部分温度相等。绝热壁两侧可以不等。

　　（2）力学平衡。在不考虑重力场影响的情况下，系统各部分之间没有不平衡的力存在，即压力相等。刚性壁两侧可以不等。

　　（3）化学平衡。当各物质之间有化学反应时，化学反应达到平衡，各反应物质的数量和组成不变。

　　（4）相平衡。系统中各物质在各相（包括气、液、固相）之间的分布达到平衡，数量和组成不随时间而改变。

　　在以后的讨论中，如果不特别注明，说体系处于某种定态，则就指体系处于这种热力学平衡的状态。

1.1.3　状态函数和状态方程

　　系统的热力学状态性质只取决于系统现在所处的状态，和以前的状态无关。当系统处于一定的状态时，其广度性质和强度性质都有一定的数值。但系统的状态性质之间不是互相独立的，而是相互关联的，通常只需要指定其中的几个，就可以确定系统的状态。例如，对于没有化学变化的纯物质单相系统来说，若指定温度、压力和物质的量，则密度、黏度和摩尔体积等就都有了确定的值。由于强度性质与系统的物质的量无关，所以通常总是尽可能用易于测定的强度性质加上必要的广度性质来描述系统的状态。当系统的状态发生变化时，系统状态性质的改变量由系统的起始状态和最终状态决定，而与系统变化所经历的具体途径无关。在一定的条件下，系统的性质不再随时间而变化，其状态就是确定的，在热力学中，把具有这种特性的物理量称为状态函数。在数学上状态函数的微变 $\mathrm{d}X$ 为全微分，积分与积分路径无关。从数学的观点来看，如果 X、Y 和 Z 是状态函数的话，应有 $Z=f(X,Y)$，且满足以下条件

（1）具有全微分的性质

$$\mathrm{d}Z=\left(\frac{\partial Z}{\partial X}\right)_Y \mathrm{d}X+\left(\frac{\partial Z}{\partial Y}\right)_X \mathrm{d}Y \tag{1.1}$$

（2）对 X 和 Y 的求导不分先后次序

$$\left[\frac{\partial}{\partial Y}\left(\frac{\partial Z}{\partial X}\right)_Y\right]_X=\left[\frac{\partial}{\partial X}\left(\frac{\partial Z}{\partial Y}\right)_X\right]_Y=\frac{\partial^2 Z}{\partial X \partial Y} \tag{1.2}$$

（3）当 $\mathrm{d}Z=0$ 时，由式（1.1）可得

$$\left(\frac{\partial Z}{\partial X}\right)_Y \mathrm{d}X=-\left(\frac{\partial Z}{\partial Y}\right)_X \mathrm{d}Y \Rightarrow \left(\frac{\partial Z}{\partial X}\right)_Y\left(\frac{\partial Y}{\partial Z}\right)_X\left(\frac{\partial X}{\partial Y}\right)_Z=-1 \tag{1.3}$$

对于一定量的单组分均匀系统，经验表明，在 T、p、V 三个状态函数之间，只有两个是独立的，其中一个可以表示为另两个的函数，这种系统状态函数之间的定量关系式称为状态方程。例如，对于理想气体处于平衡态时，温度可以表示为压强和体积的函数，压强 p、体积 V、物质的量 n、温度 T 之间遵循理想气体状态方程 $pV=nRT$。对于多组分均相体系，系统的状态还与组成有关，即

$$T=f(p,V,n_1,n_2,\cdots) \tag{1.4}$$

式中：n_1，n_2，$\cdots$ 为物质 1，2，$\cdots$ 的物质的量；f 为和系统性质相关的函数，这个函数必须通过实验来确定。

1.1.4 过程和途径

在环境作用下，系统从一个状态变化到另一个状态，称之为热力学过程，简称过程。由相同的始态，可以通过不同的热力学过程到达相同的末态。

1. 过程分类

比较系统变化前后的状态差异，可以将过程分为两类：

（1）物理过程。变化前后系统的化学组成和聚集状态不变。包括简单物理过程和复杂物理过程。简单物理过程变化前后仅仅发生 p、V、T 等参数的改变（也称 p、V、T 变化过程）；而复杂物理过程主要包括相变化和混合过程。

（2）化学过程。变化前后系统的化学组成和聚集状态发生改变，变化过程中发生了化学反应。

2. 典型过程

在热力学过程中，常用到下列典型的过程：

（1）等温过程。系统从状态 1 变到状态 2，环境温度恒定不变，系统初态和末态温度相同且等于环境温度的过程，即

$$T_1 = T_2 = T_{环} = 常数 \tag{1.5}$$

式中：T_1、T_2 和 $T_{环}$ 分别为系统初态温度、末态温度和环境温度。

（2）等压过程。系统从状态 1 变到状态 2，环境压力恒定不变，系统初态和末态压力相同且等于环境压力的过程，即

$$p_1 = p_2 = p_{外} = 常数 \tag{1.6}$$

式中：p_1、p_2 和 $p_{外}$ 分别为系统初态压力、末态压力和环境压力。

所谓等压过程，是指式（1.6）中 3 个等号同时成立的过程。热力学中会遇到 $p_1 = p_2$ 的过程，称为始末态压力相等的过程，也会遇到 $p_{外} =$ 常数的过程，称为恒外压过程，但它们都不是等压过程。

（3）等容过程。系统体积始终不发生变化的过程，又称定容过程。在刚性容器中发生的变化一般是等容过程。

（4）绝热过程。系统和环境之间不发生热交换的过程。绝对的绝热过程是不存在的，如果系统和环境之间用绝热壁隔开，传递的热量很少，这个过程就可以看作是绝热过程；或者变化过程很快，系统和环境来不及进行热量传递，也可以认为是绝热过程。

（5）循环过程。系统从一初态出发，经过一系列变化，最终回到初态，称系统经历了一个循环过程。循环过程又称环状过程，是一个初末态相同的过程，所有状态函数的变化为零。

系统由始态到终态的变化可以经一个或多个不同的步骤来完成，这种变化的具体方式称为途径。状态函数的变化值仅取决于系统的始终态，和具体的变化步骤无关。状态函数在数学上具有全微分的性质，因此状态函数的微小变化用符号"d"表示。

1.1.5　热和功

系统和环境相互作用从本质上可以分为两种不同的类型：温度场相互作用和力场相互作用，前者表现为热，后者表现为功。能量通过传热和做功在系统和环境之间相互传递和转化。

热是物质运动的一种表现形式，分子无规则运动越剧烈，表征其强度大小的物理量温度就越高。物质中大量的分子无规则热运动互相撞击，使能量从物体的高温部分传至低温部分，或由高温物体传给低温物体。热就是由于温度不同，在系统和环境中交换或传递的能量。热的概念包括两层意思，它代表能量的传递方式，也代表过程中能量传递的数量。热用符号 Q 表示，规定系统吸热时，Q 取正值，即 $Q > 0$；系统放热时，Q 取负值，即 $Q < 0$。

在热力学中，把系统与环境之间除热以外其他各种形式被传递的能量都称为功，用符号 W 表示。国际纯理论和应用化学联合会（International Union of Pare and Applied Chemistry，IUPAC）规定，环境对系统做功，功为正值，即 $W > 0$，系统对环境做功，功为负值，即 $W < 0$。功有各种形式，有机械功、电功和表面功等。各种形式的功都可以看成强度因素和广度因素变化量的乘积，强度因素的大小决定了能量的

传递方向，广度因素决定了功的大小。例如，机械功可以看成强度因素力 F 和广度因素位移变化量 $\mathrm{d}l$ 的乘积 $F\mathrm{d}l$；电功可以看成强度因素外加电位差 E 和广度因素通过的电量变化量 $\mathrm{d}Q$ 的乘积 $E\mathrm{d}Q$。

　　系统和环境之间传递能量，必然伴随着系统状态发生变化。所以只有当系统经历一个过程时，才有热和功。热和功与过程紧密相连，它们都是过程中传递的能量，都不是系统中储存的能量，一般来说，系统经历不同的过程从相同的始态 A 到相同的终态 B，热和功都互不相等。因此热和功都不是状态函数，而是过程量，热和功微小的变化用符号"δ"表示。热和功的单位都是能量单位 J（焦耳）。

　　热和功作为系统和环境之间传递能量的两种方式，在量上可以相互量度，但是本质上是不同的。从微观的角度来说，热是大量质点以无序方式传递的能量，功是大量质点以有序运动传递的能量。

1.2　热力学第一定律

　　热力学第一定律实质上就是普遍的能量守恒与转化定律在宏观热力学中的应用。物理学家迈耶尔和焦耳分别测定了热功当量并提出了热与机械运动之间相互转化的观点，建立了能量守恒的概念，为能量守恒与转化原理提供了科学的实验证明。能量守恒与转化定律指出，自然界一切物体都具有能量，能量有各种不同形式，它能从一种形式转化为另一种形式，从一个物体传递给另一个物体，在转化和传递中能量的数量保持不变。

1.2.1　内能

　　系统的总能量（E）由三部分组成，分别是系统整体运动的动能（T）、系统在外力场（如重力场）中的势能（V）和系统内部的能量。在热力学中，通常研究宏观静止的系统，没有整体运动和特殊外力场（如离心力场和电磁场）存在，所以，研究系统的能量只关注系统内部的能量。系统内部包含的一切能量叫作"热力学能"或者"内能"，用符号 U 表示。热力学能 U 包括了系统内部分子运动的平动能、转动能、振动能、电子及核的能量，以及分子与分子相互作用的位能等能量的总和。

　　任意一系统处于确定状态时，一定有确定的内能。内能是状态函数，内能的变化只取决于系统的始态和终态，与变化的途径无关。这个结论可以用反证法来证明。如图 1.1 所示，系统由从状态 A 经途径 1 或 2 到状态 B，$\Delta U_1 = U_B - U_A = \Delta U_2$，若假设 $\Delta U_1 > \Delta U_2$，系统若经历一个循环过程，从状态 A 经途径 1 到状态 B，再经途径 2 回到状态 A，则一次循环 $\Delta U = \Delta U_1 - \Delta U_2 > 0$，如此每经过一次循环，就有多余的能量产生，不断循环进行，就构成了第一类永动机，所以原假设不成立，即 $\Delta U_1 = \Delta U_2$。系统的内能和系统中物质的量成正比，所以内能是广度性质。内能的绝对值（主要是其中的核内部能量部分）无法测量，但可以通过外界的变化来进行实验测量得到内能的变化值，因此热力学关注的通常是内能的变

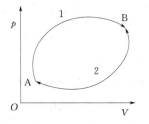

图 1.1　内能的变化仅取决于系统的始末状态

化值 ΔU，这也是热力学解决问题的一种特殊方法。

内能 U 是状态函数，所以当系统的状态变化无穷小时，内能的变化可以表示为 $\mathrm{d}U$，$\mathrm{d}U$ 在数学上具有全微分的性质。对于物质的量 n 确定的简单系统（例如，只含有一种化合物的单相封闭体系），在 p、V、T 中任选两个独立变量，就可以决定系统的状态。若把内能 U 表示为 T 和 V 的函数，则 $U=f(T,V)$，根据二元函数的微分，内能的微小变化可写为

$$\mathrm{d}U=\left(\frac{\partial U}{\partial T}\right)_V \mathrm{d}T+\left(\frac{\partial U}{\partial V}\right)_T \mathrm{d}V \tag{1.7}$$

1.2.2　封闭系统的热力学第一定律的数学表达式

一个封闭系统，从状态 1 经由任一过程变为状态 2，系统和环境以热和功的形式交换能量，系统内能的变化就等于该过程系统和环境热交换 Q 和功交换 W 之和。

$$\Delta U=U_1-U_2=Q+W \tag{1.8}$$

对于系统微小的状态变化，内能的微小变化 $\mathrm{d}U$ 为

$$\mathrm{d}U=\delta Q+\delta W \tag{1.9}$$

式（1.8）和式（1.9）就是热力学第一定律的数学表达式，它们只适用于非敞开系统。敞开系统和环境之间有物质的交换，物质的进出必然带来能量的增减，因为热力学研究的大部分都是封闭系统，所以式（1.8）和式（1.9）具有普遍意义。

热力学第一定律是热力学中能量守恒和转化定律的特殊形式，它说明了内能、热和功可以相互转化，也表述了在转化过程中它们的定量关系。第一定律是人类长期实践的总结，从第一定律导出的结论，迄今为止还没有发现与实践相矛盾。在热力学第一定律建立以前，许多人曾热衷于设计"第一类永动机"，这种机器既不消耗任何形式的能量，还能对外做功。显然，这种机器违背了能量守恒定律，因此企图制造永动机的人们都以失败告终，这也有力地证明了热力学第一定律的正确性。所以第一定律也被表示为：第一类永动机是不能被制造出来的。

【例 1.1】　在一绝热容器中盛有大量水（图 1.2），其中浸有电热丝，通电加热一段时间。将不同的对象看作系统，试问 ΔU、Q 和 W 分别是正是负还是为 0？

（1）以电炉丝为系统；

（2）以电炉丝和水为系统；

（3）以电炉丝、电源和水为系统。

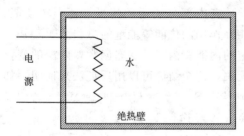

图 1.2　[例 1.1] 图

解：绝热容器中有大量水，通电时间短，故电炉丝、水的温度不变。

（1）系统为电炉丝，其状态未变，故 $\Delta U=0$，水（环境）吸热 $Q<0$，电源（环境）对系统做功 $W>0$；

（2）系统为电炉丝和水，是绝热系统，故 $Q=0$，电源（环境）对系统做功 $W>0$，$\Delta U=Q+W=W>0$；

（3）电炉丝、电源和水为系统时，是孤立系统，故 $\Delta U=0$，$Q=0$，$W=0$。

1.2.3 功的计算

热力学中,功的形式有很多种。例如,由于系统体积改变引起的系统和环境之间交换的功称为体积功,电流通过导体时对导体做的功称为电功,液体改变自身表面积时需要克服表面张力做表面功,等等。在科学研究和生产中,最常见的是体积功,例如,有气体参加的化学反应,一般反应前后要发生体积的变化,此时系统要做体积功。因此,可以将功分为两大类,一类是体积功,另一类是除体积功外的其他所有形式的功,称为非体积功。本节主要讨论体积功的计算。

1. 体积功

以气体膨胀为例,如图 1.3 所示,将一定量的气体装入一个带有理想活塞(无重量、无摩擦)的容器中,容器的截面积为 A,活塞的外压力为 $p_外$,则活塞上所受的外力 $F_外 = p_外 A$。当气体膨胀微小体积 dV 时,活塞便向外移动微小距离 dl,此微小过程中气体克服外力做负功,数值等于作用在活塞上的外力 $F_外$ 与活塞移动距离 dl 的乘积:

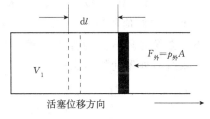

$$\delta W = -F_外 dl = -p_外 A dl = -p_外 dV$$

(1.10)

图 1.3 体积功

由式 (1.10) 可知,如果系统体积膨胀,$dV > 0$,则 $\delta W < 0$,表示系统对环境做功,功为负值;相反,如果系统体积压缩,$dV < 0$,则 $\delta W > 0$,表示环境对系统做功,功为正值。

如果系统有明显体积变化 $(V_2 - V_1)$,则

$$W = -\int_{V_1}^{V_2} p_外 dV$$

(1.11)

无论系统膨胀还是压缩,体积功都可以用式 (1.10) 和式 (1.11) 来计算。注意,式中的压力 $p_外$ 是指环境的压力。

对于等压过程,式 (1.11) 可写为

$$W = -p\Delta V$$

式中:p 为系统初态及末态的压力。

对于等容过程,$dV = 0$,$W = 0$,即等容过程无体积功。

2. 功和过程

功不是状态函数,而与过程的具体途径有关。一定量气体在一个带有理想活塞的容器中克服外压,讨论经历不同途径,体积从 V_1 膨胀到 V_2 所做的功,说明系统状态变化始末态相同,途径不同,则 W 不同。

(1) 向真空膨胀。此时外压 $p_外$ 等于 0,称这样的膨胀过程为自由膨胀。对于自由膨胀过程,$W = 0$,系统对外不做体积功。

(2) 在等外压下一次膨胀。如图 1.4 所示,将活塞上的 7 个砝码一次取走 6 个,使气体在等外压 $p_外$ 下膨胀,此时 $p_外 = $ 常数,根据式 (1.11),系统所做的功为

$$W = -p_外(V_2 - V_1) = -p_外 \Delta V$$

(1.12)

图 1.4　系统经一次等外压过程从 V_1 膨胀到 V_2

W 的绝对值相当于图 1.7（a）中阴影部分的面积。

（3）多次等外压膨胀。若系统从 V_1 膨胀到 V_2 经历了多次等外压膨胀，设由三个等外压膨胀过程组成（图 1.5），每一次都将活塞上的砝码取走两个，三步都是等外压膨胀。第一步外压保持为 p'，体积从 V_1 膨胀到 V'，第二步外压为 p''，体积从 V' 膨胀到 V''，第三步外压为 p_2，体积从 V'' 膨胀到 V_2，则整个过程做的功为

$$W = W_1 + W_2 + W_3 = -p'(V'-V_1) - p''(V''-V') - p_2(V_2-V'')$$

W 的绝对值相当于图 1.7（b）中阴影部分的面积。显然，在始末状态相同的情况下，系统对环境做功等外压膨胀比一次等外压膨胀做的功多。依此类推，分步越多，系统对外做功越多。

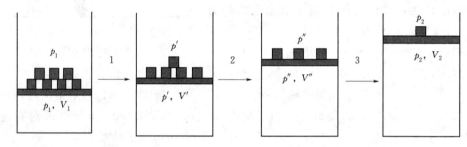

图 1.5　系统经多次等外压过程从 V_1 膨胀到 V_2

（4）无限次等外压膨胀。若不断调整外压 $p_{外}$，使其保持小于内压 p_i，且相差无限小，即 $p_{外} - p_i = \mathrm{d}p$，来完成膨胀过程。如图 1.6 所示，将活塞上的砝码换为一堆很细的砂粒，若将砂粒逐个取走，假设砂粒无限小，系统便经历无限个等外压膨胀过程，从 V_1 膨胀到 V_2。整个过程做的功为

$$W = -\sum p_{外}\,\mathrm{d}V = -\sum (p_i - \mathrm{d}p)\mathrm{d}V = -\sum (p_i\,\mathrm{d}V - \mathrm{d}p\,\mathrm{d}V)$$

略去二次无限小值 $\mathrm{d}p\,\mathrm{d}V$，若气体是理想气体且温度恒定，则

$$W = -\int_{V_1}^{V_2} p_i\,\mathrm{d}V = -\int_{V_1}^{V_2} \frac{nRT}{V}\mathrm{d}V = -nRT\ln\frac{V_2}{V_1} \tag{1.13}$$

W 的绝对值相当于图 1.7（c）中阴影部分的面积。显然，在始末状态相同的情况下，这样的膨胀过程，系统做功最大。

（5）再来看压缩过程。把系统从始态 V_2 压缩到终态 V_1，分别通过以下 3 种压缩方法，所做的功分别如下。

1）一次在等外压 $p_{外}$ 下压缩，所做的功为

$$W = -p_{外}(V_1 - V_2)$$

W 的绝对值相当于图 1.7（d）中阴影

（a）　　　　　（b）

图 1.6　系统经无限个等外压膨胀过程
从 V_1 膨胀到 V_2

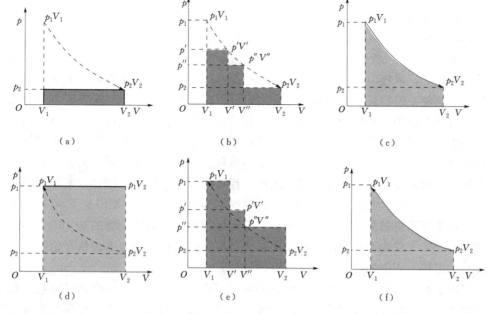

图 1.7　各种过程的体积功

部分的面积。

2）多次等外压压缩，第一步外压保持为 p''，体积从 V_2 压缩到 V''，第二步外压为 p'，体积从 V'' 压缩到 V'，第三步外压为 p_1，体积从 V' 压缩到 V_1，则整个过程做的功为

$$W = W_1 + W_2 + W_3 = p''(V_2 - V'') + p'(V'' - V') + p_1(V' - V_1)$$

W 的绝对值相当于图 1.7（e）中阴影部分的面积。

3）无限次等外压压缩，若气体是理想气体且温度恒定，则做的功为

$$W = nRT \ln \frac{V_2}{V_1}$$

W 的绝对值相当于图 1.7（f）中阴影部分的面积。

由上述讨论可知，对应同样的始态和终态，由于过程不同，系统做的功的数值也不同，证实了功是一个与过程相关的量，只有在过程发生时才有意义，不是系统本身的性质，因此不能说系统中含有多少功。热也是如此，因此只有联系某一具体的过程，才能求出热和功。

3. 准静态过程和可逆过程

上述的无限多个膨胀过程和无限多个压缩过程在进行时，内外压力值始终只相差无限小，活塞移动的速度非常慢，因此是无限缓慢的膨胀和无限缓慢的压缩过程。在过程进行的每一瞬间，系统都接近于平衡状态，以致在任意选取的短时间 dt 内，状态参量在整个系统的各部分都有确定的值，整个过程可以看成是由一系列极接近平衡的状态所构成，这种过程称为准静态过程。准静态过程是一种理想过程，实际上是办不到的。因为一个过程必定带来状态的变化，而状态改变一定会破坏平衡。内外压力

相差无限小的膨胀和压缩过程进行的速度趋近于 0，可以看作是准静态过程，膨胀过程中系统对环境做最大功，压缩过程中，环境对系统做最小功，最大功和最小功符号相反，数值相等。

可逆过程是热力学中极其重要的一种过程，它是热力学系统在状态变化时经历的一种理想过程。系统由某一状态出发，经过某一过程到达另一状态后，如果存在另一过程，它能使系统和环境完全复原，即使系统回到原来状态，同时又完全消除原来过程对环境所产生的一切影响，则这样的过程称为可逆过程。可逆过程中的每一步都接近于平衡态，可以向相反的方向进行，从始态到终态，再从终态回到始态，系统和环境都能恢复原状。反之，如果系统发生某一过程，在使系统恢复原状的同时，无论采用何种办法都不能使环境完全复原，则此过程称为不可逆过程。例如，系统经历 3 次等外压膨胀，气体体积从 V_1 膨胀到 V_2，欲使气体体积从 V_2 压缩回到 V_1，在压缩过程中，环境对系统做的功必然大于原来在膨胀过程中系统对环境做的功，因为压缩过程的外压一定大于膨胀过程的外压。因此，对应这一过程，即使系统恢复原状，但环境有功的损失，不能完全复原，为不可逆过程。

可逆过程总是准静态过程，但反过来不一定成立。例如，在一个器壁存在摩擦的圆柱体容器中，对圆柱体和活塞之间的气体进行无穷小的压缩，这一过程是准静态的但不是可逆的。虽然这个系统只是从平衡态发生了一个无穷小的改变，因摩擦产生的热量损耗是不可逆的，仅仅把活塞向相反方向移动无穷小的距离也无法将这些热量还原，由此可知存在能量耗散的准静态过程不是可逆过程。准静态膨胀过程若没有因摩擦等因素造成能量的耗散，就可看作是一种可逆过程。没有能量耗散的无限缓慢的膨胀和无限缓慢的压缩过程都是可逆过程。

在始终态相同的情况下，系统体积的变化是相同的，因此功的大小取决于外压 $p_{外}$ 的数值，$p_{外}$ 越大，系统所做的功越大。可逆膨胀过程中，$p_{外}$ 始终只比系统压力 p 小无限小的数值，系统在膨胀时抵抗了最大的外压，所以等温可逆膨胀过程系统做的功（绝对值）最大。而在可逆压缩过程中，$p_{外}$ 始终只比系统压力 p 大无限小的数值，环境在压缩时给出了最小的外压，所以等温可逆压缩过程环境做功最小。这从图 1.6 中不同过程对应的阴影面积也可以看出来。

（1）可逆过程具有以下特点。

1）可逆过程是在作用力与阻力相差无限小的条件下进行的。过程的速率无限缓慢。每一瞬间，系统都无限接近于平衡状态。过程中没有摩擦发生。可逆意味着平衡。

2）过程中的任何一个中间态都可以从正、逆两个方向到达。

3）可逆过程发生后，可以使系统沿原途径逆向进行恢复原状，而不给环境留下任何痕迹，在系统和环境中产生的变化能完全消除，即系统和环境"双复原"。

4）在可逆膨胀过程中，系统对环境做功最大，而在可逆压缩过程中，环境对系统做最小功。

尽管可逆过程是一种理想的极限过程，但也有一些实际过程与可逆过程很接近，可以近似地看作可逆过程。例如，在气、液平衡下液体的蒸发；固、液平衡下液体的结晶；原电池电动势与外加电压相差很小的情况下，电池的充放电过程等。在热力学中可逆过程是极其重要的一种过程，它告诉了系统做功的极限，而且过程越接近于可逆过程，系统做功越多。另外，一些重要的热力学函数的变化值要通过可逆过程的功和热才能求得。

（2）几种典型的可逆过程如下。

1）可逆 pVT 变化过程。过程中系统始终无限接近于热平衡和力平衡。

例如，气体的膨胀与压缩可通过在理想活塞上逐颗减少或逐颗增加极细砂子来实现其变化。这种变化可视为可逆过程。如果在等压条件下是等压可逆过程，如果在等温条件下是等温可逆过程。

2）可逆相变。系统在无限接近相平衡条件下进行的相变过程是可逆相变过程。热力学中讨论的可逆相变一般是在等温、等压且没有非体积功的条件下进行的，通常指在一定温度下及该温度对应的平衡压力下所发生的相变。例如，固体在其熔点时的熔化，液体在其沸点时的蒸发。以液体在其沸点时的蒸发为例，在一个具有无质量、无摩擦力的理想活塞的恒温容器中，有液体和其平衡蒸气共存，则此时活塞上的外压 $p_外$ 为此温度下的液体饱和蒸气压 p，在不破坏容器中气液平衡的情况下使气体继续蒸发即为可逆相变过程。当 $p_外$ 比 p 只小一个无限小的数值 dp，容器中的液体将蒸发，直至完全变为蒸气。这个过程虽然液体蒸发为蒸气，但是每一个瞬间系统仍处于平衡态，为可逆相变。

可逆相变的体积功

$$W = -\int p_外 dV = -\int (p - dp)dV = -\int p dV = p\Delta V \tag{1.14}$$

式中：p 为两相平衡时的压力；ΔV 为相变化时体积的变化。

液体可逆蒸发时，$\Delta V = V_g - V_1$（V_g 为蒸气体积，V_1 为蒸发为蒸气的液体的体积），若蒸发时的温度离临界温度很远，V_1 相比 V_g 可以忽略不计，由式（1.14）可得，$W = -pV_g$，若气体为理想气体，$V_g = nRT/p$，则

$$W = -pV_g = -nRT \tag{1.15}$$

3）可逆化学反应。在此过程中反应系统始终无限接近于化学平衡。

【例 1.2】 25℃ 2mol 10dm³ 的 H_2（理想气体）①在恒温条件下，反抗外压为 10^5 Pa 时，膨胀到体积为 50dm³；②在恒温下，可逆膨胀到体积为 50dm³。计算两种膨胀过程的功。

解：①该过程为恒外压不可逆过程

$$W = -p_外(V_2 - V_1) = -[10^5 \times (50 - 10) \times 10^{-3}] = -4000(J)$$

②该过程为理想气体恒温可逆过程

$$W = -nRT\ln\frac{V_2}{V_1} = -\left(2 \times 8.314 \times 298 \times \ln\frac{50}{10}\right) = -7975(J)$$

1.2.4 热的计算

系统和环境之间交换的热和功一样，都是与过程相关的值，在生产实践和科学研

究中，经常会遇到等容过程和等压过程，例如在固定容器中发生的只有气体参加的化学反应和物理反应为等容过程，在大气中进行的反应为等压过程等。下面根据热力学第一定律来进行等容和等压过程中的热的计算，并引入一个新的状态函数：焓。

1. 等容热

只做体积功（非体积功 $W=0$）的封闭系统等容过程中系统与环境交换的热，称为等容热，用符号 Q_V 表示，下标"V"代表等容过程。根据热力学第一定律，$Q=\Delta U-W$。

等容过程中体积变化为零，所以 $W=0$，因此，等容热

$$Q_V=\Delta U \tag{1.16}$$

式（1.16）表明，等容不做非体积功过程的热效应等于系统的内能变化。ΔU 只取决于系统的始末状态，Q_V 也必然只取决于系统的始末状态。

2. 等压热和焓

只做体积功（非体积功 $W'=0$）的封闭系统等压过程中系统与环境交换的热，称为等压热，用符号 Q_p 表示，下标"p"代表等压过程。等压过程中，$p_1=p_2=p_外=$ 常数（p_1、p_2 和 $p_外$ 分别表示系统初态压力、末态压力和环境压力）。因此

$$\Delta U=Q_p+W=Q_p-p_外(V_2-V_1)=Q_p-p_2V_2+p_1V_1$$

$$Q_p=\Delta U-p_1V_1+p_2V_2=(U_2+p_2V_2)-(U_1+p_1V_1) \tag{1.17}$$

式（1.17）中 $(U_2+p_2V_2)$ 仅和系统的末态有关，$(U_1+p_1V_1)$ 仅和系统的初态有关，U、p 和 V 都是状态函数，因此 $(U+pV)$ 也是一个状态函数，该变量仅仅取决于系统的始态和末态。定义这个状态函数为"焓"，用符号 H 表示，即

$$H=U+pV \tag{1.18}$$

U 和 V 都是容量性质，p 是强度性质，因此 H 是容量性质，单位为 J。注意，焓虽然具有能量的单位，但不是能量。pV 没有确切的物理意义，所以焓也没有确切的物理意义，不遵守能量守恒定律。系统的热力学能 U 的绝对值无法确定，所以焓 H 的绝对值也无法确定。

将式（1.18）代入到式（1.17）得

$$Q_p=H_2-H_1=\Delta H \tag{1.19}$$

因此，等压不做非体积功过程的热效应等于系统的焓变。

从式（1.16）和式（1.19）可得，当不同的途径均满足等容非体积功为零或等压非体积功为零的特定条件时，由于 ΔU、ΔH 为状态函数，与途径无关，故不同途径的等容热 Q_V、等压热 Q_p 通过设计等容或等压过程计算。在没有其他功的情况下，系统在等容过程中所吸收的热全部用来增加热力学能，在等压过程中所吸收的热全部用来增加焓，由于大多数反应都是在等压条件下进行的，所以焓更有实用价值。

3. 等容热容和等压热容

在不发生相变及化学变化的封闭系统中，不做非体积功，等容变温过程和等压变温过程称为简单变温过程，可以依据式（1.16）和式（1.19）由 Q_V 及 Q_p 得到 ΔU 与 ΔH，而 Q_V 及 Q_p 的计算就涉及热容。

只发生简单物理变化，不做无非体积功的系统吸收一微小的热量 δQ，温度升高

$\mathrm{d}T$。$\delta Q/\mathrm{d}T$ 这个量即是该系统的热容,用符号 C 表示,单位为 J/K。

$$C=\frac{\delta Q}{\mathrm{d}T}$$

摩尔热容定义为 1mol 物质温度升高 $\mathrm{d}T$ 所需要的热量。

$$C_m=\frac{C}{n}=\frac{1}{n}\frac{\delta Q}{\mathrm{d}T}$$

ΔQ 是一个与过程相关的值,与系统升温的条件有关,所以在不同的过程中有不同的热容,等容变温过程和等压变温过程的热容为等容热容和等压热容。

物质在等容条件下,温度升高 1K 所吸收的热为等容热容,用符号 C_V 表示。无非体积功时,等容过程中所吸收的热等于热力学能的增加,$\delta Q_V=\mathrm{d}U$,则

$$C_V=\frac{\delta Q_V}{\mathrm{d}T}=\left(\frac{\partial U}{\partial T}\right)V \tag{1.20}$$

说明等容热容等于等容条件下系统热力学能随温度增加的变化率。

因此对于微小等容变温过程 $\mathrm{d}U=C_V\mathrm{d}T$。

若系统经历了从 T_1 到 T_2 的等容变温过程,则

$$\int_{U_1}^{U_2}\mathrm{d}U=\Delta U=\int_{T_1}^{T_2}C_V\mathrm{d}T \tag{1.21}$$

式(1.21)是无非体积功等容变温过程的热力学能变的计算公式。

物质在等压条件下,温度升高 1K 所吸收的热为等压热容,用符号 C_p 表示。无非体积功时,等压过程中所吸收的热等于焓的增加,$\Delta Q_p=\mathrm{d}H$,则

$$C_p=\frac{\delta Q_p}{\mathrm{d}T}=\left(\frac{\partial H}{\partial T}\right)_p \tag{1.22}$$

说明等压热容等于等压条件下系统焓随温度增加的变化率。

因此对于微小等压变温过程 $\mathrm{d}H=C_p\mathrm{d}T$。

若系统经历了从 T_1 到 T_2 的等压变温过程,则

$$\int_{H_1}^{H_2}\mathrm{d}H=\Delta H=\int_{T_1}^{T_2}C_p\mathrm{d}T \tag{1.23}$$

式(1.23)是无非体积功等压变温过程的焓变的计算公式。

在压力变化不大的情况下,热容是温度的函数,根据实验常将物质的定压摩尔热容写为经验公式:

$$C_{p,m}=a+bT+cT^2+\cdots \tag{1.24a}$$

$$C_{p,m}=a'+b'T+c'T^{-2}+\cdots \tag{1.24b}$$

式中:$C_{p,m}$ 为等压摩尔热容;a,b,c,a',b',c' 为经验常数,由各种物质本身的特性决定。

常用物质的等压热容的经验常数列于附表 1 中。

处于某状态的物质,分别经历等容过程和等压过程升温 1K,由于经历不同的过程到达不同的末态,两个过程系统吸收的热量不同,即等容热容和等压热容不等。

对于任意系统,设 U 是 T,V 的函数,则

$$dU = \left(\frac{\partial U}{\partial T}\right)_V dT + \left(\frac{\partial U}{\partial V}\right)_T dV$$

等压条件下两端都除以 dT

$$\left(\frac{\partial U}{\partial T}\right)_p = \left(\frac{\partial U}{\partial T}\right)_V + \left(\frac{\partial U}{\partial V}\right)_T \left(\frac{\partial V}{\partial T}\right)_p \tag{1.25}$$

$$C_p - C_V = \left[\left(\frac{\partial U}{\partial V}\right)_T + p\right]\left(\frac{\partial V}{\partial T}\right)_p$$

$$C_p - C_V = \left(\frac{\partial H}{dT}\right)_p - \left(\frac{\partial U}{dT}\right)_V = \left[\frac{\partial(U+pV)}{dT}\right]_p - \left(\frac{\partial U}{dT}\right)_V$$

$$= \left(\frac{\partial U}{dT}\right)_p + p\left(\frac{\partial V}{dT}\right)_p - \left(\frac{\partial U}{dT}\right)_V \tag{1.26}$$

将式（1.26）代入到式（1.25）中，得

$$C_p - C_V = \left(\frac{\partial U}{\partial T}\right)_V + \left(\frac{\partial U}{\partial V}\right)_T \left(\frac{\partial V}{\partial T}\right)_p + p\left(\frac{\partial V}{\partial T}\right)_p - \left(\frac{\partial U}{\partial T}\right)_V \tag{1.27}$$

式（1.27）适用于任何均匀的系统。在等容过程中，系统不做体积功，升高温度时，从环境吸收的热全部用来增加热力学能，但在等压过程中，系统从环境吸收的热除了增加热力学能外，还要多吸收一部分热来对外做体积功。因此对于气体来说，等压热容 C_p 总是大于等容热容 C_V。

【例 1.3】 试计算在常压下将 700K 的 1000kg 甲烷气体降温至 200K 放出的热量。

解： 该过程为简单等容变温过程，由附表 1 得

$$C_{p,m} = 14.32 + 74.66 \times 10^{-3} T - 17.43 \times 10^{-6} T^2 \quad [J/(mol \cdot K)]$$

甲烷的物质的量　$n = (1000 \times 10^3)/16 = 6.25 \times 10^4 (mol)$

$$Q_p = \Delta H = \int_{T1}^{T2} nC_{p,m} dT$$

$$= 6.25 \times 10^4 \times \int_{T1}^{T2} (14.32 + 74.66 \times 10^{-3} T - 17.43 \times 10^{-6} T^2) dT$$

$$= 6.25 \times 10^4 \times \left[14.32(700-200) + \frac{1}{2} \times 74.66 \times 10^{-3}(700^2 - 200^2)\right.$$

$$\left. - \frac{1}{3} \times 17.43 \times 10^{-6}(700^3 - 200^3)\right]$$

$$= 1.37 \times 10^9 (J)$$

理想气体的热力学能和焓

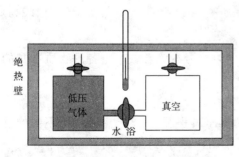

图 1.8　焦耳实验装置示意图

1.2.5　热力学第一定律对理想气体的应用

1. 理想气体的热力学能和焓

盖·吕萨克在 1807 年、焦耳在 1843 年分别做了如下实验：将两个容积较大容量相等的容器放在水浴中，之间有活塞连通，左边充满气体，右边为真空（图 1.8）。打开活塞，气体由左球冲入右球，达平衡，此时观察到水浴温度没有变化。以气体为系统，膨胀前后 $\Delta T = 0$，经历了等温膨胀

过程，气体与水没有热交换，即 $Q=0$；由于系统向真空膨胀，所以系统没有对外做功，$W=0$；根据热力学第一定律得该过程的 $\Delta U=0$。

对于纯物质单相封闭系统，发生的任意过程，热力学能的变化可以用下式表示：

$$dU=\left(\frac{\partial U}{\partial T}\right)_V dT+\left(\frac{\partial U}{\partial V}\right)_T dV$$

焦耳实验中，$dT=0$，$dU=0$，上式变为 $\left(\frac{\partial U}{\partial V}\right)_T dV=0$。

因为 $dV>0$，所以
$$\left(\frac{\partial U}{\partial V}\right)_T=0 \tag{1.28a}$$

若以 T，p 作为描述热力学能的变量，则
$$\left(\frac{\partial U}{\partial p}\right)_T=0 \tag{1.28b}$$

由式（1.28a）和式（1.28b）可得，气体在定温条件下，改变体积或者压力，热力学能不变，即热力学能仅仅是温度的函数，和体积和压力无关。焦耳实验用的气体是实际气体，结果是不够精确的，由于水的热容很大，当时并没有测出温度变化。精确实验表明，实际气体向真空膨胀，有很少的温度的变化，气体起始压力越小，越接近理想气体，温度变化越小。外推到初始压力为零时，$dT=0$ 完全正确，所以理想气体的热力学能仅是温度的函数。即 $U=f(T)$。这个结论被称为焦耳定律。理想气体热力学能的全微分为

$$dU^{id}(g)=C_V dT \tag{1.29}$$

所以式（1.21）中 $\Delta U=\int_{T_1}^{T_2} C_V dT$ 对于理想气体不再要求等容条件，而是适用于任意过程。

对于理想气体，$pV=nRT$ 在等温条件下 pV 为常数，系统的焓 $H=U+pV=U+nRT=f(T)$，所以

$$\left(\frac{\partial H}{\partial V}\right)_T=\left(\frac{\partial H}{\partial p}\right)_T=0 \tag{1.30}$$

所以理想气体的焓仅仅是温度的函数，和体积和压力无关。

理想气体热力学能的全微分为
$$dH^{id}(g)=Cp dT \tag{1.31}$$

所以式（1.23）中 $\Delta H=\int_{T_1}^{T_2} C_p dT$ 对于理想气体不再要求等压条件，而是适用于任意过程。即理想气体等温过程无 U 和 H 的变化，$\Delta U=\Delta H=0$。

对于理想气体等温可逆膨胀过程，有

$$Q=-W=nRT\ln\frac{p_1}{p_2}=nRT\ln\frac{V_2}{V_1} \tag{1.32}$$

从分子运动的观点可以解释上述结论，气体的热力学能包括分子的动能和分子间相互作用位能。分子热动能，表现为大量分子热运动的所有动能之和，由温度决定。分子间相互作用位能，是分子之间引力斥力的位能，由体积决定。但理想气体认为分

子间无相互作用，不计分子间势能，理想气体内能只是分子动能，只和温度有关。对于实际气体，分子之间存在引力，在温度一定的条件下体积膨胀，为了克服分子间引力，必然消耗一部分分子动能，这会引起气体温度的下降，为了保持温度不变，要吸收能量，引起系统的热力学能增加。

对于理想气体，根据式（1.26）和式（1.28），$dU^{id}(g)=C_VdT$ 和 $dH^{id}(g)=CpdT$，将上两式代入焓的定义微分式，$dH=dU+d(pV)$，得

$$C_pdT=C_VdT+nRdT$$

所以
$$C_p-C_V=nR \tag{1.33}$$

对于 1mol 理想气体，两端都除以 n，则

$$C_{p,m}-C_{V,m}=R \tag{1.34}$$

统计热力学可以证明，在通常温度下，理想气体的 $C_{p,m}$、$C_{V,m}$ 均可视为常数。

对于单原子分子系统，$C_{V,m}=1.5R$，则 $C_{p,m}=2.5R$；

对于双原子分子（或线性分子）系统，$C_{V,m}=2.5R$，则 $C_{p,m}=3.5R$；

对于多原子分子（或非线性分子）系统，$C_{V,m}=3R$，则 $C_{p,m}=4R$。

2. 理想气体的绝热过程

如果一体系在状态发生变化的过程中，体系既没有从环境吸热，也没有放热到环境中去，这种过程就叫作"绝热过程"。绝热过程可以可逆地进行，也可以不可逆地进行。在绝热过程中：体系与环境之间不发生热量的交换，但可以有功的交换；过程进行的方式不同，则功的大小也不同。气体若在绝热情况下膨胀，由于不能从环境吸取热量，对外做功必然要消耗其内能，降低其温度，于是压力也必然下降，因此在绝热过程中体系的 p、V、T 都在改变。

在绝热过程中，$Q=0$，根据热力学第一定律

$$dU=\delta Q+\delta W=\delta W \tag{1.35}$$

若体系对外做功，$\delta W<0$，则 $dU<0$，热力学能下降，体系温度必然降低，反之，则体系温度升高。因此绝热压缩，使体系温度升高，而绝热膨胀，可获得低温。

当过程可逆且系统不做非体积功时，$\delta W=-p_外 dV=-pdV$，代入式（1.35），得

$$dU=-pdV$$

对于理想气体
$$dU=nC_{V,m}dT，\quad p=\frac{nRT}{V}$$

所以 $nC_{V,m}dT=-\dfrac{nRT}{V}dV$，变换得

$$nC_{V,m}\frac{dT}{T}+nR\frac{dV}{V}=0$$

理想气体的 $C_{V,m}$ 和 R 均为常数，n 为定值。

可对上式进行积分，得 $\quad nC_{V,m}\ln T+nR\ln V=$ 常数

又因为 $\qquad\qquad\qquad R=C_{p,m}-C_{V,m}$

代入得 $\qquad nC_{V,m}\ln T+n(C_{p,m}-C_{V,m})\ln V=$ 常数

令 $\gamma = \dfrac{C_{p,m}}{C_{V,m}}$，则 $\ln T + \ln V^{\gamma-1} = \ln (TV^{\gamma-1}) =$ 常数，或写作

$$TV^{\gamma-1} = 常数 \tag{1.36}$$

式（1.36）结合 $pV = nRT$ 的状态方程，可得

$$pV^{\gamma} = 常数 \tag{1.37}$$

$$p^{1-\gamma}T^{\gamma} = 常数 \tag{1.38}$$

式（1.36）、式（1.37）和式（1.38）描述了理想气体绝热可逆过程中 p、V 和 T 之间的关系。这 3 个过程方程是统一的，只适用于理想气体绝热可逆且不做非体积功的过程。过程方程与状态方程不同，它仅适用于某一过程，用来表征过程中参量变化的情况。

绝热可逆过程系统所做的体积功

$$W = -\int_{V_1}^{V_2} p\,\mathrm{d}V = -\int_{V_1}^{V_2} \frac{C}{V^{\gamma}}\,\mathrm{d}V = \frac{1}{\gamma-1}\left(\frac{C}{V_2^{\gamma-1}} - \frac{C}{V_1^{\gamma-1}}\right) = \frac{1}{\gamma-1}(p_2 V_2 - p_1 V_1)$$

$$\tag{1.39}$$

绝热可逆过程系统的内能变

$$\Delta U = nC_{V,m}(T_2 - T_1) = W = \frac{1}{\gamma-1}(p_2 V_2 - p_1 V_1) \tag{1.40}$$

图 1.9 示意了绝热可逆过程和等温可逆过程中的 p、V 的关系。同样从 A 点出发，达到相同的终态体积，等温可逆过程所做的功（AB 线下面积）大于绝热可逆过程所做的功（AC 线下面积），同样从体积 V_1 变化到 V_2，等温可逆膨胀过程系统对外做功比绝热可逆膨胀过程对外做功大。

两条曲线 AB 和 AC 的斜率各不相同。

对于等温可逆过程，$pV = nRT_1 =$ 常数 C_1，则 $p = \dfrac{C_1}{V}$。

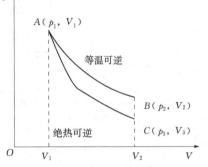

图 1.9 绝热可逆过程和等温可逆过程中的 pV 关系示意图

所以斜率 $\quad k_1 = \dfrac{\mathrm{d}p}{\mathrm{d}V} = \dfrac{\mathrm{d}}{\mathrm{d}V}\left(\dfrac{C_1}{V}\right) = -\dfrac{C_1}{V^2} = -\dfrac{pV}{V^2} = -\dfrac{p}{V}$

对于绝热可逆过程，$pV^{\gamma} =$ 常数 C_2，$p = \dfrac{C_2}{V^{\gamma}}$。

斜率 $\quad k_2 = \dfrac{\mathrm{d}p}{\mathrm{d}V} = \dfrac{\mathrm{d}}{\mathrm{d}V}\left(\dfrac{C_2}{V^{\gamma}}\right) = -\gamma\dfrac{C_2}{V^{\gamma+1}} = -\gamma\dfrac{pV^{\gamma}}{V^{\gamma+1}} = -\gamma\dfrac{p}{V}$

从斜率可以看出，由于 $\gamma > 1$，绝热可逆过程 AC 线较等温可逆过程 AB 线更陡，由同一始态出发，膨胀到同一体积时，等温过程的终压较大；绝热可逆过程对外做功，温度下降，都使压力降低，且系统对外做功的绝对值比等温可逆过程小。从同一始态出发，等温可逆过程的终态和绝热可逆过程的终态不可能一样；从同一始态出

发，绝热可逆过程和绝热不可逆过程的终态也不可能一样。

【例 1.4】　$2mol\ H_2$，温度为 0℃，压力为 101.3kPa。

(1) 等温可逆压缩到 10L，求过程所做的功。

(2) 从相同的初态，经绝热可逆压缩到 10L，求最后的温度及过程所做的功。

解：(1) $V_1 = nRT_1/p_1 = 2 \times 8.314 \times 273/(101.3 \times 10^3)$

$$= 44.8 \times 10^{-3} (m^3)$$

$$W_1 = -nRT\ln(V_2/V_1)$$

$$= -2 \times 8.314 \times 273 \times \ln[10 \times 10^{-3}/(44.8 \times 10^{-3})]$$

$$= 6.81 \times 10^3 J = 6.81(kJ)$$

(2) $T_1 V_1^{\gamma-1} = T_2 V_2^{\gamma-1}$

$$T_2 = T_1(V_1/V_2)^{\gamma-1} = 273 \times [44.8 \times 10^{-3}/(10 \times 10^{-3})]^{(1.40-1)} = 497.4K$$

$$W = \Delta U = \int_{T_1}^{T_2} nC_{V,m}dT = 2 \times (5R/2)(T_2 - T_1)$$

$$= 5 \times 8.314 \times (497.4 - 273) = 9.33 \times 10^3 J = 9.33kJ$$

【例 1.5】　1mol 单原子的理想气体，始态为 $2p^\ominus$，11.2L，经 pT＝常数的可逆过程压缩到终态为 $4p^\ominus$，求 ΔU、ΔH、Q、W。

解：T_1，$2p^\ominus$，11.2L，1mol 理想气体 $\xrightarrow{pT=C}$ T_2，$4p^\ominus$，V_2，1mol 理想气体

$$T_1 = \frac{p_1 V_1}{R} = \frac{2 \times 101325 \times 11.2 \times 10^{-3}}{8.314} = 273(K)$$

$$T_2 = \frac{p_1 T_1}{P_2} = \frac{2 \times 101325 \times 273}{4 \times 101325} = 136.5(K)$$

$$V_2 = \frac{RT_2}{p_2} = \frac{8.314 \times 273}{4 \times 101325} = 2.80(L)$$

$$\Delta U = nC_{V,m}(T_2 - T_1) = 1 \times \frac{3}{2} \times 8.314 \times (136.5 - 273) = -1.70(kJ)$$

$$\Delta H = nC_{p,m}(T_2 - T_1) = 1 \times \frac{5}{2} \times 8.314 \times (136.5 - 273) = -2.84(kJ)$$

$$\delta W = -p dV\ (过程可逆)$$

求解 W 时，必须先把 $pT = C$ 改成 $p = f(V)$ 的形式。

$$pT = C \quad pV = RT \quad 令 \frac{p^2 V}{R} = C, \quad p = \left(\frac{CR}{V}\right)^{\frac{1}{2}}。$$

$$W = -\int p dV = -\int_{V_1}^{V_2} \left(\frac{CR}{V}\right)^{\frac{1}{2}} dV = -(CR)^{\frac{1}{2}} \times 2\left(V_2^{\frac{1}{2}} - V_1^{\frac{1}{2}}\right)$$

$$= -(2 \times 101325 \times 273 \times 8.314)^{\frac{1}{2}} \times 2 \times [(2.8 \times 10^{-3})^{\frac{1}{2}} - (11.2 \times 10^{-3})^{\frac{1}{2}}]$$

$$= 2270(J)$$

$$Q = \Delta U + W = -3970J$$

1.2.6　热力学第一定律对实际气体的应用

焦耳所做的自由膨胀实验是不够精确的。由于环境（水）的热容比气体大得多，

没有观察到实际气体经自由膨胀后发生的温度变化。1852 年，焦耳和汤姆逊设计了新的实验，精确地测定了气体由于膨胀发生的温度变化。

1. 焦耳-汤姆逊效应——实际气体节流膨胀

如图 1.10 所示，在一个绝热圆形绝热筒的中部有一个多孔塞和小孔，使气体不能很快通过，并维持塞两边的压差。实验时，把左边的高压气体连续压过多孔塞，保持气体在多孔塞左右两侧的压力保持为 p_1 和 p_2，当气体经过一段时间达到稳态后，发现两边的气体温度分别稳定在 T_1 和 T_2。这种维持一定压力差的过程称为"节流膨胀过程"。整个系统是绝热的，在此过程中系统和环境之间无热交换。在 273K、101325Pa 时，实际气体经过节流膨胀后温度都发生变化，大部分温度降低，即 $\Delta T < 0$，有少数气体如 H_2、He 温度反而升高，即

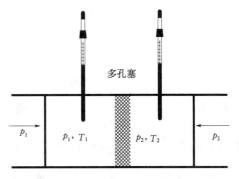

图 1.10 焦耳-汤姆逊实验装置示意图

$\Delta T > 0$。所以，节流过程中气体温度的变化与气体本性有关。

下面分析一下节流膨胀过程的热力学特点。

左侧气体等压压缩：$W_1 = -p_1 \Delta V = -p_1(0 - V_1) = p_1 V_1$

右侧气体等压膨胀：$W_2 = -p_2 \Delta V = -p_2(V_2 - 0) = -p_2 V_2$

在整个的绝热过程中，$Q = 0$，则 $\Delta U = W = p_1 V_1 - p_2 V_2$。

即 $U_2 - U_1 = p_1 V_1 - p_2 V_2$，即 $U_2 + p_2 V_2 = U_1 + p_1 V_1$。

根据焓的定义式得到

$$H_2 = H_1 \tag{1.41}$$

所以节流膨胀是一个绝热等焓过程。也就是说，在节流膨胀过程前后，焓不发生变化，$\Delta H = 0$。

2. 焦耳-汤姆逊系数

为了定性和定量地描述各种气体的焦耳-汤姆逊效应，定义

$$\mu_{J-T} = \left(\frac{\partial T}{\partial p} \right)_H \tag{1.42}$$

μ_{J-T} 称为焦耳-汤姆逊系数（简称焦-汤系数），它表示在节流过程中，气体温度随压力的变化率。若 $\mu_{J-T} > 0$，说明经历节流膨胀过程后，压力降低，气体的温度降低，称为正焦耳-汤姆逊效应；若 $\mu_{J-T} < 0$，说明经历节流膨胀过程后，压力降低，气体的温度升高，称为负焦耳-汤姆逊效应；若 $\mu_{J-T} = 0$，说明经历节流膨胀过程后，气体的温度不变，气体为理想气体。μ_{J-T} 的值与温度、压力和气体的种类有关，是气体的性质。真实气体温度在等焓节流过程前后发生变化，说明真实气体的焓不只是温度的函数。

$\mu_{J-T} > 0$ 的制冷效应是比较常见的，当使用装有 $\mu_{J-T} > 0$ 的气体的钢瓶时，打开阀门，气体从高压变成低压，相当于节流膨胀过程，阀门的喷嘴口会结霜，说明气体

温度下降。在化工生产过程中，经常采用节流膨胀过程使气体制冷。

状态函数 H 是 T 和 p 的函数 $H = f(T, p)$

$$\left(\frac{\partial H}{\partial T}\right)_p \left(\frac{\partial T}{\partial p}\right)_H \left(\frac{\partial p}{\partial H}\right)_T = -1$$

可以得到 $\quad \mu_{J-T} = \left(\frac{\partial T}{\partial p}\right)_H = -\frac{\left(\frac{\partial H}{\partial p}\right)_T}{\left(\frac{\partial H}{\partial T}\right)_p} = -\frac{1}{C_p}\left\{\left(\frac{\partial U}{\partial p}\right)_T + \left[\frac{\partial (pV)}{\partial p}\right]_T\right\}$

对真实气体而言，当压力降低、体积增大时，必须克服分子间引力做功，系统内能 U 增大，故 $\left(\frac{\partial U}{\partial p}\right)_T < 0$，$\mu_{J-T}$ 的正负就取决于 $\left[\frac{\partial (pV)}{\partial p}\right]_T$ 的大小。不同的气体，在不同的温度下，$\left[\frac{\partial (pV)}{\partial p}\right]_T$ 的大小不同，相应地 μ_{J-T} 的数值也可正可负。

【例 1.6】 CO_2 气通过一节流孔由 $5 \times 10^6 Pa$ 向 $10^5 Pa$ 膨胀，其温度由原来的 25℃下降到 -39℃，试估算其 μ_{J-T}。

解： 假设在实验的温度和压力范围内，μ_{J-T} 为一常数，则

$$\mu_{J-T} = \left(\frac{\partial T}{\partial p}\right)_H = \frac{\Delta T}{\Delta p} = \frac{-39-25}{10^5 - 5\times 10^6}$$
$$= 1.31 \times 10^{-5} (K/Pa)$$

1.2.7　热化学

热化学

热化学是热力学第一定律在化学过程中的应用。化学反应之所以能吸热或放热，从热力学定律的观点来看，是因为不同物质有着不同的热力学能或焓，反应产物的总热力学能或总焓通常与反应物的总热力学能或总焓是不同的。所以发生反应时总是伴随有能量的变化。当系统发生了化学变化之后，系统的温度回到反应前始态的温度，反应过程只做体积功而不做其他功时，系统吸收或发出的热量就是反应的热效应（也称反应热）。

1. 反应进度

在讨论化学反应时，需引入一个描述化学反应进行多少的物理量——反应进度。

任意化学反应

$$aR_1 + bR_2 + \cdots = eP_1 + fP_2 + \cdots$$

式中：R_1，R_2，…为反应的反应物；P_1，P_2，…为反应的产物，用 B 代表反应式中的任一组分。a，b，e，f，…为各物质的化学计量数，用 ν_B 来表示，是一个没有量纲的数字，对于反应物 ν_B 取负值，产物 ν_B 取正值。

用 $n_B(0)$ 表示反应前 B 的物质的量，$n_B(t)$ 表示反应进行到 t 时刻时 B 的物质的量，则 $\Delta n_B = n_B(t) - n_B(0)$，一般来说，各个物质在反应过程中物质的量变化并不相等，即

$$\Delta n_{R1} \neq \Delta n_{R_2} \neq \Delta n_{P_1} \neq \Delta n_{P_2} \neq \cdots$$

所以需要定义一个反应前后物质种类无关的值来体现反应进行程度，定义反应进度 ξ：

$$\xi = \frac{\Delta n_B}{\nu_B} = \frac{n_B(t) - n_B(0)}{\nu_B} \tag{1.43}$$

因为 ν_B 是一个无量纲的数字，所以反应进度 ξ 的量纲与物质的量 n 相同，单位为 mol。当系统中物质的量变化 $\Delta n_B = \nu_B$ mol 时，即反应按照所给反应式的计量系数比例进行了一个单位的化学反应时，反应进度 ξ 为 1mol。因此我们说系统中发生 1mol 化学反应时，意味着反应中各物质的量变化为 ν_B mol。

【例 1.7】 当 H_2、O_2 混合后，反应得到 $H_2O(g)$，某时刻的净变化为 $\Delta n(H_2) = -0.4$mol，$\Delta n(O_2) = -0.2$mol，$\Delta n(H_2O) = 0.4$mol，按照下列两个反应方程式，求反应进度 ξ。

(1) $H_2(g) + \frac{1}{2}O_2(g) \longrightarrow H_2O(g)$

(2) $2H_2(g) + O_2(g) \longrightarrow 2H_2O(g)$

解： 根据反应式 (1)，用 H_2 的物质的量变化来计算 ξ

$$\xi = \frac{\Delta n(H_2)}{\nu_{H_2}} = \frac{-0.4 \text{mol}}{-1} = 0.4 \text{mol}$$

用 O_2 的物质的量变化来计算 ξ

$$\xi = \frac{\Delta n(O_2)}{\nu_{O_2}} = \frac{-0.2 \text{mol}}{-\frac{1}{2}} = 0.4 \text{mol}$$

用 H_2O 的物质的量变化来计算 ξ

$$\xi = \frac{\Delta n(H_2O)}{\nu_{H_2O}} = \frac{0.4 \text{mol}}{1} = 0.4 \text{mol}$$

根据反应式(2)，分别用 H_2、O_2 和 H_2O 的物质的量变化来计算 ξ

$$\xi' = \frac{-0.4}{-2} = \frac{-0.2}{-1} = \frac{0.4}{2} = 0.2 (\text{mol})$$

假定另一时刻净变化量为 $\Delta n(H_2) = -1$mol，$\Delta n(O_2) = -0.5$mol，$\Delta n(H_2O) = 1$mol，则此时根据反应式 (1) 计算所得的反应进度 $\xi_1' = 1$mol，根据反应式 (2) 计算所得的 $\xi_2' = 0.5$mol。

比较上述结果，可知：对同一反应，不论是用反应物还是产物的物质的量变化来计算反应进度，所得值都相等，即反应进度与物质种类无关；由同一时刻反应系统各物质的净变化量按照不同计量系数的方程式来计算反应进度得到的结果是不相同的，故反应进度与化学方程式的写法有关，应用反应进度必须指明相应的化学方程式。不同时刻，用同一计量方程式计算反应进度，若反应进度越大，说明反应完成的程度越高；如果某一反应正好按照计量方程式中各物质的系数所表示的物质的量进行反应（即 $\xi = 1$mol），则称这个反应为摩尔反应。

2. Q_p 与 Q_V 的关系

反应的热效应一般都是由量热计来测定的：使待测物质在绝热的量热计中发生变化，记录量热计前后温度变化，从而计算出应从量热计中取出或加多少热才能恢复始态温度，来得到等温过程中的热效应。在量热计中发生的反应都是等容反应，测得的热效应为等容过程的热效应，称为"等容热效应"，用符号 Q_V 表示。而现实中反应通常都是在等温等压的条件下进行的，所以等压过程的热效应更具有现实意义。等压过程的热效应称为"等压热效应"，用符号 Q_p 表示。反应过程中的热效应又称反应热。

反应热与途径有关，分为下面两种情况：

等容反应热：$Q_V = \Delta_r U = \sum U_B$（产物）$- \sum U_B$（反应物）　　　　　(1.44)

等压反应热：$Q_p = \Delta_r H = \sum H_B$（产物）$- \sum H_B$（反应物）　　　　　(1.45)

一个反应的 $\Delta_r U$ 表示一定温度和一定体积下，产物总热力学能和反应物总热力学能之差，一个反应的 $\Delta_r H$ 表示一定温度和一定压力下，产物总焓和反应物总焓之差，故定压反应热也称为反应焓。

设某等温反应可经由图 1.11 所示的等压和等容两个途径进行。

则 $\Delta_r H_1 = \Delta_r H_2 + \Delta_r H_3 = \Delta_r U_2 + \Delta(pV)_2 + \Delta_r H_3$

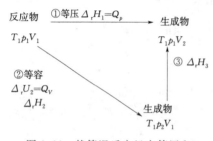

图 1.11　某等温反应经由等压和
等容两个途径进行

对于同一反应，根据定义式中，$\Delta(pV)_2$ 表示在过程 2 中始态和终态的 pV 之差，对于凝聚态系统（即反应中只有液体和固体），反应前后的 pV 相差不大，可忽略不计，因此只考虑系统中气体组分的 pV 之差。假设反应物和生成物都只有气体，且气体为理想气体，则焓 H 和热力学能 U 都只是温度的函数，过程 3 是等温过程，$\Delta_r H_3 = 0$，$\Delta(pV)_2 = \Delta n(RT_1)$，可得到

$$\Delta_r H = \Delta_r U + \Delta n(RT) \quad 或 \quad Q_p = Q_V + \Delta n(RT) \qquad (1.46)$$

对于其他物质，$\Delta_r H_3$ 不一定等于零，但过程 3 是物理变化，数值与化学反应的 $\Delta_r H$ 相比较很小，可以忽略不计，所以式（1.46）也可以适用。

3. 标准摩尔焓变和热化学方程式

一个化学反应的热力学能变和焓变都与反应进度有关，$\Delta_r U$ 和 $\Delta_r H$ 的值与反应进度成正比。定义（$\Delta_r H / \xi$）为反应的摩尔焓变，用 $\Delta_r H_m$ 表示，（$\Delta_r U / \xi$）为反应的摩尔热力学能变，用 $\Delta_r U_m$ 表示，单位为 J/mol 或 kJ/mol，因为 ξ 与反应方程式的写法有关，所以 $\Delta_r H_m$ 和 $\Delta_r U_m$ 也与反应方程式的写法有关。

写热化学方程式时，除了写出普通化学方程式外，还需要在方程式后面写上反应热的量值。标准摩尔焓变是一定温度下各自处于标准状态下的反应物，生成同样温度下各自处于标准状态下的产物，这一过程的焓变，用 $\Delta_r H_m^\ominus(T)$ 表示。所谓标准状态，是热力学中为了研究和计算方便，人为规定的某种状态。我国国家标准规定标准状态时的压力为标准压力 $p^\ominus = 100\text{kPa}$，气体的标准态选择任意温度 T，$p = p^\ominus = 100\text{kPa}$ 压力下的纯理想气体作为标准，液体（或固体）选择 $p = p^\ominus = 100\text{kPa}$ 压力下的纯液体（或固体）作为标准态，多组分系统标准态的选取将在第 2 章中详细讨论。注意：热力学标准态的温度 T 是任意的，不过，许多物质的热力学标准态时的热数据是在 $T = 298.15\text{K}$ 下求得的。

写热化学方程式时需注意以下几点：

(1) 反应热与温度和压强等测定条件有关，由于温度对反应热的影响很明显，讨论反应热的时候必须说明温度。压力对反应热的影响很小，所以可以不注明压力。

(2) 各物质化学式右侧用圆括弧表明物质的聚集状态。可以用 g、l、s 分别代表气态、液态、固态。固体有不同晶态时，还需将晶态注明，例如 S（斜方）、S（单斜）、C（石墨）、C（金刚石）等。溶液中的反应物质，则须注明其浓度，以 aq 代表水溶液，(aq，∞) 代表无限稀释水溶液（再加水不再有热效应发生）。

(3) 热化学方程式中化学计量数只表示该物质的量，不表示物质分子个数或原子个数，因此，它可以是整数，也可以是分数。

(4) $\Delta H_m^\ominus$ 只能写在化学方程式的右边，通常用反应的 $\Delta_r H_m^\ominus$ 或 $\Delta_r U_m^\ominus$ 来说明反应热效应：吸热 $\Delta_r H_m^\ominus > 0$，放热 $\Delta_r H_m^\ominus < 0$。其单位一般为 kJ/mol。同一化学反应，若化学计量数不同时 $\Delta H_m^\ominus$ 的值不同。若化学计量数相同，当反应物、生成物状态不同时，ΔH 的值也不同。$\Delta H_m^\ominus$ 是状态性质的变化，当反应逆向进行时，反应热与正向反应的反应热数值相等而符号相反，即 $\Delta H_m^\ominus$（正向反应）= $-\Delta H_m^\ominus$（逆向反应）。

(5) 热化学方程式一般不需要写反应条件，例如，Δ（加热），因为聚集状态已标出。

有了这几个原则，就可以写出热化学方程式。例如热化学方程式：

$$H_2(g) + Cl_2(g) = 2HCl(g)；\quad \Delta_r H_m^\ominus(298.15K) = -183kJ/mol$$

$\Delta_r H_m^\ominus$ 代表在 298.15K 和标准压力下，1mol $H_2(g)$ 和 1mol $Cl_2(g)$ 完全反应生成 2mol $HCl(g)$，反应放热 183kJ。热化学方程式仅代表一个已知完成的反应，不管反应是否真正完成。例如在 573K 时氢气和碘的热化学方程式为

$$H_2(g) + I_2(g) = 2HI(g)；\quad \Delta_r H_m^\ominus(573K) = -12.84kJ/mol \qquad (1.47)$$

此式并不代表在 573K 时，将 1mol $H_2(g)$ 和 1mol $I_2(g)$ 放在一起就有 12.84kJ 的热放出，实际上将 1mol $H_2(g)$ 和 1mol $I_2(g)$ 混合，反应到一定程度就达到平衡而"宏观上停止了"，有一部分 $H_2(g)$ 和 $I_2(g)$ 剩余下来。所以反应式(1.47)代表反应进度 ξ 为 1mol，即有 2mol $HI(g)$ 生成时，才有 12.84kJ 的热放出。

$\Delta_r H_m^\ominus$ 与反应方程式的写法有关，若把反应式写作

$$\frac{1}{2}H_2(g) + \frac{1}{2}I_2(g) = HI(g) \qquad (1.48)$$

则反应式 (1.48) 的标准摩尔焓变 $\Delta_r H_m^\ominus$ (573K) = $-6.42kJ/mol$。

【例 1.8】 25℃，1.2500g 正庚烷在弹式量热计中燃烧，放热 60.089kJ，求等压反应热 $\Delta_r H_m^\ominus$ (298.15K)。

解： $C_7H_{16}(l) + 11O_2(g) = 7CO_2(g) + 8H_2O(l)$

$$Q_V = \Delta U = -60.089(kJ)$$

$$n = 1.2500/100 = 0.01250(mol)$$

$$\Delta_r U_m = \Delta U/\xi = -4807.1(kJ/mol)$$

$$\Delta n(g) = 7 - 11 = -4$$

$$\Delta_r H_m(298.15K) = \Delta_r U_m + RT\Delta n(g) = -4817.0(kJ/mol)$$

4. 盖斯定律和反应热效应的计算

1840 年瑞士化学家盖斯在总结大量实验事实（热化学实验数据）的基础上提出："定压或定容条件下的任意化学反应，在不做其他功时，不论是一步完成的还是几步完成的，其热效应总是相同的（反应热的总值相等）。"这叫作盖斯定律。换句话说，化学反应的反应热只与反应体系的始态和终态有关，而与反应的途径无关，而这可以看出，盖斯定律实际上是"内能和焓是状态函数"这一结论的进一步体现。由于热力学能（U）和焓（H）都是状态函数，所以 ΔU 和 ΔH 只与体系的始末状态有关而与所经历的途径无关。盖斯定律的发现奠定了整个热化学的基础，它的重要意义与作用在于能使热化学方程式像普通代数方程式那样进行运算，从而可根据已经准确测定的反应热，来计算难于测定或根本不能测定的反应热。有些反应的反应热通过实验测定有困难（有些反应进行得很慢，有些反应不容易直接发生，有些反应的产品不纯或有副反应发生），可以用盖斯定律间接计算出来。必须要强调一点：既然反应热只在等压或等容条件下才等于 $\Delta_r H$ 或 $\Delta_r U$，则反应热也只在等压或等容条件下才与途径无关。

根据盖斯定律，可以计算一些难以测定的反应热。

例如，反应式（1）$2C(s)+O_2(g)\!\!=\!\!=\!\!2CO(g)$ 的反应热 $\Delta_r H_{m,1}$ 很难测定，因为很难控制单质碳都是不完全燃烧生成 CO。该反应热可设计如下的途径计算：

（2）$2C(s)+O_2(g)\!\!=\!\!=\!\!CO_2(g)$ $\Delta_r H_{m,2}$

（3）$2CO(g)+O_2(g)\!\!=\!\!=\!\!2CO_2(g)$ $\Delta_r H_{m,3}$

由（1）＝（2）－（3）

则 $\Delta_r H_{m,1}=\Delta_r H_{m,2}-\Delta_r H_{m,3}$ 或 $\Delta_r U_{m,1}=\Delta_r U_{m,2}-\Delta_r U_{m,3}$

反应（2）和反应（3）应在相同的条件（相同的物质聚集状态、温度、压力等）下进行。

根据盖斯定律，等温等压条件下化学反应的焓变 $\Delta_r H=\sum H_{产物}-\sum H_{反应物}$，如果能得到参与反应的各种物质的焓的绝对值的话，就可以很容易地求出反应热 $\Delta_r H$。不过实际上，焓和内能一样没有绝对值，所以人们选定了一个统一的标准状态，在这个标准状态的基础上定义了几种相对的反应热。

（1）标准摩尔生成焓（$\Delta_f H_m^\ominus$）。在标准压力（100kPa）和指定温度下，由稳定单质生成 1mol 某种物质时的等压反应热称为该物质的标准摩尔生成焓，用符号 $\Delta_f H_m^\ominus$ 表示，下标"f"表示生成反应，标准摩尔生成焓的单位是 J/mol 或 kJ/mol。

即稳定单质（标准状态）$\xrightarrow{\;\Delta_f H_m^\ominus(B)\;}$ 1mol B（标准状态）

生成焓也是一种反应热，它是物质相对于合成它的单质的相对焓，所以同一物质在不同聚集态下的标准摩尔生成焓是不同的。根据定义，稳定单质的标准摩尔生成焓等于 0，所谓稳定单质应当是标准状态下最稳定的物质状态。298.15K 时各种物质的标准摩尔生成焓都可以从手册中查得。

例如 298.15.15K 时，反应 $\dfrac{1}{2}H_2(g,\;p^\ominus)+\dfrac{1}{2}Cl_2(g,\;p^\ominus)=HCl(g,\;p^\ominus)$ 的摩尔焓变为 $\Delta_r H_m^\ominus(298.15K)=-92.31kJ/mol$，则 HCl(g) 的标准摩尔生成焓即为

$$\Delta_f H_m^\ominus (HCl,g,298.15K) = -92.31kJ/mol$$

同样，$CO_2(g)$ 的标准摩尔生成焓 $\Delta_f H_m^\ominus(CO_2,g,300K)$ 指的是在 300K 时反应 C(石墨)$+O_2(g)$==$CO_2(g)$ 的摩尔焓变。其中使用石墨而不用 C 的其他形式是因为在 300K，100kPa 时，石墨是 C 的稳定单质。

在反应中，物质的种类和状态发生变化，但同种元素的同种质量的原子数不变，可以根据盖斯定律，自行设计下列反应途径由来标准摩尔生成焓来求算反应热。

例如，为了计算 298.15K 时反应 $aR_1+bR_2+\cdots=eP_1+fP_2+\cdots$ 的 $\Delta_r H_m^\ominus$，则设计以下途径：

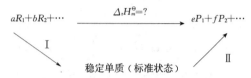

则
$$\Delta_r H_m^\ominus = \Delta H_{I} + \Delta H_{II} = [-a\Delta_f H_m^\ominus(R_1) - b\Delta_f H_m^\ominus(R_2) - \cdots] + [e\Delta_f H_m^\ominus(P_1) + f\Delta_f H_m^\ominus(P_2) + \cdots]$$

式中 $\Delta_f H_m^\ominus$ (298.15K) 可以查手册得到。结果表明，只要查得参与反应的各物质生成焓，就能计算反应热。则任意一反应的反应焓等于产物生成焓之和减去反应物生成焓之和，即

$$\Delta_r H_m^\ominus = \sum_B \nu_B \Delta_f H_{m,B}^\ominus \tag{1.49}$$

其中 ν_B 为物质 B 在反应式中的计量数。反应物取负，产物取正。

(2) 标准摩尔燃烧焓（$\Delta_c H_m^\ominus$）。在标准压力下，反应温度 T 时，物质 B 完全燃烧成相同温度的指定产物时的焓变称为 B 的标准燃烧焓，用符号 $\Delta_c H_m^\ominus$ 表示，下标 "c" 表示燃烧反应，标准摩尔燃烧焓的单位是 J/mol 或 kJ/mol。所谓完全燃烧，通常是指：C 元素$\rightarrow CO_2(g)$，H 元素$\rightarrow H_2O(l)$，N 元素$\rightarrow N_2(g)$，Cl 元素$\rightarrow HCl(aq)$ 等，完全燃烧所得产物的燃烧焓等于 0，即 $CO_2(g)$、$H_2O(l)$、$N_2(g)$、$HCl(aq)$ 和 $O_2(g)$ 的标准摩尔燃烧焓均等于 0。

例如，在 298.15K 及标准压力下：

$$H_2(g) + \frac{1}{2}O_2(g) == H_2O(l) \qquad \Delta_r H_m^\ominus = -285.83kJ/mol$$

则
$$\Delta_c H_m^\ominus(H_2,g,298.15K) = -285.83kJ/mol$$

化学反应的焓变值等于各反应物燃烧焓的总和减去各产物燃烧焓的总和。即

$$\Delta_r H_m^\ominus = -\sum_B \nu_B \Delta_c H_{m,B}^\ominus \tag{1.50}$$

应注意，燃烧焓往往是一个很大的值，而一般的反应焓只是一个较小的值，从两个大数之差求一较小的值易造成误差，因为只要燃烧焓的数据有一个不大的误差，将会使计算出的反应焓有严重的误差。所以用燃烧焓计算反应焓时，必须注意其数据的可靠性。

5. 反应热与温度的关系——基尔霍夫定律

实际情况是很多反应都不是在 298.15K 下进行的，这就需要考虑反应热与温度

的关系。已知等压下某反应在 T_1 下的 $\Delta_r H_m^{\ominus}(T_1)$，设计以下的途径来计算 T_2 下的 $\Delta_r H_m^{\ominus}(T_2)$。先将反应物的温度从 T_1 改变到 T_2，焓变为 ΔH_1，再在 T_2 下进行化学反应，生成 T_2 温度的产物，焓变为 $\Delta_r H_m^{\ominus}$，最后将产物的温度从 T_2 改变到 T_1，焓变为 ΔH_2。则

$$\Delta_r H_m(T_1) = \Delta H_1 + \Delta_r H_m(T_2) + \Delta H_2 = \int_{T_1}^{T_2} C_{p\text{反应物}} \, dT + \Delta_r H_m(T_2) + \int_{T_2}^{T_1} C_{p\text{生成物}} \, dT$$

即

$$\Delta_r H_m(T_1) = \Delta_r H_m(T_2) + \int_{T_2}^{T_1} C_{p\text{生成物}} \, dT - \int_{T_2}^{T_1} C_{p\text{反应物}} \, dT$$

所以

$$\Delta_r H_m(T_1) - \Delta_r H_m(T_2) = \int_{T_2}^{T_1} \Delta C_p \, dT \tag{1.51}$$

式 (1.46) 即为基尔霍夫定律，其中，$\Delta C_p = \sum_B \nu_B C_{p,m,B}$。

当温度变化范围较小，不要求精确计算时，可以把 ΔC_p 看成常数，就可以先利用 298.15K 下的各种数据计算出 298.15K 下的反应热，然后利用基尔霍夫定律 $\Delta_r H_m(T) - \Delta_r H_m(298.15K) = \Delta C_p(T - 298.15K)$ 来得到任意温度下的反应热。但是，当温度变化范围较大时，就不可以再把 ΔC_p 看成常数，而必须进行积分计算。

假设 $C_{p,m} = a + bT + cT^2 \Rightarrow \Delta C_{p,m} = \Delta a + \Delta bT + \Delta cT^2$

则

$$\Delta_r H_m(T_2) - \Delta_r H_m(T_1) = \int_{T_1}^{T_2} (\Delta a + \Delta bT + \Delta cT^2) dT$$

$$\Delta_r H_m(T_2) = \Delta_r H_m(T_1) + \Delta a(T_2 - T_1) + \frac{1}{2}\Delta b(T_2^2 - T_1^2) + \frac{1}{3}\Delta c(T_2^3 - T_1^3)$$

当然，也可以进行不定积分计算：

$$\frac{\partial \Delta_r H_m}{\partial T} = \Delta C_p \Rightarrow \Delta_r H_m(T) = \int \Delta C_p \, dT + K$$

$$\Delta_r H_m(T) = \int (\Delta a + \Delta bT + \Delta cT^2) dT + K = \Delta aT + \frac{1}{2}\Delta bT^2 + \frac{1}{3}\Delta cT^3 + K$$

将 $\Delta_r H_m(298K)$ 以及 Δa、Δb、Δc 的数据代入，可求出常数 K，然后求算任意温度的反应热。

关于基尔霍夫定律讨论如下。

(1) 等压条件下，$\left(\dfrac{\partial \Delta_r H_m}{\partial T}\right)_P = \Delta C_p$；而在等容条件下，$\left(\dfrac{\partial \Delta_r U_m}{\partial T}\right)_V = \Delta C_V$。当 C_p（生成物）$> C_p$（反应物）时，温度 T 升高，$\Delta_r H_m$ 下降；当 C_p（生成物）$< C_p$（反应物）时，温度 T 升高，$\Delta_r H_m$ 增加；当 C_p（生成物）$= C_p$（反应物）时，$\Delta_r H_m$ 与温度 T 无关。

(2) 基尔霍夫定律是有适用条件的：等压或等容条件下，不做非体积功，在反应过程中，任一物质都不能发生相变化。

假设在从 $T_1 \rightarrow T_2$ 的过程中，有一物质在 T' 温度发生相变，由 α 相变成 β 相，则发生相变前后，该物质的热容会发生改变，从而造成 ΔC_p 发生相应变化；另外，相

变也会产生反应热,故此时计算 T_2 温度下反应热的方法为

$$\Delta_r H_m(T_2) = \Delta_r H_m(T_1) + \int_{T_1}^{T'} \Delta C_{p1} dT + \Delta_\alpha^\beta H + \int_{T'}^{T_2} \Delta C_{p2} dT$$

其中, $\Delta_\alpha^\beta H$ 是物质由 α 相→β 相的相变反应热。

1.3 热力学第二定律

热力学第一定律已经被证明是完全正确的。违背热力学第一定律的变化过程是一定不能发生的,第一类永动机是不可能造成的。但不违背热力学第一定律的变化与过程却未必能自动发生,我们来看下列例子:①高温物体向低温物体传热是可以自动进行的,但低温物体向高温物体传热的过程虽然也符合热力学第一定律,但却不能自动进行;②置换反应 $Zn + Cu^{2+} \longrightarrow Cu + Zn^{2+}$ 正向可以自发进行,逆向却不会自发进行。上面提到的这两个例子都是正向自发、逆向不自发的过程,不过这些逆向不自发的过程并不是不能发生,借助一定的外力,在一定的条件下,其逆过程也是可以发生的。例如,①如果使用制冷机的话,就可以把高温物体传给低温物体的热再传回给高温物体,系统恢复了原状。但这时,环境对系统做了功,从系统那里得到了一定量的热。②使用电解装置,可以使逆反应发生,用 Cu 置换出 Zn,反应系统恢复了原状,又变成了 Cu^{2+} 和 Zn。但是,在前面的正反应过程中,环境从系统那里得到了热,而在后面的反应过程中,环境又对系统做了一定量的电功。经过上述的循环,系统回到了原来的状态,如果环境得到的热能 100% 转化为功,来补偿环境的功损失,那么系统和环境就可以同时回到原状,我们提到的这两个自发过程就是可逆的。但是无数实验证明,热不可能完全转化为功而不带来其他任何变化,所以上面两个自发过程是不可逆的,事实上任何自发过程都是不可逆的,这是它们的共同特征。

可见,利用热力学第一定律并不能判断一定条件下什么过程不可能进行,什么过程可能进行,进行的最大限度是什么。要解决此类过程方向与限度的判断问题,就必须用到热力学第二定律。

热力学第二定律是人们在生活实践,生产实践和科学实验的经验总结,它们既不涉及物质的微观结构,也不能用数学加以推导和证明。但它的正确性已被无数次的实验结果所证实,而且从热力学严格地导出的结论都是非常精确和可靠的。热力学第二定律是有关热和功等能量形式相互转化的方向与限度的规律,进而推广到有关物质变化过程的方向与限度的普遍规律。由于在生活实践中,自发过程的种类极多,热力学第二定律的应用非常广泛,诸如热能与机械能的传递和转换、流体扩散与混合、化学反应、燃烧、辐射、溶解、分离、生态等问题。

1.3.1 热力学第二定律的产生

19 世纪初,人们对蒸汽机的理论研究还是非常缺乏的。热力学第二定律就是在研究如何提高热机效率问题的推动下,逐步被发现的,并用于解决与热现象有关的过程进行方向的问题。1824 年,法国陆军工程师卡诺在他发表的论文《论火的动力》中提出了著名的"卡诺定理",找到了提高热机效率的根本途径,但卡诺在当时是采

用"热质说"的错误观点来研究问题的。从 1840 年到 1847 年间，在迈尔、焦耳、亥姆霍兹等人的努力下，热力学第一定律以及更普遍的能量守恒定律被建立起来了。1848 年，开尔文爵士（威廉·汤姆生）根据卡诺定理，建立了热力学温标（绝对温标）。这些为热力学第二定律的建立准备了条件。

1850 年，克劳修斯从"热动说"出发重新审查了卡诺的工作，考虑到热传导总是自发地将热量从高温物体传给低温物体这一事实，得出了热力学第二定律的初次表述。后来历经多次简练和修改，逐渐演变为公认的"克劳修斯表述"。与此同时，开尔文也独立地从卡诺的工作中得出了热力学第二定律的另一种表述，后来演变为更精炼的"开尔文表述"。上述对热力学第二定律的两种表述是等价的，由一种表述的正确性完全可以推导出另一种表述的正确性。它们都指明了自然界宏观过程的方向性，或不可逆性。克劳修斯的说法是从热传递方向上说的，即热量只能自发地从高温物体传向低温物体，而不可能从低温物体传向高温物体而不引起其他变化——热传导不可逆。利用制冷机就可以把热量从低温物体传向高温物体，但是外界必须做功。开尔文的说法则是从热功转化方面去说的。不可能从单一热源吸热，使之完全转化为功，而不发生其他变化——摩擦生热不可逆。所谓"单一热源"，是指温度均匀并且保持恒定的热源，如果热源的温度不是均匀的，则可以从温度较高处吸收热量，又向温度较低处放出一部分，这就等于工作在两个热源之间了。所谓"不发生其他变化"，是指除了从单一热源吸热，这些热量全部用来做功以外，其他都没有变化。如果没有"不发生其他变化"这个限制，从单一热源吸热而全部转化为功是可以做到的，例如，理想气体在等温膨胀过程中，气体从热源吸热而膨胀做功，由于这过程中理想气体保持温度不变，而理想气体又不考虑分子势能，因此气体的内能保持不变，从热源吸收的热量就全部转化成了功，但是这过程中气体的体积膨胀了，因此不符合"不发生其他变化"的条件。开尔文说法表达了功转变为热这一过程的不可逆性。人们曾设想制造一种能够循环不断地工作，仅仅从单一热源吸热变为功而没有任何其他变化的机器，这就是第二类永动机。如果可行的话，就可以让永动机从大海等大热源吸热而永远工作下去。无数实验证明，第二类永动机虽然不违背热力学第一定律，但仍然无法制造成功，因为它违反了热力学第二定律。

热力学第二定律是研究热功能转换的基础上于 19 世纪中叶提出的，是人类长期生产时间和科学实验的总结，是热力学基本定律之一。其基本内容是：不可能把热从低温物体传到高温物体而不产生其他影响；不可能从单一热源取热使之完全转换为有用的功而不产生其他影响；不可逆热力过程中熵的微增量总是大于零。

注意，热力学第二定律是建立在有限的空间和时间所观察到的现象上，不能被外推应用于整个宇宙。19 世纪后半期，有些科学家错误地把热力学第二定律应用到无限的、开放的宇宙，提出了所谓"热寂说"。他们声称：将来总有一天，全宇宙都要达到热平衡，一切变化都将停止，宇宙也将死亡。要使宇宙从平衡状态重新活动起来，只有靠外力的推动才行。这就会为"上帝创造世界"等唯心主义提供了所谓"科学依据"。

卡诺循环和
卡诺定理

1.3.2 卡诺循环和卡诺定理

1824 年，卡诺设计了一种热机，这种热机让工作物质从高温热源吸热，所吸收的热量一部分用来对外做功，一部分传给低温热源。在这个过程中，假设热源很大，取出或放入有限的热量时，热源的温度不变。

作为工作物质的理想气体经历了一系列的可逆过程（图 1.12）：理想气体从 A 出发，经历等温可逆膨胀到 B，再从 B 经历绝热可逆膨胀到 C，然后从 C 经历等温可逆压缩到 D，最后从 D 经历绝热可逆压缩回到 A。

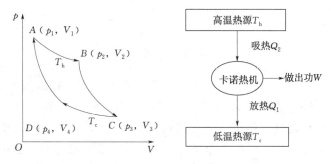

图 1.12　卡诺循环示图

现在来分析每一个过程的热和功的情况（假设工作物质是 1mol 的理想气体）。

$A{\rightarrow}B$，等温可逆膨胀过程，从高温热源 T_h 吸热：

$$\Delta U_1 = 0, \quad Q_1 = -W_1 = \int_{V_1}^{V_2} p\,\mathrm{d}V = RT_h \ln \frac{V_2}{V_1}$$

$B{\rightarrow}C$，绝热可逆膨胀过程：

$$Q_2 = 0, \quad W_2 = \Delta U_2 = \int_{T_h}^{T_c} C_{V,m}\,\mathrm{d}T = C_{V,m}(T_c - T_h)$$

$C{\rightarrow}D$，等温可逆压缩过程，对低温热源 T_c 放热：

$$\Delta U_3 = 0, \quad Q_3 = -W_3 = \int_{V_3}^{V_4} p\,\mathrm{d}V = RT_c \ln \frac{V_4}{V_3}$$

$D{\rightarrow}A$，绝热可逆压缩过程：

$$Q_4 = 0, \quad W_4 = \Delta U_4 = \int_{T_c}^{T_h} C_{V,m}\,\mathrm{d}T = C_{V,m}(T_h - T_c)$$

在整个的循环过程中：

$$\Delta U = 0, \quad W = W_1 + W_2 + W_3 + W_4 = -RT_h \ln \frac{V_2}{V_1} - RT_c \ln \frac{V_4}{V_3}$$

又因为 $B{\rightarrow}C$ 和 $D{\rightarrow}A$ 是绝热可逆过程，满足以下关系式：

$$T_h V_2^{\gamma-1} = T_c V_3^{\gamma-1} \qquad T_h V_1^{\gamma-1} = T_c V_4^{\gamma-1}$$

两式相除，得到 $\left(\dfrac{V_2}{V_1}\right)^{\gamma-1} = \left(\dfrac{V_3}{V_4}\right)^{\gamma-1} \Rightarrow \dfrac{V_2}{V_1} = \dfrac{V_3}{V_4}$

$$W = -RT_h \ln \frac{V_2}{V_1} + RT_c \ln \frac{V_2}{V_1} = -R \ln \frac{V_2}{V_1}(T_h - T_c)$$

而热机效率 η 应等于热机对外所做总功与热机从高温热源吸收的热量的比值，即

$$\eta = \frac{-W}{Q_1} = \frac{T_h - T_c}{T_h} = 1 - \frac{T_c}{T_h} \tag{1.52}$$

由式（1.52）可以看出，卡诺热机的效率（即热转化为功的比例）与两个热源的温度有关，高温热源温度越高，低温热源温度越低，则热机效率越大。所以要想提高卡诺可逆热机的效率就必须尽可能提高两个热源之间的温度差。

如果把卡诺循环展开，使理想气体沿 $ADCBA$ 的途径循环的话，就变成制冷机，从低温热源吸热 Q_c'，对高温热源放热 Q_h'，同时环境对系统做功 W（$W>0$），就是空调制冷的工作原理。

制冷机：卡诺循环展开，即

$$\eta = \frac{Q_c'}{W} = \frac{T_c}{T_h - T_c} \tag{1.53}$$

上面计算卡诺热机效率时有两个前提：假设循环可逆，以理想气体为工作物质。卡诺热机效率是热转化为功的最高限度，所有工作于同温热源和同温冷源之间的热机，其效率都不可能超过可逆机（可逆机的效率最大），即 $\eta < \eta_R$。而且，卡诺热机的效率只与热源温度有关，而与工作介质无关。这就是卡诺定理。利用热力学第二定律证明卡诺定理。

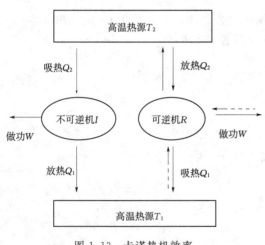

图 1.13 卡诺热机效率

如图 1.13 所示，可证明：在高温热源和低温热源之间同时存在可逆机和不可逆机，调节两热机，使两热机对环境所做的功相等。

此时，如果假设 $\eta_I > \eta_R$，则 $\dfrac{W}{Q_1'}$ $>\dfrac{W}{Q_1}$，$Q_1'<Q_1$。

用可逆机和不可逆机设计一个循环，其中可逆机 R 是制冷机，在整个过程循环一周后，在两个热机中的工作物质恢复原状，除了热源有热交换外，没有其他变化，则

对低温热源 $Q = (Q_1' - W) - (Q_1 - W) = Q_1' - Q_1 < 0$

对高温热源 $Q' = Q_1 - Q_1' > 0$

即高温热源得到热而低温热源失去热，整个循环的净结果是使热从低温热源传给高温热源而没有发生任何其他变化。这显然违反了热力学第二定律，故假设不成立。结论是，任何热机的效率不可能比卡诺热机的效率高。

从卡诺定理里还能得到一个推论：所有工作于同温热源和同温冷源之间的可逆机的热机效率都相等。在证明卡诺定理的整个过程中，根本没有涉及工作物质是什么，所以卡诺定理与工作物质本性无关，为了便于研究，都用理想气体作为卡诺热机的工

作物质。

为了用热力学第二定律来判断反应的方向和进行程度，必须先引入一个新的物理量——熵。

1.3.3 熵的概念

由上述讨论可知，卡诺可逆循环中

$$\eta_R = \left|\frac{W}{Q_h}\right| = \frac{Q_c + Q_h}{Q_h} = \frac{T_h - T_c}{T_h}$$

即

$$\frac{Q_c}{Q_h} = -\frac{T_c}{T_h}$$

$$\frac{Q_c}{T_c} + \frac{Q_h}{T_h} = \sum \frac{Q_B}{T_B} = 0 \tag{1.54}$$

式（1.54）说明，卡诺可逆循环热温熵之和等于零。可以证明，不仅卡诺循环具有这个特点，任何可逆循环都满足这个关系式。如图 1.14 所示，任意可逆循环 ABA 可以被许多绝热可逆线和定温可逆线分割成许多小卡诺循环，每个小卡诺循环的热温熵总和为 0。

$$\frac{\delta Q_1}{T_1} + \frac{\delta Q_2}{T_2} + \cdots = \sum \frac{\delta Q_i}{T_i} = 0$$

相邻两个小卡诺循环的绝热可逆线抵消，故这些小卡诺循环的总和就是一个完整曲线。当折线段趋于无穷小时，则无数个小卡诺循环的总和就与任意可逆循环 ABA 重合。

$$\sum_i \left(\frac{\delta Q_i}{T_i}\right)_R = 0 \Rightarrow \oint \left(\frac{\delta Q}{T}\right)_R = 0 \tag{1.55}$$

即在任意可逆循环过程中，工作物质在各温度所吸收的热与该温度之比总和为 0（图 1.15）。

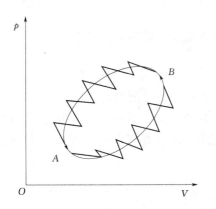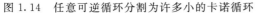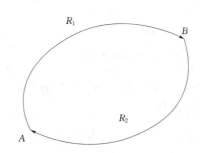

图 1.14　任意可逆循环分割为许多小的卡诺循环　　图 1.15　可逆环状过程

再来讨论可逆过程热温熵。在 A、B 之间设计两个不同的可逆过程，则 $A \to B \to A$ 就形成一个可逆循环，该可逆循环中热温熵总和等于 0。

$$\int_A^B \left(\frac{\delta Q}{T}\right)_{R_1} + \int_B^A \left(\frac{\delta Q}{T}\right)_{R_2} = 0$$

则
$$\int_A^B \left(\frac{\delta Q}{T}\right)_{R_1} = -\int_B^A \left(\frac{\delta Q}{T}\right)_{R_2}$$

$$\int_A^B \left(\frac{\delta Q}{T}\right)_{R_1} = \int_A^B \left(\frac{\delta Q}{T}\right)_{R_2}$$

可逆过程的热温熵也与途径无关。换句话说，可逆过程的热温熵具有状态函数的一切特征，这个状态函数就是熵，用符号"S"表示。熵是系统的容量性质，单位为 J/K。当系统从状态 A 变为状态 B 时，熵的变化为

$$\Delta S_{A \to B} = S_A - S_B = \int_A^B \left(\frac{\delta Q_r}{T}\right)_R \tag{1.56}$$

若系统经历一个微小的变化，熵变可以写成微分形式：

$$dS = \left(\frac{\delta Q_r}{T}\right)_R \tag{1.57}$$

式（1.56）和式（1.57）中 ΔQ_r 表示可逆过程的热温熵，两式都是由可逆循环过程导出的，只能在可逆过程中应用。

1.3.4　热力学第二定律的数学表达式

根据卡诺定理，在温度相同的高温热源和低温热源之间工作的不可逆热机的效率 η_I 小于可逆热机 η_R，已知不可逆热机的效率为 $\eta_I = \dfrac{W}{Q_2} = \dfrac{Q_c + Q_h}{Q_h} = 1 + \dfrac{Q_c}{Q_h}$，而可逆热机效率为 $\eta_R = \dfrac{T_h - T_c}{T_h} = 1 - \dfrac{T_c}{T_h}$。

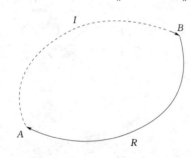

图 1.16　不可逆环状过程

因为 $\eta_I < \eta_R$，所以 $1 + \dfrac{Q_c}{Q_h} < 1 - \dfrac{T_c}{T_h}$，整理得 $\dfrac{Q_c}{T_c} + \dfrac{Q_h}{T_h} < 0$。

把上面的关系式推广到任意不可逆循环，则

$$\sum_i \left(\frac{\delta Q_i}{T_i}\right)_I < 0 \tag{1.58}$$

即不可逆过程的热温熵之和小于 0。

在 A、B 之间分别设计一个可逆过程和不可逆过程（图 1.16），而 $A \to B \to A$ 仍然是不可逆循环，根据式（1.58），该不可逆循环中热温熵之和小于 0。

$$\left(\sum_i \frac{\delta Q_i}{T_i}\right)_{I, A \to B} + \left(\sum_i \frac{\delta Q_i}{T_i}\right)_{R, B \to A} < 0$$

$$\left(\sum_i \frac{\delta Q_i}{T_i}\right)_{I, A \to B} + S_A - S_B < 0$$

$$\left(\sum_i \frac{\delta Q_i}{T_i}\right)_{I, A \to B} + S_A - S_B < 0$$

即
$$S_B - S_A > \left(\sum_i \frac{\delta Q_i}{T_i}\right)_{I, A \to B} \tag{1.59}$$

或

$$\Delta S_{A \to B} > \left(\sum_i \frac{\delta Q_i}{T_i} \right)_{I, A \to B} \qquad (1.60)$$

由式（1.60）可知，系统从状态 A 经由不可逆过程变到状态 B，过程中热温熵的总和总小于系统的熵变 ΔS。

将式（1.60）和式（1.56）合并，就得到

$$\Delta S_{A \to B} - \left(\sum_A^B \frac{\delta Q}{T} \right) \geqslant 0 \qquad (1.61)$$

这个公式称为克劳修斯不等式。ΔQ 是实际过程中的热效应，T 是环境的温度，$\Delta Q/T$ 是实际过程的热温熵。等号适用于可逆过程，大于号适用于不可逆过程。对于可逆过程，环境温度等于系统温度，则 ΔQ 也是可逆过程的热效应。克劳修斯不等式说明可逆过程的热温熵等于熵变，而不可逆过程的热温熵则小于熵变。它可以用来判断过程的可逆性，是热力学第二定律的一种数学表达式。若某一过程发生时，系统的熵变大于热温熵，则该过程是一个有可能进行的不可逆过程，若某一过程发生时，系统的熵变等于热温熵，则该过程是一个可逆过程，若某一过程发生时，系统的熵变小于热温熵，则该过程是一个不可能发生的过程。熵是一个状态函数，在同一始终态之间 ΔS 是不变的，但 Q 是一个过程量，在可逆过程和不可逆过程中是不同的，造成相应的热温熵数值不同。

将式（1.61）应用于微小过程，得

$$dS - \frac{\delta Q}{T} \geqslant 0 \qquad (1.62)$$

这是热力学第二定律的最普遍的表达式。其中，dS 是系统的微小熵变。

克劳修斯不等式应用于绝热过程或孤立系统（$\Delta Q = 0$）中，就得到了熵增加原理：

$$\Delta S \geqslant 0 \quad 或 \quad dS \geqslant 0 \qquad (1.63)$$

熵增加原理给出了判断过程变化方向的依据。若经历不可逆过程，则熵增加，若经历可逆过程，则熵不变，即孤立系统发生的任意过程和封闭系统的绝热过程只能向着熵增加的方向进行。

熵增加原理只给我们提供了根据 ΔS 判断过程可逆性的标准，但是要判断过程的可逆性，还需要计算 ΔS。

1.3.5 熵变的计算

可逆过程的热温熵等于熵变是计算熵变的主要依据。S 是状态函数，只要始终态确定，ΔS 即为定值。无论是否是可逆过程，在数值上 $dS = \Delta Q_r / T$（$Q_r = T dS$）。进行计算时，必须应用可逆过程的热。当不能确定实际过程是否为可逆过程时，必须设计一个始终态和实际过程相同的可逆过程才能计算熵变。

1. 等温过程的熵变

对于等温可逆过程

$$\Delta S = \int \frac{\delta Q_r}{T} = \frac{Q_r}{T} \qquad (1.64)$$

式中：Q_r 为等温可逆过程的热。

对于理想气体等温可逆过程，熵变为

$$\Delta S = \frac{Q_R}{T} = \frac{W_R}{T} = \frac{nRT\ln\frac{V_2}{V_1}}{T} = nR\ln\frac{V_2}{V_1} = nR\ln\frac{p_1}{p_2} \tag{1.65}$$

【例 1.9】 1mol 理想气体，300K 下，100kPa 膨胀至 10kPa，计算过程的熵变，并判断过程的可逆性。

（1）$p_{外} = 10\text{kPa}$。

（2）$p_{外} = 0$。

解： 计算系统熵变，设计可逆过程，上述两种过程终态一致。

对于理想气体定温可逆过程

$$\Delta S = nR\ln\frac{p_1}{p_2} = 1 \times 8.314 \times \ln\frac{100}{10} = 19.14(\text{J/K})$$

则两个过程的熵变都为 19.14J/K。

（1）抗恒外压 $p_{外} = 10\text{kPa}$ 等温过程：

$$Q = -W = p_2(V_2 - V_1) = p_2\left(\frac{nRT}{p_2} - \frac{nRT}{p_1}\right)$$

$$= 8.314 \times 300 \times \left(1 - \frac{10}{100}\right) = 2244.8(\text{J})$$

$\dfrac{Q}{T} = \dfrac{2244.8\text{J}}{300\text{K}} = 7.48\text{J/K}$　$\Delta S > Q/T$ 该过程为不可逆过程。

（2）抗恒外压 $p_{外} = 0$ 等温过程：

$Q = -W = 0$，$Q/T = 0$　$\Delta S > Q/T$ 该过程为不可逆过程。

2. 变温过程的熵变

（1）等压变温过程的熵变。在等压条件下，设计一个可逆的变温过程，则 $\Delta Q_r = C_p\text{d}T$。

$$\text{d}S = \Delta Q_r/T = C_p\text{d}T/T$$

$$\Delta S = \int_{T_1}^{T_2} \frac{\delta Q_R}{T} = \int_{T_1}^{T_2} \frac{C_p\text{d}T}{T} \tag{1.66}$$

当 C_p 为常数时　　　　　　$\Delta S = C_p\ln\dfrac{T_2}{T_1}$

当 C_p 随着温度变化而变化，则需要将 $C_p = f(T)$ 代入到式（1.66）来计算。

（2）等容变温过程的熵变。在等容条件下，设计一个可逆的变温过程，则 $\Delta Q_r = C_V\text{d}T$。

$$\text{d}S = \Delta Q_r/T = C_V\text{d}T/T$$

$$\Delta S = \int_{T_1}^{T_2} \frac{\delta Q_R}{T} = \int_{T_1}^{T_2} \frac{C_V\text{d}T}{T} \tag{1.67}$$

当 C_V 为常数时　　　　　　$\Delta S = C_V\ln\dfrac{T_2}{T_1}$

当 C_V 随着温度变化而变化，则需要将 $C_V = f(T)$ 代入到式（1.67）来计算。

式（1.66）和式（1.67）适用于任何纯物质的等压或等容过程，但在温度变化范围内，不能有相变化发生。

（3）理想气体简单状态变化过程的熵变。对理想气体由状态（p_1，V_1，T_1）变为状态（p_2，V_2，T_2），可以设计等温和等压过程：

$$
\begin{array}{ccc}
p_1, V_1, T_1 & \xrightarrow{\ \Delta S\ } & p_2, V_2, T_2 \\
\searrow{\scriptstyle \Delta S_1} & & \nearrow{\scriptstyle \Delta S_2} \\
 & p_2, V_1', T_1 &
\end{array}
$$

$$\Delta S = \Delta S_1 + \Delta S_2 = nR\ln\frac{p_1}{p_2} + C_p\ln\frac{T_2}{T_1} \tag{1.68}$$

或设计等温和等容过程：

$$
\begin{array}{ccc}
p_1, V_1, T_1 & \xrightarrow{\ \Delta S\ } & p_2, V_2, T_2 \\
\searrow{\scriptstyle \Delta S_1'} & & \nearrow{\scriptstyle \Delta S_2'} \\
 & p_1', V_2, T_1 &
\end{array}
$$

$$\Delta S = \Delta S_1' + \Delta S_2' = nR\ln\frac{V_2}{V_1} + C_V\ln\frac{T_2}{T_1} \tag{1.69}$$

式（1.68）和式（1.69）是等同的，都可以计算理想气体简单状态变化过程的熵变。

【例 1.10】 2mol 某理想气体，其 $C_{V,m} = 20.79 \text{J}/(\text{K}/\text{mol})$，由 50℃、100dm³ 加热膨胀到 150℃、150dm³，求系统的 ΔS。

解：$\Delta S = nC_{V,m}\ln\dfrac{T_2}{T_1} + nR\ln\dfrac{V_2}{V_1}$

$$\Delta S = 2 \times 20.79\ln\frac{423}{323} + 2R\ln\frac{150}{100} = 17.95(\text{J/K})$$

【例 1.11】 求两种不同的理想气体同温同压下的混合过程（图 1.16）的 ΔS。

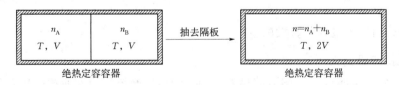

图 1.17 ［例 1.11］图

解：无论是 A 和 B：始态体积：V，终态体积：$2V$；始态压力：p，终态分压：$p/2$；

$$(\Delta S)_T = nR\ln\frac{V_2}{V_1} = nR\ln\frac{p_1}{p_2}$$

$$\Delta S = \Delta S_A + \Delta S_B = n_A R\ln\frac{V_A + V_B}{V_A} + n_B R\ln\frac{V_A + V_B}{V_A}$$

$$=2R\ln2=11.53(\text{J/K})$$

3. 相变过程的熵变

对于等温等压下两相平衡时发生的相变过程，为可逆过程。由于 $Q_r=\Delta H$，则

$$\Delta S=\frac{\Delta H}{T}\tag{1.70}$$

式中：ΔH 为相变焓；T 为相变温度。

若经历不可逆相变过程，则需要可设计包含可逆相变过程的一系列途径来计算 ΔS。

【例 1.12】 在 $p^{\ominus}$ 下，1mol$-10℃$液态水等压变成$-10℃$的冰，已知水和冰的比热分别为 75.3 和 37.7J/(K·mol)，0℃时冰的融化热为 5.9kJ/mol [$\overline{C_{水}}=75.3$J/(K·mol)，$\overline{C_{冰}}=37.7$J/(K·mol)，$\Delta_{融}H^{\ominus}=5.9$kJ/mol]，求 $\Delta S_{体}$、$\Delta S_{环}$、$\Delta S_{总}$，并判断过程是否自发。

解： 该过程是不可逆的，故可设计几个可逆途径代替：

$$\begin{array}{ccc}
\text{1mol H}_2\text{O(l)} & \xrightarrow[\Delta S]{\text{等压}} & \text{1mol H}_2\text{O(s)}\\
263\text{K}\quad p^{\ominus} & & 263\text{K}\quad p^{\ominus}\\
\downarrow\Delta S_1 & & \uparrow\Delta S_3\\
\text{1mol H}_2\text{O(l)} & \xrightarrow{\Delta S_2} & \text{1mol H}_2\text{O(s)}\\
273\text{K}\quad p^{\ominus} & & 273\text{K}\quad p^{\ominus}
\end{array}$$

$$\Delta S=\Delta S_1+\Delta S_2+\Delta S_3=C_{水}\ln\frac{T_2}{T_1}+\frac{\Delta H}{T_2}+C_{冰}\ln\frac{T_1}{T_2}$$

$$=75.3\times\ln\frac{273}{263}+\frac{-5900}{273}+37.7\times\ln\frac{263}{273}=-20.0(\text{J/K})$$

又因为 $Q=\Delta H(263\text{K})=\Delta H(273\text{K})+\int_{273}^{263}\Delta C_p\mathrm{d}T$

$$=-5900+(75.3-37.7)\times(263-273)=-5524(\text{J/mol})$$

$$\frac{Q}{T}=\frac{-5524}{263}=-21.0(\text{J/K})$$

$\Delta S>\dfrac{Q}{T}$ 所以该过程是自发的。

1.3.6　熵的统计意义

熵的物理意义及规定熵

在热力学第二定律中，用新的热力学函数熵来判断过程的方向和限度，但是熵的物理意义究竟是什么，却不像热力学第一定律中的热力学能那样直观和明确。为了进一步确立热力学第二定律的准确性，就必须从微观角度给热力学第二定律以合理的解释。

1. 系统的微观状态数和概率

热力学系统是大量质点集合而成的宏观系统。一种指定的宏观状态可由多种微观状态来实现，与某一宏观状态相对应的微观状态的数目，称为该宏观状态的"微观状态数"，也称为这一宏观状态的"热力学概率"，以符号 Ω 表示。设有四个不同的分

子 a、b、c、d，将其分装到一个分成左右体积相同两个小室的盒子里，可有 $2^4=16$ 种分配方式，所以总的微观状态数 Ω 为 16。状态的数学概率等于状态的热力学概率除以该情况下所有可能的微观状态数。所以，均匀分布的数学概率最大，为 6/16，全部分布在一侧的数学概率为 1/16。当分子的数目为 N 时，总的微观状态数 Ω 为 2^N，全部分子分布在一侧的微观状态数仍为 1，数学概率为 $1/2^N$。把分子都分布在一侧的状态称为"有序性"较高的状态，而均匀分布状态为"混乱度"较高的状态。可以看到，有序性高的状态对应微观状态数少，混乱度高的状态对应微观状态多。假如开始时分子都集中在盒子的一侧，抽取隔板后，分子就迅速扩散占据整个盒子，称为最混乱的分布（均匀分布），达到平衡状态。实际上，某热力学状态所对应的微观状态数即热力学概率 Ω，就是系统处于该状态时的混乱度。

2. 玻耳兹曼关系式

在热力学过程中，系统混乱度 Ω 越大，熵越大，反之亦然。统计热力学可证明，二者之间的关系为

$$S=k\ln\Omega \tag{1.71}$$

式中：k 为玻耳兹曼常数，$k=R/N=1.38\times10^{-23}\mathrm{J/K}$。

式 (1.71) 即为玻耳兹曼关系式。

熵是系统的状态函数，属于宏观性质，而微观状态数是微观性质，所以玻耳兹曼关系式是联系宏观性质和微观性质的重要关系式，也奠定了统计热力学的基础。

热力学第二定律指出，一切自发过程的不可逆性均可归结为热功转化的不可逆性，即功可全部转化为热，而热不可能全部转为功而不留下任何其他变化。从微观看，当温度升高时，分子热运动变得剧烈，处于高能态的分子数目增多，分子的混乱度也就是 Ω 也随之增加。分子互撞的结果只会增加混乱程度，直到混乱度达到最大为止。而功则是与有方向的运动相联系，即是分子有序运动的表现。所以功转变为热的过程是有序运动转化为无序运动，是向混乱度增加的方向进行的。再如气体的混合过程：设一盒内有隔板隔开的两种气体，将隔板抽去后，气体迅速混合成均匀的平衡状态，混乱程度增加。这种状态无论等待多久，系统也不会复原。从统计的观点看，在孤立系统中有序性较高（混乱度较低）的状态总是要自动向有序性较低（混乱度较高）的状态转变，反之则是不可能的。所以一切自发过程，总的结果都是向混乱度增加的方向进行，这就是热力学第二定律的本质。

3. 热力学第三定律和规定熵

系统熵值的变化与混乱度同步，系统越混乱，熵值越大；反过来说，系统分子排列越有序，熵值越小。当分子排列完全有序时，熵值达到最小等于 0。

等压可逆过程中，$\mathrm{d}S=\dfrac{C_p\mathrm{d}T}{T}$，则 $S=S_0+\displaystyle\int_0^T\dfrac{C_p\mathrm{d}T}{T}$。

如果能确定 0K 下的熵值 S_0，就可求出任何温度下的绝对熵值。

经过人们研究发现，在 0K 下，任何纯物质的完美晶体，其熵值为 0，这就是热力学第三定律。

在这里要注意，热力学第三定律只对纯物质完美晶体适用，因为混合物会产生混

合熵，而当晶体排列稍微无序时，熵值也不为 0。对于玻璃态物质（不是完美晶体）和固体溶液（不是纯物质）来说，其熵值即使在 0K 时亦不为 0。热力学第三定律是用外推法推导出来的，因为它同时也说明了绝对零度是只能无限接近但不可能达到的。

从热力学第三定律可以看出：系统内部分子的排列越趋于无序，系统的熵值就越大；熵是系统混乱度的宏观表现，熵值与混乱度变化同步。根据这一原则，我们可以比较系统的熵值大小：①两种理想气体混合后微观混乱程度增大；②同种物质同种相态，温度越高，混乱度越大；③同种物质在同一温度时 $S(g)>S(l)>S(s)$；④分子中原子数越多，微观混乱度越大；⑤气体分子数增大或生成物质种类较多的反应，$\Delta S>0$，反之 $\Delta S<0$ 等。

根据热力学第三定律，以 $S(0K)=0$ 为基准计算出来的熵值称为规定熵。因为

$$S=S_0+\int_0^T \frac{C_p \mathrm{d}T}{T}$$

所以 $S(T)$ 可由实验测得不同温度的热容数值来求得。

对于任意化学反应，当各物质都处于 298.15K 时的标准状态，反应的标准摩尔熵变：

$$\Delta_r S_m^\ominus = \sum_B \nu_B S_{m,B}^\ominus \qquad (1.72)$$

式中：$S_m^\ominus$ 为物质 B 的标准摩尔熵。书后的附表 2 里列出了 298.15K、标准状态下，各种物质的标准摩尔熵。

1.3.7 亥姆霍兹函数和吉布斯函数

对于封闭系统，由热力学第一定律的表达式 $\mathrm{d}U=\delta Q+\delta W$ 和热力学第二定律的表达式 $\mathrm{d}S \geqslant \frac{\delta Q}{T}$，可得 $\mathrm{d}U=\delta Q+\delta W \leqslant T\mathrm{d}S+\delta W$。

即 $$T\mathrm{d}S \geqslant \mathrm{d}U-\delta W \qquad (1.73)$$

式（1.73）就是热力学第一、第二定律的联合表达式，其中，W 包括一切功，可将功分为两类，一类为体积功，用 W_V 表示，一类是除体积功以外的其他功，用 W' 表示，则

$$T\mathrm{d}S \geqslant \mathrm{d}U-\delta W_V-\delta W' \qquad (1.74)$$

当 $W'\neq 0$ 时 $\quad T\mathrm{d}S-\mathrm{d}U+\delta W_V \geqslant -\delta W'$

当 $W'=0$ 时 $\quad T\mathrm{d}S-\mathrm{d}U+\delta W_V \geqslant 0$

1. 亥姆霍兹函数 （A）

在等温等容条件下，体积功 $W_V=0$，则

$$-\mathrm{d}(U-TS) \geqslant -\delta W'(W'\neq 0) \quad 和 \quad -\mathrm{d}(U-TS) \geqslant 0(W'=0)$$

定义亥姆霍兹函数，$A \equiv U-TS$，则不等式进一步简化为

$$-\mathrm{d}A \geqslant -\delta W' \quad (W'\neq 0) \qquad (1.75)$$

和 $$-\mathrm{d}A \geqslant 0 \quad (W'=0) \qquad (1.76)$$

在上面的不等式中，过程可逆取等号，过程不可逆取不等号。

从 A 的定义式看，由于 TS 虽然具有能量的量纲，但并不是能量，所以 A 也不

是能量。

由式（1.75）和式（1.76）得出如下结论：

（1）在等温过程中，$T dS - dU \geqslant -\delta W$，可得到 $-dA \geqslant -\delta W$，则 $\Delta A = W_{max}$ 故 A 又称功函，亥姆霍兹函数可以用来表征系统对外做功的本领：封闭系统的恒温不可逆过程中，$dA < \delta W$；而在可逆过程中，$dA = \delta W$，系统亥姆霍兹函数的减少量全部用于对外做功。

（2）当 $W' = 0$ 时，$dA \leqslant 0$ 或（$=0$ 可逆过程，<0 不可逆自发过程）。即封闭系统在等温等容、不做非体积功的条件下，会向着亥姆霍兹函数减少的方向进行，这就是亥姆霍兹函数减少原理，也称作亥姆霍兹函数判据。这意味着等温等容、不做非体积功的条件下，各种可能发生的过程（反应）在平衡时亥姆霍兹函数最小。

（3）当 $W' \neq 0$ 时，由 $-dA \geqslant -\delta W'$ 可得 $-\Delta A = -W'_{max}$。在等温等容、存在非体积功的条件下，可逆过程的亥姆霍兹函数的减少量等于对外所做非体积功，而不可逆过程的亥姆霍兹函数的减少量大于对外所做非体积功。即等温等容过程系统亥姆霍兹函数的减少量等于系统对外所做的最大非体积功。

2. 吉布斯函数（G）

在等温等压的条件下，体积功 $W_V = p dV$，式（1.74）变为

$$T dS \geqslant dU + p dV - \delta W'$$

$$-d(U + pV - TS) \geqslant -\delta W'$$

$$-d(H - TS) \geqslant -\delta W'$$

定义吉布斯函数 $G \equiv H - TS$，则不等式进一步简化为

$$-dG \geqslant -\delta W' \qquad (W' \neq 0) \tag{1.77}$$

和 $$-dG \geqslant 0 \qquad (W' = 0) \tag{1.78}$$

从 G 的定义式看，由于 TS 虽然具有能量的量纲，但并不是能量，所以 G 也不是能量。

由式（1.77）和式（1.78）可知：

（1）等温等压下，$-dG \geqslant \delta W' \Rightarrow -\Delta G = -W'_{max}$。即等温等压过程吉布斯函数的减少等于可逆过程对外所做非体积功，而不可逆过程的吉布斯函数的减少量大于对外所做非体积功。

（2）当 $W' = 0$ 时，$dG \leqslant 0$（$=0$ 可逆过程，<0 不可逆自发过程）。即封闭系统在等温等压、不做非体积功的条件下，会向着吉布斯函数减少的方向进行，这就是吉布斯函数减少原理，也称作吉布斯函数判据。这意味着等温等压、不做非体积功的条件下，各种可能发生的过程（反应）在平衡时吉布斯函数最小。

由上述讨论可知，在等温等容、等温等压和不做非体积功的条件下，可以根据系统的 ΔG 和 ΔA 的正负号来判断过程的方向。而 G 和 A 都是状态函数，其变化值只与始终态有关，与过程无关。大部分化学反应都是在等温等压条件下进行的，所以吉布斯函数 G 尤为重要。

1.3.8 热力学函数重要关系式

1. 热力学函数之间的关系

热力学函数 H、A、G 由基本函数经过数学组合而成，称为导出函数。它们本身没有物理意义，根据这几个热力学函数的定义：

$$H=U+pV, \quad A=U-TS$$
$$G=H-TS=U-TS+pV=A+pV$$

用图 1.18 表示出 U、H、S、A、G 之间的关系。

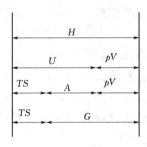

图 1.18 热力学函数的关系

2. 吉布斯公式

对于单相组成不变的封闭系统微小可逆且不做非体积功的过程

$$dU=\Delta Q-\Delta W=TdS-pdV \tag{1.79}$$

将 $U=H-pV$ 代入式（1.79）得

$$d(H-pV)=dH-pdV-Vdp=TdS-pdV$$

整理得

$$dH=TdS+Vdp \tag{1.80}$$

将 $U=A+TS$ 代入式（1.79）得

$$d(A+TS)=dA+TdS+SdT=TdS-pdV$$

整理得

$$dA=-SdT-pdV \tag{1.81}$$

将 $U=G+TS-pV$ 代入式（1.79）得

$$d(G+TS-pV)=dG+TdS+SdT-pdV-Vdp=TdS-pdV$$

整理得

$$dG=-SdT+Vdp \tag{1.82}$$

式（1.79）~式（1.82）4 个关系式十分重要，称为吉布斯公式。公式从单相组成不变的封闭系统的可逆过程引入，但是由于 U、H、A、G 是状态函数，所以公式同样适用于组成不变的单相封闭平衡系统的不可逆过程（无非体积功）。若系统中发生相变、混合或化学反应时，则公式只适用于可逆过程。组成可变时，系统的状态不能仅由两个强度量确定，还必须考虑组成对各状态函数的影响。

3. 麦克斯韦关系式

由上面的基本公式可以发现，U、H、A、G 这些状态函数中，每个状态函数都可以由两个状态参量来决定，即 $U=U(S, V)$；$H=H(S, p)$；$A=A(T, V)$ 和 $G=G(T, p)$，称为特征函数。当这两个状态参量在过程中不发生变化时，就可以用对应特征函数的变化值来判断变化过程的方向。如等温等容过程用 ΔA 做判据，等温等压过程用 ΔG 做判据等。

根据这些特征函数可以进一步得

$$dU=\left(\frac{\partial U}{\partial S}\right)_V dS+\left(\frac{\partial U}{\partial V}\right)_S dV \qquad dH=\left(\frac{\partial H}{\partial S}\right)_p dS+\left(\frac{\partial H}{\partial p}\right)_S dp$$

$$dA=\left(\frac{\partial A}{\partial T}\right)_V dT+\left(\frac{\partial A}{\partial V}\right)_T dV \qquad dG=\left(\frac{\partial G}{\partial T}\right)_p dT+\left(\frac{\partial G}{\partial p}\right)_T dp$$

将上述公式与吉布斯公式比较，可得

$$\left(\frac{\partial U}{\partial S}\right)_V=-p \qquad \left(\frac{\partial U}{\partial V}\right)_S=T \tag{1.83}$$

$$\left(\frac{\partial H}{\partial S}\right)_p = V \qquad \left(\frac{\partial H}{\partial p}\right)_S = T \qquad\qquad (1.84)$$

$$\left(\frac{\partial A}{\partial T}\right)_V = -p \qquad \left(\frac{\partial A}{\partial V}\right)_T = -S \qquad\qquad (1.85)$$

$$\left(\frac{\partial G}{\partial T}\right)_p = V \qquad \left(\frac{\partial G}{\partial p}\right)_T = -S \qquad\qquad (1.86)$$

式 (1.83)~式 (1.86) 称为对应系数关系式。

由于状态函数具有全微分的性质,其二级偏微分与求导顺序无关,则

$$\frac{\partial^2 U}{\partial S \partial V} = \left(\frac{\partial T}{\partial V}\right)_S = -\left(\frac{\partial p}{\partial S}\right)_V \qquad\qquad (1.87)$$

$$\frac{\partial^2 H}{\partial S \partial p} = \left(\frac{\partial T}{\partial p}\right)_S = \left(\frac{\partial V}{\partial S}\right)_p \qquad\qquad (1.88)$$

$$\frac{\partial^2 A}{\partial T \partial V} = \left(\frac{\partial p}{\partial T}\right)_V = \left(\frac{\partial S}{\partial V}\right)_T \qquad\qquad (1.89)$$

$$\frac{\partial^2 G}{\partial T \partial p} = \left(\frac{\partial V}{\partial T}\right)_p = -\left(\frac{\partial S}{\partial p}\right)_T \qquad\qquad (1.90)$$

式 (1.87)~式 (1.90) 称为麦克斯韦关系式,它们在热力学中被广泛应用,它使熵随压力或体积的变化率这些难以由实验测量的偏导数可以由一些易于由实验测量的偏导数来代替。例如,在式 (1.89) 中,$(\partial S/\partial V)_T$ 不容易测定,可以通过测定$(\partial p/\partial T)_V$ 来计算$(\partial S/\partial V)_T$。

【例 1.13】 求证:(1) $\left(\frac{\partial U}{\partial p}\right)_T = -T\left(\frac{\partial V}{\partial T}\right)_p - p\left(\frac{\partial V}{\partial p}\right)_T$

(2) $\left(\frac{\partial H}{\partial V}\right)_T = T\left(\frac{\partial p}{\partial T}\right)_V - V\left(\frac{\partial p}{\partial V}\right)_T$

证明:(1) $\because \left(\frac{\partial U}{\partial V}\right)_T = T\left(\frac{\partial p}{\partial T}\right)_V - p$

$\therefore \left(\frac{\partial U}{\partial p}\right)_T = \left(\frac{\partial U}{\partial V}\right)_T \left(\frac{\partial V}{\partial p}\right)_T = T\left(\frac{\partial p}{\partial T}\right)_V \left(\frac{\partial V}{\partial p}\right)_T - p\left(\frac{\partial V}{\partial p}\right)_T = -T\left(\frac{\partial V}{\partial T}\right)_p - p\left(\frac{\partial V}{\partial p}\right)_T$

(2) $\because \left(\frac{\partial H}{\partial p}\right)_T = V - T\left(\frac{\partial V}{\partial T}\right)_p$

$\therefore \left(\frac{\partial H}{\partial V}\right)_T = \left(\frac{\partial H}{\partial p}\right)_T \left(\frac{\partial P}{\partial V}\right)_T = V\left(\frac{\partial p}{\partial V}\right)_T - T\left(\frac{\partial V}{\partial T}\right)_p \left(\frac{\partial p}{\partial V}\right)_T = V\left(\frac{\partial p}{\partial V}\right)_T + T\left(\frac{\partial p}{\partial T}\right)_V$

1.3.9　ΔG 的计算

吉布斯函数是非常重要的热力学函数,ΔG 的计算是热力学的重要任务,具有很大的实用价值。

1. 简单状态变化过程的 ΔG

对于封闭系统的任意等温过程,有 ΔG＝ΔH－TΔS,因此只要求得等温过程中的 ΔH 和 ΔS,就可以求出 ΔG。

对于组成不变的单相封闭平衡系统任意过程,由吉布斯公式 dG＝－SdT＋Vdp 可得,对于等温过程,dT＝0,dG＝Vdp,则

$$\Delta G = \int_{p_1}^{p_2} V \mathrm{d}p \qquad (1.91)$$

固、液体的体积可认为是常数，不随压力变化，$\Delta G = V\Delta p$。

另外理想气体存在关系 $V = \dfrac{nRT}{p}$，故 $\Delta G = \int_{p_1}^{p_2} V \mathrm{d}p = nRT \ln \dfrac{p_2}{p_1}$。

对于非等温过程，$\Delta G = \Delta H - \Delta(TS) = \Delta H - (T_2 S_2 - T_1 S_1)$。

可以根据热力学第三定律求出 T_1 温度下的熵值 S_1，然后根据 $\Delta H = \int C_p \mathrm{d}T$ 和

$\Delta S = \int \dfrac{C_p}{T} \mathrm{d}T$，即可求出相应的 ΔG。

【例 1.14】 已知 25℃，$p^{\ominus}$ 下，$S_m^{\ominus}(H_2, g, 298K) = 130.587 \mathrm{J/(K \cdot mol)}$，$C_{p,m}(H_2) = 28.84 \mathrm{J/(K \cdot mol)}$，求 2mol H_2 在 $p^{\ominus}$ 下，由 25℃加热到 100℃的 ΔG。

解： $\Delta H_m^{\ominus} = C_{p,m}\Delta T = 28.84 \times (373 - 298) = 2163 (\mathrm{J/mol})$

$$\Delta S_m^{\ominus} = \int_{298}^{373} \frac{C_{p,m}}{T} \mathrm{d}T = 28.84 \times \ln \frac{373}{298} = 6.474 [\mathrm{J/(K \cdot mol)}]$$

$$S_m^{\ominus}(373K) = S_m^{\ominus}(373K) + \Delta S_m^{\ominus} = 130.587 + 6.474 = 137.061 [\mathrm{J/(K \cdot mol)}]$$

$$\Delta G = n \cdot \Delta G_m^{\ominus} = 2 \times [2163 - (373 \times 137.061 - 298 \times 130.587)] = -20092 (\mathrm{J})$$

2. 相变过程的 ΔG

对于等温等压可逆相变过程，吉布斯函数变化为零（$\Delta G = 0$）。如果系统经历的过程为不可逆相变，则需要设计始终态相同的可逆过程来进行计算 ΔG。

【例 1.15】 试求 298.2K 及 $p^{\ominus}$ 下，1mol H_2O (l) 气化过程的 ΔG。已知：$C_{p,m}(H_2O, l) = 75 \mathrm{J/(K \cdot mol)}$，$C_{p,m}(H_2O, g) = 33 \mathrm{J/(K \cdot mol)}$，298.2K 时水的蒸汽压为 3160Pa，$\Delta_g^l H_m(H_2O, 373.2K) = 40.60 \mathrm{kJ/mol}$。

解： 在始终态之间，设计如下的可逆过程

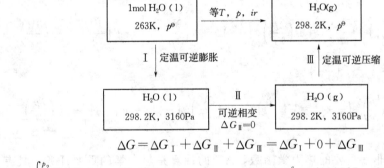

$$\Delta G = \Delta G_{\mathrm{I}} + \Delta G_{\mathrm{II}} + \Delta G_{\mathrm{III}} = \Delta G_{\mathrm{I}} + 0 + \Delta G_{\mathrm{III}}$$

$$\Delta G_{\mathrm{I}} = \int_{p_1}^{p_2} V_m(\mathrm{l}) \mathrm{d}p = V_m(\mathrm{l})(p_2 - p_1) = -10 \times 10^{-6} \times (101325 - 3160) \mathrm{J} = -1.77 (\mathrm{J})$$

$$\Delta G_{\mathrm{III}} = -nRT \ln \frac{p_1'}{p_2'} = 8.314 \times 298.2 \times \ln \frac{101325}{3160} = 8597 (\mathrm{J})$$

$$\Delta G = \Delta G_{\mathrm{I}} + \Delta G_{\mathrm{III}} = -2\mathrm{J} + 8597\mathrm{J} = 8595\mathrm{J}$$

对于凝聚相（液相或固相）来说，定温改变压力的过程 ΔG 很小，常常可以忽略不计。

3. 化学反应过程的 ΔG

化学反应 ΔG 的求算，将在第 2 章中详细介绍。这里只介绍由状态函数求算的方法。根据 G 的定义式：$G = H - TS$，对一定温定压下的化学反应来说，$\Delta G = \Delta H - T\Delta S$，因此，可根据此反应的 ΔH 和 ΔS 求算其 ΔG，而反应的 ΔH 可由标准生成焓求得，ΔS 可由物质的标准规定熵求得。

4. ΔG 和温度的关系（吉布斯-亥姆霍兹关系式）

对于等温等压下的相变、混合过程或化学反应，若其温度不同，则过程的 ΔG 不同。在等压条件下纯物质 G 随 T 的变化率为

$$\left(\frac{\partial G}{\partial T}\right)_p = -S$$

则

$$\left(\frac{\partial \Delta G}{\partial T}\right)_p = -\Delta S = -\frac{\Delta H - \Delta G}{T} = \frac{\Delta G - \Delta H}{T}$$

等式两边同除以 T，则

$$\frac{1}{T}\left(\frac{\partial \Delta G}{\partial T}\right)_p = -\frac{\Delta H}{T^2} + \frac{\Delta G}{T^2}$$

即

$$\frac{1}{T}\left(\frac{\partial \Delta G}{\partial T}\right)_p - \frac{\Delta G}{T^2} = -\frac{\Delta H}{T^2}$$

根据微分法则，将左端写作 G/T 对 T 的偏导，则

$$\left[\frac{\partial \left(\frac{\Delta G}{T}\right)}{\partial T}\right]_p = -\frac{\Delta H}{T^2} \tag{1.92}$$

式（1.92）描述了等温等压过程的 ΔG 随过程温度 T 的变化关系，称为吉布斯-亥姆霍兹关系式。由式（1.92）可得

$$d\left(\frac{\Delta G}{T}\right) = -\frac{\Delta H}{T^2}dT \tag{1.93}$$

假如已知 T_1 温度某相变、混合或化学反应的 ΔG_1，可根据式（1.93）来求算 T_2 温度某相变、混合或化学反应的 ΔG_2。

（1）不考虑 ΔH 随 T 的变化，则

$$\frac{\Delta G_2}{T_2} - \frac{\Delta G_1}{T_1} = \Delta H\left(\frac{1}{T_2} - \frac{1}{T_1}\right) \tag{1.94}$$

若 ΔH 和 ΔS 均与温度无关，则使用 $\Delta G = \Delta H - T\Delta S$ 计算 ΔG 更为方便快捷。

（2）考虑 ΔH 随 T 的变化，则根据 $d\Delta H = \Delta C_p dT$ 写出 ΔH 关于 T 的函数表达式代入积分求解，可得

$$\frac{\Delta G_2}{T_2} - \frac{\Delta G_1}{T_1} = \int_{T_1}^{T_2} -\frac{\Delta H}{T^2}dT \tag{1.95}$$

【例 1.16】 在 0℃时，S（斜方）→S（单斜）的 $\Delta H = 322.2J$，已知该变化在 95℃时是可逆进行的，$C_{p,m}$（斜方硫）$= 17.24 + 0.0197T$，$C_{p,m}$（单斜硫）$= 15.15 + 0.030T$。

求：(1) 0℃时的 ΔG；(2) 95℃时的 ΔH。

解：因为 $\Delta C_{p,m}=(15.15+0.030T)-(17.24+0.0197T)=-2.09+0.0103T$

$$\Delta H(T)-\Delta H(273\text{K})=\int_{273}^{T}\Delta C_{p,m}\mathrm{d}T=\int_{273}^{T}(-2.09+0.0103T)\mathrm{d}T$$

代入数据得

$$\Delta H(T)=-2.09T+0.00515T^2+508.9$$

$$\Delta H(368\text{K})=6714.1\text{J}$$

又因为

$$\frac{\Delta G(368\text{K})}{368}-\frac{\Delta G(273\text{K})}{273}=\int_{273}^{368}-\frac{\Delta H}{T^2}\mathrm{d}T=-\int_{273}^{368}\left(0.00515-\frac{2.09}{T}+\frac{508.9}{T^2}\right)\mathrm{d}T$$

即

$$0-\frac{\Delta G(273\text{K})}{273}=-4.75$$

$$\Delta G(273\text{K})=1297\text{J}$$

1.4 能源的合理利用

能源是自然界中为人类提供某种形式能量的物质资源。如太阳能、水能、地热能、煤、石油、核能和电力等。能源是当今社会的三大支柱（材料、能源、信息）之一，是发展工业、农业、国防、科学技术和提高人民生活水平的重要物质基础。化学在能源的开发及有效清洁利用中起着十分重要的作用。人们根据能源的成因、性质和使用状况对其进行了分类，见表 1.1。

表 1.1　　　　　　　　　　　　　　　能 源 的 分 类

类　　别		常 规 能 源	新 能 源
一次能源	非再生能源	化石能源：煤炭、石油、天然气、油页岩	核燃料
	再生能源	水能、生物质能	风能、海洋温差能、潮汐能、地热能
二次能源		电力、汽油、柴油、重油、焦炭、煤气、水蒸气、氢能、醇类燃料、沼气等	

1.4.1　煤炭的合理利用

煤炭通常是指天然存在的泥煤、褐煤、烟煤和无烟煤，以及人工产品木炭、焦炭、煤球等。煤的主要成分是碳、氢、氧三种元素，还有少量氮、硫、磷和一些稀有元素。煤还会有泥、砂等矿物杂质和水分。

1. 煤炭的元素组成和热值

煤炭是地球上蕴藏量最丰富、分布最广泛的化石能源，也是重要的战略资源，广泛应用于钢铁、电力、化工等工业生产及居民生活领域。2020 年全球煤炭探明储量达 1.07 万亿 t。我国煤炭资源储量约为 1432 亿 t，主要集中分布在新疆、内蒙古、山西、陕西、贵州、宁夏等六省（自治区）。煤炭主要由碳、氢、氧元素组成，不同种类的煤炭燃烧时释放出的热量不同。单位质量燃料完全燃烧所放出的热量称为燃料的热值，表 1.2 列出一些煤炭的元素组成和热值。优质煤的热值在 30MJ/kg 以上。

表 1.2　　　　　　　　　　　　煤炭的元素组成和热值

种类	质量分数 w/%			热值/(MJ/kg)
	C	H	O	
木材	50	5	45	20.9
泥煤	57	5	38	24.3
褐煤	70～78	5～6	13～24	24.3～30.5
烟煤	80～90	5～6	3～11	30.5～36.8
无烟煤	90～92	4	3～4	30.5～35.6

2. 洁净煤技术

洁净煤技术主要包括煤炭的加工、转化、燃烧和污染控制等，比如煤的气化、液化和水煤浆燃料技术。

(1) 水煤气。将水汽通过装有灼热焦炭的气化炉内可产生水煤气。

$$H_2O(g) + C(s) \xrightarrow{1200K} CO(g) + H_2(g)$$

$$\Delta_r H_m^\ominus (298.15K) = 131.3 kJ/mol$$

这是一个强吸热反应，在反应过程中，需避免焦炭被冷却下来。水煤气的组成约为 CO 40%、H_2 5%（体积分数），和 N_2、CO_2 等，属低热值煤气。由于含 CO 多，毒性较大，一般不宜作城市燃料用。若将水煤气中的 CO 和 H_2 进行催化甲烷化反应，得到 CH_4 和 H_2O，可得到相当于天然气的高热值煤气，称为合成天然气。

(2) 合成气。将纯氧气和水蒸气在加压下通过灼热的煤，生成一种气态燃料混合物，其组成（体积分数）约为 H_2 40%，CO 15%，CH_4 15% 和 CO_2 30%，称为合成气。

3. 煤的液化燃料

煤炭液化是把固态状态的煤炭通过化学加工，使其转化为液体产品（液态烃类燃料，如汽油、柴油等产品或化工原料）的技术。煤炭通过液化可将硫等有害元素以及灰分脱除，得到洁净的二次能源，对优化终端能源结构、解决石油短缺、减少环境污染具有重要的战略意义。

煤的液化方法主要分为煤的直接液化和煤的间接液化两大类。

(1) 煤直接液化。煤在氢气和催化剂作用下，通过加氢裂化转变为液体燃料的过程称为煤炭直接液化。裂化是一种使烃类分子分裂为几个较小分子的反应过程。因煤直接液化过程主要采用加氢手段，故又称煤的加氢液化法。

(2) 煤间接液化。间接液化是以煤为原料，先气化制成合成气，然后通过催化剂作用将合成气转化成烃类燃料、醇类燃料和化学品。

4. 水煤浆燃料

水煤浆燃料的组成（质量分数）约为煤粉 70%、水 30% 及少量添加剂混合而成，具有燃烧效率高、燃烧温度较低和生成 NO_x 少等特点，与燃烧煤粉相比，所排放的 NO_x 和 CO 要少 1/6～1/2。我国的水煤浆燃料技术已跨入世界先进行列。

1.4.2 石油和天然气

1. 石油和无铅汽油

石油是主要由链烷烃、环烷烃和芳香烃组成的复杂混合物，还含有少量含氧、氮、硫的有机化合物，平均含碳（质量分数）84%～85%、氢 12%～14%。石油经过分馏和裂化等加工后，可得到石油气、汽油、煤油、柴油、润滑油等一系列产品。

石油产品中最重要的燃料之一是汽油。汽油中最有代表性的组分是辛烷。辛烷完全燃烧的热化学反应方程式为

$$C_8H_{18}(l)+\frac{25}{2}O_2(g)=\!=\!=8CO_2(g)+9H_2O(l)$$

$$\Delta_rH_m^{\ominus}(298.15K)=-5440kJ/mol$$

辛烷的热值为 47.7MJ/kg。直馏汽油的辛烷值为 55～72。含铅汽油中的"铅"（质量分数）主要为四乙基铅 $Pb(C_2H_5)_4$（或四甲基铅）60% 和二溴乙烷（或二氯乙烷）40% 的混合物。在每升汽油中加 0.6g "铅"可将辛烷值提高到 79～88。四乙基铅（高效抗爆剂）能阻止提前点火，防止不稳定燃烧；二溴乙烷则能帮助除去汽缸中的铅，使之转换成易挥发的铅卤化物，随废气排入大气。城市大气中的铅主要来自汽车尾气排放。我国自 2000 年 7 月 1 日起禁止使用含铅汽油，改用无铅汽油，并装置尾气转化器以净化尾气。

2. 天然气和可燃冰

天然气是一种蕴藏在地层内的可燃性气体，主要组分为甲烷。甲烷完全燃烧的热化学反应方程式为

$$CH_4(g)+2O_2(g)=\!=\!=CO_2(g)+2H_2O(l)$$

$$\Delta_rH_m^{\ominus}(298.15K)=-890kJ/mol$$

折合成甲烷的热值为 55.6MJ/kg，天然气的氢碳比高、热值大，是一种优质、高效和洁净的能源。天然气和水在高压低温条件下，可共同结晶形成天然气水合物，又称可燃冰，其组成近似为 $CH_4\cdot6H_2O$。每立方米的可燃冰大约可释放出 $160m^3$ 的甲烷（标准状况）和 $0.8m^3$ 的水。可燃冰广泛存在于大海底部和永久冻土带的地层中，是很有开发前途的能源。2017 年 5 月，我国海域天然气水合物试采成功。

3. 煤气和液化石油气

煤气和液化石油气是重要的两大民用燃料。共同特点是使用方便、清洁无尘。煤的合成气及炼焦气是城市煤气的主要来源，其主要可燃成分（体积分数）为 H_2 50%、CO 15% 和 CH_4 15%。我国规定煤气热值不低于 $15.9MJ/m^3$。煤气在出厂检验时，可通过增加 CH_4 或 H_2 来调节其热值。降低 CO 的含量是城市煤气发展的方向。

液化石油气来源于石油，一种是采油时的气体产品，叫油田气；另一种是炼油厂的气体产品叫炼厂气。其主要成分是丙烷和丁烷，经加压液化装入钢瓶。与煤气相比，液化石油气有两大优点：一是无毒，基本不产生 SO_2 等有害气体和黑烟；二是热值大，比同体积煤气高好几倍。一些工厂利用液化石油气在纯氧中燃烧时产生的高温来切割钢材，一些城市使用液化石油气作为汽车的动力。液化石油气属于绿色交通燃料。

1.4.3 氢能和太阳能

1. 氢能

氢能热值高，为 142.9MJ/kg，约为汽油的 3 倍、煤炭的 6 倍。在使用的过程中，点火容易，燃烧快。如果能以水为原料制备氢，则原料充分。而且燃烧产物是水，产物本身是洁净的。开发利用氢能需要解决三个关键问题：廉价易行的制氢工艺；方便、安全地储运；有效地利用。它们都是当前研究的热点问题。

(1) 氢气的制取。可以从水煤气中取得氢气，但这仍需用煤炭为原料，不够理想。电解法制氢，关键在于取得价廉的电能。就当前的电能而论，经济上仍不合算。利用高温下循环使用无机盐的热化学法分解水制氢效率比较高，是个活跃的研究领域，其安全性、经济性仍在研究与探索中。目前认为最有前途的是太阳能光解水制氢法，关键在于寻找和研制合适的催化剂，以提高光解制氢的效率。

(2) 氢气的存储。储氢方式有化学储氢和物理储氢两类。氢气密度小，在 15MPa 压力下，$40dm^3$ 的常用钢瓶只能装 0.5kg 氢气。若将氢气液化，需耗费很大能量，安全要求也很高（氢气有渗漏和爆炸的危险）。当前研究和开发十分活跃的是固态合金储氢方法，储氢材料应满足存储量大、放氢速率快、安全性好、能耗小、循环使用寿命长等。例如，镧镍合金 $LaNi_5$ 能吸收氢气形成金属型氢化物 $LaNi_5H_6$。加热金属型氢化物时，即放出 H_2。$LaNi_5$ 合金可相当长期地反复进行吸氢和放氢。1kg $LaNi_5$ 合金在室温和 250kPa 压力下可储氢 15g 以上。

2. 太阳能

太阳能是天然核聚变能。从灼热的等离子体火球——太阳的光谱分析推测，其释放的能量主要来自氢聚变成氦的核反应：

$$4{}_1^1H \longrightarrow {}_2^4He + 2{}_1^0e$$

$$\Delta E = -6.0 \times 10^8 kJ/g$$

其中，${}_1^0e$ 表示正电子。

太阳能仅有 22 亿分之一到达地球，其中约 50% 又要被大气层反射和吸收，约 50% 到达地面，估计每年 $5 \times 10^{21}kJ$ 能量到达地面。只要能利用它的万分之一，就可以满足目前全世界对能源的需求。直接利用太阳能的方法主要有三种。

(1) 太阳能转变为热能。所需的关键设备是太阳能集热器（有平板式和聚光式两种类型）。在集热器中通过吸收表面（一般为黑色粗糙或采光涂层的表面）将太阳能转换成热能，用以加热传热介质（一般为水）。例如，薄层 CuO 对太阳能的吸收率为 90%，可达到的平衡温度计算值为 327℃；聚光式集热器则用反射镜或透镜聚光，能产生很高温度，但造价昂贵。

(2) 太阳能转变为电能。利用太阳能电池可直接将太阳能转换成电能。随着空间技术的发展，科学家已在构思在宇宙空间建造太阳能发电站的可能性。

(3) 太阳能转变为化学能。利用光和物质相互作用引起化学反应，实现光化学转换。例如，利用太阳能在催化剂参与下分解水制氢。利用仿生技术，模仿光合作用一直是科学家努力追求的目标，一旦解开光合作用之谜，就可使人造粮食、人造燃料成为现实。

应用太阳能不引起环境污染，不破坏生态平衡，因此，太阳能是一种理想的清洁能源。科学家预测，太阳能将成为 21 世纪人类的重要能源之一。总体上，除直接的太阳辐射产生的能量外，风、流水、海流、波浪和生物质中所蕴含的能量也来自太阳辐射。所以，太阳能的间接利用应包括水力、风力、海洋动力和生物质等的利用。

 习　题

1.1　在一个封闭系统由相同的始态经过不同途径达到相同的末态。若途径 a 的 $Q_a = 2.078\text{kJ}$，$W_a = -4.157\text{kJ}$；而途径 b 的 $Q_b = -0.692\text{kJ}$。求 W_b。

1.2　(1) 如果一系统从环境接受了 160J 的功，热力学能增加了 200J，试问系统将吸收或是放出多少热？

(2) 一系统在膨胀过程中，对环境做了 10540J 的功，同时吸收了 27110J 的热，试问系统的热力学能变化为若干？

1.3　10mol 理想气体由 25℃，1.0MPa 等温膨胀到 0.1MPa，设过程为：

(1) 自由膨胀；

(2) 对抗恒外压力 0.1MPa 膨胀；

(3) 定温可逆膨胀。

试计算三种膨胀过程中系统对环境做的功。

1.4　单原子理想气体 A 与双原子理想气体 B 的混合物共 10mol，摩尔分数 $y_B = 0.4$，始态温度 $T_1 = 400\text{K}$，压力 $p_1 = 200\text{kPa}$。今该混合气体绝热反抗恒外压 $p = 100\text{kPa}$ 膨胀到平衡态。求末态温度 T_2 及过程的 W、ΔU、ΔH。

1.5　在一带活塞的绝热容器中有一绝热隔板，隔板的两侧分别为 2mol、0℃ 的单原子理想气体 A 及 5mol、100℃ 的双原子理想气体 B，两气体的压力均为 100kPa。活塞外的压力维持 100kPa 不变。今将容器内的绝热隔板撤去，使两种气体混合达到平衡态。求末态温度 T 及过程的 W，ΔU。

1.6　1mol 理想气体（$C_{p,m} = 5R/2$）从 0.2MPa，5dm^3 等温（T_1）可逆压缩到 1dm^3；再等压膨胀到原来的体积（即 5dm^3），同时温度从 T_1 变为 T_2，最后在等容下冷却，使系统回到始态的温度 T_1 和压力。

(1) 在 $p\text{-}V$ 图上绘出上述过程的示意图；

(2) 计算 T_1 和 T_2；

(3) 计算每一步的 Q，W，ΔU 和 ΔH。

1.7　某双原子理想气体 10mol 从始态 350K，200kPa 经过如下四个不同过程达到各自的平衡态，求各过程的功 W。

(1) 恒温可逆膨胀到 50kPa；

(2) 恒温反抗 50kPa 恒外压不可逆膨胀；

(3) 绝热可逆膨胀到 50kPa；

(4) 绝热反抗 50kPa 恒外压不可逆膨胀。

1.8　已知水（H_2O, l）在 100℃ 的饱和蒸汽压 $p^* = 101.325\text{kPa}$，在此温度、

压力下水的摩尔蒸发焓 $\Delta_{vap}H_m = 40.668kJ/mol$。求在 100℃，101.325kPa 下使 1mol 水蒸气全部凝结成液体水时的 Q、W、ΔU 和 ΔH。设水蒸气适用理想气体状态方程。

1.9 已知 25℃甲酸乙酯（$HCOOCH_3$，l）的标准摩尔燃烧焓 $\Delta_c H_m^{\ominus} = -979.5kJ/mol$，甲酸（$HCOOH$，l）、甲醇（$CH_3OH$，l）、水（$H_2O$，l）及二氧化碳（$CO_2$，g）的标准摩尔生成焓数据 $\Delta_f H_m^{\ominus}$ 分别为 $-424.72kJ/mol$，$-238.66kJ/mol$，$-285.83kJ/mol$ 及 $-393.509kJ/mol$。应用这些数据求 25℃时下列反应的标准摩尔反应焓。

1.10 试由 $\left(\dfrac{\partial U}{\partial V}\right)_T = 0$ 及 $\left(\dfrac{\partial H}{\partial V}\right)_T = 0$ 证明理想气体的 $\left(\dfrac{\partial U}{\partial p}\right)_T = 0$ 及 $\left(\dfrac{\partial H}{\partial p}\right)_T = 0$。

1.11 已知 300K 时 NH_3 的 $\left(\dfrac{\partial U_m}{\partial V}\right)_T = 840J/(m^3 \cdot mol)$，$C_{V,m} = 37.3J/(K \cdot mol)$。当 1mol NH_3 气体经一压缩过程其体积减小 $10cm^3$ 而温度上升 2K 时，试计算此过程的 ΔU。

1.12 一物质在一定范围内的平均摩尔定压热容可定义为

$$C_{p,m} = \frac{Q_P}{n (T_2 - T_1)}$$

其中 n 为物质的量。已知 NH_3 的 $C_{p,m}$ 如下：

$$C_{p,m} = [33.64 + 2.93 \times 10^{-3} T/K + 2.13 \times 10^{-5} (T/K)^2] \quad [J/(K \cdot mol)]$$

试求 NH_3 在 $0 \sim 773K$ 之间的平均摩尔定压热容 $C_{p,m}$。

1.13 某理想气体的 $C_{p,m} = 35.90J/(K \cdot mol)$。

(1) 当 2mol 此气体在 298K、$1.5 \times 10^6 Pa$ 时，做绝热可逆膨胀到最后压力为 $5 \times 10^5 Pa$；

(2) 当此气体在外压恒定为 $5 \times 10^5 Pa$ 时做绝热快速膨胀。

试分别求算上述两过程终态的 T 和 V 及过程的 W、ΔU 和 ΔH。

1.14 1mol 某双原子分子理想气体发生可逆膨胀：①从 $2dm^3$、$10^6 Pa$ 定温可逆膨胀到 $5 \times 10^5 Pa$；②从 $2dm^3$、$10^6 Pa$ 绝热膨胀到 $5 \times 10^5 Pa$。

(1) 试求算过程（1）和（2）的 W、Q、ΔU 和 ΔH；

(2) 大致画出过程（1）和（2）在 $p-V$ 图上的形状；

(3) 在 $p-V$ 图上画出第三个过程将上述两过程的终态相连，试问这第三个过程有何特点（是定容还是定压）？

1.15 已知 CO_2 的 $\mu_{J-T} = 1.07 \times 10^{-5} K/Pa$，$C_{p,m} = 36.6J/(K \cdot mol)$，试求算 50g CO_2 在 298K 下由 $10^5 Pa$ 定温压缩到 $10^6 Pa$ 时的 ΔH。如果实验气体是理想气体，则 ΔH 又应为何值？

1.16 将 115V、5A 的电流通过浸在 373K 装在绝热筒中的水中的电加热器，电流通了 1h。试计算：①有多少水变成水蒸气？②将做出多少功？③以水和蒸汽为系统，求 ΔU。已知水的汽化热为 2259J/g。

1.17 已知下列反应在 25℃时的热效应为

(1) $Na(s) + \dfrac{1}{2}Cl_2(g) \mathbf{=\!=\!=} NaCl(s)$；$\Delta_r H_m^{\ominus} = -411.0kJ/mol$；

(2) $H_2(g) + S(s) + 2O_2(g) \!=\!= H_2SO_4(l)$；$\Delta_r H_m^\ominus = -800.8kJ/mol$；

(3) $2Na(s) + S(s) + 2O_2(g) \!=\!= Na_2SO_4(s)$；$\Delta_r H_m^\ominus = -1382.8kJ/mol$；

(4) $\frac{1}{2}H_2(g) + \frac{1}{2}Cl_2(g) \!=\!= HCl(g)$；$\Delta_r H_m^\ominus = -92.30kJ/mol$。

计算反应 $2NaCl(s) + H_2SO_4(l) \!=\!= Na_2SO_4(s) + 2HCl(g)$ 在 298K 时的 $\Delta_r H_m^\ominus$ 和 $\Delta_r U_m^\ominus$。

1.18 利用下列数据计算 HCl（g）的生成焓。

(1) $NH_3(aq, \infty) + HCl(aq, \infty) \!=\!= NH_4Cl(aq, \infty)$；$\Delta_r H_m^\ominus(298K) = -50.21kJ/mol$；

(2) $NH_3(g) + H_2O \!=\!= NH_3(aq, \infty)$；$\Delta_r H_m^\ominus(298K) = -35.561kJ/mol$；

(3) $HCl(g) + H_2O \!=\!= HCl(aq, \infty)$；$\Delta_r H_m^\ominus(298K) = -73.22kJ/mol$；

(4) $NH_4Cl(s) + H_2O \!=\!= NH_4Cl(aq, \infty)$；$\Delta_r H_m^\ominus(298K) = -16.32kJ/mol$；

(5) $\frac{1}{2}N_2(g) + 2H_2(g) + \frac{1}{2}Cl_2(g) \!=\!= NH_4Cl(s)$；$\Delta_r H_m^\ominus(298K) = -313.8kJ/mol$；

(6) $\frac{1}{2}N_2(g) + \frac{3}{2}H_2(g) \!=\!= NH_3(g)$；$\Delta_r H_m^\ominus(298K) = -46.02kJ/mol$。

1.19 在 300K、100kPa 压力下，2mol A 和 2mol B 的理想气体定温、定压混合后，再定容加热到 600K。求整个过程的 ΔS 为若干？已知 $C_{V,m,A} = 1.5R$，$C_{V,m,B} = 2.5R$。

1.20 已知每克汽油燃烧时可放热 46.86kJ。

(1) 若用汽油作以水蒸气为工作物质的蒸汽机的燃料时，该机的高温热源为 378K，冷凝器即低温热源为 303K；

(2) 若用汽油直接在内燃机内燃烧，高温热源温度可达到 2273K，废气即低温热源亦为 303K；

试分别计算两种热机的最大效率是多少？每克汽油燃烧时所能做出的最大功为多少？

1.21 在 300K 时，2mol 的 N_2（假设为理想气体）从 10^6Pa 定温可逆膨胀到 10^5Pa，试计算其 ΔS。

1.22 10g H_2（假设为理想气体）在 300K、5×10^5Pa 时，在保持温度为 300K 及恒定外压为 10^6Pa 下进行压缩，终态压力为 10^6Pa（需注意此过程为不可逆过程）。试求算此过程的 ΔS，并与实际过程的热温熵进行比较。

1.23 3mol 单原子分子理想气体在定压条件下由 300K 加热到 600K，试求这一过程的 ΔS。

1.24 2mol 某理想气体，其定容摩尔热容 $C_{v,m} = 1.5R$，由 500K、405.2kPa 的始态，依次经历下列过程：①恒外压 202.6kPa 下，绝热膨胀至平衡态；②再可逆绝热膨胀至 101.3kPa；③最后定容加热至 500K 的终态。试求整个过程的 Q、W、ΔU、ΔH 及 ΔS。

1.25 计算 2mol 镉从 25℃加热至 727℃的熵变化。已知：镉的正常熔点为 321℃，$\Delta_{fus} H_m = 6108.64J/mol$。相对原子质量为 112.4，$C_{p,m}(Cd,l) = 29.71J/(mol \cdot K)$，

$C_{p,m}(\mathrm{Cd,s})=(22.48+10.318\times10^{-3}\,T/K)\mathrm{J/(mol\cdot K)}$。

1.26 在下列情况下，1mol 理想气体在 27℃定温膨胀，从 $50\mathrm{dm}^3$ 至 $100\mathrm{dm}^3$，求过程的 Q、W、ΔU、ΔH 及 ΔS。①可逆膨胀；②膨胀过程所做的功等于最大功的 50%；③向真空膨胀。

1.27 $C_2H_5OH(g)$脱水制乙烯反应：$C_2H_5OH(g)\longrightarrow C_2H_4(g)+H_2O(g)$，在 800K 时进行，根据表 1 数据求反应的 $\Delta_r S_m^{\ominus}(800\mathrm{K})$。

表 1　　　　　　　　　　习题 1.27 数据

物　　质	$C_2H_5OH(l)$	$C_2H_5OH(g)$	$H_2O(l)$	$H_2O(g)$	$C_2H_4(g)$
$S_m^{\ominus}(298\mathrm{K})/[\mathrm{J/(K\cdot mol)}]$	282.0			69.94	219.45
$C_{p,m}(B)/[\mathrm{J/(K\cdot mol)}]$	111.46	71.10	75.30	33.57	43.56
$\Delta_{vap}H_m^{\ominus}/(\mathrm{kJ/mol})$	38.91		40.60		
T_b^*/K	351.0		373.2		

1.28 已知 1mol，-5℃，100kPa 的过冷液态苯完全凝固为 -5℃，100kPa 固态苯的熵变化为 $-35.5\mathrm{J/(K\cdot mol)}$，固态苯在 -5℃时的蒸汽压为 2280Pa；摩尔熔化焓为 9874J/mol，计算过冷液态苯在 -5℃时的蒸汽压。

1.29 试证明 1mol 理想气体在任意过程中的熵变均可用下列公式计算：

(1) $\Delta S=C_{V,m}\ln\dfrac{T_2}{T_1}+R\ln\dfrac{V_2}{V_1}$；

(2) $\Delta S=C_{p,m}\ln\dfrac{T_2}{T_1}-R\ln\dfrac{p_2}{p_1}$；

(3) $\Delta S=C_{p,m}\ln\dfrac{V_2}{V_1}+C_{V,m}\ln\dfrac{p_2}{p_1}$。

1.30 试从热力学基本方程出发，证明理想气体 $\left(\dfrac{\partial H}{\partial p}\right)_T=T\left(\dfrac{\partial S}{\partial p}\right)_T+V$。

1.31 环己烷的正常沸点为 80.75℃，在正常沸点的摩尔汽化焓 $\Delta_{vap}H_m=30.08\mathrm{kJ/mol}$，在此温度以及 101325Pa 下，液体和蒸气的摩尔体积分别为 $116.7\times10^{-6}\mathrm{m}^3/\mathrm{mol}$、$28.97\times10^{-3}\mathrm{m}^3/\mathrm{mol}$。

(1) 计算环己烷在正常沸点时 $\dfrac{\mathrm{d}p}{\mathrm{d}T}$ 的近似值（即忽略液体的体积）和精确值（考虑液体体积）；

(2) 估计 100kPa 时的沸点（标准沸点）；

(3) 应将压力降低到多少 Pa，可使环己烷在 25℃时沸腾？

1.32 2mol 某单原子分子理想气体其始态为 10^5Pa、273K，经过一绝热压缩过程至终态为 4×10^5Pa，546K。试求算 ΔS，并判断此绝热过程是否可逆。

1.33 试证明：

(1) $\left(\dfrac{\partial U}{\partial V}\right)_p = C_p \left(\dfrac{\partial T}{\partial V}\right)_p - p$；

(2) $\left(\dfrac{\partial U}{\partial p}\right)_V = C_V \left(\dfrac{\partial T}{\partial p}\right)_V$。

1.34　10g 理想气体氦在 127℃ 时压力为 $5 \times 10^5 Pa$，今在定温及外压恒定为 $10^6 Pa$ 下进行压缩。计算此过程的 Q、W、ΔU、ΔH、ΔS、ΔA 及 ΔG。

1.35　在 20℃ 时，将 1mol $C_2H_5OH(l)$ 的外压由 $10^5 Pa$ 升高到 $2.5 \times 10^6 Pa$，试计算此过程的 ΔG。已知 $C_2H_5OH(l)$ 的状态方程为 $V_m = V_{m,0}(1 - \beta p)$，其中 $\beta = 1.04 \times 10^{-9} Pa^{-1}$；同时在 20℃ 及标准压力时，$C_2H_5OH(l)$ 的密度为 $0.789 g/cm^3$。

1.36　计算下列过程的 ΔG。

(1) 1mol 100℃ 及 101.325kPa 下的水，定温定压蒸发成 100℃ 及 101.325kPa 的水蒸气；

(2) 1mol 0℃ 及 101.325kPa 下的冰，熔化为 0℃ 及 101.325kPa 的水；

(3) 1mol 100℃ 及 101.325kPa 下的水，向真空蒸发成 100℃ 及 101.325kPa 的水蒸气。

1.37　已知水在 100℃ 及标准压力下蒸发焓为 2259J/g，求 1mol 100℃ 及标准压力的水变为 100℃，$5 \times 10^4 Pa$ 的水蒸气的 ΔU、ΔH、ΔA、ΔG。

1.38　试计算 -5℃ 及标准压力的 1mol 水变成同温同压的冰的 ΔG，并判断此过程能否自发进行。已知 -5℃ 时水和冰的饱和蒸气压分别为 422Pa 和 402Pa。

1.39　在 298K 及标准压力下有下列相变化：

$$CaCO_3（文石）\longrightarrow CaCO_3（方解石）$$

已知此过程的 $\Delta_{trs}G_m^{\ominus} = -800 J/mol$，$\Delta_{trs}V_m^{\ominus} = 2.75 cm^3/mol$。试问在 298K 时最少需加多大压力方能使文石成为稳定相？

合成氨反应如下：

$$N_2(g) + 3H_2(g) \Longrightarrow 2NH_3(g)$$

1.40　已知在 25℃ 及标准压力下，$\Delta_r G_m^{\ominus}(298K) = -33.26 kJ/mol$，$\Delta_r H_m^{\ominus}(298K) = -92.38 kJ/mol$，假设此反应的 $\Delta_r H_m^{\ominus}$ 不随 T 的变化而变化，试求算在 500K 时此反应的 $\Delta_r G_m^{\ominus}$，并说明温度升高对此反应是否有利。

1.41　试判断在 10℃ 及标准压力下，白锡、灰锡哪一种晶型稳定。已知在 25℃ 及标准压力下数据，见表 2。

表 2　　　　　　　　　　　白锡与灰锡有关数据

物质	$\Delta_f H_m^{\ominus}/(J/mol)$	$S_m^{\ominus}/[J/(K \cdot mol)]$	$C_{p,m}/[J/(K \cdot mol)]$
白锡	0	52.30	26.15
灰锡	-2197	44.76	25.73

第2章 化　学　平　衡

2.1　化　学　势

两种或两种以上物质组成的系统称为多组分系统。在第1章里，我们讨论的都是简单的封闭系统，无非体积功、无广义化学变化（组成不变），只需要两个物理量即可确定其状态，即任一容量性质 Z 可表示为 $Z = f(T, p)$。但在多组分系统中，若存在广义化学变化，组成随之改变，则确定其状态不能只用两个物理量，还需要考虑其组成。组成改变，状态发生变化，相应的物理量（如体积、内能、焓、熵等）也可能发生变化。

对于一个多组分均相系统，任一容量性质 Z 可以描述为

$$Z = f(T, p, n_B, n_C, \cdots) \tag{2.1}$$

式中：n_B，n_C，$\cdots$ 分别为物质 B，C，$\cdots$ 的物质的量。

由于系统的强度性质与系统总的物质的量 $\sum_A n_A$ 无关，所以通常选择浓度为自变量，例如，溶液的密度可以描述为

$$\rho = f(T, p, x_B, x_C, \cdots)$$

式中：$x_B = n_B / \sum_A n_A$，x_B 被称为物质 B 的摩尔分数或物质 B 的物质的量分数，单位为 1。

在气态混合物中，B 的摩尔分数用 y_B 表示。

2.1.1　偏摩尔量

1. 偏摩尔量的定义

某一组成的均相混合物中，系统的某个容量性质的热力学量并不等于各物质纯态时该热力学量的加和（理想气体、理想液体混合物除外）。例如，在 25℃ 和标准压力时，100cm³ 水和 100cm³ 乙醇混合，结果混合物的体积并不等于 200cm³，而是约为 192cm³；将 150cm³ 水和 50cm³ 乙醇混合，总体积约为 195cm³；将 50cm³ 水和 150cm³ 乙醇混合，总体积约为 193cm³。为了衡量多组分系统中加入某一组分对某种容量性质的影响，我们定义了一种新的物理量——偏摩尔量。

偏摩尔量

由式（2.1）可知，如果温度、压力及组成有微小的变化，则 Z 也有相应微小的变化。即

$$dZ = \left(\frac{\partial Z}{\partial T}\right)_{p, n_B, n_C, \cdots} dT + \left(\frac{\partial Z}{\partial p}\right)_{T, n_B, n_C, \cdots} dp + \sum_B \left(\frac{\partial Z}{\partial n_B}\right)_{T, p, n_C \neq n_B} dn_B$$

当温度和压力不变的情况下，等式右端前两项为零，则

$$dZ = \sum_B \left(\frac{\partial Z}{\partial n_B}\right)_{T,p,n_C \neq n_B} dn_B \tag{2.2}$$

定义偏摩尔量

$$Z_B \equiv \left(\frac{\partial Z}{\partial n_B}\right)_{T,p,n_C(C\neq B)} \tag{2.3}$$

Z_B 表示在等温等压下，在多组分均相的大量系统中，除 B 组分外各组分的量（即 $n_{C\neq B}$，C 表示除 B 之外的其他组分）不变，由于 B 组分物质的量变化 dn_B 而引起的系统相应容量性质变化 dZ。由于只加入 dn_B，所以系统的浓度可视为不变。Z_B 也可以看作是等温等压下，一定浓度的溶液中，1mol B 对容量性质 Z 的贡献。对于纯物质的偏摩尔量用 Z_B^* 表示，符号"＊"表示纯物质。纯物质的偏摩尔量等于其摩尔量，即 $Z_B^* = Z_{m,B}$。

定义式（2.3）中，右端下标为 T，p，$n_B \neq n_C$（等温等压、其他组分不变），若改变下标，则不是偏摩尔量。只有容量性质才有相应的偏摩尔量。Z_B 是状态函数，由于 Z 是容量性质，所以 Z_B 为强度性质，只决定于系统的温度、压力和浓度。

常见的偏摩尔量有偏摩尔体积 V_B、偏摩尔热力学能 U_B、偏摩尔焓 H_B、偏摩尔熵 S_B、偏摩尔亥姆霍斯函数 A_B、偏摩尔吉布斯自由能 G_B 等，它们相应的定义式为

$$V_B \equiv \left(\frac{\partial V}{\partial n_B}\right)_{T,p,n_C(C\neq B)}$$

$$U_B \equiv \left(\frac{\partial U}{\partial n_B}\right)_{T,p,n_C(C\neq B)}$$

$$H_B \equiv \left(\frac{\partial H}{\partial n_B}\right)_{T,p,n_C(C\neq B)}$$

$$S_B \equiv \left(\frac{\partial S}{\partial n_B}\right)_{T,p,n_C(C\neq B)}$$

$$A_B \equiv \left(\frac{\partial A}{\partial n_B}\right)_{T,p,n_C(C\neq B)}$$

$$G_B \equiv \left(\frac{\partial G}{\partial n_B}\right)_{T,p,n_C(C\neq B)}$$

2. 偏摩尔量的集合公式（加和定理）

将偏摩尔量的定义式代入式（2.2）中，得到

等温等压条件下 $\qquad\qquad dZ = \sum_B Z_B dn_B \tag{2.4}$

对式（2.4）积分，则 $\qquad\qquad Z = \sum_B n_B Z_B \tag{2.5}$

式（2.5）称为多组分均相系统中偏摩尔量的集合公式，也称为加和定理。它表示系统中某个容量性质 Z 等于系统中各物质对该容量性质的贡献之和。在多组分系统中，各组分的偏摩尔量不是彼此无关的，必须满足偏摩尔量的集合公式。

以 A、B 组成的两组分系统为例，若 A、B 的物质的量分别为 n_A 和 n_B，偏摩尔

体积分别为 V_A 和 V_B，则等温等压下，$dV = V_A dn_A + V_B dn_B$。

如果由纯物质 A（n_A），B（n_B）配置该系统：连续加入 A 和 B，并保持系统组成不变，即 $dn_A : dn_B = n_A : n_B$，则

$$\int_0^V dV = \int_0^{n_A} V_A dn_A + \int_0^{n_B} V_B dn_B$$

由于制备过程中保持浓度不变，故偏摩尔体积不变，则 $V = V_A n_A + V_B n_B$。

此式表明在一定温度和压力下，系统的总体积等于各组分偏摩尔体积与其物质的量的乘积之和。

对于吉布斯自由能，有
$$G = \sum_B n_B G_B$$

3. 偏摩尔量之间的关系（吉布斯-杜亥姆公式）

对 $Z = \sum_B Z_B n_B$ 进行微分，得

$$dZ = n_1 dZ_1 + Z_1 dn_1 + n_2 dZ_2 + Z_2 dn_2 + \cdots = \sum_B n_B dZ_B + \sum_B Z_B dn_B$$

等温等压下，$dZ = \sum_B Z_B dn_B$

则
$$\sum_B n_B dZ_B = 0 \tag{2.6}$$

如果除以混合物总的物质的量，则

$$\sum_B x_B dZ_B = 0 \tag{2.7}$$

式中：x_B 为组分 B 的摩尔分数。

式（2.6）和式（2.7）称作吉布斯-杜亥姆公式，该公式体现了等温等压下，均相系统各组分的偏摩尔量随组成（浓度）变化而变化的规律性，各偏摩尔量的变化是有联系的。即当一个组分的偏摩尔量增加时，另一个组分的偏摩尔量必然减少。

2.1.2 化学势

1. 化学势的定义及敞开系统的热力学基本关系式

偏摩尔吉布斯自由能 G_B 就是化学势，用符号 μ_B 表示。

$$\mu_B = \left(\frac{\partial G}{\partial n_B} \right)_{T, p, n_C (C \neq B)} \tag{2.8}$$

它表示 T、p 和其他物质的量不变时，系统吉布斯自由能随 B 物质的量变化而变化的变化率。

组成可变的多组分系统的状态确定需要考虑其组成，所以多组分系统的热力学关系式也会发生相应的变化。对于多组分均相系统，$G = f(T, p, n_B, n_C, \cdots)$，则

$$dG = -S dT + V dp + \sum_B \left(\frac{\partial G}{\partial n_B} \right)_{T, p, n_C (C \neq B)} dn_B \tag{2.9a}$$

式（2.9a）右端 3 项分别表示 T 变化引起 G 的变化、p 变化引起的 G 的改变和组成变化引起的 G 的改变。它适用于敞开系统或组成变化的封闭系统。同理，若使 $H = f(S, p, n_B, n_C, \cdots)$，$U = f(S, V, n_B, n_C, \cdots)$，$A = f(T, V, n_B, n_C, \cdots)$，可得到以下关系式：

$$dH = TdS + Vdp + \sum_{B} \left(\frac{\partial H}{\partial n_B}\right)_{S,p,n_C(C \neq B)} dn_B \qquad (2.9b)$$

$$dU = TdS - pdV + \sum_{B} \left(\frac{\partial U}{\partial n_B}\right)_{S,V,n_C(C \neq B)} dn_B \qquad (2.9c)$$

$$dA = -SdT - pdV + \sum_{B} \left(\frac{\partial A}{\partial n_B}\right)_{T,V,n_C(C \neq B)} dn_B \qquad (2.9d)$$

将 $\mu_B = \left(\frac{\partial G}{\partial n_B}\right)_{T,p,n_C(C \neq B)}$ 代入式（2.9a），得

$$dG = -SdT + Vdp + \sum_{B} \mu_B dn_B \qquad (2.10a)$$

因为 $G = H - TS$，则 $dH = dG + TdS + SdT$

将式（2.10d）代入 $dH = dG + TdS + SdT$，则得到

$$dH = TdS + Vdp + \sum_{B} \mu_B dn_B \qquad (2.10b)$$

同理可得

$$dU = TdS - pdV + \sum_{B} \mu_B dn_B \qquad (2.10c)$$

$$dA = -SdT - pdV + \sum_{B} \mu_B dn_B \qquad (2.10d)$$

式（2.10a）～式（2.10d）为敞开系统或组成变化封闭系统的四个热力学基本公式。其中式（2.10a）用得最多，因为生产实践中的大部分物理化学过程都是在等温等压下进行的。

比较式（2.9）和式（2.10），可得

$$\mu_B = \left(\frac{\partial G}{\partial n_B}\right)_{T,p,n_C(C \neq B)} = \left(\frac{\partial H}{\partial n_B}\right)_{S,p,n_C(C \neq B)} = \left(\frac{\partial U}{\partial n_B}\right)_{S,V,n_C(C \neq B)} = \left(\frac{\partial A}{\partial n_B}\right)_{T,V,n_C(C \neq B)}$$

这四个偏微商是化学势 μ_B 的不同形式，由于常用 ΔG 来判断过程的方向，所以在没有特别注明的情况下，化学势一般指的是 $\mu_B = \left(\frac{\partial G}{\partial n_B}\right)_{T,p,n_C(C \neq B)}$。

化学势是强度性质，与物质的量无关。和 G 相同，化学势无绝对值，只能比较相对大小。化学势和偏摩尔量都不是针对系统而是针对系统的某一具体物质而言的。因此，说系统具有多少化学势或偏摩尔量是错误的，必须指明物质的种类。

2. 化学势与温度、压力的关系

$$\left(\frac{\partial \mu_B}{\partial T}\right)_{p,n_B,n_C} = \left[\frac{\partial}{\partial T}\left(\frac{\partial G}{\partial n_B}\right)_{T,p,n_C}\right]_{p,n_B,n_C} = \left[\frac{\partial}{\partial n_B}\left(\frac{\partial G}{\partial T}\right)_{p,n_B,n_C}\right]_{T,p,n_C} = \left[\frac{\partial}{\partial n_B}(-S)\right]_{T,p,n_C} = -S_B$$

S_B 是物质的偏摩尔熵，是一个大于零的值。所以，当温度升高的时候，化学势 μ_B 降低。

$$\left(\frac{\partial \mu_B}{\partial p}\right)_{T,n_B,n_C} = \left[\frac{\partial}{\partial p}\left(\frac{\partial G}{\partial n_B}\right)_{T,p,n_C}\right]_{T,n_B,n_C} = \left[\frac{\partial}{\partial n_B}\left(\frac{\partial G}{\partial p}\right)_{T,n_B,n_C}\right]_{T,p,n_C} = \left[\frac{\partial V}{\partial n_B}\right]_{T,p,n_C} = V_B$$

V_B 是物质的偏摩尔体积，是一个大于零的值。所以，当压力升高的时候，化学势 μ_B 升高。

3. 化学势判据

对于敞开系统或组成可变的封闭系统

$$dG \leqslant -SdT + Vdp + \Delta W'$$

如果该过程为等温等压无非体积功的过程，则 $dG \leqslant 0$（小于号表示自发过程，等于号表示可逆过程），将其与式（2.10a）比较，得到 $\sum\limits_{B} \mu_B dn_B \leqslant 0$，即等温等压无非体积功的过程永远向着化学势降低的方向进行，这个判据可以用来判断过程的方向。

相变过程是物质由一个相迁往另一个相的过程，是一个物质流动的过程。已知封闭系统中有 α、β 两相，物质 B 存在于两相中，且两相不平衡，若等温等压等浓度时，dn_B 的物质由 α 相进入 β 相，则对于 α 相：

$$dG_\alpha = -\mu_B^\alpha dn_B < 0$$

对于 β 相：

$$dG_\beta = \mu_B^\beta dn_B > 0$$

整个封闭系统有：

$$dG = dG_\alpha + dG_\beta = (\mu_B^\beta - \mu_B^\alpha) dn_B$$

忽略 α、β 两相的界面效应，则当 $\mu_B^\beta < \mu_B^\alpha$ 时，$dG < 0$，物质 B 可自动由 α 相转 β 相；当 $\mu_B^\beta = \mu_B^\alpha$ 时，$dG = 0$，两相平衡，迁移反应不再进行；当 $\mu_B^\beta > \mu_B^\alpha$ 时，$dG > 0$，物质 B 不能自动由 α 相转 β 相。

上述讨论说明，物质自发由化学势高处移向低处，当化学势不再降低时，迁移达到平衡。化学势是物质迁移的推动力，同样也可根据物质迁移方向来判断化学势的大小。例如，从过热水变为水蒸气是一个自发过程，说明水蒸气的化学势比过热水的化学势低。

对于等温等压下发生的化学反应，$dG = \sum\limits_{B} \mu_B dn_B$，同时根据式（1.43）的微分式，$dn_B = \nu_B d\xi$（$\nu_B$ 表示各物质的化学计量数，ξ 为反应进度），可得到

$$dG = d\xi \sum\limits_{B} \nu_B \mu_B \qquad (2.11)$$

由于反应进度的微分 $d\xi > 0$，所以 dG 的正负取决于 $\nu_B \mu_B$。当 $\sum \nu_B \mu_B < 0$ 时，$dG < 0$，反应物的化学势总量大于生成物化学势总量，反应自发，正向进行；当 $\sum \nu_B \mu_B = 0$ 时，$dG = 0$，反应物的化学势总量等于生成物化学势总量，反应平衡；当 $\sum\limits_{B} \nu_B \mu_B > 0$，$dG > 0$，反应物的化学势总量小于生成物化学势总量，反应不自发，逆向进行。

2.2 化学平衡常数

2.2.1 化学反应的方向和限度

化学反应可以同时向正向和反向两个方向进行。在通常条件下，有不少反应正向进行和反向进行均有一定的程度。例如，在一密闭容器中盛有氢气和碘蒸气的混合物，在温度为 450℃ 时，氢和碘不能全部转化为碘化氢气体，这就是说，正向反应氢和碘能生成碘化氢，但同时进行反向反应，碘化氢可以在相当程度上分解为氢和碘。

化学反应的
方向和限度

随着反应的进行，系统中反应物逐渐减少，产物逐渐增多，在一定条件下，化学反应达到限度，正反两个方向的反应速率相等时，就称系统达到了化学平衡。达到平衡状态后，系统各物质的数量不随时间改变而改变，产物和反应物的数量之间具有一定的关系，只要外界条件不变，则这个状态就不发生变化。

反应达到平衡状态时的反应进度达到极限值，此时反应进度用 ξ_{eq} 表示。若温度和压力保持不变，ξ_{eq} 亦保持不变，即混合物的组成不随时间而改变，这就是化学反应的限度。当反应达到平衡态时，宏观上看反应停止了，实际上达到动态平衡。正向反应速率等于反向反应速率，一旦外界条件改变，平衡状态必然发生变化。把热力学的基本原理和规律应用到化学反应上，可以判断反应进行的方向，反应的平衡条件，反应进行的限度和反应达到平衡时各物质之间的关系等。这对日常生产有重大的意义，例如，在给定条件下，通过热力学计算得到反应的理论最大限度，就可以知道生产中不可能超过这个限度，也不能添加催化剂来改变限度，只能改变反应条件，才能在新的条件下改变反应限度。

在一定温度和压力条件下，总吉布斯自由能最低的状态就是反应系统的平衡态。对式（2.11）进行变形得到，在等温等压下

$$\left(\frac{\partial G}{\partial \xi}\right)_{T,p} = \sum \nu_B \mu_B \qquad (2.12)$$

反应方向和限度的判据为 $(dG)_{T,p} \leqslant 0$。可知

$$\left(\frac{\partial G}{\partial \xi}\right)_{T,p} = \sum \nu_B \mu_B \begin{cases} <0 & \text{反应能够正向进行} \\ =0 & \text{反应达到平衡} \\ >0 & \text{反应能够逆向进行} \end{cases}$$

例如，对于反应：

$N_2(g) + 3H_2(g) \Longrightarrow 2NH_3(g)$

$2\mu(NH_3) - \mu(N_2) - 3\mu(H_2) < 0$，反应向右进行；

$2\mu(NH_3) - \mu(N_2) - 3\mu(H_2) > 0$，反应向左进行；

$2\mu(NH_3) - \mu(N_2) - 3\mu(H_2) = 0$，反应达到化学平衡。

严格讲，反应物与产物处于同一系统的反应都是可逆的，不能进行到底。只有逆反应与正反应相比小到可以忽略不计的反应，可以粗略地认为可以进行到底。这主要是由于存在混合吉布斯自由能，使反应的吉布斯自由能如图 2.1 所示。反应都向着系统吉布斯自由能降低的方向进行。曲线左半支，反应能自发正向进行，曲线右半支，反应能自发逆向进行，曲线中的吉布斯函数极小点就是化学平衡的位置，相应地 ξ 就是反应的极限进度 ξ_{eq}。

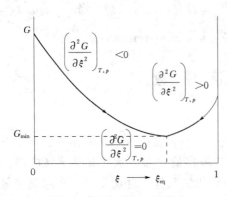

图 2.1 反应 G 和 ξ 的关系

2.2.2 化学反应的平衡常数和等温方程式

对于纯理想气体，温度为 T，压力为 p 时的化学势 $\mu(T,p)$ 与温度为 T，压力为 $p^{\ominus}$

时的化学势 $\mu(T,p^{\ominus})$ 之差为

$$\mu(T,p)-\mu(T,p^{\ominus})=\int_{p^{\ominus}}^{p}V_m\mathrm{d}p=\int_{p^{\ominus}}^{p}\frac{RT}{p}\mathrm{d}p=RT\ln\frac{p}{p^{\ominus}}$$

移项得

$$\mu(T,p)=\mu(T,p^{\ominus})+RT\ln\frac{p}{p^{\ominus}}=\mu(T)+RT\ln\frac{p}{p^{\ominus}} \tag{2.13}$$

式中：$\mu^{\ominus}$ 为标准压力 $p^{\ominus}$ 下，温度为 T 时，理想气体的化学势，称为标态化学势，$\mu^{\ominus}$ 只是温度的函数。

对于混合理想气体，即理想气体分子之间无相互作用，混合理想气体各组分的行为与该组分单独存在时的行为一致时，在一定温度下的化学势表示式

$$\mu_B=\mu_B^{\ominus}+RT\ln\frac{p_B}{p^{\ominus}}=\mu_B^{\ominus}+RT\ln\frac{px_B}{p^{\ominus}} \tag{2.14}$$

$\mu_B^{\ominus}$ 是 B 组分单独存在时，温度为 T、压力为 $p^{\ominus}$ 的化学势，p 为混合气体总压，p_B 为 B 组分在混合气体中的分压，x_B 是 B 组分在混合气体中的摩尔分数。

设有一理想气体反应 $\qquad a\mathrm{A}+b\mathrm{B}=g\mathrm{G}+h\mathrm{H}$

当反应达到平衡时 $\qquad g\mu_G+h\mu_H=a\mu_A+b\mu_B \tag{2.15}$

根据式（2.14）可得

$$g\mu_G^{\ominus}+gRT\ln(p_G/p^{\ominus})+h\mu_H^{\ominus}+hRT\ln(p_H/p^{\ominus})$$
$$=a\mu_A^{\ominus}+aRT\ln(p_A/p^{\ominus})+b\mu_B^{\ominus}+bRT\ln(p_B/p^{\ominus})$$

整理得

$$\frac{(p_G/p^{\ominus})^g(p_H/p^{\ominus})^h}{(p_A/p^{\ominus})^a(p_B/p^{\ominus})^b}=\exp\left[-\frac{1}{RT}(g\mu_G^{\ominus}+h\mu_H^{\ominus}-a\mu_A^{\ominus}-b\mu_B^{\ominus})\right] \tag{2.16}$$

式中：p_B 为 B 组分在平衡时的分压。

因为等式右边各项都只是温度的函数，因此在温度一定时，等式右边为一常数。将等式右边的指数函数用符号 $K^{\ominus}$ 表示，称为标准平衡常数，简称为平衡常数。则

$$K^{\ominus}=\frac{(p_G/p^{\ominus})^g(p_H/p^{\ominus})^h}{(p_A/p^{\ominus})^a(p_B/p^{\ominus})^b}=\prod\left(\frac{p_B}{p^{\ominus}}\right)_{eq}^{\nu_B} \tag{2.17}$$

标准平衡常数 $K^{\ominus}$ 是无量纲的，仅是温度的函数。在指定温度下，无论反应在什么压力下进行，$K^{\ominus}$ 都是一个确定不变的常数。

令 $\qquad \Delta_rG_m^{\ominus}=\sum\nu_B\mu_B^{\ominus}=g\mu_G^{\ominus}+h\mu_H^{\ominus}-a\mu_A^{\ominus}-b\mu_B^{\ominus} \tag{2.18}$

$\Delta_rG_m^{\ominus}$ 是指产物和反应物均处于标准态时，发生 1mol 反应后产物的吉布斯函数和反应物的吉布斯函数总和之差，故称为反应的"标准吉布斯函数变化"，它的值只取决于温度。则式（2.17）可表示为

$$\Delta_rG_m^{\ominus}=-RT\ln K^{\ominus} \tag{2.19}$$

假若反应在等温等压条件下进行，其中各分压是任意的，而不是平衡状态时的分压。那么，当此反应进行时，反应系统的吉布斯函数变化应为

$$\Delta_rG_m=g\mu_G+h\mu_H-a\mu_A-b\mu_B=\sum\nu_B\mu_B^{\ominus}+RT\ln\prod(p_B'/p^{\ominus})^{\nu_B} \tag{2.20}$$

式中：p_B' 为任意状态时物质 B 的分压。

令 $Q_p = \prod \left(\dfrac{p'_B}{p^\ominus} \right)^{\nu_B}$，$Q_p$ 表示各物质分压商的 ν_B 次幂乘积，它和反应的平衡常数不同，是随系统的状态发生变化的值。

将式（2.18）代入到式（2.20），得

$$\Delta_r G_m = \Delta_r G_m^\ominus + RT\ln Q_p \qquad (2.21a)$$

或

$$\Delta_r G_m = -RT\ln K^\ominus + RT\ln Q_p \qquad (2.21b)$$

式（2.21）称为范特霍夫（Van't Hoff）等温方程，适用于理想气体反应过程，过程中无非体积功。

对于任意化学反应，需要用活度 a_B 来代替 $p_B/p^\ominus$。用 Q_a 表示各物质活度的 ν_B 次幂乘积，称为反应的活度积，$Q_a = \prod a_B^{\nu_B}$。活度 a_B 表示某物质的"有效浓度"或"校正浓度"，说明了非理想状态偏离理想状态的程度。则等温方程可写为

$$\Delta_r G_m = -RT\ln K^\ominus + RT\ln Q_a \qquad (2.22)$$

范特霍夫等温方程可以用来判别化学反应进行的方向和限度。在等温等压不做其他功条件下，$Q_a < K^\ominus$，即 $\Delta_r G_m < 0$，反应能够正向进行；$Q_a = K^\ominus$，即 $\Delta_r G_m = 0$，反应达平衡；$Q_a > K^\ominus$，即 $\Delta_r G_m > 0$，反应能够逆向进行。

【例 2.1】 已知 700℃ 时反应 $CO(g) + H_2O(g) \Longrightarrow CO_2(g) + H_2(g)$ 的标准平衡常数为 $K^\ominus = 0.71$，试问：(1) 各物质的分压均为 $1.5p^\ominus$ 时，此反应能否自发进行？

(2) 若增加反应物的压力，使 $p_{CO} = 10p^\ominus$，$p_{H_2O} = 5p^\ominus$，$p_{CO_2} = p_{H_2} = 1.5p^\ominus$，该反应能否自发进行？

解： 已知反应的标准平衡常数和参加反应的各物质的分压比（即 Q_p），欲判断反应的方向，应用化学反应的等温方程可以解决此问题。

(1) $\Delta_r G_m = -RT\ln K^\ominus + RT\ln Q_p = -RT\ln 0.71 + RT\ln[(1.5 \times 1.5)/(1.5 \times 1.5)]$

$$= 2.77(kJ/mol) > 0$$

所以反应不能自发进行；

(2) $\Delta_r G_m = -RT\ln K^\ominus + RT\ln Q_p$

$$= -8.314 \times 973 \times \ln 0.71 + 8.314 \times 973 \ln[(1.5 \times 1.5)/(10 \times 5)]$$

$$= -22.3(kJ/mol) < 0$$

所以反应能自发进行。

2.2.3 化学反应的标准摩尔吉布斯函数变

反应的标准吉布斯函数变化

$\Delta_r G_m^\ominus$ 与化学平衡常数直接相联系，所以标准摩尔吉布斯函数变 $\Delta_r G_m^\ominus$ 具有特别重要的意义。$\Delta_r G_m^\ominus$ 指的是由标准状态的反应物变为标准状态的产物时，1mol 反应的吉布斯函数变。由于在温度和压力一定的条件下，任何物质标准态化学势都有确定的值，对应任何化学反应的标准吉布斯函数变都是常数。习惯上，对于固体和气体，分别选取选处于反应温度 T 和 $p^\ominus$ 的纯固体和理想气体作为标准状态，处于标准压力和反应温度下的理想溶液，浓度为标准浓度 $c^\ominus = 1mol/L$ 时的状态，即为该溶液的标准态。

化学反应的 $\Delta_r G_m^\ominus$ 和 $\Delta_r G_m$ 有不同的意义。$\Delta_r G_m^\ominus$ 是反应系统处于标准状态下的

ΔG，$\Delta_r G_m$ 是反应系统处于任意指定情况下反应的 ΔG，它与各物质实际所处的状态有关。根据式（2.21），等温等压不做其他功时，$\Delta_r G_m$ 可以用来判断反应进行的方向，而 $\Delta_r G_m^\ominus$ 不能用来指示反应进行的方向，只能根据式（2.19）来指示反应的限度。只有当 $\Delta_r G_m^\ominus$ 的绝对值很大时，一般情况下，$\Delta_r G_m^\ominus$ 和 $\Delta_r G_m$ 的正负一致，才可以用 $\Delta_r G_m^\ominus$ 估算反应进行的方向。

$\Delta_r G_m^\ominus$ 的计算一般有三种方法。

1. 用公式 $\Delta_r G_m^\ominus = \Delta_r H_m^\ominus - \Delta_r S_m^\ominus$ 计算

公式中 $\Delta_r H_m^\ominus$ 和 $\Delta_r S_m^\ominus$ 分别为温度 T 时反应的标准摩尔焓变和标准摩尔熵变。它们可以利用物质的标准摩尔生成焓或燃烧焓、标准摩尔熵来进行计算。如果反应不是 298.15K，则先求出 298.15K 的 $\Delta_r G_m^\ominus$，再利用物质的热容数据和熵数据，通过设计途径的方法计算反应温度下的 $\Delta_r G_m^\ominus$。

2. 由标准摩尔生成吉布斯自由能 $\Delta_f G_m^\ominus$ 计算

由各自标准态下，温度 T 时的最稳定单质生成处于标准态下，温度为 T 时 1mol 化合物 B 过程的吉布斯自由能的变化称为该化合物的标准摩尔生成吉布斯自由能，用符号 $\Delta_f G_m^\ominus$ 表示。所以，任何物质的 $\Delta_f G_m^\ominus$ 就是该物质生成反应的吉布斯自由能变，最稳定纯单质的标准生成自由能等于零。

规定 $\Delta_f G_m^\ominus$（H^+，298.15K，aq，∞）$=0$，由处于标准态下的最稳定单质溶于大量水中生成处于标准态下 1mol 离子过程的吉布斯自由能变可以确定水溶液中离子的标准摩尔生成自由能。热力学数据表中列出了各种离子（B）的标准摩尔生成自由能。

对于化学反应，反应的标准摩尔吉布斯自由能变等于各物质的标准摩尔生成吉布斯自由能的代数和，即产物的标准摩尔生成吉布斯自由能减去反应物的标准摩尔生成吉布斯自由能

$$\Delta_r G_m^\ominus = \sum_B \nu_B \Delta_f G_{m,B}^\ominus \tag{2.23}$$

3. 通过标准电动势计算

将反应设计成电池，用电池的标准电动势来计算 $\Delta_r G_m^\ominus$。

2.2.4 平衡常数

平衡常数的
各种表示法
和实验测定

化学反应达平衡时，平衡常数等于平衡活度积。$K^\ominus = Q_a$，则 $K^\ominus = \prod (a_B^{eq})^{\nu_B}$。式中 a_B^{eq} 表示平衡时 B 物质的活度。$K^\ominus$ 越大，说明平衡时，系统中产物的含量越高，即反应进行的程度越大。

1. 平衡常数的几种表示方法

平衡常数的表示形式有多种，统称为"经验平衡常数"，简称"平衡常数"。标准平衡常数没有量纲，而平衡常数有时具有一定的量纲。不同类型的反应有不同形式的平衡常数，对于指定的反应，其标准平衡常数与各种形式的平衡常数之间存在确定的换算关系。

对于反应物和产物都是理想气体的气相反应，由于理想气体的活度 $a_B = \dfrac{p_B}{p^\ominus}$，所

以标准平衡常数 $K^{\ominus}$ 可表示为

$$K^{\ominus} = \frac{(p_G/p^{\ominus})^g (p_H/p^{\ominus})^h}{(p_A/p^{\ominus})^a (p_B/p^{\ominus})^b} = \frac{p_G^g p_H^h}{p_A^a p_B^b}(p^{\ominus})^{-[(g+h)-(a+b)]}$$

用 ν_B 表示参加反应各物质的计量数，反应物 ν_B 取负值，产物 ν_B 取正值，$\sum \nu_B = [(a+b)-(g+h)]$，则上式可以表示为

$$K^{\ominus} = \frac{p_G^g p_H^h}{p_A^a p_B^b}(p^{\ominus})^{-\sum \nu_B} = \prod_B p_B^{\nu_B} (p^{\ominus})^{-\sum \nu_B} \tag{2.24}$$

令

$$K_p = \prod_B p_B^{\nu_B} \tag{2.25}$$

则

$$K^{\ominus} = K_p (p^{\ominus})^{-\sum \nu_B} \tag{2.26}$$

式中：p_B 为各物质平衡时的分压；K_p 为分压表示的平衡常数，$Pa^{-\Delta \nu}$。

标准平衡常数只是温度的函数，所以 K_p 也只是温度的函数，与系统压力无关。

对于理想气体混合物，气体的分压可写作 $p_B = px_B$，其中，p 是反应系统的总压，x_B 是 B 物质的摩尔分数，n 为系统中总物质的量，$x_B = n_B/n$。则式（2.25）可写为

$$K_p = \prod_B p_B^{\nu_B} = \prod_B (px_B)^{\nu_B} = (\prod_B x_B^{\nu_B}) p^{\sum \nu_B} \tag{2.27}$$

令

$$K_x = \prod_B x_B^{\nu_B}$$

则

$$K_p = K_x p^{\sum \nu_B} \tag{2.28}$$

K_x 是用摩尔分数表示的平衡常数。由式（2.28）可以看出，K_x 不只是温度的函数，还是压力的函数，只有当系统 T 和 p 都确定了，K_x 才有确定的值。

将 $x_B = n_B/n$ 代入式（2.27），可得

$$K_x = \prod_B (n_B/n)^{\nu_B} = (\prod_B n_B^{\nu_B}) n^{-\sum \nu_B} \tag{2.29}$$

令

$$K_n = \prod_B n_B^{\nu_B}$$

则

$$K_x = K_n n^{-\sum \nu_B} \tag{2.30}$$

K_n 不仅仅是温度的函数，还是压力和系统中总物质的量的函数，只有当系统 T、p 和总物质的量都确定了，K_n 才有确定的值。

K_p、K_x、K_n 与标准平衡常数 $K^{\ominus}$ 之间的关系为

$$K^{\ominus} = K_p (p^{\ominus})^{-\sum \nu_B} = K_x (p/p^{\ominus})^{\sum \nu_B} = K_n (p/p^{\ominus} n)^{\sum \nu_B}$$

若反应前后总物质的量不变，即 $\sum \nu_B = 0$，则

$$K^{\ominus} = K_p = K_x = K_n$$

对于液相和固相反应的经验平衡常数，由于标准态不同，故有不同的表示形式。

$$K_x = K_n n^{-\sum \nu_B}$$

对于同一化学反应，在书写化学计量式时，若同一物质的化学计量数不同，则 $\Delta_r G_m^{\ominus}$ 不同，因而 $K^{\ominus}$ 也不同。例如，合成氨反应：

(1) $N_2(g) + 3H_2(g) \Longrightarrow 2NH_3(g)$

$$\Delta_r G_{m,1}^\ominus = -RT\ln K_1^\ominus$$

$(2)1/2N_2(g)+3/2H_2(g)\Longrightarrow NH_3(g)$

$$\Delta_r G_{m,2}^\ominus = -RT\ln K_2^\ominus$$

因为 $\Delta_r G_{m,1}^\ominus = 2\Delta_r G_{m,2}^\ominus$，所以 $K_1^\ominus = (K_2^\ominus)^2$

当一个化学反应方程式的化学计量数加倍时，反应的标准吉布斯自由能变化 $\Delta_r G_m^\ominus$ 也随之加倍，而反应的各种平衡常数则按乘方关系变化。因此不写出化学反应式，只给出化学反应的标准平衡常数是没有意义的。

2. 平衡常数的测定

在化学平衡的计算中最基本的数据是标准平衡常数 $K^\ominus$，$K^\ominus$ 可由实验测定平衡组成来求算，也可由 $\Delta_r G_m^\ominus$ 来计算。

我们可以通过测量反应达到平衡时系统的各种物理化学性质，例如测量平衡时系统的折光率、电导率、颜色、密度、压力和体积等，并利用这些性质与系统组成之间的关系来计算反应的平衡常数。或者直接测定平衡时系统的组成，计算得到平衡常数。

【例 2.2】 某体积可变的容器中放入 $1.564g$ N_2O_4 气体，此化合物在 $298K$ 时部分解离。实验测得，在标准压力下，解离反应达到平衡时容器的体积为 $0.485dm^3$。求 N_2O_4 的解离度 α 以及解离反应的 $K^\ominus$ 和 $\Delta_r G_m$。

解：设开始时容器中 N_2O_4 的物质的量为 n，则 N_2O_4 的解离反应可以表示为

$$N_2O_4 \Longleftrightarrow 2NO_2 \quad 总的物质的量 n_{总}$$

开始时	n	0	n
平衡时	$(1-\alpha)n$	$2\alpha n$	$(1+\alpha)n$

其中

$$n = \frac{W(N_2O_4)}{M(N_2O_4)} = \frac{1.564}{92.0} = 0.017(mol)$$

因此由

$$pV = n_{总}RT = (1+\alpha)nRT$$

得到

$$\alpha = \frac{pV}{nRT} - 1 = \frac{1.01325\times10^5\times0.485\times10^{-3}}{0.017\times8.314\times298} - 1 = 0.167$$

因为

$$K_n = \prod_i n_i^{v_i} = \frac{[n(NO_2)]^2}{n(N_2O_4)} = \frac{(2\alpha n)^2}{(1-\alpha)n} = \frac{4n\alpha^2}{1-\alpha}$$

$$= \frac{4\times0.017\times0.167^2}{1-0.167} = 2.28\times10^{-3}(mol)$$

所以

$$K^\ominus = K_n\times\left(\frac{p}{p^\ominus\times n_{总}}\right)^{\Delta v} = \frac{K_n}{n_{总}} = \frac{2.28\times10^{-3}}{(1+0.167)\times0.017} = 0.115$$

或者由平衡时各物质的分压求标准平衡常数：

$$p(N_2O_4) = px(N_2O_4) = p\frac{n(N_2O_4)}{n_{总}} = p\frac{(1-\alpha)n}{(1+\alpha)n} = p\frac{1-\alpha}{1+\alpha}$$

$$p(NO_2) = px(NO_2) = p\frac{n(NO_2)}{n_{总}} = p\frac{2\alpha n}{(1+\alpha)n} = p\frac{2\alpha}{1+\alpha}$$

所以

$$K^\ominus = \prod_i (p_i/p^\ominus)^{v_i} = \frac{[p(NO_2)/p^\ominus]^2}{p(N_2O_4)/p^\ominus} = \frac{[p(NO_2)]^2}{p(N_2O_4)p^\ominus}$$

$$= \frac{\left(p \times \frac{2\alpha}{1+\alpha}\right)^2}{p \times \frac{1-\alpha}{1+\alpha} \times p^\ominus} = \frac{4\alpha^2}{(1-\alpha)(1+\alpha)} = \frac{4\alpha^2}{1-\alpha^2} = \frac{4 \times 0.167^2}{1-0.167^2} = 0.115$$

与由标准生成吉布斯自由能 5.394kJ/mol 计算得到的标准平衡常数符合得很好。

当反应前后的气体分子数不同时,可以通过测定等压条件下的体积或密度的变化和等容条件下的压力变化来确定反应的平衡常数。

2.2.5　温度对平衡常数的影响

对于任意反应,有 $-RT\ln K^\ominus = \Delta_r G_m^\ominus$ 和 $\Delta_r G_m^\ominus = \sum_i v_i \mu_i^\ominus$。

由于物质的标准态化学势 $\mu^\ominus$ 是温度的函数,因此反应的标准吉布斯自由能变化 $\Delta_r G_m^\ominus$ 和标准平衡常数 $K^\ominus$ 也都是温度的函数。标准平衡常数 $K^\ominus$ 随温度的变化关系可以从吉布斯-亥姆霍兹公式推出。

吉布斯-亥姆霍兹公式为　　$\left[\frac{\partial}{\partial T}\left(\frac{\Delta G}{T}\right)\right]_p = -\frac{\Delta H}{T^2}$

可以得到

$$\left(\frac{\partial \ln K^\ominus}{\partial T}\right)_p = \left[\frac{\partial}{\partial T}\left(-\frac{\Delta_r G_m^\ominus}{RT}\right)\right]_p = -\frac{1}{R}\left[\frac{\partial}{\partial T}\left(\frac{\Delta_r G_m^\ominus}{T}\right)\right]_p = \frac{\Delta_r H_m^\ominus}{RT^2}$$

即　　　　　　　　　　　　$\left(\frac{\partial \ln K^\ominus}{\partial T}\right)_p = \frac{\Delta_r H_m^\ominus}{RT^2}$ 　　　　　　　　(2.31)

式中:$\Delta_r H_m^\ominus$ 为等压条件下反应的标准摩尔反应热。

当 $\Delta_r H_m^\ominus > 0$ 时,为吸热反应,此时升高温度将使标准平衡常数增大,有利于正向反应的进行;当 $\Delta_r H_m^\ominus < 0$ 时,为放热反应,此时升高温度将使标准平衡常数减小,不利于正向反应的进行。将式 (2.31) 变形后在等压条件下做不定积分,得到

$$\ln K^\ominus(T) = \int \frac{\Delta_r H_m^\ominus}{RT^2}dT$$ 　　　　　　　　(2.32)

如果 $\Delta_r H_m^\ominus$ 与温度无关,则有

$$\ln K^\ominus(T) = -\frac{\Delta_r H_m^\ominus}{RT} + C$$ 　　　　　　　　(2.33)

式中:C 为积分常数。

将式 (2.31) 变形后在等压条件下做定积分,得到

$$\ln K^\ominus(T_2) - \ln K^\ominus(T_1) = \int_{T_1}^{T_2} \frac{\Delta_r H_m^\ominus}{RT^2}dT$$

如果 $\Delta_r H_m^\ominus$ 与温度无关,则有

$$\ln\frac{K^{\ominus}(T_2)}{K^{\ominus}(T_1)}=\frac{\Delta_r H_m^{\ominus}}{R}\left(\frac{1}{T_1}-\frac{1}{T_2}\right) \tag{2.34}$$

2.2.6 其他因素对平衡常数的影响

1. 压力

对于理想气体反应，$K^{\ominus}$只是温度的函数，与压力无关。对于凝聚相反应（包括复相反应），$K^{\ominus}$虽然与压力有关，但是一般情况下压力对$K^{\ominus}$的影响很小，可以忽略不计。一般只在很高压力（大于10^8MPa 时）下才需要考虑压力对凝聚相反应的$K^{\ominus}$的影响。

对于气相反应，压力虽然不能改变标准平衡常数$K^{\ominus}$，但却有可能使平衡系统的组成发生改变，也就是说可能会使平衡发生移动。对于气相反应，有

$$K_x=K^{\ominus}\left(\frac{p}{p^{\ominus}}\right)^{-\Delta v}$$

当温度一定时，$K^{\ominus}$为常数，如果$\Delta v\neq0$，当系统的总压p改变时，K_x必然会随之变化，也就是说系统的平衡组成会随压力而变化。当$\Delta v=0$时，$K_x=K^{\ominus}$，所以系统总压p对平衡组成没有影响，即改变压力不会使平衡发生移动；当$\Delta v>0$时，即产物分子数多于反应物分子数时，p增大将会使K_x减小，也就是说增大压力将使反应物增多、产物减少，即平衡向反应物一侧移动；当$\Delta v<0$时，即产物分子数少于反应物分子数时，p增大将会使K_x增大，也就是说增大压力将使反应物减少、产物增多，即平衡向产物一侧移动。

【例 2.3】 反应 $PCl_5(g)\Longrightarrow PCl_3(g)+Cl_2(g)$ 在 200℃时，$K^{\ominus}=0.308$。试计算 200℃及 10^5Pa 时 PCl_5 的解离度。若将压力改为 10^6Pa，结果又将如何？

解： 设反应开始时 $PCl_5(g)$ 为 1mol，解离度为 α，则有

$$PCl_5(g)\Longrightarrow PCl_3(g)_3+Cl_2(g)$$

开始时物质的量   1   0   0   总的物质的量

平衡时物质的量 $1-\alpha$ α α $1+\alpha$

因此该反应的标准平衡常数$K^{\ominus}$可以表示为

$$K^{\ominus}=K_n\left(\frac{p}{n_{\text{总}}p^{\ominus}}\right)^{\Delta v}=\frac{\alpha^2}{(1-\alpha)(1+\alpha)}\times\left(\frac{p}{p^{\ominus}}\right)=\frac{\alpha^2}{1-\alpha^2}\times\left(\frac{p}{p^{\ominus}}\right)$$

因此 $PCl_5(g)$ 的解离度 α 可以表示为

$$\alpha=\left[\frac{K^{\ominus}}{K^{\ominus}+(p/p^{\ominus})}\right]^{1/2}$$

当 $p=10^5$Pa 时，解得，$\alpha=0.488$；

当 $p=10^6$Pa 时，解得，$\alpha=0.174$。

由于该反应中，$\Delta v>0$，即气体产物分子数大于气体反应物分子数，因此增大压力时将使平衡向反应物一侧移动，所以 $PCl_5(g)$ 的解离度随压力的增大而减小。

2. 惰性气体

存在于系统中但并不参与反应的气体称为惰性气体。惰性气体既不是反应物，也不是产物。

对于气相反应，当温度和压力一定时，系统中惰性气体的含量有可能会影响系统

的平衡组成。当温度和压力不变时，根据公式

$$K_n = K^\ominus \left(\frac{p}{n_{总} \, p^\ominus} \right)^{-\Delta v}$$

当 $\Delta v = 0$ 时，$K_n = K^\ominus$，所以惰性气体的含量（影响 $n_{总}$）对平衡组成没有影响；当 $\Delta v > 0$ 时，惰性气体增多将使 $n_{总}$ 增大，因此 K_n 将增大，即产物增多，反应物减少；当 $\Delta v < 0$ 时，惰性气体增多将使 $n_{总}$ 增大，因此 K_n 将减小，即产物减少，反应物增多。

【例 2.4】 工业上用乙苯脱氢制苯乙烯，反应为

$$C_6H_5CH_2CH_3(g) \rightleftharpoons C_6H_5CHCH_2(g) + H_2(g)$$

已知 627℃时，$K^\ominus = 1.49$。试计算在此温度及标准压力时乙苯的平衡转化率；若用水蒸气与乙苯的物质的量之比为 10 的原料气，结果又将如何？

解： 设反应开始时乙苯为 1mol，水蒸气为 n mol，乙苯的平衡转化率为 x，则该反应可以表示为

$$C_6H_5CH_2CH_3(g) \rightleftharpoons C_6H_5CHCH_2(g) + H_2(g) \quad H_2O(g)$$

开始时	1	0	0	n	总的物质的量
平衡时	$1-x$	x	x	n	$1+x+n$

所以反应的标准平衡常数 $K^\ominus$ 可以表示为

$$K^\ominus = K_n \left(\frac{p}{n_{总} \, p^\ominus} \right)^{\Delta v} = \frac{n_{苯乙烯} \, n(H_2)}{n_{乙苯} \, n_{总}} = \frac{x^2}{(1-x)(1+x+n)} = 1.49$$

当以纯乙苯作为原料气时，$n=0$，解得 $x=0.774=77.4\%$。

当以水蒸气与乙苯的物质的量之比为 10 的混合气体作为原料气时，$n=10$，解得 $x=0.949=94.9\%$。

由于该反应的气体产物分子数大于气体反应物分子数，所以添加惰性气体可以有效地提高反应物原料的平衡转化率。

2.3 绿色化学和环境化学

2.3.1 绿色化学

若能从废物的末端处理改变为对生产全过程的控制，这是符合可持续发展方向的一个战略性转变。清洁生产、绿色化学等就是这样的先进科学技术。

清洁生产通常是指在产品生产过程和预期消费中，既合理利用自然资源，把对人类和环境的危害减至最小，又能充分满足人类需要，使社会经济效益最大化的一种生产模式。清洁生产的环境经济效益远远超过工业污染末端控制。

绿色化学是一种以保护环境为目标来设计生产化学产品的一门新兴学科，是一门从源头上阻止污染的化学。它用化学的技术和方法减少或消灭那些对人类健康、安全、生态环境有害的原料、催化剂、溶剂和试剂、产物、副产物等的产生和使用。绿色化学为传统化学工业带来革命性的变化，化学家不仅要研究化学产品生产的可行性，还要设计符合绿色化学要求、不产生或减少污染的化学过程。这给化学发展和化

学家带来了重大机遇和挑战。绿色化学的研究重点可用图 2.2 表示。

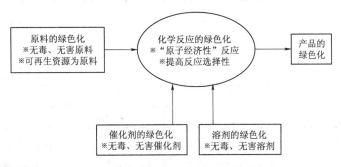

图 2.2 绿色化学研究重点

近年来，开发新的"原子经济性"反应已成为绿色化学研究的热点之一。理想的原子经济性反应是原料分子中的原子 100% 地转变为产物，不产生副产物或废物，实现废物的零排放。例如，重要的有机合成中间体环氧乙烷的生产，从经典氯醇（二步制备）法改为银催化乙烯直接氧化（一步）法，原子利用率从 25% 提高到 100%，理论上没有废物产生。

（1）经典氯醇法。

$$H_2C=CH_2+Cl_2+H_2O\longrightarrow ClCH_2CH_2OH+HCl$$

$$ClCH_2CH_2OH+Ca(OH)_2\xrightarrow{HCl}H_2COCH_2+CaCl_2+2H_2O$$

总反应：

$$C_2H_4+Cl_2+Ca(OH)_2\longrightarrow C_2H_4O+CaCl_2+H_2O$$

摩尔质量/(g/mol) 28   71   74   44

$$原子利用率=\frac{期望产品的摩尔质量}{化学反应方程式按计量所用原料的摩尔质量之和}\times100\%$$

$$=\frac{44g/mol}{173g/mol}\times100\%=25\%$$

（2）现代直接氧化法。

$$C_2H_4+\frac{1}{2}O_2\xrightarrow{催化}C_2H_4O$$

原子利用率 = 100%

2.3.2 环境化学

干燥清洁空气的组成在地球表面的各处几乎是一致的，可以看作大气中自然不变的组成，或称为大气的本底值，见表 2.1。有了这个组成就可以容易地判定大气中的外来污染物。

半个多世纪以来，随着工业和交通运输的迅速发展，向大气中大量排放烟尘、有害气体、金属氧化物等，使某些物质的浓度超过它们的本底值，并对人及动植物等产生有害的效应，这就是大气污染。人为排放的大气污染物中，量多且危害较大的主要有：颗粒物质、硫氧化物 SO_x、氮氧化物 NO_x、CO 和 CO_2、烃类化合物 C_xH_y（或简写为 HC）和氟利昂（CFC）等。

表 2.1 　　　　　　　　　　干燥清洁空气的组成（体积分数 φ）

气体类别	$\varphi/\%$	气体类别	$\varphi/\%$
氮（N_2）	78.09	氦（He）	5.24×10^{-4}
氧（O_2）	20.95	氪（Kr）	1.0×10^{-4}
氩（Ar）	0.93	氢（H_2）	0.5×10^{-4}
二氧化碳（CO_2）	0.03	氙（Xe）	0.08×10^{-4}
氖（Ne）	18×10^{-4}	臭氧（O_3）	0.01×10^{-4}

限制污染的具体技术的选择要根据污染物的种类、污染物生成的过程及所要求的洁净程度而定。比如，可以通过烟气脱硫、燃料预先脱硫和燃烧中脱硫等方式实现对 SO_2 的控制。再如，控制汽车尾气有害物排放的方法，可以用机内净化（改进发动机使污染物产生量减少），也可以用机外净化（在发动机外对排出的废气进行净化治理）。机内净化是解决问题的根本途径，是重点研究的方向。机外净化的主要方法，从化学上看就是催化净化法，其关键是寻找耐高温的高效催化剂，最理想的方法是利用三效催化尾气转化器，同时完成 CO、HC 的氧化和 NO_x 的还原反应。主要反应可表示如下（碳氢化合物以辛烷为例）：

$$CO+C_8H_{18}+13\,O_2 =\!=\!=9CO_2+9H_2O$$

$$CO+NO =\!=\!= \frac{1}{2}N_2+CO_2$$

当前 Pt、Pd、Ru 催化剂（CeO_2 为助催化剂，耐高温陶瓷为载体）可使尾气中有害物质转化率超过 90%。

臭氧是大气中的一种自然微量成分，臭氧层存在于平流层中，能吸收 99% 以上来自太阳的紫外线，保护人类和生物免遭紫外辐射的伤害。但是，人类排入大气的某些物质与臭氧发生作用，导致了臭氧的损耗，引起了臭氧层空洞。这些物质主要有氟利昂、哈龙等。

美国罗兰于 1974 年首先提出氟利昂等物质破坏大气平流层中臭氧层的理论。由于氟利昂很稳定，在低层大气中可长期存在（寿命约为几十年甚至上百年），还未来得及分解即穿过对流层进入平流层（包括 N_2O、哈龙等），在短波紫外线的作用下分解成 Cl・、Br・、HO・等活泼自由基，可作为催化剂引起链反应，促使 O_3 分解。导致 O_3 层破坏的氯催化反应过程可表示为

$$Cl・+O_3 \longrightarrow ClO+O_2$$

$$ClO+O・ \longrightarrow Cl・+O_2$$

总反应：

$$O_3+O・ \longrightarrow 2O_2$$

大气中臭氧层的损耗，主要是由消耗臭氧的物质引起，因此必须对这些物质的生产及消费加以限制。

习 题

2.1　有理想气体反应 $2H_2(g)+O_2(g) \Longrightarrow 2H_2O(g)$，在 2000K 时，已知反应的

$K^{\ominus}=1.55\times10^{7}$。

(1) 计算 H_2 和 O_2 分压各为 $1.00\times10^{4}\,Pa$，水蒸气分压为 $1.00\times10^{5}\,Pa$ 的混合气中，进行上述反应的 Δ_rG_m，并判断反应自发进行的方向；

(2) 当 H_2 和 O_2 的分压仍然分别为 $1.00\times10^{4}\,Pa$ 时，欲使反应不能正向自发进行，水蒸气的分压最少需要多大？

2.2　已知合成氨反应

$$1/2N_2(g)+3/2\,H_2(g)\Longrightarrow NH_3(g)$$

在 748K，$p=300p^{\ominus}$ 时 $K_p=6.63\times10^{-3}$，当原料气不含惰气时，氨的产率为 31%，现若以含氮 18%、含氢 72% 和含惰气 10% 的原料气进行合成，问其产率为若干？

2.3　在 673K、总压为 $10p^{\ominus}$ 的条件下，氢、氮气的体积比为 3∶1 时，使其通过催化剂。反应到达平衡后，测得生成 NH_3 的体积百分数为 3.85，试计算①$K^{\ominus}$ 值；②若总压为 $50p^{\ominus}$，NH_3 的平衡产率为若干？

2.4　反应 $NH_2COONH_4(s)\Longrightarrow2NH_3(g)+CO_2(g)$ 在 30℃ 时的 $K^{\ominus}=6.55\times10^{-4}$，试求 NH_2COONH_4 的分解压力。

2.5　可将 $H_2O(g)$ 通过红热的 Fe 来制备 $H_2(g)$。如果此反应在 1273K 时进行，已知反应的标准平衡常数 $K^{\ominus}=1.49$。

(1) 试计算欲产生 $1mol\ H_2(g)$ 所需要的 $H_2O(g)$ 为多少？

(2) 1273K 时，若将 $1mol\ H_2O(g)$ 与 $0.8mol\ Fe$ 反应，试求达到平衡时气相的组成如何？Fe 和 FeO 各为若干？

(3) 若将 $1mol\ H_2O(g)$ 与 $0.3mol\ Fe$ 接触，结果又将如何？

2.6　在高温下，水蒸气通过灼热煤层反应生成水煤气：

$$C(s)+H_2O(g)\longrightarrow H_2(g)+CO(g)$$

已知在 1000K 及 1200K 时，$K^{\ominus}$ 分别为 2.472 及 37.58。

(1) 求算该反应在此温度范围内的 $\Delta_rH_m^{\ominus}$；

(2) 求算 1100K 时该反应的 $K^{\ominus}$。

2.7　20℃ 时，实验测得下列同位素交换反应的标准平衡常数 $K^{\ominus}$ 为

(1) $H_2+D_2\Longrightarrow2HD$　　　　$K^{\ominus}(1)=3.27$

(2) $H_2O+D_2O\Longrightarrow2HDO$　　　$K^{\ominus}(2)=3.18$

(3) $H_2O+HD\Longrightarrow HDO+H_2$　　$K^{\ominus}(3)=3.40$

试求 20℃ 时反应 $H_2O+D_2\Longrightarrow D_2O+H_2$ 的 $\Delta_rG_m^{\ominus}$ 及 $K^{\ominus}$。

2.8　某合成氨厂用的氢气是由天然气 $CH_4(g)$ 和 $H_2O(g)$ 反应而来，其反应为

$$CH_4(g)+H_2O(g)\Longrightarrow CO(g)+3H_2(g)$$

已知此反应在 1000K 进行，此时 $K^{\ominus}=26.56$。如果起始 $CH_4(g)$ 和 $H_2O(g)$ 的物质的量之比为 1∶2，试求算欲使 CH_4 的转化率为 78%，反应系统的压力应为多少？

2.9 已知反应 $H_2(g)+0.5O_2(g)\Longrightarrow H_2O(g)$ 的 $\Delta_rG_m^\ominus(298K)=-228.6kJ/mol$，又知 $\Delta_fG_m^\ominus(H_2O，l，298K)=-237kJ/mol$，求水在 298K 时的饱和蒸汽压（可将水蒸气视为理想气体）。

2.10 已知反应 $CO(g)+H_2O(g)\Longrightarrow CO_2(g)+H_2(g)$ 在 700℃ 时 $K^\ominus=0.71$，①若系统中四种气体的分压都是 1.5×10^5Pa；②若 $P_{CO}=1.0\times10^6Pa$，$P_{H_2O}=5.0\times10^5Pa$，$P_{CO_2}=P_{H_2}=1.5\times10^5Pa$；试判断哪个条件下正向反应可以自发进行？

2.11 在 673K、总压为 $10P^\ominus$ 的条件下，氢、氮气的体积比为 $3:1$ 时，使其通过催化剂。反应到达平衡后，测得生成 NH_3 的体积百分数为 3.85，试计算：①$K^\ominus$ 值；②若总压为 $50P^\ominus$，NH_3 的平衡产率。

2.12 在一个抽空的容器中引入氯和二氧化碳，若在它们之间没有发生反应，则在 102.1℃ 时的分压力应分别为 $0.4721P^\ominus$ 和 $0.4420P^\ominus$。将容器保持在 102.1℃，经一定时间后，压力变为常数，且等于 $0.8497P^\ominus$。

求反应 $SO_2Cl_2(g)\Longrightarrow SO_2(g)+Cl_2(g)$ 的 $K^\ominus$。

2.13 在 250℃ 及标准压力下，1mol PCl_5 部分解离为 PCl_3 和 Cl_2，达到平衡时通过实验测知混合物的密度为 $2.695g/dm^3$，试计算 PCl_5 的离解度 α 以及解离反应在该温度时的 $K^\ominus$ 和 $\Delta_rG_m^\ominus$。

2.14 某体积可变的容器中放入 1.564g N_2O_4 气体，此化合物在 298K 时部分解离。实验测得，在标准压力下，容器的体积为 $0.485dm^3$。求 N_2O_4 的解离度 α 以及解离反应的 $K^\ominus$ 和 $\Delta_rG_m^\ominus$。

2.15 已知 1000K 时生成水煤气的反应

$$C(s)+H_2O(g)\longrightarrow H_2(g)+CO(g)$$

在 $1P^\ominus$ 下的平衡转化率 $\alpha=0.844$。求：①平衡常数 $K^\ominus$；②在 $1.1P^\ominus$ 下的平衡转化率 α。

2.16 已知反应 $2SO_3(g)\Longrightarrow 2SO_2(g)+O_2(g)$ 在 1000K 时，$K^\ominus=0.290$。试求算在该温度及标准压力时，SO_3 的解离度；欲使 SO_3 的解离度降低到 20%，系统总压力应控制为多少？

2.17 潮湿的 Ag_2CO_3 需要在 110℃ 的温度下在空气流中干燥去水。试计算空气中应含 CO_2 的分压为多少才能防止 Ag_2CO_3 的分解（表1）？

表 1   习题 2.17 数据

	$Ag_2CO_3(s)$	$Ag_2O(s)$	$CO_2(g)$
$\Delta_fH_m^\ominus/(kJ/mol)$	-506.16	-30.568	-393.5
$\Delta_fG_m^\ominus/(kJ/mol)$	-437.14	-10.820	-394.4

第3章 相 平 衡

物质在不同相之间的转变过程称为相变过程。例如,蒸发、冷凝、升华、溶解、结晶等过程,在相变过程中新相不断地生成,旧相不断地消失,在一定条件下,当每一相的生成速度与它的消失速度相等时,宏观上没有任何物质在相与相之间传递,系统中每一个相的数量均不随时间而变化,此时系统便达到了相平衡。相平衡是一种动态平衡,当处于平衡状态时,系统处于最低自由能状态。

相平衡是研究物质在多相系统平衡状态如何随着影响平衡的因素(温度、压力、组分浓度等)的变化而变化的规律。根据多相平衡的实验结果,可绘制成一定的几何图形来描述平衡状态下多相系统的状态(相的个数、相的组成、相的含量等)如何随着温度、压力、浓度等因素而变化,这种图称为相图。相图对科研和实际生产都有着重要的指导意义。例如,在陶瓷制备过程中,如何制定烧结制度;在单晶生长过程中,如何选择合适的生长条件;在新材料的研制中,如何确定配料的范围等。对于材料工作者来说,掌握相平衡的基本原理、能够熟练读懂相图,是一项必备的基本技能。

本章将系统地介绍有关相平衡的基本理论,介绍数种典型的相图,使读者初步掌握相图,并能利用相图解决一些实际的问题。

3.1 相 律

1876 年,美国学者吉布斯提出多相平衡理论,推导出多相平衡体系的普遍规律——相律。经过长期的实践证明,相律是自然界最普遍存在的规律之一。

3.1.1 几个基本概念

1. 组分和组分数

组分是指组成系统的独立化学组成物。组分的数目称为组分数,常用符号 C(component)来表示。在没有化学反应的系统中,化学物质的种数等于系统的组分数,如果系统中各物质间发生了化学反应并存在化学平衡,则系统中的组分数应等于化学物质的种数减去独立化学平衡数。例如,由 $HgO(s)$、$Hg(g)$、$O_2(g)$ 三种物质所组成的系统,化学物质的种数为 3,但由于这三种物质间存在一个化学平衡:$HgO(s)=Hg(g)+O_2(g)$,故组分数应为 $C=3-1=2$。也就是说在这个多相系统中,虽然存在三种化学物质,但它们之间通过化学平衡联系在一起,只要确定了其中任意两种物质的量,第三种物质的量自然就确定了,即此系统独立的化学物质的种数为两个,故 $C=2$。另外,要注意独立化学平衡数中的"独立"二字,例如由 C(s)、

$H_2O(g)$、$CO_2(g)$、$CO(g)$和$H_2(g)$ 五种物质组成的系统中，它们之间有三个化学平衡式：

$$C(s) + H_2O(g) \Longrightarrow CO(g) + H_2(g)$$

$$C(s) + CO_2(g) \Longrightarrow 2CO(g)$$

$$CO(g) + H_2O(g) \Longrightarrow CO_2(g) + H_2(g)$$

但这三个反应并不是相互独立的，只要其中任意两个化学平衡存在，则第三个化学平衡必然成立，故独立的化学平衡数为 2，则此系统的组分数应为 $C = 5 - 2 = 3$。

根据组分数的不同，可将系统分为单组分系统（单元系统，$C=1$）、二组分系统（二元系统，$C=2$）和三组分系统（三元系统，$C=3$）。

2. 相和相数

相是指系统中由界面分开的物质的均匀部分，即具有相同的物理、化学性质和晶体结构的均匀部分。系统中所包含的相的数目称为相数，常用符号 P（phase）来表示。不同相之间有明显的界面，超过界面其性质将发生突变。气体能够无限地混合，所以，一个系统中无论含有多少气体，只能存在一个气相。不同液体相互溶解的程度不同，故系统液相的数目也不相同。例如，水和乙醇可以任意比例互溶，混合成物理及化学性质完全均匀的系统，虽然系统中含有两种物质，但却属于一个液相；而水和油混合，两者互不相容存在明显的界面，具有不同的物理及化学性质，故属于两个液相。一般来说，一个系统可以有一个或两个液相，一般不会超过三个液相。对于固体来说，如果系统中不同的固体形成机械混合物，则不管其粉磨得多细，都不可能达到微观尺度的均匀混合，不能视为一相；如果不同组分间形成了化合物，则每形成一种化合物即形成一种新相；如果系统中不同组分形成了固溶体，其物理及化学性质符合相的均匀性要求，则视为一个相；同一物质的不同晶型虽然化学组成相同，但其晶体结构和物理性质不同，故分别各自成相。

3. 自由度和自由度数

自由度是指相平衡系统中，在不改变相的形态和数目的前提下，可以在一定范围内独立变动的可变因素。自由度的个数称为自由度数，常用符号 F（freedom）来表示。相平衡系统的可变因素一般指体系的温度 T、压力 p 和组分的浓度 x 等因素。例如，当水以单一液相存在时，要使该液相不消失，同时不形成冰和水蒸气，此系统中温度 T 和压力 p 都可以在一定范围内独立变动，故此系统的自由度数 $F=2$；当液态水与其蒸汽平衡共存时，要使这两相均不改变，也不生成固相冰，则系统的压力 p 必须是所处温度 T 时水的饱和蒸汽压，也就是说压力 p 和温度 T 之间存在函数关系，两者只有一项可独立变动，故此系统的自由度数 $F=1$；若使液态水、水蒸气和固态冰三相共存，则温度只能保持在 $0.01\,℃$，压力保持在 $610.48\,Pa$，即温度和压力都不能独立变动，故此系统的自由度数 $F=0$。

3.1.2 相律的表达式

相律是指在相平衡系统中，系统内的相数、组分数、自由度数及影响物质性质的外界因素（如温度、压力、电场、磁场、重力场等）之间关系的规律。吉布斯（Gibbs）通过热力学推导建立了它们之间的关系，相律的数学表达式为

$$F=C-P+n \qquad (3.1)$$

式中：F 为系统的自由度数；C 为组分数；P 为相数；n 为影响物质性质的外界因素的个数。

一般情况下不考虑电场、磁场等因素，只考虑温度和压力对系统的影响时，相律的数学表达式为

$$F=C-P+2 \qquad (3.2)$$

由式（3.2）可以看出，系统每增加一个组分数，自由度数就增加一个，系统每增加一个相数，自由度数就减少一个。例如，$I_2(s)$ 和 $I_2(g)$ 两相平衡系统，其组分数 $C=1$，相数 $P=2$，故自由度数 $F=1-2+2=1$，即系统的温度和压力只能有一项可独立变动，系统的压力必须是所处温度下 $I_2(s)$ 的平衡蒸汽压，二者之间存在函数关系。

不含气相或气相可以忽略的系统称为凝聚系统。在凝聚系统中，温度和压力这两个影响系统平衡的外界因素中，压力对固液相之间的平衡影响不大，可以忽略不计。大多数无机非金属材料属于难熔化合物，挥发性很小，一般视为凝聚系统。因而相律在凝聚系统中具有如下形式：

$$F=C-P+1 \qquad (3.3)$$

相律只适用于处于平衡状态下的系统。相律可以指导人们找出相平衡的规律性，在理论研究和指导实践生产都具有重要的意义。

3.1.3 相平衡的研究方法

系统发生相变时，其结构发生变化，必然引起能量或物化性质的变化，用各种实验方法准确测出相变温度，如对应于液相线和固相线温度、多晶转变、化合物分解和形成等的温度，即可作出相图。研究凝聚系统相平衡，有两种基本方法：动态法和静态法。

1. 动态法

最普通的动态法是热分析法。这种方法主要是观察系统中的物质在加热和冷却过程中所发生的热效应。当系统以一定速度加热或冷却时，如系统中发生了某种相变，则必然伴随吸热或放热的能量效应，测定此热效应产生的温度，即为相变发生的温度，常用的有加热或冷却（步冷）曲线法和差热分析（Differential Thermal Analysis，DTA）法。此外，还有热膨胀曲线法和电导（或电阻）法。

（1）加热或冷却（步冷）曲线法。这种方法是将一定组成的体系，均匀加热至完全熔融后，使之均匀冷却，测定体系在每一时刻下的温度。作出时间-温度曲线，这样的曲线称为加热曲线或步冷曲线。如果系统在均匀加热或冷却过程中不发生相变化，则温度的变化是均匀的，曲线是圆滑的；反之，若有相变化发生，则因有热效应产生，在曲线上必有突变和转折。曲线的转折程度和热效应的大小有关，相变时热效应小，曲线出现一个小的转折点；相变时热效应大，曲线上便会出现一个平台。

对于单一的化合物来说，转折处的温度就是它的熔点或凝固点，或者是其分解反应点。对于混合物来说，加热时的情况就较复杂，可能是其中某一化合物的熔点，也可能是同别的化合物发生反应的反应点，因此用步冷曲线法较为合适。因为当系统从

熔融状态冷却时，析出的晶相是有次序的，结晶能力大的先析出。因此，在相平衡研究中，步冷曲线法是重要的研究方法。但是，有些硅酸盐系统的过冷现象很显著，反而不及加热曲线法所得结果好，所以应根据具体情况而选用不同的方法。

图 3.1 为不同组成熔体的步冷曲线。纯物质的熔体冷却时，若无相变或其他反应发生，则步冷曲线是一条光滑曲线，但如果纯物质熔体在冷却过程中出现相变，则有热效应，热效应阻碍熔体进一步冷却。例如当熔体冷却到某温度时开始析晶，由于析晶而放出的热正好补偿了体系向外散失的热量，因此熔体温度保持恒定，结果步冷曲线发生转折出现水平线段，如图 3.1 中曲线 1 的 ab 线段。只有当析晶完毕，熔体全部转变为固相后，体系才能继续降温。如果是 A - B 二元系统，那么在冷却曲线中会产生两个转折：当温度冷却到某温度时，首先析出 A 晶体，曲线出现第一个转折。其后体系温度继续下降，只是下降速度变慢。因为相变（放热）可以部分地补偿系统散失的热量，如图 3.1 中曲线 2 的 cd 线段。当温度继续下降到另一值时，A 和 B 两种晶体同时析出，曲线出现第二个转折。这时体系析晶放热正好补偿了其散

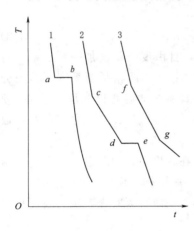

图 3.1　不同组成熔体的步冷曲线
1—纯物质熔体；2—二元组成熔体；
3—二元固溶体

失的热量使体系温度保持恒定，曲线出现水平线段，如图 3.1 中曲线 2 的 de 线段。在 A、B 两种晶体完全析出后系统的温度才能继续下降。若 A - B 二元系统形成固溶体，冷却曲线不会出现水平线段，只是出现两个转折点，如图 3.1 中曲线 3 的 f、g 点。

图 3.2 表示如何用步冷曲线法绘制出一个具有不一致熔融化合物的二元相图的过程。即根据系统中某些组成的配料从高温液态逐步冷却时得到的步冷曲线，以温度为纵坐标，组成为横坐标，将各组成的步冷曲线上的结晶开始温度、转熔温度和结晶终了温度分别连接起来，就可得到该系统的相图。

采用加热曲线也可以获得同样的结果。有时加热曲线和冷却曲线配合使用，可提高实验结果的可靠性。

加热或冷却曲线方法简单，测定速度较快。但要求试样均匀，测温要快而准，对于相变迟缓系统的测定，则准确性较差。尤其对相变时产生热效应很小（例如多晶转变）的系统。在加热曲线和冷却曲线上将不易观察出来。为了准确地测出这种相变过程的微小热效应，通常采用差热分析法。

（2）差热分析法。差热分析法的特点是灵敏度较高，能把系统中热效应小、用普通热偶已难以察觉的物理化学变化测量出来。由于差热分析法对于加热过程中物质的脱水、分解、相变、氧化、还原、升华、熔融、晶格破坏及重建等物理化学现象都能精确地测定和记录，所以被广泛地应用于材料、地质、化工、冶金等各领域的研究及生产之中。

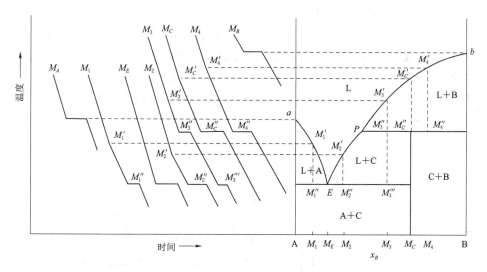

图 3.2 具有不一致熔融化合物的二元系统步冷曲线及相图

差热分析装置如图 3.3 所示。首先在差热分析中用检流计的是差热电偶，这种热偶是由两根普通热偶的冷端相互对接构成。其中冷端的两条铂丝（或镍铬丝）和检流计相连，而中间毫伏计两条铂铑丝（或镍铬丝）则自相连接。a 和 b 是差热电偶的两个热端，分别插入被测试样和标准试样内，A 和 B 是放在加热器中的用来盛装被测试样和标准试样的容器。作为标准试样的物料，应是在所测定的温度范围内不发生任何热效应的物质。对于硅酸盐物质的分析，常常采用高温煅烧过的 Al_2O_3 作标准试样。

当加热器（电炉）均匀升温时，若检测试样无热效应产生，则试样和标样升高的温度相同，于是两对热电偶所产生的热电势相等，但因方向相反而抵消，检流计指针不发生偏转。当试样发生相变时，由于产生了热效

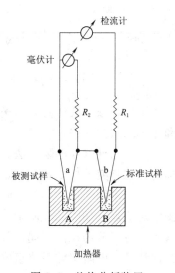

图 3.3 差热分析装置

应，试样和标样之间的温度差破坏了热电势的平衡，使差热电偶中产生电流，此电流用光点检流计量得，检流计指针发生偏转，偏转的程度与热效应的大小相对应。显然放热和吸热效应使检流计的偏转方向不同，相应地将出现放热峰和吸热峰。毫伏计则用于记录系统的温度。

以系统的温度为横坐标，检流计读数为纵坐标，可以作出差热曲线（DTA 曲线）。在试样没有热效应时，曲线是平直形状；在有热效应时，曲线上则有谷（吸热峰）和峰（放热峰）出现。根据差热曲线上峰或谷的位置，可以判断试样中相变发生的温度。图 3.4 为 ZrO_2 的差热曲线。

用差热分析法测定热效应时，加热升温速度要掌握适当，以保证结果的准确性。此外，还应当注意试样的形状和质量、粉料的颗粒度等。在研究相图中如果采用差热

分析、X 射线衍射、显微镜等几种分析技术配合，将会获得更好的结果。

（3）热膨胀曲线法。材料在相变时常常伴随着体积变化（或长度变化）。如果测量试样长度 L 随温度变化的膨胀曲线，就可以通过曲线上的转折点找到相应的相变点，如图 3.5 所示。假如有一系列不同组成试样的膨胀曲线，就可以根据曲线转折点找到相图上一系列对应点，把相图上同类型的点连接起来就得到相图。

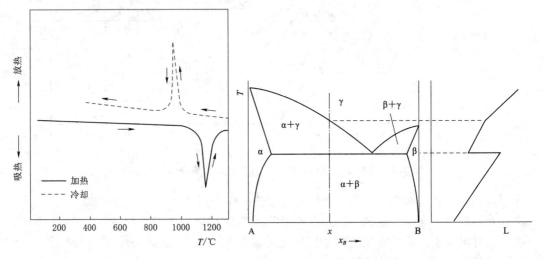

图 3.4　ZrO_2 的差热曲线　　　　　　　图 3.5　由热膨胀曲线测定相图

用热膨胀曲线法研究相平衡时常出现过冷和过热现象，因此一般采用低速度加热和冷却以减少误差。

（4）电导（或电阻）法。一方面，物质在不同温度下的电阻率（或电导率）是不同的，在相变前后，物质的电阻率或电导率随温度变化的规律也不同。根据这个特点，测定不同配比试样的电阻率 ρ 随温度变化的曲线，然后根据曲线上转折点找出相图中对应点，如图 3.6 所示。另一方面，物质的电阻率还随其组成的不同而变化。固溶体中各组分的比例不同，其电阻率也不同，而且呈非线性变化。当固溶体中某组分达饱和后，电阻率随系统组成的变化就不是很明显，而且呈线性关系。根据这些特性也可以通过电阻率曲线推测固溶体的固溶度曲线。图 3.7 是用电阻法测定相图中固溶度曲线示意图。

总之，动态法测绘相图，方法简单又不要求复杂设备，凡是相变时伴随的各种性能变化参数均可用来测绘相图。这个方法的缺点是对黏度大的材料很难达到平衡状态，因此存在较大误差。其次这个方法只能确定相变温度，不能确定相变物质的种类和数量。因此在实际工

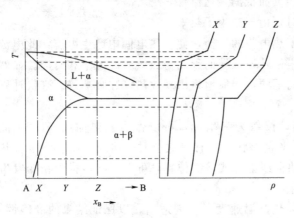

图 3.6　用电阻率随温度变化曲线测定相图

作中往往配合其他研究方法来测绘相图而不是单独使用。

2. 静态法（淬冷法）

在相变速度很慢或有相变滞后现象产生时，应用动态法常不易准确测定出真实的相变温度，而产生严重的误差。在这种情况下，用静态法则可以有效地克服这种困难。

静态法基本出发点是在室温下研究高温相平衡状态。淬冷法装置示意图如图 3.8 所示。其原理是将选定的具有不同组成的试样在一系列预定的温度下长时间加热、保温，使它们达到该温度下的平衡状态。然后将试样迅速投入水浴（油浴或汞浴）中淬冷。由于相变来不及进行，因而冷却后的试样就保存了高温下的平衡状态。把所得的淬冷试样进行显微镜或 X 射线物相分析，就可以确定相的数目及其性质随组成、淬冷温度而改变的关系。将测定结果记入图中的对应位置上，即可绘制出相图。

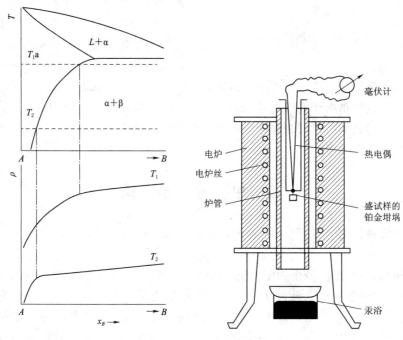

图 3.7　用电阻法测定相图中固溶度曲线　　　图 3.8　淬冷法装置

图 3.9 为由淬冷法测定 A—B 二元系统相图示意图。在温度—组成图中有若干小圆圈，每个小圆圈都代表某种状态下的平衡试样，对这些平衡试样进行物相分析，其结果有如下几种情况：若试样全部为玻璃相（图中用○表示），说明试样全部熔融为液相（淬冷后成为玻璃相）。这些试样对应的温度-组成点应在液相线以上的液相区（即 L 相区）内；若试样全部是 A 和 B 晶体（图中用●表示），则这些试样的温度-组成点应在固相区（即 A＋B 相区）内；若试样有晶相也有玻璃相（图中⊙用表示），那么试样的温度-组成点必定是处于固液两相共存相区（即 L＋A 或 L＋B 相区）内。因此通过对各试样的分析研究，确定相态、相种类和数量，最后就可以制出相图。

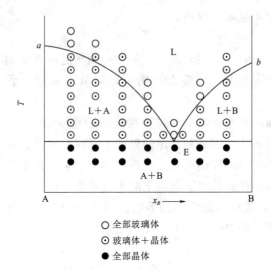

○ 全部玻璃体
⊙ 玻璃体＋晶体
● 全部晶体

图 3.9　淬冷法测定相图

淬冷法对试样要求很严格。原料纯度及试样的均匀性都直接影响实验的准确性，因此原料越纯越好。按设计配方要求准确配料，混合均匀后获得满足要求的混合料。

在制备分析试样时，主要问题是如何判断试样是否已达平衡。硅酸盐材料因黏度大，达到平衡是很困难的，有时要持续相当长的时间才能达到平衡。一般采用相对平衡来缩短研究周期。淬冷试样的物相分析鉴定通常采用显微镜或 X 射线衍射分析法或者两者配合使用。

淬冷法研究相平衡简单、直观，可以用肉眼借助显微镜观察相态。对黏度较大的材料如硅酸盐材料的相平衡研究，一般采用淬冷法。淬冷过程中能否很好地保存高温下的状态，往往成为实验是否成功的关键。近年来由于实验技术的迅速发展，已经能用高温射线衍射仪、高温显微镜以及其他高温技术直接研究高温下的相平衡关系，这大大促进了相平衡的研究，提高了相图的准确性和可靠性。

3.2　单　元　系　统

单元系统是指组分数 $C=1$ 的系统，单元系统相律的一般表达式为
$$F=1-P+2=3-P \tag{3.4}$$

系统中自由度数 F 最少为零，此时 $P=3$，即单元系统最多有三相共存；系统中相数 P 不能少于一个，此时 $F=2$，即单元系统最大的自由度数是 2，它们是系统的温度 T 和压力 p；当系统处于两相平衡时，相数 $P=2$，此时自由度数 $F=1$，即系统的温度 T 和压力 p 只有一个能够独立变动，二者之间一定存在着某种函数关系。

影响单元系统的平衡因素只有温度 T 和压力 p，因此单元系统相图是用温度和压力两个坐标来表示的，通常以温度 T 为横坐标，以压力 p 为纵坐标绘制单元系统的相图。只要这两个变量确定，则系统中平衡共存的相数及各相的形态便可以确定，并可以从相应的相图中反映出来。相图上的任意一点表示系统的某一平衡状态，因此称相图上的点为状态点。

3.2.1　水的相图

水的相图是单元系统中最简单最典型的相图。利用水的相图，可以理解一元相图如何通过不同的几何要素（点、线、面）来表达系统的不同平衡状态。通常可以利用实验的数据来绘制水的相图。实验测得水在两相平衡时的温度和压力数据见表 3.1。

表 3.1 水 的 相 平 衡 数 据

温度/℃	饱和蒸汽压/kPa		平衡压力/kPa
	水⇌水蒸气	冰⇌水蒸气	冰⇌水
−20	—	0.103	193.5×10³
−10	0.287	0.260	110.4×10³
0.01	0.610	0.610	0.610
20	2.338	—	—
60	19.913	—	—
99.65	101.3	—	—
150	476.02	—	—
200	1554.4	—	—
300	8590.3	—	—
350	16532	—	—

由表 3.1 可得：

（1）水与水蒸气平衡，蒸汽压随温度的升高而增大。

（2）冰与水蒸气平衡，蒸汽压随温度的升高而增大。

（3）冰与水平衡，压力增大，冰的熔点降低。

（4）在 0.01℃ 和 610Pa 下，冰、水和水蒸气共存，三相平衡。

根据表 3.1 的数据可画出水的相图，如图 3.10 所示。在图中可以看出，整个图面被三条线分成了三个相区 AOB、AOC 和 BOC，这三个相区分别为水蒸气的相区、水的相区和冰的相区。根据相律可知，在这三个单相区中，由于 $P=1$ 则 $F=1-1+2=2$，自由度为 2，此时系统是一个双变量系统，即温度和压力都可以在相区范围内独立变动，而不会造成旧相的消失和新相的生成。

水的相图中把三个相区划分开的三条线 OA、OB 和 OC，代表着系统中的两相平衡状态，分别为气液共存线即水的饱和蒸汽压曲线、气固共存线即冰的饱和蒸汽压曲线或升华曲线、液固共存线即冰的熔点曲线。根据相律可知，在这三条线上，由于 $P=2$ 则 $F=1-2+2=1$，自由度为 1，此时系统是一个单变量系统，即温度和压力只有一个变量可以独立变动，二者之间存在某种函数关系。例如，在 OA 线上，要保持水和水蒸气两相平衡，当温度为 60℃ 时，压力必定为 19.913kPa 而不能任意改变，如果压力也任意改变，超过了平衡压力，则两相平衡将被打破，水蒸气将全部凝结为水，导致气相的消失。

从图 3.10 中可以看出，OA、OB 线的斜率为正值，说明蒸汽压随温度的升高而增大；而 OC 线的斜率

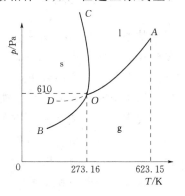

图 3.10 水的相图

为负值,说明压力增大,冰的熔点降低,这是由于冰的体积比水的体积大而造成的,但大多数物质熔点曲线的斜率为正。OA、OB 和 OC 线的斜率均可由克劳修斯-克拉佩龙方程定量计算而求出。

三个单相区、三条两相线会聚于一点 O,O 点代表着气、液、固三相平衡共存状态,称为三相点。根据相律可知,在该点上,由于 $P=3$ 则 $F=1-3+2=0$,自由度为 0,此时系统是一个无变量系统,即温度和压力都有确定的值而不能任意变动,否则三相平衡状态将被打破。水的三相点温度为 $0.01℃$,压力为 0.610kPa。

应当指出,OA 线超过三相点 O 继续向下延伸形成的 OD 线,代表着过冷水与其蒸气的两相平衡状态,此种液-气平衡系统为介稳状态,只要条件稍有变动,例如,稍有振动或有小冰块投入系统,立即就会有冰析出,此介稳状态在图中用虚线示出。OD 线比 OB 线略高,说明过冷水的饱和蒸汽压大于冰的饱和蒸汽压。

图 3.10 表明,相图是用几何图形把一个系统所处的平衡状态形象而直观地表现出来,从相图上可以知道某一个状态点所处的温度和压力的值,可判断此时系统所处的平衡状态,有几个相平衡共存,是哪几个相,结合相律可知此时可以自由变动的变量的数目。还可以利用相图,判断系统的某个变量在变化时,系统将发生什么样的变化。

3.2.2 具有多晶转变的相图

某些材料在不同的温度和压力下具有不同的晶体结构,即具有多晶型性,转变的产物称为同素异构体。在适当的温度和压力下,一种晶型可以转化为另一种晶型。图 3.11 是具有多晶转变的单元系统相图的一般形式。

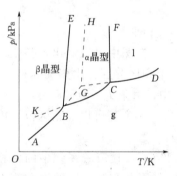

图 3.11 具有多晶转变的单元系统相图

从图中可以看出,整个图面被实线划分为四个单相区 ABE、$EBCF$、FCD 和 $ABCD$,其中 ABE 为低温稳定的 β 晶型的单相区,$EBCF$ 为高温稳定的 α 晶型的单相区,FCD 为液相区,$ABCD$ 为气相区。根据相律可知,在这些单相区中,自由度 $F=3-P=2$,此时系统是一个双变量系统,即温度和压力都可以在相区范围内独立变动。

把单相区划分开的五条实线代表着系统中的两相平衡状态,AB、BC 分别为 β 晶型和 α 晶型的升华曲线,CD 为液体的蒸汽压曲线,EB 为 α 晶型和 β 晶型之间的晶型转变线,FC 为 α 晶型的熔融曲线。根据相律可知,在这五条两相平衡曲线上,自由度 $F=3-P=1$,此时系统是一个单变量系统,即温度和压力只有一个变量可以独立变动,二者之间存在某种函数关系。

代表系统三相平衡状态的三相点有两个,B 点为 α 晶型、β 晶型和气相三相平衡,C 点为 α 晶型、液相和气相的三相平衡点。根据相律可知,在三相点上,由于自由度 $F=3-P=0$,此时系统是一个无变量系统,即温度和压力都有确定的值而不能任意变动,否则三相平衡状态将被打破。

图 3.11 中的虚线表示系统中可能出现的各种介稳平衡状态,EBK 为过冷的 α 晶

型的介稳单相区，$EBGH$ 为过热的 β 晶型的介稳单相区，KBA 和 BGC 为过冷蒸汽的介稳单相区，$HGCF$ 为过冷液相的介稳单相区。把两个介稳单相区划分开的虚线表示相应的介稳两相平衡线，KB 为过冷的 α 晶型的升华曲线，BG 为过热的 β 晶型的升华曲线，GC 为过冷的液相的蒸汽压曲线，HG 为过热的 β 晶型的熔融曲线。三个介稳单相区会聚于一点 G 点，代表过热的 β 晶型、过冷的液相和气相的三相介稳平衡状态，是一个介稳三相点。

通过这种具有多晶转变的相图，可以判断出，系统在某个变量发生变化时，系统将发生什么样的变化。例如，系统在加热过程中，β 晶型在 B 点对应的温度将转变为 α 晶型，继续加热到 C 点对应的温度，α 晶型将熔化为液相。当系统处于能从一相转变为另一相的条件下，但由于某种原因（如迅速冷却）这种转变出现了延滞的现象，从而出现介稳状态，介稳状态是不稳定的状态，它能够自发地转变成为稳定状态。

3.2.3 专业单元系统相图举例

1. SiO_2 系统的相图

SiO_2 广泛存在于自然界，在工业上应用也极其广泛，例如在无机材料生产中，SiO_2 是玻璃、陶瓷、耐火材料的基本原料。因此研究 SiO_2 系统的相图具有重要的意义。

SiO_2 在加热或冷却过程中具有复杂的多晶转变，在实际的应用中存在多种介稳状态。SiO_2 具有不同的晶型，如图 3.12 所示，可分为石英、鳞石英和方石英三个系列，每个系列又具有高温型变体和低温型变体。由于 SiO_2 的不同晶型具有不同的晶体结构，因此在 SiO_2 的多晶转变过程中伴随着相应的体积变化。

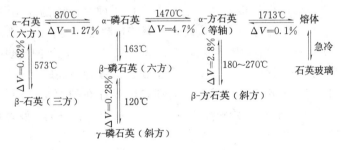

图 3.12 SiO_2 7 种晶型转变

SiO_2 系统的相图如图 3.13 所示。图中实线表示稳定晶型的两相平衡状态，虚线表示介稳晶型的两相平衡状态。实线将整个相图分成了六个单相区，分别代表了 β-石英、α-石英、α-鳞石英、α-方石英、SiO_2 高温熔体和 SiO_2 蒸汽 6 个热力学稳定存在的相区，在这些单相区中，自由度 $F=3-P=2$，此时系统是一个双变量系统。每两个相区之间的界线为两相平衡曲线，LM、MN、ND、DO 分别为 β-石英、α-石英、α-鳞石英、α-方石英的升华曲线，OC 为 SiO_2 高温熔体的饱和蒸汽压曲线，代表了 SiO_2 熔体和 SiO_2 蒸汽之间的两相平衡，RM、SN、TD 为晶型转变线，反映了相应的两种晶型之间的平衡共存，UO 为 α-方石英的熔融曲线，在这些两相线上，自由度 $F=3-P=1$，此时系统是一个单变量系统。每三个相区会聚于一点即三相点，图中共有四个三相点，O 点为 α-方石英的熔点，M、N、D 为晶型转变点，代表着三相平衡共存的状态，如 M 点为 β-石英、α-石英和 SiO_2 蒸汽三相平衡共存的三相点，在这些三相点上，自由度 $F = 3 - P = 0$，此时系统是一个无变量系统。

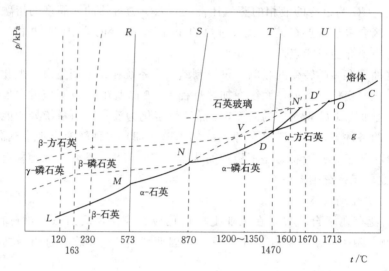

图 3.13　SiO_2 系统的相图

　　由于 α-石英、α-鳞石英、α-方石英这三种晶型属于高温稳定晶型，在晶体结构上差异较大，故它们之间的晶型转变较困难，属于重建性转变，在晶型转变的过程中，需要较高的能量，而且转变速度非常缓慢。如果加热或冷却不是非常缓慢的平衡加热或冷却，则往往会产生一系列的介稳状态。由于同一变体的 α、β 和 γ 在晶体结构上差别不大，故在转变过程中速度比较快，属于位移性转变。由于各种介稳状态的出现，相图上出现了介稳单相区、介稳转变线和介稳三相点，相图也更加复杂。下面来分析一下在温度变化过程中，SiO_2 系统所能出现的各种不同的状态。

　　在 573℃ 以下，β-石英是稳定相，因而在自然界存在的都是 β-石英。当温度达到 573℃ 时（M 点），β-石英开始转变为 α-石英，由于二者是同一变体的转变，故转变速度较快，且不存在介稳状态。当温度达到 870℃ 时（N 点），α-石英开始转变为 α-鳞石英，二者之间的转变属于重建性转变，故转变速度很慢，但如果加热速度不是足够慢，α-石英来不及转变为 α-鳞石英，则成为介稳态的过热的 α-石英，将沿相图的虚线变化，处于介稳态的过热的 α-石英或者在 1200～1350℃（V 点）转变为介稳态的 α-方石英，或者一直保持到 1600℃（N' 点）直接熔融成过冷的 SiO_2 熔体。α-鳞石英在 870～1470℃ 之间能够稳定存在，在快速冷却的条件下达到 870℃（N 点），α-鳞石英并不转变为 α-石英，而是沿其过冷虚线变化，在 163℃ 时转变为介稳态的 β-鳞石英，在 120℃ 时又转变为介稳态的 γ-鳞石英。α-鳞石英继续加热到 1470℃（D 点）时，将缓慢地转变为 α-方石英，若加热速度较快，则 α-鳞石英来不及转变为 α-方石英，则成为介稳态的过热的 α-鳞石英，在 1670℃ 时（D' 点）直接熔融成过冷的 SiO_2 熔体。同理，α-方石英在 1470～1713℃ 之间能够稳定存在，在快速冷却的条件下达到 1470℃（D 点），α-方石英并不转变为 α-鳞石英，而是沿其过冷虚线变化，在 230℃时转变为介稳态的 β-方石英。α-方石英继续加热到 1713℃（O 点）时，将开始缓慢地熔融成 SiO₂ 熔体。在不平衡冷却中，高温 SiO₂ 熔体可能不在 1713℃结晶出 α-方石英，而是成为过冷熔体，沿着过冷虚线，最终成为石英玻璃，在常温下石英玻璃的内能比 SiO₂ 所有变体都大，有自发析晶的趋势，但是析晶过程很难实现，介稳态的石英玻璃能够长期存在。β-方石英、β-鳞石英、γ-鳞石英虽然都是低温下的热力学不稳定态，内能比稳定态的 β-石英高，有自发转变成 β-石英的趋势，但是，这种转变速度极慢，实际上可以长期保持自己的状态。

上述分析表明，介稳态处于一种较高的能量状态，有自发转变为热力学稳定状态的趋势，而处于较低能量的热力学稳定状态则不能自发地转变为介稳态。

SiO₂ 相图在实际生产上有着重要的实用意义，硅质耐火材料的生产和使用就是一例。硅砖是由 97%～98% 的天然石英或砂岩与 2%～3% 的 CaO，分别粉碎成一定颗粒级配，混合成形，经高温烧成。根据相图和表 3.2 所列 SiO₂ 多晶转变时的体积变化可知，在各 SiO₂ 变体的高低温型的转变中，方石英之间的体积变化最为剧烈（2.8%），石英次之（0.82%），而鳞石英之间的体积变化最微弱（0.2%）。因此，为了获得稳定的致密硅砖制品，就希望硅砖中含有尽可能多的鳞石英，而方石英晶体越少越好。这也就是硅砖烧制过程的实质所在。因此，根据 SiO₂ 相图可以确定为此目的所必需的合理烧成温度和烧成制度（升温和冷却曲线）。例如为了防止制品"爆裂"，在接近-石英转变为 α-石英的温度范围（573℃）和 α-石英转变为介稳的偏方石英的温度范围（1200～1350℃）等，必须谨慎控制升温和降温速度。此外，为了缓冲由于石英转变为偏方石英时所伴随的巨大体积效应所产生的应力，故在硅砖生产上往往加入少量矿化剂（杂质），如 Fe、Mn、Ca 的氧化物，使之在 1000℃ 左右先产生一定量的液相（5%～7%），以促进 α-石英转变为 α-鳞石英。铁的氧化物之所以能促进石英的转化，是因为方石英在易熔的铁硅酸盐中的溶解度比鳞石英的大，所以在硅砖烧成过程中石英和方石英不断溶解，而鳞石英不断从液相中析出。硅砖常用作冶金炉、玻璃或陶瓷窑炉的窑顶或胸墙的砌筑材料。尽管在硅砖生产中采取了各种措施促使鳞石英的生成，但硅砖中总还会残存一部分方石英。由于残留方石英的多晶转变，常会引起窑炉砌砖炸裂。因此，在使用由硅质耐火材料砌筑的新窑点火时，应根据 SO₂ 相图来制定合理的烘炉升温制度，以防止砌砖炸裂。

表 3.2　　　　　　　　　　　　SiO₂ 多晶转变时的体积变化

一级变体间的转变	计算采取的温度/℃	在该温度下转变时的体积效应/%	二级变体间的转变	计算采取的温度/℃	在该温度下转变时的体积效应/%
α-石英——→α-鳞石英	1000	+16.0	β-石英——→α-石英	573	+0.82
α-石英——→α-方石英	1000	+15.4	γ-鳞石英——→β-鳞石英	117	+0.25
α-石英——→石英玻璃	1000	+15.5	β-鳞石英——→α-鳞石英	163	+0.2
石英玻璃——→α-方石英	1000	−0.9	β-方石英——→α-方石英	150	+2.8

综上所述，根据 SiO₂ 相图，对硅质耐火材料的制备和使用可得出如下几条原则：①根据降温和升温时的体积变化，选定以鳞石英为主晶相，烧成温度在 870～1470℃

之间选择一恰当温度，一般取中间偏高，并应有较长的保温期和加矿化剂以保证充分鳞石英化；②烧成之后降温可以加快，使其按 α-鳞石英→β-鳞石英→γ-鳞石英变化；③在使用时，烤窑过程中应在 120℃、163℃、230℃、573℃均有所注意，要缓慢进行，在 573℃以后可加快升温速度；④该种材料在 870～1470℃温度范围内使用较为适宜。

2. C_2S 系统的相图

硅酸二钙（$2CaO \cdot SiO_2$，缩写为 C_2S）是硅酸盐水泥熟料中重要的矿物组成之一，其多晶转变对水泥生产具有重要的指导意义。同时在碱性矿渣及石灰质耐火材料中都含有大量的 C_2S。过去一般认为 C_2S 有 $\alpha-C_2S$、$\alpha'-C_2S$、$\beta-C_2S$、$\gamma-C_2S$ 四种晶型，后来发现 $\alpha'-C_2S$ 有高温（α'_H-C_2S）和低温（α'_L-C_2S）两种晶型，其相互转变温度约为 1160℃，故 C_2S 有 α、α'_H、α'_L、β、γ 五种晶型。常温下的稳定相是 $\gamma-C_2S$，介稳相是 $\beta-C_2S$。C_2S 的各种晶型之间的转变关系如下：

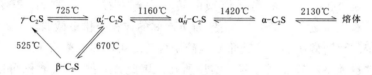

在结构和性质方面 α'_L-C_2S 与 $\beta-C_2S$ 非常相近，而 α'_L-C_2S 与 $\gamma-C_2S$ 相差较大，所以 α'_L-C_2S 常常转变为 $\beta-C_2S$。$\beta-C_2S$ 的能量高于 $\gamma-C_2S$，处于介稳状态，有自发转变成 $\gamma-C_2S$ 的趋势，转变从 525℃开始，这一转变是不可逆的。图 3.14 给出 C_2S 系统相图，图中 $\alpha'-C_2S$ 未分高、低温型。在水泥熟料中希望 C_2S 是以 β 晶型存在的，而且要防止介稳的 $\beta-C_2S$ 向稳定的 $\gamma-C_2S$ 转化。这是因为 $\beta-C_2S$ 具有胶凝性质，而 $\gamma-C_2S$ 没有胶凝性质。此外，$\beta-C_2S$ 向 $\gamma-C_2S$ 转化时，发生体积膨胀（约增大 9%）使 C_2S 晶体粉碎，在生产上出现水泥熟料粉化，水泥熟料中如果发生这一转变，水泥质量就会下降。为了防止这种转变，在烧制硅酸盐水泥熟料时，必

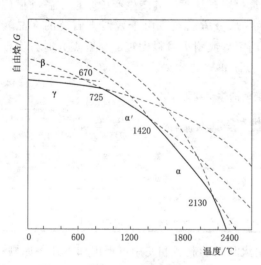

图 3.14 C_2S 系统相图

须采用急冷工艺，使 $\beta-C_2S$ 来不及转变为 $\gamma-C_2S$，以 $\beta-C_2S$ 型过冷的介稳状态存在下来。也可以采用加入少量稳定剂（如 P_2O_5、Cr_2O_3、V_2O_5、BaO、Mn_2O_3 等）的方法。稳定剂能溶入 $\beta-C_2S$ 的晶格内，与 $\beta-C_2S$ 形成固溶体，使其晶格稳定，防止 $\beta-C_2S$ 转变成 $\gamma-C_2S$，并在常温下长期存在。

3. ZrO_2 系统的相图

ZrO_2 在现代科学技术中的应用越来越广泛，归纳起来主要有以下三方面原因：①ZrO_2 是最耐高温的氧化物之一，熔点达到 2680℃、具有良好的热化学稳

定性，可做超高温耐火材料制作熔炼某些金属（如 K、Na、Al、Fe 等）的坩埚；②ZrO₂ 作为一种高温固体电解质可用来做氧敏传感器，利用其高温导电性能还可做高温发热元件；③利用 ZrO₂ 作为原料，可以生产无线电陶瓷，在高温结构陶瓷中使用适当可起到增韧作用。

ZrO₂ 系统相图如图 3.15 所示，有三种晶型，常温下稳定的为单斜 ZrO₂，高温下稳定的为立方 ZrO₂，它们之间的多晶转变如下：

$$\text{单斜 ZrO}_2 \underset{\approx 1000℃}{\overset{\approx 1200℃}{\rightleftharpoons}} \text{四方 ZrO}_2 \overset{\approx 2370℃}{\rightleftharpoons} \text{立方 ZrO}_2$$

图 3.16 为 ZrO₂ 的热膨胀曲线，由图可见，当温度升高到近 1200℃ 时，单斜多晶转变成四方晶型（转变温度受到 ZrO₂ 中杂质的影响），并伴有 5％ 的体积收缩和 5936J/mol 的吸热效应。这个过程不但是可逆的，而且转变速度很快。从图 3.16 的热膨胀曲线及图 3.4 的差热曲线也可以发现在加热过程中，由单斜转变成四方 ZrO₂ 的温度（约 1200℃）和冷却过程中，后者可逆地转化成前者的温度（约 1000℃）并不一致。也就是说，出现了多晶转变中常见的滞后现象。

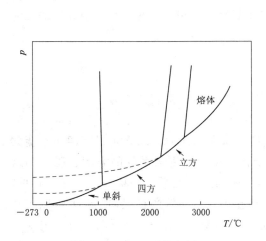

图 3.15 ZrO₂ 系统相图

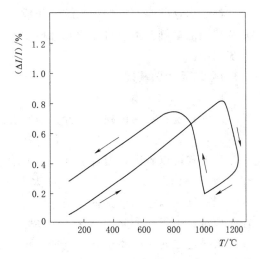

图 3.16 ZrO₂ 的热膨胀曲线

由于 ZrO₂ 晶型转化伴有较大的体积变化，因此在加热或冷却纯 ZrO₂ 制品过程中会引起开裂，这样就限制了直接使用 ZrO₂ 的范围。为了抑制其晶型转化，不使制品开裂，必须向 ZrO₂ 中添加外加物，使其稳定成立方晶型 ZrO₂（固溶体）。外加物通常都选择氧化物，例如 CaO、MgO、Y₂O₃、La₂O₂、CeO₂ 和 ThO₂ 等。应用最广的为 CaO 和 Y₂O₃。在纯 ZrO₂（ZrO₂ 含量大于 99％）中加入 6％～8％ 的 CaO 或 15％ 的 Y₂O₃，就可使 ZrO₂ 完全稳定成立方 ZrO₂（称为完全稳定 ZrO₂），不再出现单斜 ZrO₂，因而也就有效地防止了制品出现开裂的现象。

ZrO₂ 晶型变化所伴随的体积变化还有可以利用的一面。部分稳定二氧化锆材料（partially stabilized zirconia，PSZ）就是利用 ZrO₂ 的部分相变来起到增韧的作用。这种 PSZ 材料制作方法简述如下：通过添加 CaO 和 Y₂O₃ 在高温下合成稳定的

立方晶 ZrO_2。然后，在四方晶稳定的温度范围内进行热处理，析出微细的四方晶，形成立方晶与四方晶两相混合的陶瓷，即所谓部分稳定立方晶材料。这种材料的增韧机理是：含有部分四方相 ZrO_2 的陶瓷在受到外力作用时微裂纹尖端附近产生张应力，松弛了四方相 ZrO_2 所受的压应力，微裂纹表面由一层四方相转变到单斜相。由于相变而产生 5% 左右体积膨胀和剪切应变均导致压应力，不仅抵消外力所造成的张应力，而且阻止进一步相变，相变时，裂缝尖端能量被吸收，这能量是裂纹继续扩展所需要的能量，使得裂纹不能再扩展到前方的压应力区，裂纹的扩展便停止，从而提高了陶瓷的断裂韧性和强度。

3.3 二 元 系 统

二元系统是指组分数 $C=2$ 的系统，由于两组分之间可能存在各种不同的物理和化学作用，因而二元系统相图的类型要比一元系统复杂得多。依据系统中两组分的相互作用不同，可以将二元凝聚系统分成若干基本类型，不论怎样复杂的二元系统相图，都是由这些基本类型相图综合而成。因此，熟练掌握这些基本相图是分析和理解复杂相图的基础。本节将介绍几种典型的二元凝聚系统相图，并列举一些具体的二元系统相图。

3.3.1 二元相图基础

1. 二元系统相律

二元系统存在两种独立组分，因此二元系统相律的一般表达式为

$$F=2-P+2=4-P \tag{3.5}$$

从上式可以看出，当自由度 $F=0$ 时，$P=4$，即二元系统最多可以有四相平衡共存。当 $P=1$ 时，$F=3$，即系统最大有三个自由度，分别为系统的温度、压力和组成，因此须用以这三个变量为坐标的立体模型来描述二元系统的状态。为方便起见，往往指定其中某一个变量不变，观察另两个变量变化时系统的状态，这样就可以用平面图来描述二元系统的状态。例如，可指定压力不变，作温度-组成图，或指定某一温度，作压力-组成图，此时相律为 $F=2-P+1=3-P$。

对于材料专业而言，需要的相图与化学专业大不相同，往往主要涉及二元凝聚系统，即不考虑压力的变化。对于二元凝聚系统，相律具有如下形式：

$$F=2-P+1=3-P \tag{3.6}$$

当自由度 $F=0$ 时，$P=3$，即二元凝聚系统最多有三相平衡共存。当 $P=1$ 时，$F=2$，即二元凝聚系统最大有两个自由度，分别为系统的温度和组成。二元凝聚系统相图是以温度为纵坐标，系统中任一组分的浓度为横坐标来绘制的。

2. 二元系统组成表示法和杠杆规则

在相图中，组成可以用质量分数表示，也可以用摩尔分数表示。二元系统相图中横坐标表示系统的组成，又称为组成轴，纵坐标表示系统的温度，又称为温度轴。组成轴的两个端点分别表示两个纯组分，中间任意一点都表示由这两个组分组成的一个二元系统。如图 3.17 所示，假设二元系统由 A、B 两组分构成，则两个端点 A 和 B

分别表示纯 A 和纯 B。组成轴分为 100 等份，从 A 点到 B 点，B 的含量由 0 增加到 100%，A 的含量由 100% 减少到 0，从 B 点到 A 点则相反，B 的含量由 100% 减少到 0，A 的含量由 0 增加到 100%。

相图中的任意一点既代表一定的组成又代表系统所处的温度，如 M 点表示组成为 30% 的 A 和 70% 的 B 的系统处于 T_1 温度，由于在二元聚凝系统中温度和组成一定，系统的状态就确定了，所以相图中的每一点都和系统的一个状态相对应，即为状态点。

若系统的状态点落在温度-组成图的两相共存区之内，则系统呈两相平衡共存。可利用杠杆规则计算出两相所含物质的数量比。杠杆规则是相图分析中一个重要的规则，它可以计算在一定条件下，系统中平衡各相间的数量关系，如图 3.18 所示，假设由 A 和 B 组成的原始混合物（或熔体）的组成为 M，在某一温度下，此混合物分成两个新相，两相的组成分别为 M_1 和 M_2，若组成为 M 的原始混合物含 B 为 $b\%$，总质量为 G，新相 M_1 含 B 为 $b_1\%$，质量为 G_1；新相 M_2 含 B 为 $b_2\%$，质量为 G_2，因变化前后的总量不变，所以有

$$G=G_1+G_2$$

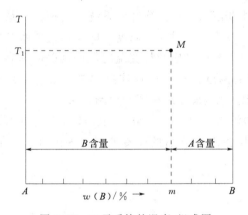

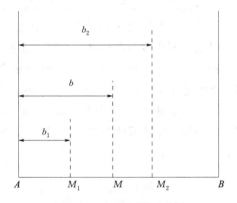

图 3.17 二元系统的温度-组成图　　　　　图 3.18 杠杆规则示意图

原始混合物中 B 的质量为 $G \cdot b\%$，新相 M_1 中 B 的质量为 $G_1 \cdot b_1\%$，新相 M_2 中 B 的质量为 $G_2 \cdot b_2\%$，所以

$$G \cdot b\%=G_1 \cdot b_1\%+G_2 \cdot b_2$$

将上两式变形有

$$G_1(b-b_1)=G_2(b_2-b)$$

所以

$$G_1 \cdot M_1M=G_2 \cdot MM_2$$

两个新相 M_1 和 M_2 在系统中的含量则为

$$G_1=(MM_2/M_1M_2)\%$$
$$G_2=(M_1M/M_1M_2)\% \tag{3.7}$$

式（3.7）表明：如果一个相分解为两个相，则生成的两个相的数量与原始相的组成点到两个新生相的组成点之间线段成反比，此关系式与力学上的杠杆很相似，如

87

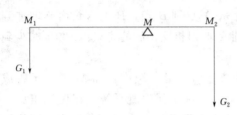

图 3.19 所示，M 点相当于杠杆的支点，M_1 和 M_2 则相当于两个力点，因此称为杠杆规则。

可以看出，系统中平衡共存的两相的含量与两相状态点到系统总状态点的距离成反比，即含量越多的相，其状态点到系统总状态点的距离越近。使用杠杆规则的关键是要

图 3.19 杠杆规则示意图

分清系统的总状态点，成平衡的两相状态点，找准在某一温度下，它们各自在相图中的位置。

3. 二元系统相图的实验测绘

测绘二元相图常用的实验方法是热分析法，热分析法所观察的物理性质是被研究系统的温度。首先将要研究的系统的按某一组成成分配置好，然后将系统加热熔融成一均匀液相，使其缓慢冷却，并每隔一定时间记录一次系统的温度，其温度将连续均匀下降，所得历次温度值对时间作图，得一光滑的曲线，一般称为步冷曲线或冷却曲线。

当系统内发生相变时，则因系统放出相变潜热与自然冷却时系统散发掉的热量相抵偿，冷却曲线就会出现转折或水平线段，转折点所对应的温度，即为该组成系统的相变温度。利用冷却曲线所得到的一系列组成和所对应的相变温度数据，以横轴表示混合物的组成，纵轴上标出开始出现相变的温度，把这些点连接起来，就可绘出相图。下面通过 Bi – Cd 的二元系统相图的测绘过程来介绍相图的绘制方法。

配置样品如下：100%Bi、20%Cd$+80\%$Bi、42%Cd$+58\%$Bi、70%Cd$+30\%$Bi 和 100%Cd。加热熔化各组成的样品，制作各组成样品的步冷曲线，如图 3.20（a）所示。

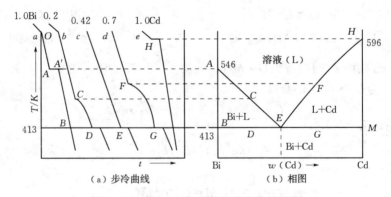

图 3.20 Bi – Cd 系统的步冷曲线和相图

从图中可以看出，两个纯组分 Bi、Cd 的步冷曲线出现了水平线段，说明纯组分 Bi、Cd 的凝固过程是发生在固定温度下的，分别是 546K 和 596K。另外三条步冷曲线在 413K 时也出现了水平线段，说明在此温度下发生了相变，此反应为如下共晶反应：

$$L_E \rightleftharpoons Bi + Cd$$

E 点的成分约为 42% Cd＋58% Bi，表明，在 413K 下，含 Cd 42% 的液态混合物会生成两个纯固相。图中步冷曲线共有三种类型：较直的斜线、弯曲的斜线和水平线段，其中较直的斜线（如 aA、$A'B$、cE、dF 等）是不发生相变时系统的步冷曲线，此时只有热容热，且热容值保持不变，所以曲线近乎直线；弯曲的斜线（如 CD、FG）说明此时出现了相变，使得系统内部释放的热量较多，因此冷却的速度要慢一些，造成步冷曲线弯曲；图中出现三条水平线段，说明出现了等温相变过程，等温的温度分别为两个纯组分的熔点温度和共晶反应温度。

以横轴表示混合物的组成，纵轴表示温度，将步冷曲线中的"拐点"温度和水平温度，按照对应的组成成分画出，再把这些点连接起来，就得到了如图 3.20（b）所示的相图。

用热分析法测绘相图时，被测系统必须时时处于或接近相平衡状态，因此必须保证冷却速度足够慢才能得到较好的效果。此外，在冷却过程中，一个新的固相出现以前，常常发生过冷现象，轻微过冷则有利于测量相变温度；但严重过冷现象，却会使折点发生起伏，使相变温度的确定产生困难。

3.3.2 典型的二元凝聚系统相图

1. 简单低共熔的二元系统相图

这类系统的特点是：两个组元在液态时能以任意比例互溶，形成单相溶液，固相完全不互溶，两个组元各自从液相分别结晶；组元间不生成化合物，这种相图是最简单的二元系统相图。Bi—Cd 系统、HAc—C_6H_6 系统及铝方柱石（$2CaO \cdot Al_2O_3 \cdot SiO_2$）—钙长石（$CaO \cdot Al_2O_3 \cdot 2SiO_2$）系统的相图属于这种类型。

（1）相图组成。简单低共熔的二元系统相图如图 3.21 所示。图中的 a 点是纯组元 A 的熔点，b 点是纯组元 B 的熔点。aE 线是组成不同的高温熔体在冷却过程中开始析出 A 晶相的温度的连线，在这条线上液相和 A 晶相两相平衡共存。bE 线是不同组成的高温熔体冷却过程中开始析出 B 晶相的温度的连线，线上液相和 B 晶相两相平衡共存。aE 线、bE 线都称为液相线，分别表示不同温度下的固相 A，B 和相应的液相之间的平衡，实际上也可以理解为由于第二组元加入而使熔点（或凝固点）变化的曲线。根据相律，在液相线上 $P=2$，$F=1$。

通过 E 点的水平线 GH 称为固相线，是不同组成的熔体结晶结束温度的连线。该水平线表示液相、A 晶相、B 晶相三相共存的温度和各相的成分，称为三相线，在该线上 $P=3$，$F=0$。

两条液相线和固相线把整个相图分为四个相区，液相线以上的区域是液相的单相区，用 L 表示，在单相区内 $P=1$，$F=2$，液相线和固相线之间的两相区 aEG 和 bEH 分别为 A 晶相和液相平衡共存以及 B 晶相和液相平衡共存的两相区，分别用 $L+A$ 和 $L+B$ 来表示，固相线以下

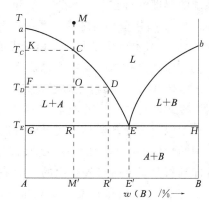

图 3.21 简单低共熔的二元系统相图

的区域 $ABHG$ 为固相区，是 A 晶相和 B 晶相两相平衡共存的相区，用 $A+B$ 来表示，在两相区内 $P=2$，$F=1$。

两条液相线与固相线的交点 E 称为低共熔点。在这点上组成为 E' 的液相与 A 晶相、B 晶相三相平衡共存，其平衡关系为 $L_E \rightleftharpoons A+B$。在 E 点相数 $P=3$，自由度 $F=0$，表示系统的温度和液相的组成都不能变，故 E 点是二元无变量点，在此点，当系统被加热或冷却时，只是引起液相对固相的比例量的增加或减少，温度和组成没有变化。

（2）熔体的冷却析晶过程。所谓熔体的冷却析晶过程是指将一定组成的二元混合物加热熔化后再将其平衡冷却而析晶的过程。通过对平衡冷却析晶过程的分析可以看出系统的平衡状态随温度的改变而变化的规律。

以组成为 M' 的熔体的冷却析晶过程为例。组成为 M' 的二元混合物加热成为高温熔体后处于液相区内的 M 点，将此高温熔体进行平衡冷却。在温度下降到 T_C 以前，系统为双变量，说明在系统组成已确定的情况下，改变系统的温度不会导致新相的出现，由于系统组成已定，故系统的状态点只能沿着等组成线（MM'）变化。当熔体温度下降到 T_C 时，液相开始对组元 A 饱和，从液相中开始析出 A 晶相（$L \rightarrow A$），系统由单相平衡状态进入二相平衡状态，由于析出的是纯 A，所以固相的状态点应在 K 点，同时因 A 的析出，液相的组成发生变化。随着温度的下降，液相组成沿着 aE 线由 C 点向 E 点变化，也就是说，向液相中组元 B 含量增加的方向变化，这时 $P=2$，$F=1$，当温度到达 T_E 时，液相组成到 E 点，固相 A 的状态点有 K 点到达 G 点，此时液相不仅对 A 晶相饱和而且对 B 晶相也达到饱和，因而将从液相中按 E 点组成中 A 和 B 的比例同时析出 A 晶相和 B 晶相（$L \rightarrow A+B$）。由于系统中三相平衡共存，$P=3$，$F=0$，因此，系统的温度和液相的组成都不能变。但随着析晶过程的进行液相量的不断地减少，由于有 B 晶相析出，固相的组成不再在 G 点，而由 G 点向 R 点变化，当最后一滴液体消失时，固相组成到达 R 点，与系统的状态点重合，液相消失，析晶过程结束，析晶产物为 A 和 B 两个晶相。由于系统中只剩下 A、B 两种晶相，$P=2$，$F=1$，温度又可继续下降了。若是加热，则和上述过程相反，当系统温度升高到 T_E 时才出现液相，液相组成为 E，因 $P=3$，$F=0$，系统为无变量，所以系统的温度维持在 T_E 不变，A 和 B 两晶相的量不断减少。E 组成的液相量不断增加，当 B 晶相全部熔融后，系统中两相平衡共存，成为单变量，温度才能继续上升，此时 A 晶相才继续减少，液相组成沿着 aE 线由 E 向 a 点变化，当温度达到 T_C 时，A 晶相也完全熔融，系统全部成为熔体。

熔体 M 的冷却析晶过程具有普遍性，只是如果熔体的组成点在 B 点和 E' 点之间时，冷却时首先析出的应是 B 晶相。

由以上的冷却析晶过程可以看出，在这类最简单的二元系统中：凡是组成在 AE' 范围的熔体，冷却到析晶温度时首先析出 A 晶相，凡是组成在 BE' 范围内的熔体，冷却到析晶温度时首先析出的是 B 晶相。所有的二元熔体冷却时都在 E 点结晶结束，产物都是 A 晶相和 B 晶相，只是 A、B 的比例不同而已，在整个析晶过程中，尽管组元 A 和组元 B 在固相与液相间不断转移，但仍在系统内，不会溢出系统外，因而系统的总组成是不会改变的，系统总的状态点一直沿着原始熔体的等组成线变化，而且成平衡的两相的状态点始终与总状态点在一条水平线上，并分别在其左右两边。具有 E 点组成的熔体冷却过程比较特殊，该熔体在 T_E 温度以上只有一个液相，温度达到 T_E 时，系统将同时析出 A 晶相和 B 晶相，且两晶相的数量比按 E 点的组成比例析出，直至液相全部消失，析晶产物为具有 E 点组成的低共熔混合物。

（3）冷却析晶过程中各相含量的计算。从图 3.21 可以看出，M 熔体冷却到 T_D 时，系统中平衡共存两相是 A 晶相和液相。这时，系统的总状态点在 O 点，A 晶相的状态点在 F 点，液相在 D 点，根据杠杆规则：

$$\frac{\text{固相量}}{\text{液相量}} = \frac{OD}{FO}$$

系统中：

$$A\% = \frac{OD}{FD} \times 100\%$$

$$L\% = \frac{OF}{FD} \times 100\%$$

冷却过程当液相的状态点刚到 E 点，固相的状态点为 G 点时，由于 B 晶相尚未析出，系统中仍然是 A 晶相和液相两相平衡共存，此时根据杠杆规则：

$$A\% = \frac{RE}{GE} \times 100\%$$

$$L\% = \frac{RG}{GE} \times 100\%$$

当液相在 E 消失后，系统中平衡共存的晶相是 A 晶相和 B 晶相，这两相的含量则分别为

$$A\% = \frac{M'B}{AB} \times 100\%$$

$$B\% = \frac{M'A}{AB} \times 100\%$$

杠杆规则不但适用于一相分为两相的情况，同样也适用于两相合为一相的情况，甚至在多相系统中，都可以利用杠杆规则，根据已知条件计算共存的各相的相对数量及百分含量。因此，我们可以利用相图确定配料组成一定的制品，在不同状态下所具有的相组成及其相对含量，以预测和估计产品的性能，这对指导生成和研制新产品具有重要意义。

2. 有化合物生成的二元系统相图

（1）有稳定化合物生成的二元系统相图。如果系统中两个纯组分之间形成一稳定化合物，则其相图的形式就成为图 3.22 所示的形式。所谓的稳定化合物是指该化合物与正常的纯物质一样具有固定的熔点，加热这样的化合物到熔点时，即熔化为液态，所产生的液相与化合物的晶相组成相同，故又称为一致熔融或同成分熔融，其化合物则称为一致熔融化合物或同成分熔融化合物。

由于这种化合物有确定的熔点，并且此熔点在加入其他任一纯组元时会降低直到

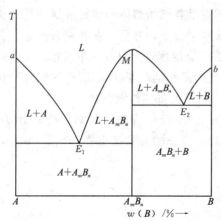

图 3.22 有稳定化合物生成的二元系统相图

和两边纯组元的液相线相交得到两个低共熔点 E_1、E_2 为止。组元 A 和组元 B 生成一个稳定化合物 A_mB_n，M 点是该化合物的熔点。曲线 aE_1 是组元 A 的液相线，bE_2 是组元 B 的液相线，E_1ME_2 则是化合物 A_mB_n 的液相线。这种化合物在相图上的特点是化合物组成点位于其液相线的组成范围内，即化合物 A_mB_n 的等组成线 A_mB_n—M 与液相线相交，交点 M 是液相线上的温度最高点。

因此，A_mB_n—M 线将此相区分成两个最简单的分二元系统，E_1 是 A—A_mB_n 分二元系统的低共熔点，在这点上进行的过程是：

$$L_E \rightleftharpoons A + A_mB_n$$

凡是组成在 A—A_mB_n 范围内的原始熔体都在 E_1 点结晶结束，结晶产物为 A 和 A_mB_n 两种晶相。

E_2 点是 A_mB_n—B 分二元系统的低共熔点，在该点上进行的过程是：

$$L_E \rightleftharpoons A_mB_n + B$$

凡组成在 A_mB_n—B 范围内的熔体都在 E_2 点结晶结束，结晶产物是 A_mB_n 和 B 两种晶相。

其结晶路程（固、液相的变化途径）与前面所述简单低共熔的二元系统完全相图。整个相图可看成是有两个最简单的低共熔类型相图所组成。因此，当系统中存在 n 个一致熔融化合物而使相图复杂化时，只要以一致熔融化合物的等组成线为分界线，便能将该复杂相图划分为 n+1 个简单系统相图，则问题的讨论就显得简单了。如 Al_2O_3—P_2O_5 系统和 CuCl—$FeCl_3$ 系统属于此类相图。

一致熔融化合物若是一个非常稳定的化合物，其至在熔融时也不分解，那么相应的液相线就会出现尖峭高峰形，若化合物部分分解，则熔化温度将降低，则化合物越不稳定，最高点也越平滑。

（2）有不稳定化合物生成的二元系统相图。如果系统中两个纯组分之间形成一不稳定化合物，加热这种化合物到某一温度便发生分解，分解产物是一种液相和一种晶相，二者组成与原来化合物组成完全不同，故称为不一致熔融或异成分熔融，其化合物称为不一致熔融化合物或异成分熔融化合物，它只能在固态中存在，不能在液态中存在。

这类系统的典型相图如图 3.23 所示，组元 A 和组元 B 生成的化合物 A_mB_n 加热到 T_P 温度分解为 P 点组成的液相和 B 晶相，因此 A_mB_n 是一个不一致熔融化合物。图中 aE 线是与晶相 A 平衡的液相线，bP 是与晶相 B 平衡的液相线，PE 是与化合物 A_mB_n 平衡的液相线。无变量点 E 是低共熔点，在 E 点发生的相变化为 $L_E \rightleftharpoons A + A_mB_n$。

另一无变量点 P 称为转熔点，在 P 点发生的相变化为

$$L_P + B \rightleftharpoons A_mB_n$$

就是说，冷却时组成为 P 的液相要回吸 B 晶相（B 溶解于液相），结晶析出 A_mB_n 晶相，加热时化合物 A_mB_n 要分解液相 P 和 B 晶相，这一过程称为转熔过程，故 P 点为转熔点，由于在 P 点是三相平衡共存，$P=3$，$F=0$，所以温度不能变，相的组成也不能改变。

需要注意，转熔点 P 位于与 P 点液相平衡的两个晶相 A_mB_n 和 B 的组成点 D、F 的一侧，这与低共熔点 E 位于与 E 点液相平衡的两个晶相 A 和 A_mB_n 的组成点 I、J 的中间是不同的，不一致熔融化合物在相图上的特点是化合物 A_mB_n 的组成点位于其液相线 PE 的组成范围以外。

下面以图 3.24～图 3.26 中的熔体 1、熔体 2、熔体 3 为例分析其冷却析晶过程：

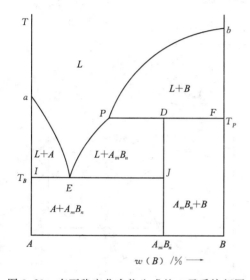

图 3.23　有不稳定化合物生成的二元系统相图

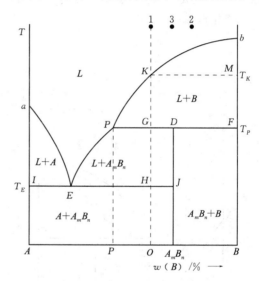

图 3.24　熔体 1 的冷却析晶过程

将高温熔体 1 冷却（图 3.24）到 T_K 温度，熔体对 B 晶相饱和，开始析出 B 晶相，析出的 B 晶相的状态点在 M 点，随后液相点沿着液相线 KP 从 K 向 P 点变化，从液相中不断析出 B 晶相，固相点则从 M 点向 F 点变化，达到转熔温度 T_P，发生 $L_P+B \Longrightarrow A_mB_n$ 的转熔过程，即原先析出的 B 晶相又溶入 L_P 液相（或者说被液相回吸而结晶出化合物 A_mB_n）。在转熔过程中，系统温度保持不变，液相组成保持在 P 点不变，但液相量和 B 晶相量不断减少，A_mB_n 晶相量不断增加，因而固相的状态点离开 F 点向 D 点移动，当固相点到达 D 点，B 晶相被回吸完，转熔过程结束。由于 B 晶相消失，系统中只剩下液相和 A_mB_n 晶相，根据相律 $P=2$，$F=1$，温度又可以继续下降。随着温度的降低，液相将离开 P 点沿着液相线 PE 向 E 点变化，从液相中不断地析出 A_mB_n 晶相（$L \longrightarrow A_mB_n$）；由于只有 A_mB_n 晶相，因此固相点沿着化合物 A_mB_n 的等组成线由 D 点向 J 点变化，到达低共熔点温度 T_E，进行 $L_E \longrightarrow A+A_mB_n$ 的低共熔过程。当最后一滴液相在 E 点消失时，固相点从 J 点到达 H 点，与系统总的状态点重合，析晶过程结束，最后的析晶产物是 A 晶相和 A_mB_n 晶相。

上述析晶过程常用下列简便的表达式表示：

液相点:

$$1 \xrightarrow[F=2]{L} K \xrightarrow[F=1]{L \to B} P \xrightarrow[F=0]{L+B \to A_mB_n} P \xrightarrow[F=1]{L \to A_mB_n} E \xrightarrow[F=0]{L \to A+A_mB_n} E$$

固相点:

$$M \xrightarrow{B} P \xrightarrow{B+A_mB_n} D \xrightarrow{A_mB} J \xrightarrow{A+A_mB_n} H \xrightarrow{A+A_mB_n} O$$

高温熔体 2 的冷却过程（图 3.25）与 1 略有不同，首先析出 B 晶相，当温度到达 T_P 时，发生转熔反应，液相量和 B 晶相量不断减少，A_mB_n 晶相量不断增加，回吸的结果是 P 点的液相先消失，析晶在 P 点结束，最后系统剩下没有被回吸完的固相 B 和新生成的 A_mB_n 晶相。析晶过程可用下面的表达式表示:

液相点:

$$2 \xrightarrow[F=2]{L} K \xrightarrow[F=1]{L \to B} P \xrightarrow[F=0]{L+B \to A_mB_m} P$$

固相点:

$$M \xrightarrow{B} F \xrightarrow{B+A_mB_n} N \xrightarrow{B+A_mB_n} Q$$

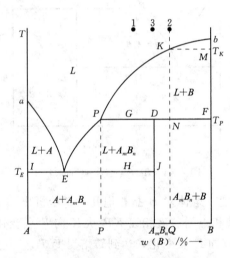

图 3.25 熔体 2 的冷却析晶过程   图 3.26 熔体 3 的冷却析晶过程

高温熔体 3 具有化合物 A_mB_n 的组成，当温度到达 T_P 时，回吸的结果是液相 P 和固相 B 同时消耗完毕，析晶在 P 点结束，最后的析晶产物只有是化合物 A_mB_n 一种晶相（图 3.26）。析晶过程可用下面的表达式表示:

液相点:

$$3 \xrightarrow[P=2]{L} K \xrightarrow[F=1]{L \to B} P \xrightarrow[F=0]{L+B \to A_mB_n} P$$

固相点:

$$M \xrightarrow{B} F \xrightarrow[Q]{B+A_mB_n} D \xrightarrow{A_mB_n} R$$

从上述冷却结晶过程的讨论可以看出：低共熔点一定是析晶结束点，而转熔点则不一定是析晶结束点，要视熔体的组成而定。

在冷却过程中，各相的含量仍可以使用杠杆规则来进行计算。例如，高温熔体 1 冷却到刚刚到达温度 T_P 时，此时系统包含液相和固相 B 两相，各相的含量分别为

$$L\% = \frac{FG}{PF} \times 100\%$$

$$B\% = \frac{PG}{PF} \times 100\%$$

当 B 晶相被回吸完毕，转熔过程结束，此时系统包含液相和固相 A_mB_n 两相，各相的含量分别为

$$L\% = \frac{DG}{PD} \times 100\%$$

$$A_mB_n\% = \frac{PG}{PD} \times 100\%$$

转熔过程还有一个现象需注意，即不平衡结晶的情况，当不一致熔融化合物生成时，转熔过程可能进行的不平衡，即由液相析出的化合物晶体可能会将待溶解的剩余的固相包裹起来与液体隔开，又称为包晶反应（图 3.27），而使转熔过程中断。由于液相只和一种固相直接接触，出现二相平衡的假象，当继续冷却时，液相组成将变化到低共熔点处结晶才最后结束。凝固后的产物的显微结构由于结晶不平衡的结果，会导致不平衡的三相结构出现，即转熔物质的晶体（如 B 晶体），不一致熔融化合物的晶体（如 A_mB_n）和低共熔物（如 $A+A_mB_n$）。

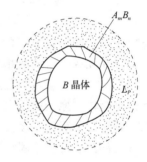

图 3.27 包晶反应示意图

Na—K 系统属于此类相图，不一致熔融化合物在硅酸盐材料中也有很多，例如，硅酸盐水泥中的重要矿物组成 C_2S 和 C_3A 都是不一致熔融化合物。

3. 有固溶体生成的二元系统相图

（1）形成连续固溶体的二元系统相图。溶质和溶剂能以任意比例相互溶解的固溶体称连续固溶体（也称完全互溶或无限互溶固溶体）。形成连续固溶体的二元系统相图如图 3.28 所示。由于组元 A 和 B 在固态和液态下都能以任意比例互溶而不生成化合物，在相图中没有低共熔点也没有最高点，因而液相线和固相线都是平滑连续曲线。

A 和 B 形成的连续固溶体用 S 表示。整个相图分为三个相区。图中曲线 aL_1b 是液相线，曲线 aS_1b 是固相线，液相线和固相线上都是液相和固溶体两相平衡共存，$P=2$，$F=1$。液相线以上的相区是高温熔体单相区，固相线以下的相区是固溶体的单相区，处于液相线与固相线之间的相区则是液相与固溶体平衡共存的两相区。在单相区内，$F=2$，在两相区内 $F=1$。由于此系统内只有液相和固溶体两相，不可能出现三相平衡状态，因此，这种类型相图的特点是没有一般二元相图上常常出现的二元无变量点。

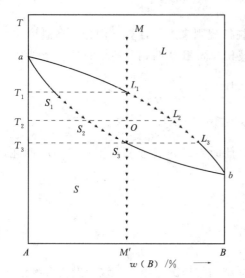

图 3.28 形成连续固溶体的二元系统相图

高温熔体 M 的冷却过程如下：

在 $T > T_1$ 时，系统只有高温熔体一相；当 T 到达温度 T_1 时，开始析出组成为 S_1 的固溶体，在 $T_3 \leqslant T < T_1$ 时，液相组成沿液相线由 L_1 向 L_3 变化，固相组成沿固相线由 S_1 向 S_3 变化；冷却到 T_2 温度，液相点到达 L_2 点，固相点到达 S_2 点，系统的状态点则在 O 点，根据杠杆规则，此时液相量：固相量 $= OS_2 : OL_2$；冷却到 T_3 温度，固相点 S_3 与系统的状态点重合，意味着最后一滴液相在 L_3 消失，液相消失，结晶结束。所以熔体 M 的结晶结束点在 L_3 点，结晶产物是单相的固溶体。

在液相从 L_1 到 L_3 的析晶过程中，固溶体的组成从 S_1 变化到 S_3，连接同一温度下成平衡的两相组成点的线段称为结线，如图中的 L_1S_1 线、L_2S_2 线。由结线可以看出，在互成平衡的两相中，液相总是含有较多的低熔点组元，而固相则含有较多的高熔点组元。由于在析晶过程中固溶体要不断地调整组成以便与液相保持平衡，而固溶体是晶体，原子的扩散迁移速度很慢，不像液态溶液那样容易调节组成。可以想象，若冷却过程足够缓慢，析出固溶体和液相处于平衡状态，且固溶体有足够的时间进行内部扩散使整个固相均匀一致；若冷却过程不是足够缓慢，则很容易发生不平衡析晶，即产生偏析现象。

在形成连续固溶体的系统中，任一组成的熔体的凝固点都介于两个纯组元的凝固点之间。因此可以从熔体中把两组元分离获得纯粹的 A 和 B。其方法如下：如图 3.29所示，将某熔体 M 冷却到 1 点，系统由固溶体 S_1 及和液相 L_1 两部分组成。这时 S_1 中 A 的百分含量比原熔体 M 中的 A 百分含量多，L_1 中 B 的百分含量比原熔体中 B 的百分含量多。将 L_1 分离出来并冷却到 3 点，则可获得 L_3 液相且其 B 的百分含量又比 L_1 中 B 的百分含量多。如此重复，可获得纯 B；另一方面，将 S_1 重新熔化，然后再冷却到 2 点获得固溶体 S_2，其中 A 的百分含量比 S_1 多。重复几次可得比较纯的 A。这种办法叫做分步结晶法，可以把固溶体中两组元分离。

在连续固溶体相图中还有两种特殊情况

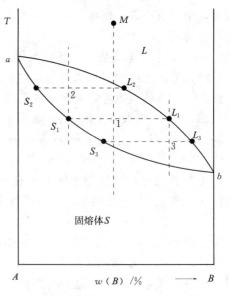

图 3.29 分步结晶法示意图

即具有最高熔点和最低熔点的系统，如图 3.30 和图 3.31 所示。这两种相图可以看成是由两个简单连续固溶体二元相图构成的。体系中的平衡关系可由分相图来分析。

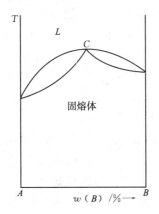

图 3.30 具有最高熔点的
二元连续固溶体相图

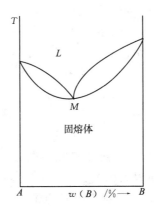

图 3.31 具有最低熔点的
二元连续固溶体相图

Bi—Sb 二元系统、CaO—MnO 二元系统以及镁橄榄石-铁橄榄石系统都能形成连续固溶体。

（2）形成有限固溶体的二元系统相图。溶质只能以一定的限量溶入溶剂，超过限度便会出现第二相，这种固溶体称为不连续（也称部分互溶或有限互溶）固溶体。在大多数情况下，A、B 两组元只能形成有限固溶体。在 A、B 两组元形成有限固溶体系统中，以 $S_{A(B)}$ 表示 B 组元溶解在 A 晶体中所形成的固溶体，$S_{B(A)}$ 表示 A 组元溶解在 B 晶体中所形成的固溶体，根据无变量点性质的不同，这类相图又可以分为具有低共熔点的和具有转熔点的两种类型。

1）具有低共熔点的有限固溶体的二元系统相图。如图 3.32 所示，图中 aE 线是与 $S_{A(B)}$ 固溶体平衡的液相线。bE 线是与 $S_{B(A)}$ 固溶体平衡的液相线。aC 和 bD 是两条固相线。E 点是低共熔点，从 E 点液相中将同时析出组成为 C 的 $S_{A(B)}$ 和组成为 D 的 $S_{B(A)}$ 固溶体，其相平衡方程为

$$L_E \rightleftharpoons S_{A(B)}(C) + S_{B(A)}(D)$$

C 点表示了组元 B 在组元 A 中的最大固溶度，D 点则表示了组元 A 在组元 B 中的最大固溶度。CF 是固溶体 $S_{A(B)}$ 的溶解度曲线，DG 则是固溶体 $S_{B(A)}$ 的溶解度曲线。从这两条溶解度曲线的走向可以看出 A、B 两个组元在固态互溶的溶

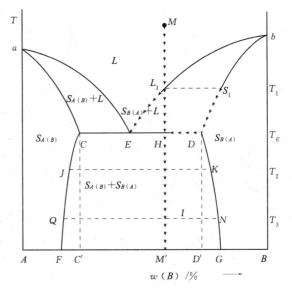

图 3.32 具有低共熔点的有限固溶体的二元系统相图

解度是随温度下降而下降的。CD 线表示液相 L 及 $S_{A(B)}$ 和 $S_{B(A)}$ 三相共存的三相线。相图中的六个相区里有三个单相区和三个两相区。

相图中熔体 M 的析晶过程为：$T>T_1$ 时，系统只有高温熔体一相；$T_E \leqslant T < T_1$ 时，系统为液相和固溶体 $S_{B(A)}$ 两相共存，当 T 到达温度 T_1 时，液相对固溶体 $S_{B(A)}$ 饱和，开始析出组成为 S_1 的固溶体 $S_{B(A)}$，随着温度从 T_1 向 T_E 变化，液相点沿着液相线从 L_1 向 E 点移动，固相点沿着固相线从 S_1 向 D 点移动，同时液固含量也在不断变化，可用杠杆规则进行计算。继续冷却，当 $T=T_E$ 时，系统将进行低共熔反应，从液相 L_E 中同时析出组成为 C 的固溶体 $S_{A(B)}$ 和组成为 D 的固溶体 $S_{B(A)}$，系统进入三相平衡状态，$F=0$，系统的温度不能变，液相的组成也不能变，随着固溶体的析出，液相量在不断减少，$S_{A(B)}$ 和 $S_{B(A)}$ 的量在不断增加。由于有 $S_{A(B)}$ 析出，所以固相组成要由 D 向 H 点移动，当固相组成到达 H 点与系统的状态点重合时，最后一滴液相在 E 点消失，结晶结束，最后的析晶产物是 $S_{A(B)}$ 和 $S_{B(A)}$ 两种固溶体。由杠杆规则可知，在温度刚刚到达 T_E 时，系统中液相量 L：固溶体 $S_{B(A)}=HD:EH$，当析晶刚刚结束时，系统中固溶体 $S_{A(B)}$：$S_{B(A)}=HD:CH$。温度继续下降，$T<T_E$ 时，$S_{A(B)}$ 的组成沿 CF 线变化，$S_{B(A)}$ 的组成沿 DG 变化，到达 T_3 温度时，$S_{A(B)}$ 的组成为 Q，而 $S_{B(A)}$ 的组成为 N，两种固溶体的相对含量为：$S_{A(B)}$：$S_{B(A)}=IN:IQ$。

高温熔体 M 析晶过程可用下面的表达式表示。

液相点：

$$M \xrightarrow[F=2]{L} L_1 \xrightarrow[F=1]{L \rightarrow S_{B(A)}} E \xrightarrow[F=0]{L \rightarrow S_{A(B)}+S_{B(A)}} E$$

固相点：

$$S_1 \xrightarrow{S_{B(A)}} D \xrightarrow{S_{A(B)}+S_{B(A)}} H \xrightarrow{S_{A(B)}+S_{B(A)}} M'$$

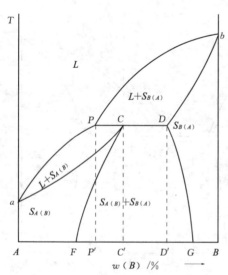

图 3.33 具有转熔点的有限固溶体的
二元系统相图

在这种类型的二元系统相图中，并不是所有的高温熔体都要在 E 点析晶结束，有部分高温熔体（如组成在 C' 点以左和组成在 D' 点以右的系统）其冷却析晶过程类似于连续固溶体，是在液相线上的某一点析晶结束。具体的析晶结束点的位置与原始熔体的组成有关。

CaO—MgO 系统、KNO_3—$TiNO_3$ 系统相图属于此类相图。

2）具有转熔点的有限固溶体的二元系统相图。如图 3.33 所示。固溶体 $S_{A(B)}$ 和 $S_{B(A)}$ 之间没有低共熔点，而有一个转熔点 P。在 P 点进行的转熔反应为

$$L_P + S_{B(A)}(D) \Longleftrightarrow S_{A(B)}(C)$$

在这类相图中，组成在 P'—D' 范围内

的原始熔体冷却到 T_P 温度时都将发生上述转熔过程，但只有组成在 $C'-D'$ 范围内的熔体在 P 点液相消失，结晶结束。组成在 $P'-C'$ 范围内的熔体是 $S_{B(A)}$ 先消失，转熔过程结束，但结晶并没有结束，它们和组成在 $A-P'$ 范围的熔体都是在与 $S_{A(B)}$ 平衡的液相线上的某一点结晶结束。组成在 $D'-B$ 范围内的原始熔体则在与 $S_{B(A)}$ 平衡的液相线上结晶结束。具体冷却析晶过程读者可根据前述自行进行分析。

具有此类转熔反应的相图有 Cu—Zn 系统、Ag—Sn 系统、Al_2O_3—FeO 系统等。

4. 具有多晶转变的二元系统相图

同质多晶现象在无机材料中十分普遍，二元系统中某组元或化合物具有多晶转变时，相图上该组元或化合物所对应的相区内便会出现一些新的界线，把同一种物质的不同晶型稳定存在的范围划分开来，使该物质的每一种稳定晶型都有其存在的相区。根据晶型转变温度（T_P）与低共熔温度（T_E）的相对高低，此类相图又可分为两种类型。

（1）$T_P > T_E$。多晶转变温度高于低共熔温度，说明多晶转变是在有液相存在时发生的。图 3.34 为此种类型的相图。图中组元 A 有 α 和 β 两种晶型，其中 A_α 相在 T_P 温度以上稳定，而 A_β 相在 T_P 温度以下稳定，发生晶型转变的温度 T_P，P 点称为多晶转变点，多晶转变平衡方程为

$$A_\alpha \rightleftharpoons A_\beta$$

由于此时系统中液相、A_α 和 A_β 三相平衡共存，故 $F=0$，所以多晶转变点也是二元无变量点。通过多晶转变点 P 的水平线 DP，称为晶型转变的等温线，它把 A_α 和 A_β 稳定存在的相区划分开来。

可以看出，当液相点到达 P 点后，系统为无变量，液相组成不能变，系统温度也不能变。除此之外，实际上，这时的液相量亦不改变，因为

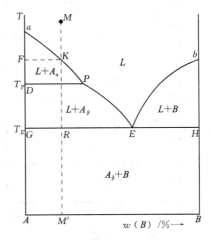

图 3.34 在低共熔点以上发生多晶转变的二元系统相图

液相刚到 P 点时，固相点在 D 点，晶型转变结束，液相要离开 P 点时，固相点仍然在 D 点，根据杠杆规则可以很容易地看出晶型转变过程中液相量不变。因此，晶型转变点一定不会是结晶的结束点。

（2）$T_P < T_E$。多晶转变温度低于低共熔温度，说明多晶转变是在固相中发生的。如图 3.35 示出此种类型的相图。图中 P 点为组元 A 的多晶转变点，显然在 A-B 二元系统中的纯 A 晶体在 T_P 温度下都会发生这一转变，通过 P 点的水平线为一条晶型转变等温线，此线上 B 相、A_α 和 A_β 相三相共存，此时 $F=0$，为无变量过程。在此线以上的相区，A 晶体以 α 形态存在，此线以下的相区，则以 β 形态存在。

具有多晶转变的相图有很多，例如，Al_2O_3—NaO 系统、CaO—Fe_2O_3 系统、SiO_2—Na_2O 系统等。

5. 具有液相分层的二元系统相图

一般情况下，二元系统中两个组元的液相都是完全互溶的，但实际中有些系统二

个组元在液态并不完全互溶,只能有限互溶。这时就会出现液相分层的现象。两层液相中,一层是组元 B 在组元 A 中的饱和溶液,另一层是组元 A 在组元 B 中的饱和溶液。例如,水-酚系统、苯胺-己烷系统、甲醇-环己烷系统是比较常见的部分互溶系统。

图 3.36 是这类相图的一般形式。这类相图可以看作是具有低共熔点的相图上插入一个液体分相的区域 CKD。二液区内的等温结线 $L_1'L_2'$,$L_1''L_2''$,$L_1'''L_2'''$ 的两端表示各个温度下互相平衡的两个液相的组成。温度升高,两层液相的溶解度都增大,因而其组成越来越接近,到达 K 点,两层液相的组成已完全一致,分层现象消失,故 K 点是个临界点,K 点的温度称为临界温度。

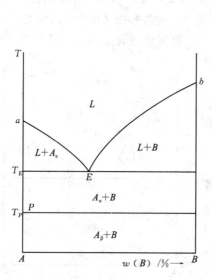

图 3.35 在低共熔点以下
发生多晶转变的二元系统相图

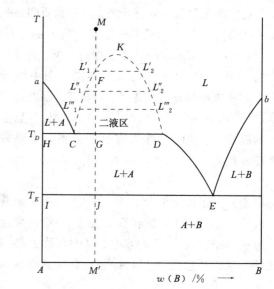

图 3.36 具有液相分层的二元系统相图

在二液区 CKD 以外,不再发生二液分层现象,而成为液相的单相区。曲线 aC、DE 均为与 A 晶相平衡的液相线,bE 是与 B 晶相平衡的液相线。除低共熔点 E 外,系统中还有一个无变量点 D,在 D 点发生的平衡过程为

$$L_C \Longrightarrow L_D + A$$

即冷却时从液相 L_C 中析出 A 晶相,同时液相 L_C 转变为液相 L_D;加热时过程反向进行。

组成为 M' 的高温熔体从 M 点冷却到状态点到达 L_1' 时,液相开始分层,第一滴组成为 L_2' 的液相出现,随后 L_1 液相沿 KC 线向 C 点变化,L_2 液相沿 KD 线向 D 点变化。冷却到 T_D 温度,L_1 液相到达 C 点,L_2 液相到达 D 点,L_C 液相(即到达 C 点的 L_1 液相)不断分解为 L_D 液相和 A 晶相,此时系统中三相平衡,$F=0$,系统的温度维持恒定,直到 L_C 液相消失,系统温度又可以继续下降。液相组成从 D 点沿液相线 DE 向 E 点变化,在这个过程中不断地从液相中析出 A 晶相。当温度到达 T_E 时,

液相在 E 点进行低共熔过程，从液相中同时析出 A 和 B 晶相，直到结晶结束。

3.3.3 专业二元系统相图列举

1. Al_2O_3—SiO_2 系统相图

如图 3.37 所示是 Al_2O_3—SiO_2 二元系统相图。在该二元系统中，只生成一种一致熔融化合物 A_3S_2（$3Al_2O_3 \cdot 2SiO_2$，莫来石）。A_3S_2 中可以固溶少量 Al_2O_3，固溶体中 Al_2O_3 含量为 $60\% \sim 63\%$（mol/%）。莫来石是普通陶瓷及黏土质耐火材料中的重要矿物。

黏土是无机材料工业的重要原料。黏土加热脱水后分解为 Al_2O_3 和 SiO_2，因此 Al_2O_3—SiO_2 系统相图早就引起了研究者广泛的兴趣，他们先后发表了许多不同形式的相图。这些相图的主要分歧是莫来石的性质，最初认为是不一致熔融化合物，后来认为是一致熔融化合物，到 20 世纪 70 年代又有人提

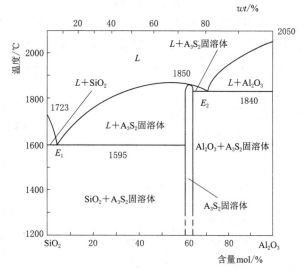

图 3.37 Al_2O_3—SiO_2 系统相图

出是不一致熔融固溶体化合物。这种情况在硅酸盐体系相图研究中是屡见不鲜的，因为硅酸盐物质熔点高，液相黏度大，高温物理化学过程速度缓慢，容易形成介稳态，这就给实验上相图的制作造成了很大困难。

以 AS_2 为界，可以将 Al_2O_3—SiO_2 系统划分成两个分二元系统。在 A_3S_2—SiO_2 这个分二元系统中，有一个低共熔点 E_1，加热时 SiO_2 和 A_3S_2 在低共熔温度 1595℃ 下生成 Al_2O_3 含量为 $5.5wt\%$ 的 E_1 点液相，与 CaO—SiO_2 系统中 SiO_2—CS 分二元系统的低共熔点 C 不同，E_1 点距 SiO_2 一侧很近。如果在 SiO_2 中加入 $1wt\%Al_2O_3$，根据杠杆规则，在 1595℃ 下就会产生 $1:5.5=18.2\%$ 的液相量，这样就会使硅砖的耐火度大大下降。此外，由于与 SiO_2 平衡的液相线从 SiO_2 熔点 1723℃ 向 E_1 点迅速下降，Al_2O_3 的加入必然造成硅砖熔化温度的急剧下降。因此，对硅砖来说，Al_2O_3 是非常有害的杂质，其他氧化物都没有像 Al_2O_3 这样大的影响。在硅砖的制造和使用过程中，要严防 Al_2O_3 混入。

系统中液相量随温度的变化取决于液相线的形状。在 A_3S_2—SiO_2 分二元系统中，莫来石的液相线 E_1F，在 $1595 \sim 1700℃$ 的温度区间内比较陡峭，而在 $1700 \sim 1850℃$ 的温度区间则比较平坦。根据杠杆规则，这意味着一个处于 E_1F 组成范围内的配料加热到 1700℃ 前系统中的液相量随温度升高的增加量并不多，但在 1700℃ 以后，液相量将随温度的升高而迅速增加。使用化学组成处于这个范围，以莫来石和石英为主要晶相的黏土质和高铝质耐火材料时，需要特别注意这一点。

在 A_3S_2—Al_2O_3 分二元系统中，A_3S_2 熔点（1850℃）、Al_2O_3 熔点（2050℃）以

及低共熔点（1840℃）都很高。因此，莫来石质及刚玉质耐火砖都是性能优良的耐火材料。

2. CaO—SiO$_2$ 系统相图

CaO—SiO$_2$ 系统中一些化合物是硅酸盐水泥的重要矿物成分，在高炉矿渣、石灰质耐火材料中也含有此系统的某些化合物。因此，此系统所涉及的范围比较广泛，其相图对硅酸盐水泥生产、高炉矿渣的利用、石灰质耐火材料以及含 CaO 高高的玻璃的生产都有指导意义。如图 3.38 所示为 CaO—SiO$_2$ 系统相图。

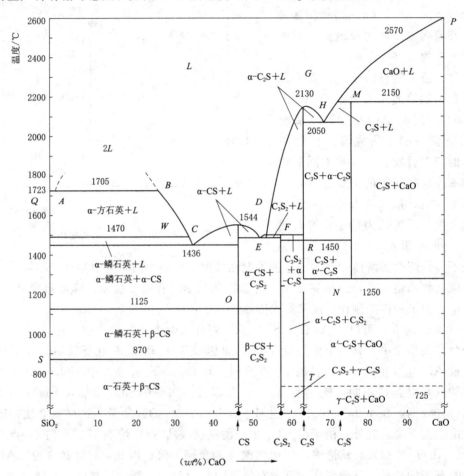

图 3.38 CaO—SiO$_2$ 系统相图

由相图可以看出，此系统中有四个化合物，其中硅灰石 CS(CaO·SiO$_2$) 和硅酸二钙 C$_2$S(2CaO·SiO$_2$) 是一致熔融化合物，熔点分别为 1544℃ 和 2130℃。硅钙石 C$_3$S$_2$(3CaO·2SiO$_2$) 和硅酸三钙（或称阿利特）C$_3$S(3CaO·SiO$_2$) 为不一致熔融化合物，分解温度分别为 1464℃ 和 2150℃。

图 3.38 中 SiO$_2$、CS 和 C$_2$S 都存在多晶转变，故有一些代表晶型转变等温线的横线，线上的温度是多晶转变的温度。另外，还有一个二液区，当 SiO$_2$ 含量较高时，其液相区有液相分层现象。

系统中各无变量点的性质列于表 3.3。

表 3.3　　　　　　　　　　　CaO—SiO₂ 系统中无变量点的性质

无变量点	平 衡 反 应 式	平衡性质	组成/%		温度/℃
			CaO	SiO₂	
P	CaO ⇌ 熔体	熔化	100	0	2570
Q	SiO₂ ⇌ 熔体	熔化	100	0	1723
A	α-方石英+熔体$_B$ ⇌ 熔体$_A$	分解	0.6	99.4	1705
B	α-方石英+熔体$_B$ ⇌ 熔体$_A$	分解	28	72	1705
C	α-CS+α-鳞石英 ⇌ 熔体	低共熔	37	63	1436
D	α-CS ⇌ 熔体	熔化	48.2	51.8	1544
E	α-CS+C₃S₂ ⇌ 熔体	低共熔	54.5	45.5	1460
F	C₃S₂ ⇌ α-C₂S+熔体	转熔	55.5	44.5	1464
G	α-C₂S ⇌ 熔体	熔化	65	35	2130
H	α-C₂S+C₃S ⇌ 熔体	低共熔	67.5	32.5	2050
M	C₃S ⇌ CaO+熔体	转熔	73.6	26.4	2150
N	α'-C₂S+CaO ⇌ C₃S	固相反应	73.6	26.4	1250
O	β-CS ⇌ α-CS	多晶转变	48.2	51.8	1125
R	α'-C₂S ⇌ α-C₂S	多晶转变	65	35	1450
T	γ-C₂S ⇌ α'-C₂S	多晶转变	65	35	725
S	α-石英 ⇌ α-鳞石英	多晶转变	0	100	870
W	α-鳞石英 ⇌ α-方石英	多晶转变	35.6	64.4	1470

对于较复杂的 CaO—SiO₂，系统以一致熔融化合物 CS 和 C₂S 为分界线，可以划分为三个分二元系统：SiO₂—CS 系统、CS—C₂S 系统和 C₂S—CaO 系统。

在 SiO₂—CS 分二元系统中富含 SiO₂ 的一边，当 CaO 含量在 0.6%～28% 的组成范围内（图中 A、B 两点之间），温度在 1705℃ 以上出现一个液相分层的二液区，两层液相中一层为 CaO 溶于 SiO₂ 中形成的富硅液相，另一层为 SiO₂ 溶于 CaO 中形成的富钙液相。两液相，当温度升高时其相互溶解度增加，成分更加靠近。从理论上推论，当升高到某一温度时，两液相应合并为一相，使液相分层现象消失。C 点是此二元系统的低共熔点，温度为 1436℃，组成是含 37%CaO，在 C 点进行的平衡过程是：L ⇌ α-鳞石英+α-CS。

由于 SiO₂ 有复杂的多晶型转变，所以此分二元系统中存在多条晶型转变的等温线，如 870℃ 的晶型转变等温线上是 α-石英与 α-鳞石英相互转变，1470℃ 的晶型转变等温线上相互转变的是 α-鳞石英和 α-方石英。

从相图上可以看出，由于在与方石英平衡的液相线上插入了 2L 区，使 C 点位置偏向 CS 一侧，而距 SiO₂ 较远。液相线 CB 也因而较为陡峭。这一相图上的特点常被用来解释为何在硅砖生产中可以采取 CaO 作矿化剂而不会严重影响其耐火度。用杠杆规则计算，如向 SiO_2 中加入 $1\%CaO$，在低共熔温度 $1436℃$ 下所产生的液相量为 $1:37=2.7\%$。这个液相量是不大的，并且由于液相线 CB 较陡峭，温度继续升高时，液相量的增加也不会很多，这就保证了硅砖高的耐火度。

在 $CS—C_2S$ 分二元系统中有一个不一致熔融化合物 C_3S_2，它在自然界中以硅钙石的形式存在，并常出现于高炉矿渣中。E 点是此分二元系统中的低共熔点，在 E 点上进行的过程是：$L_E \rightleftharpoons C_3S_2+\alpha-CS$。$F$ 点是转熔点，在 F 点上发生 $L_F+\alpha-C_2S \rightleftharpoons C_3S_2$ 的相变化。CS 具有 α 和 β 两种晶型，晶型转变的温度为 $1125℃$。

在 $C_2S—CaO$ 分二元系统中有硅酸盐水泥的重要矿物 C_2S 和 C_3S。C_2S 是一致熔融化合物，它有复杂的多晶转变，在单元系统相图中已做了介绍，在相图中一般只表示稳定态晶型的转变情况。C_3S 是不一致熔融化合物，它仅存在于 $1250\sim2150℃$ 之间，在 $2150℃$ 分解为组成为 M 的液相和 CaO。在 $1250℃$ 时，C_3S 分解为 $\alpha-C_2S$ 和 CaO，但这时的分解只在靠近 $1250℃$ 温度小范围内才会很快地进行，在较低温度时的分解几乎可以忽略不计，所以 C_3S 能在很长的时间内以介稳状态存在于常温下。从热力学观点看，这种介稳状态的 C_3S 具有较高的内能，这就是 C_3S 活性大，有高度水化能力的原因之一，因此，硅酸盐水泥中 C_3S 是保证水泥具有高度水硬活性的最重要的矿物成分。此外，介稳态的 $\beta-C_2S$ 也是硅酸盐水泥中含量高的一种水硬活性矿物。为了保证水泥质量，应尽量避免 C_2S 分解以及 $\beta-C_2S$ 向无水硬活性的 $\gamma-C_2S$ 的多晶转变，为此，在生产中应采取急冷措施，使 C_3S 和 $\beta-C_2S$ 迅速越过分解温度或晶型转变温度，在低温下以介稳态保存下来。

H 点是这个分二元系统的低共熔点，可以看出在这个分二元系统中出现液相的最低温度是 $2050℃$。在水泥熟料烧成时需要有 $20\%\sim30\%$ 的液相，尽管此分二元系统可以提供水泥中最重要的矿物组成 C_2S 和 C_3S，但在生产中却不能采用 CaO、SiO_2 二组分配料，必须加入 Al_2O_3、Fe_2O_3 等组分，以降低出现液相的温度，有利于烧成。

3. $Al_2O_3—MgO$ 系统相图

镁铝尖晶石具有良好的光学性能、热震稳定性能、耐化学侵蚀性能和耐磨性能，能够在氧化或还原气氛中保持较好的稳定性。镁铝尖晶石是熔点较高的耐火材料，它在工业生产中具有广泛的应用，作为耐火材料原料的尖晶石的天然资源还没有发现，因此尖晶石必须通过合成来制备。因此熟练掌握 $Al_2O_3—MgO$ 二元系统相图，对于研究和合成镁铝尖晶石具有重要的意义。

图 3.39 所示的 $Al_2O_3—MgO$ 二元系统相图是 Allibert 绘制的。该系统形成一个一致熔融化合物镁铝尖晶石固溶体 $(MgAl_2O_4)$，其熔点是 $2105℃$，图中 Perss 相表示方镁石固溶体，Splss 相表示镁铝尖晶石固溶体，Crn 相表示刚玉。

在分析这一类相对复杂一些的相图，要抓住系统中生成几个化合物以及化合物的性质，将复杂的相图分解成若干个典型的简单二元相图，再对这些分二元系统逐一进行分析，找出各相区、各液相线、各固相线，特别是各无变量点，并判断各无变量点的性质，找出相平衡关系。

此相图生成了一种一致熔融化合物镁铝尖晶石 $(MgAl_2O_4)$，可将系统划分成左

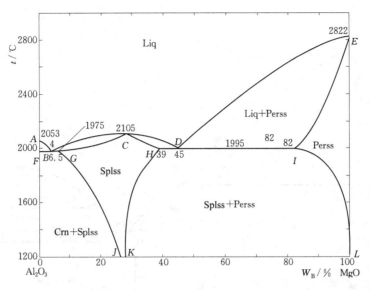

图 3.39 Al_2O_3—MgO 二元系统相图

右两个具有低共熔点的分二元系统。各相区如图 3.39 所示，此相图的液相线为 *AB-CDE* 线，*GJ*、*HK* 和 *IL* 为饱和溶解度曲线，相图上的每一条横线都是一根三相线，当系统的状态点到达这些线上时，系统都处于三相平衡的无变量状态，如图中的 *FG*、*HI* 为共晶反应线，在 1975℃和 1995℃分别发生如下平衡反应为：Lip $\rightleftharpoons$ Crn + Splss 和 Lip $\rightleftharpoons$ Perss + Splss。相图中共有五个无变量点 *A*～*E*，无变量点的性质及发生的相平衡关系列于表 3.4。

表 3.4 Al_2O_3—MgO 系统中无变量点的性质

无变量点	平衡反应式	平衡性质	组成/%		温度/℃
			Al_2O_3	MgO	
A	Lip $\rightleftharpoons$ Al_2O_3(Crn)	熔化	100	0	2053
B	Lip $\rightleftharpoons$ Al_2O_3(Crn) + $MgAl_2O_4$(Splss)	低共熔	96	4	1975
C	Lip $\rightleftharpoons$ $MgAl_2O_4$(Splss)	熔化	72	28	2105
D	Lip $\rightleftharpoons$ MgO(Perss) + $MgAl_2O_4$(Splss)	低共熔	55	45	1995
E	Lip $\rightleftharpoons$ MgO(Perss)	熔化	0	100	2822

4. MgO—SiO_2 系统相图

镁橄榄石（Mg_2SiO_4），可用作耐火材料，用来制作镁橄榄石砖，还可用作铸砂材料，生产铸钢件，具有耐高温、抗侵蚀、化学稳定性好等优点。图 3.40 为 MgO—SiO_2 二元系统相图，是 Allibert 根据前人实验结果绘制的。该系统形成两个化学计量比化合物，一个是一致熔融化合物镁橄榄石（Mg_2SiO_4，Fo），其熔点是 1890℃，另一个是不一致熔融化合物原顽辉石（$MgSiO_3$，Pen），1557℃时分解为液相和镁橄榄石。

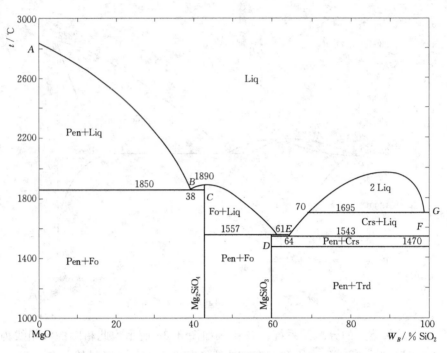

图 3.40 MgO—SiO₂ 二元系统相图

MgO—SiO₂ 二元系统中包含 7 个无变量点 $A \sim G$，无变量点的性质及发生的相平衡关系列于表 3.5。

表 3.5   **MgO—SiO₂ 系统中无变量点的性质**

无变量点	平衡反应式	平衡性质	组成/%		温度/℃
			MgO	SiO₂	
A	Lip $\rightleftharpoons$ MgO(Per)	熔化	100	0	2820
B	Lip $\rightleftharpoons$ MgO(Per)+Mg₂SiO₄(Fo)	低共熔	62	38	1850
C	Lip $\rightleftharpoons$ Mg₂SiO₄(Fo)	熔化	57	43	1890
D	Lip+Mg₂SiO₄(Fo) $\rightleftharpoons$ MgSiO₃(Pen)	转熔	39	61	1557
E	Lip $\rightleftharpoons$ SiO₂(Crs)+MgSiO₃(Pen)	低共熔	36	64	1543
F	Lip₁ $\rightleftharpoons$ Lip₂+SiO₂(Crs)	分解	2	98	1695
G	Lip $\rightleftharpoons$ SiO₂(Crs)	熔化	0	100	1720

5. Na₂O—SiO₂ 系统相图

图 3.41 为 Na₂O—SiO₂ 二元系统相图，该系统形成 5 个化学计量比化合物，其中 4 个是一致熔融化合物，包括正硅酸钠（2Na₂O·SiO₂，即 N₂S）、3Na₂O·2SiO₂（N₃S₂）、偏硅酸钠（Na₂O·SiO₂，即 NS）和二硅酸钠（Na₂O·2SiO₂，即 NS₂），其熔点分别是 1085℃、1124℃、1090℃ 和 875℃。一个不一致熔融化合物 3Na₂O·8SiO₂（N₃S₈），其在 807℃ 时分解为液相和 NS₂。

Na₂O—SiO₂ 二元系统中包含 13 个无变量点 $A \sim M$ 点，无变量点的性质及发生

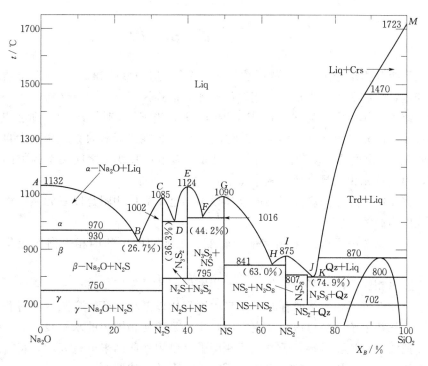

图 3.41   NaO—SiO$_2$ 二元系统相图

的相平衡关系列于表 3.6。水平线为三相线，有的为低共熔线，有的为转熔线，有的为晶型转变线，不再一一进行详细分析。

表 3.6   **Na$_2$O—SiO$_2$ 系统中无变量点的性质**

无变量点	平 衡 反 应 式	平衡性质	组成/%		温度/℃
			Na$_2$O	SiO$_2$	
A	Lip $\rightleftharpoons$ Na$_2$O	熔化	100	0	1132
B	Lip $\rightleftharpoons$ β—Na$_2$O + N$_2$S	低共熔	73.3	26.7	930
C	Lip $\rightleftharpoons$ N$_2$S	熔化	66	34	1085
D	Lip $\rightleftharpoons$ N$_2$S + N$_3$S$_2$	低共熔	63.7	36.3	1002
E	Lip $\rightleftharpoons$ N$_3$S$_2$	熔化	60	40	1124
F	Lip $\rightleftharpoons$ N$_3$S$_2$ + NS	低共熔	55.8	44.2	1016
G	Lip $\rightleftharpoons$ NS	熔化	50	50	1090
H	Lip $\rightleftharpoons$ NS + NS$_2$	低共熔	37	63	841
I	Lip $\rightleftharpoons$ NS$_2$	熔化	33	67	875
J	Lip + NS$_2$ $\rightleftharpoons$ N$_3$S$_8$	转熔	27	73	807
K	Lip $\rightleftharpoons$ N$_3$S$_8$ + SiO$_2$(Qz)	低共熔	25.1	74.9	800
L	N$_3$S$_8$ $\rightleftharpoons$ NS$_2$ + SiO$_2$(Qz)	分解	27	73	702
M	Lip $\rightleftharpoons$ SiO$_2$(Qz)	熔化	0	100	1723

3.4 三 元 系 统

三元系统是指组分数 $C=3$ 的系统，三元系统与二元系统的差别，在于增加了一个成分变量，情况变得更为复杂。相律的一般表达式为 $F=3-P+2=5-P$，对于三元凝聚系统，相律的形式为 $F=3-P+1=4-P$，当 $F=0$ 时，$P=4$，即在三元凝聚系统中最多有四相平衡共存。当 $P=1$ 时，$F=3$，即在三元凝聚系统中最大自由度数为 3，这三个自由度是温度和两个组分的组成。表示这些变量之间关系的相图即为三元相图，因此三元相图具有如下基本特点：

（1）完整的三元相图应是三维的立体模型。这个立体相图是以三元系统的组成为底，以温度为高的三棱柱。

（2）三元系统中可以发生四相平衡转变。三元相图中的四相平衡区应是恒温水平面。

（3）除单相区及两相平衡区外，三元相图中三相平衡区也占有一定空间。根据相律得知，三元系统三相平衡时存在一个自由度，所以三相平衡转变是变温过程，反映在相图上，三相平衡区必将占有一定空间，不再是二元相图中的水平线。为了使用方便，往往把温度也加以恒定，于是三元相图就可以用平面图来进行表示。将各部分不同温度下的平面图叠加起来就是系统在不同温度下的立体图。

工业上应用的金属材料多半是由两种以上组元构成的多元合金，陶瓷材料的原料往往也是多组分的，因此三元相图在实际生产中具有重要的指导意义，所以有必要熟练掌握三元相图的规律和分析方法。

3.4.1 三元相图基础

1. 三元相图组成表示方法

二元系统的组成可用一条直线上的点来表示，三元系统由于增加了一个组分，其组成已不能用一条直线表示，三个组成两两组合需用三条直线来表示，三条直线首尾相连形成一个三角形，表示三元系统组成的点位于两个坐标轴所限定的三角形内，这个三角形叫作成分三角形或浓度三角形。常用的成分三角形是等边三角形，有时也用直角三角形或等腰三角形表示成分。

三元相图的表示方法

等边成分三角形表示法

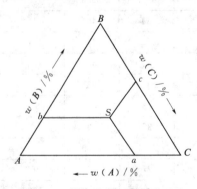

图 3.42 等边成分三角形表示法

（1）等边成分三角形表示法。如图 3.42 所示，三角形的三个顶点 A、B、C 分别表示 3 个组元，三角形的边 AB、BC、CA 分别表示 3 个二元系统的组成坐标，则三角形内的任一点都代表三元系的某一组成。例如，三角形 ABC 内 S 点所代表的成分可通过下述方法求出：

设等边三角形各边长为 100%，依 AB、BC、CA 顺序分别代表 B、C、A 三组元的含量。由点 S 出发，分别向 A、B、C 顶角对应边 BC、CA、AB 引平行线，相交于三边的 a、b、c 点。根据等边

三角形的性质,可以证明

$$Sa + Sb + Sc = AB = BC = CA = 100\%$$

其中 $Sc = Ca = w(A)$,$Sa = Ab = w(B)$,$Sb = Bc = w(C)$,于是 Ca、Ab、Bc 线段分别代表 S 相中三组元 A、B、C 的各自质量分数。反之,如已知 3 个组元质量分数时,可用平行线法求出 S 点在成分三角形中的位置。

S 点的组成还可以用双线法来确定,通过 S 点引三角形两条边的平行线,根据它们在第三条边上的交点来确定 S 相中三组元 A、B、C 的各自质量分数。如图 3.43 所示。线段 a、b、c 分别代表 S 相中组元 A、B、C 的质量分数。反之,如已知 3 个组元质量分数时,也可用双线法求出 S 点在成分三角形中的位置。

(2) 等腰成分三角形表示法。图 3.44 为等腰成分三角形,当三元系中某一组元含量较少,而另两个组元含量较多时,材料成分点将靠近等边三角形的某一边。为了使该部分相图清晰地表示出来,可将成分三角形两腰放大,成为等腰三角形。由于成分点 o 靠近底边,所以在实际应用中只取等腰梯形部分即可。点 o 成分的确定与前述等边三角形的求法相同,即过 o 点分别作两腰的平行线,交 AC 边于 a,c 两点,则 $w(A) = Ca = 30\%$,$w(C) = Ac = 60\%$;而过 o 点作 AC 边的平行线,与腰相交于 b 点,则组元 B 的质量分数 $w(B) = 10\%$。

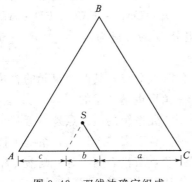

图 3.43 双线法确定组成

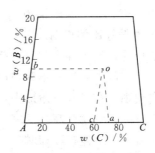

图 3.44 等腰成分三角形

(3) 直角成分三角形表示法。图 3.45 为直角成分三角形,当三元系成分以某一组元为主,其他两个组元含量很少时,成分点将靠近等边三角形的某一顶角。若采用直角坐标表示成分,则可使该部分相图清楚地表示出来。设直角坐标原点代表高含量的组元,则两个互相垂直的坐标轴即代表其他两个组元的成分。例如,P 点成分为 $w(Mn) = 0.8\%$,$w(Si) = 0.6\%$,余量为 Fe。

2. 等边成分三角形的特性

(1) 等含量规则。在成分三角形中,平行于三角形任一边的直线上所有各点的组成中含对面顶点组分的量相等。如图 3.46 所示,ED 线平行于 AB 边,因此 ED 线上各点,如 M_1、M_2、M_3 点中 $C\%$ 之值恒定。根据成分的确定方法可知,

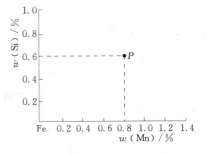

图 3.45 直角成分三角形

等边成分三角形的特性

以上各点中代表组分 C 含量的线段长度均相等，因此含有相等含量的 C，而其他两组分 A、B 的含量不相等。

（2）等比例规则。通过三角形顶点的任何一直线上的所有成分点，其直线两边的组元含量之比为定值。如图 3.47 所示，通过顶点 C 向对边 AB 做一直线 CD，CD 线上各点，如 M_1、M_2 点中 $A\%$ 与 $B\%$ 的比值为定值，即 $A\% : B\% = BD : AD$。称为等比例规则。

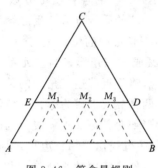

图 3.46　等含量规则

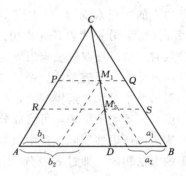

图 3.47　等比例规则

此规则可用几何方法证明得到，对于任意一点 M_1，用双线法得到其对应的组分 A 的含量为 a_1，组分 B 的含量为 b_1，$a_1 : b_1 = QM_1 : PM_1 = BD : AD$，同理对于 M_2 点，其对应的组分 A 的含量为 a_2，组分 B 的含量为 b_2，$a_2 : b_2 = SM_2 : RM_2 = BD : AD$。即遵循等比例规则。

此规则的推论：位于等边三角形高上任一成分点，其两边组元的含量相等。读者可自行证明。上述两个规则对不等边成分三角形也是适用的。

（3）背向规则。在成分三角形中，一个三元系统的组成点越靠近某个顶点，该顶点所代表的组分的含量就越高，反之，组成点越远离某个顶点，系统中该顶点组分的含量就越少。若有一熔体在冷却时析出某一顶点所代表的组分，则液相中该顶点组分的含量不断减少，而其他两个组分的含量之比保持不变，这时液相组成点必定沿着该顶点与熔体组成点的连线向背离该顶点的方向移动。此规则称为背向规则。

如图 3.47 所示，M_1 点组分 C 的含量高于 M_2 点组分 C 的含量。若从组成为 M_1 的熔体中不断取出组元 C，那么它在成分三角形的位置将沿 CM_1 的延长线背离 C 点

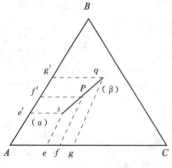

图 3.48　直线定律和杠杆规则

的方向变化，这样可满足 C 的含量不断减少，而 A、B 含量的比例不变。当 C 减为零，熔体成分点到达 AB 线上的 D 点。

（4）直线规则。在一确定的温度下，当三组元材料处于两相平衡时，材料的成分点和两平衡相的成分点必定位于成分三角形中的同一条直线上。该规律称为直线规则或三点共线原则。可证明如下：

如图 3.48 所示。设材料 P 在某一温度下处于 α 相（s 点）和 β 相（q 点）两相平衡，材料 P，α 相

和 β 相中的 C 组元含量分别为 Af，Ae 和 Ag，B 组元含量分别为 Af'，Ae' 和 Ag'。两相中 C、B 两组元的质量之和应等于材料 P 中 C、B 两组元的质量之和。令 P 的质量为 W_P，α 相的质量为 W_α，β 相的质量为 W_β，则 $W_P = W_\alpha + W_\beta$，由 C、B 质量守恒分别得：

$$\begin{cases} W_P A_f = W_\alpha A_e + W_\beta A_g \rightarrow (W_\alpha + W_\beta) A_f = W_\alpha A_e + W_\beta A_g \\ W_P A_{f'} = W_\alpha A_{e'} + W_\beta A_{g'} \rightarrow (W_\alpha + W_\beta) A_{f'} = W_\alpha A_{e'} + W_\beta A_{g'} \end{cases}$$

$$\Rightarrow \begin{cases} W_\alpha (A_f - A_e) = W_\beta (A_g - A_f) \\ W_\alpha (A_{f'} - A_{e'}) = W_\beta (A_{g'} - A_{f'}) \end{cases}$$

$$\Rightarrow \frac{fg}{ef} = \frac{f'g'}{e'f'}$$

所以，sPq 三点必在一条直线上。

（5）杠杆规则。二元系统中的杠杆规则可以推广到三元系统中来，并且得到更广泛的应用。三元系统的杠杆规则表述如下：由两个相（或混合物）合成一个新相时（或新的混合物），新相的成分点必在原来二相成分点的连线上，且位于两点之间；两相（或混合物）重量之比与它们的成分点到新相（或混合物）成分点之间的距离成反比。

如图 3.48 所示，两个已知的三元系统 α 相和 β 相两相的成分点分别为 s 点和 q 点，根据杠杆规则，混合后新相成分点为 p，p 点必在 s 点和 q 点的连线之间，并且满足

$$\frac{\alpha\%}{\beta\%} = \frac{qp}{ps}$$

其证明过程，可由前面的推导得出：

$$\alpha\% = \frac{fg}{eg} = \frac{qp}{qs}, \quad \beta\% = \frac{ef}{eg} = \frac{ps}{qs}$$

由直线规则及杠杆规则可得出下列推论：当给定的材料在一定温度下处于两相平衡状态时，若其中一相的成分给定，另一相的成分点必在两已知成分点连线的延长线上；由一相分解为两相时，这两相的成分点必定位于原来相点的两侧，且三点成一直线。

（6）重心规则。在三元系统中，还会遇到由三个相（或混合物）生成一个新相（或新的混合物），求新混合物的组成，或者由一个相（或一种混合物）分解成三个相（或混合物），求它们的质量比等问题。研究它们之间的成分和相对量的关系，则需应用成分三角形的重心规则。

如图 3.49 所示，假设材料 o 在某一温度由 α、β 和 γ 三相组成，则材料 o 的成分点应位于 α、β 和 γ 三相成分点 i、j、k 组成的共轭三角形中。可以设想先把 α 和 β 混合成一体，材料 o 便是由 γ

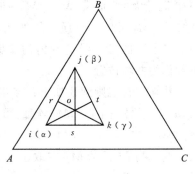

图 3.49　重心规则

相和这个混合体组成。按照直线规则，这个混合体的成分点应在 ij 连线上，同时也应该在 ko 连线的延长线上。满足这个条件的成分点就是 ko 延长线和 ij 直线的交点 r。利用杠杆法则，可以计算出 γ 相在材料中的百分含量：

$$\frac{W_\gamma}{W_o}\% = \frac{or}{kr} \times 100\%$$

同理可以导出 α 相和 β 相在合金中的材料含量：

$$\frac{W_\alpha}{W_o}\% = \frac{ot}{it} \times 100\%$$

$$\frac{W_\beta}{W_o}\% = \frac{os}{js} \times 100\%$$

上式表明，o 点正好位于三角形 ijk 的质量重心，这就是三元系统的重心规则。

(7) 交叉位置规则。如图 3.50 所示，在三组分系统中有三个原始混合物 M_1、M_2 和 M_3。若新混合物 M 在 $\triangle M_1 M_2 M_3$ 外，而在 $M_2 M_3$ 边一侧，根据杠杆规则，有 $M_2 + M_3 = M'$，$M + M_1 = M'$，可得 $M_2 + M_3 = M + M_1$，说明 M_2 和 M_3 可以合成得到 $M + M_1$；反之，$M + M_1$ 合成也可以得到 $M_2 + M_3$。若 M 点为液相组成点的位置，便是液相回吸一种晶相而结晶析出其他两种晶相的一次回吸过程。如果把 M_1、M_2 和 M_3 连成三角形，则 M 点一定位于 $\triangle M_1 M_2 M_3$ 外某条边的外侧，而且在其他两条边的延长线所夹的范围内，M 点的这种位置称为交叉位置。

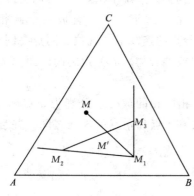

图 3.50 交叉位置规则

交叉位置规则阐述如下：在三组分系统中，如果从 M_1、M_2 和 M_3 三个原始混合物得到新混合物 M，而新混合物组成点 M 又在三个原始混合物组成点 M_1、M_2 和 M_3 所连成的 $\triangle M_1 M_2 M_3$ 一条边的外侧呈交叉位置，则新混合物 M 必从 $M_2 + M_3$ 中取出一定量的 M_1 才能得到，且取出 M_1 的量越多，M 点离 M_1 越远，即 $M = M_2 + M_3 - M_1$。

(8) 共轭位置规则。如图 3.51 所示，在三元系统中，如果从 M_1、M_2 和 M_3 三个原始混合物得到新混合物 M，而 M 点又在三个原始混合物组成点 M_1、M_2 和 M_3 所连成的 $\triangle M_1 M_2 M_3$ 外的一个顶点的外侧，且在形成此角顶的二条边的延长线范围内的位置，M 点的这种位置称为共轭位置。

共轭位置规则阐述如下：连接 MM_1 及 MM_2，则 M_3 位于另一个 $\triangle MM_1 M_2$ 的重心位置，即存在 $M_3 = M + M_1 + M_2$ 或 $M = M_3 - (M_1 + M_2)$。说明新混合物 M 是从 M_3 中取出一定量的 M_1、M_2 得到的，如果从 M_3 中取出 $M_1 + M_2$ 越多，则 M

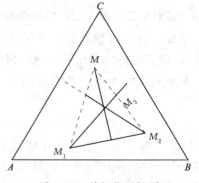

图 3.51 共轭位置规则

点离 M_1 和 M_2 越远。当 M 点为液相点时，便是液相回吸两种晶相而析出另外一种晶相的二次回吸过程。

在三元系统中，重心、交叉和共轭位置规则，对判断三元系统的无变量点的性质是非常重要的。

3.4.2 典型的三元凝聚系统相图

1. 具有一个低共熔点的三元系统相图

具有一个低共熔点的三元系统是三组分在液相中完全互溶，在固相中完全不互溶，三组分各自从液相分别析晶，不形成固溶体，不生成化合物的系统，因而是最简单的三元系统。

（1）立体相图。图 3.52（a）是一个具有一个低共熔点的三元系统的立体相图。它是以成分三角形为底，以温度为高的三棱柱。当 A、B、C 三个组分在液态完全互溶，固态完全不互溶时，即形成这种相图。

立体相图

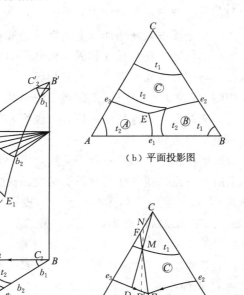

（a）立体相图　　　　　（b）平面投影图　　　　　（c）结晶过程

图 3.52　具有一个低共熔点的三元系统相图

图中，三条棱 AA'、BB'、CC' 分别表示三个纯组分在不同温度下的状态，A'、B' 和 C' 是三个纯组分的熔点。三个侧面是三个最简单的二元系统 $A—B$、$B—C$ 和 $A—C$ 系统的状态图，E_1、E_2 和 E_3 为相应的二元系统的低共熔点。

二元系统的液相线，在三元系统状态图中发展为液相面，如 $A'E_1E'E_3$ 液相面，即是从 A 组分在 $A—B$ 二元系统中的液相线 $A'E_1$ 和在 $A—C$ 二元系统中的液相线 $A'E_3$ 发展而成。因此，$A'E_1E'E_3$ 液相面是一个饱和曲面，凡是在该液相面上方的高温熔体冷却到该液相面的温度时便开始对 A 晶相饱和，析出 A 的晶体。三棱柱体内部的这三个花瓣状的曲面也可看作是不同组成的三元系统全部熔融为液相的温度相

113

连而成，故称为液相面。不同组成的三元熔体冷却到三个液相面时，首先析出的晶体分别是 A、B 和 C，因此，三个液相面也分别称为 A、B 和 C 的初晶面。所以液相面代表了一种二相平衡状态。在 $A'E_1E'E_3$ 液相面上是液相与 A 晶相两相平衡，在 $B'E_2E'E_1$ 液相面上是液相与 B 晶相两相平衡，而在 $C'E_2E'E_3$ 液相面上则是液相与 C 晶相平衡。根据相律，在液相面上相数 $P=2$，自由度数 $F=2$。

三条曲线 E_1E'、E_2E'、E_3E' 是两相邻的液相面的交界线，称为界线。它们是在各二元系统中由于加入了第三组分使二组分低共熔点下降而形成的，因此，三条界线均以相应的二组分低共熔点为最高点。界线上的液相同时对两种晶相饱和，因此，界线上均表示液相与两个固相平衡共存，相数 $P=3$，自由度 $F=4-3=1$。

三个液相面或三条界线相交于 E' 点，E' 点上的液相同时对 A、B、C 三种晶相饱和，冷却时将同时析出这三种晶相。因此，E' 点是系统的三元低共熔点。在 E' 点处于四相平衡状态，自由度 $F=0$，因而是一个无变量点。通过 E' 点作的平行于底面的平面称为固相面（也就是析晶结束面）。

在整个立体状态图中，液相面以上的空间是液相存在的单相区；固相面以下是三种固相平衡共存的相区；在液相面和固相面之间的空间内是液相和一种晶相平衡共存的二相区或液相与两种晶相平衡共存的三相区。

在立体相图中，若已知某三元系统或系统中某一相的组成和温度，即可在三棱柱体内找到与之对应的点，根据该点的位置，也可知道该系统或相的状态，因此，三棱柱体内的每一点均称为状态点。

（2）平面投影图。立体相图不便于应用，实际使用的都是立体相图的投影图，即把立体相图上所有的点、线和面垂直投影到底面成分三角形上，使立体相图简化为平面相图，图 3.52（b）便是立体图在平面上的投影。在投影图中，三角形的三个顶点 A、B、C 是三个单元系统的投影；三条边是三个二元系统的投影，e_1、e_2 和 e_3 分别是三个二元系统的低共熔点 E_1、E_2、E_3 的投影；三个初晶区 Ⓐ、Ⓑ、Ⓒ 是三个液相面的投影；三条界线 e_1E、e_2E 和 e_3E 是空间三条界线的投影，而低共熔点 E 则是空间状态图中 E' 点的投影。投影图上各点、线、区中平衡共存的相数和自由度数与立体图上对应的点、线、面上相同。

投影图上的温度通常用以下方法表示。

1）将一些固定的点（如纯组分或化合物的熔点、二组分和三组分的无变量点等）的温度直接标在图上或另列表注明。

2）在界线上用箭头表示温度的下降方向。三角形边上的箭头则表示二组分系统中液相线温度下降的方向。具有一个低共熔点的三元系统相图，在三角形的边上，温度总是从纯组分的熔点向二元低共熔点下降；在界线上，温度从二元低共熔点向三元低共熔点下降。

3）在初晶区内，温度用等温线表示。在立体图中通过温度轴每隔一定的温度间隔作与底面成分三角形平行的等温面，这些等温面与液相面相交所形成的交线乃立体图中的等温线，将这些等温线投影到底面成分三角形中便得到投影图初晶区内的等温线。例如在图 3.52（a）底面上的 a_1C_1 即是立体相图等温线 $a_1'C_1'$ 的投影，其温度是

t_1。显然，液相面越陡，投影图上等温线就越密。所以，投影图上等温线的疏密可以反映出液相面的倾斜程度。根据投影图上的等温线可以确定熔体在什么温度下开始析晶以及系统在某温度时与固相平衡的液相组成。由于等温线使相图的图面变得复杂，所以有些相图中并不画出等温线。

立体相图投影到成分三角形上后，由于成分三角形上的各点只表示系统和各相的组成，因此，投影图上的各点称为系统或各相的组成点，而不称为状态点。

（3）冷却析晶过程。在投影图上分析一个熔体的冷却析晶过程，也即讨论冷却过程中液相组成点和固相组成点的变化路线以及最终析晶的产物。以图 3.52（c）中的熔体 M 为例来讨论简单三元系统相图高温熔体的结晶过程。

冷却析晶过程

三组分熔体 M 在析晶过程中虽然不断有晶体析出，固、液相组成都在不断地变化，但系统的总组成不发生变化，只是温度下降，因此，在投影图上系统的组成点 M 在冷却过程中始终不动。M 点位于 C 的初晶区内，在熔体 M 冷却到 C 的液相面以前，系统保持一个液相，因此在投影图上液相组成点位于 M 点不动。当熔体 M 冷却到 t_1 温度，与 C 的液相面相交时，晶相 C 首先从液相中结晶析出，即 $L \rightarrow C$，析出的固相组成在 C 点。随着 C 组分不断从液相中结晶析出，液相中 C 组分的含量不断减少，而其他两个组分 A 和 B 含量的比例保持不变，根据背向规则，液相组成点应沿着 CM 连线向背离 C 的方向移动。在这个过程中从液相中一直析出 C 晶相，固相的组成点虽然一直在 C 点不动，但固相量在不断地增加。系统中两相平衡共存，自由度数 $F = 2$。

当液相组成点到达界线 e_3E 上的 D 点时，液相同时对 A、C 两种晶相饱和，系统中三相平衡共存。冷却时从液相中同时析出 A 晶相和 C 晶相，即 $L \rightarrow A + C$，继续冷却，液相将沿着界线由 D 点向 E 点变化，由于有 A 晶相析出，固相组成点不再停留在 C 点，而沿着 CA 边由 C 向 A 移动。根据杠杆规则，液相组成点、固相组成点和系统总组成点 M 应在同一条直线上，这样随着析晶过程的进行，杠杆以系统的总组成点 M 为支点旋转，当液相组成沿界线变化时，杠杆与 CA 边的交点即为与液相平衡的固相组成点。例如，当液相组成点到达 D' 时，与该液相平衡的固相的组成点在杠杆与 CA 边的交点 N 处。

当温度刚降至低共熔温度 T_E 时，液相组成点到达 E 点，固相组成点到达 F 点。这时，继续对系统冷却，从液相中同时析出 A、B、C 三种晶相，即 $L \rightarrow A + B + C$。因为系统中四相平衡共存，$P = 4$，$F = 0$，因此，温度维持恒定，液相的组成不变，但液相量不断减少。由于固相已是 A、B、C 三种晶相的混合物，所以固相组成点离开 F 点进入三角形内部，沿 FM 连线从 F 向 M 变化。当固相组成点与系统组成点 M 重合时，液相消失，析晶过程结束。最终的析晶产物是 A、B、C 三种晶相。析晶结束后，系统又处于三相平衡，温度可以继续下降。

上述析晶过程可用下式表示。

液相点：$M \xrightarrow[F=2]{L \rightarrow C} D \xrightarrow{L \rightarrow C + A} E \xrightarrow{L \rightarrow C + A + B} E(L \text{ 消失})$

固相点：$\qquad\qquad C \xrightarrow{C + A} F \xrightarrow{C + A + B} M$

从以上析晶过程的讨论，可以总结出在具有一个低共熔点的三元系统投影图上表示熔体冷却析晶过程的规律。

1) 原始熔体 M 在哪个初晶区内，冷却时，从液相中首先析出该初晶区所对应的那种晶相，在该组分的析出过程中，液相组成点的变化路线遵守背向规则。

2) 冷却过程中系统的总组成点始终不变，而且系统的组成点、液相组成点和固相组成点始终在一条直线上，并以系统组成点为支点旋转。液相组成点的变化途径一般从系统的组成点开始，经过相应的初晶区、界线，直到三元低共熔点为止；固相组成点的变化途径则从三角形的某一个顶点开始，经过三角形的一条边，进入三角形内部，直到与系统的总组成点重合，表示析晶过程的结束。

3) 无论熔体 M 在三角形内何种位置，析晶产物都是 A、B、C 三种晶相，而且都在低共熔点上析晶结束。因此，三元低共熔点一定是析晶的结束点。

加热过程与冷却析晶过程相反。

(4) 冷却析晶过程中各相量的计算。在三组分系统投影图上，应用杠杆规则可以计算系统在冷却过程中平衡各相的相对含量，如图 3.52 (c) 所示。

冷却析晶过程中各相量的计算

现以熔体 M 为例，当液相组成刚刚到达 D 点（A 组分尚未析出）时，系统中为组成 D 的液相与 C 晶相两相平衡共存，它们的相对含量符合杠杆规则，它们的百分含量分别为

$$C\% = \frac{DM}{CD} \times 100\% \qquad L\% = \frac{CM}{CD} \times 100\%$$

当液相刚刚到达 E 点时，固相组成点到达 F 点，A、B、C 低共熔混合物还没来得及析出，系统中有三相，即组成为 E 的液相、A 晶相和 C 晶相。它们的相对含量也符合杠杆规则，液相与固相的百分含量分别为

$$L\% = \frac{MF}{EF} \times 100\% \qquad A+C\% = \frac{ME}{EF} \times 100\%$$

在固相中 A、C 两种晶体的相对含量为

$$\frac{A}{C} = \frac{CF}{AF}$$

所以

$$A\% = \frac{CF}{AC} \times \frac{ME}{EF} \times 100\% \qquad C\% = \frac{AF}{AC} \times \frac{ME}{EF} \times 100\%$$

当液相消失，析晶结束时，系统中含 A、B、C 三种晶相。它们的相对含量可以由 M 点的位置从成分三角形中用平行线法直接求得。

2. 具有一个一致熔融二元化合物的三元系统相图

在三元系统中，某两个组分间生成的化合物称为二元化合物，因此，二元化合物的组成点必是在成分三角形的某一条边上。图 3.53 是一个一致熔融二元化合物的三元系统相图，设在 A、B 两组分间生成一个一致熔融化合物 $S(A_mB_n)$，其熔点为 S'，S 与 A 或 B 的低共熔点分别为 e_1'，e_2'，AB 边是该二元系统相图（图中虚线画出的部分）的投影，因此 S 点不仅是化合物的组成点，也代表化合物的熔点；e_1、e_2 分别

是 A—S 和 B—S 两个分二元系统的低共熔点，温度自 S 点分别向 e_1 和 e_2 下降。AC 和 BC 边表示另两个最简单的二元系统，二组分低共熔点分别为 e_4 和 e_3。

在 A—B 二元侧面上的 $e_1'S'e_2'$ 是化合物 S 的液相线，这条液相线在三元立体相图上必然会发展出一个 S 的液相面，其在底面上的投影即 ⑤ 初晶区。而表示化合物 S 析晶的液相线位于 S 点的两侧，所以在三元系统相图中，一致熔化合物的组成点在它的初晶区内，并且是它的初晶区内的温度最高点，这是一致熔化合物的特点。如图 3.53 所示，该相图中共有四个初晶区、五条界线和两个三元低共熔点 E_1 和 E_2。在平面图上 E_1 位于 ④ 、⑤ 、© 三个初晶区的交会点，与 E_1 点液相平衡的晶相是 A、S、C。E_2 位于 ® 、⑤ 、© 三个初晶区的交会点，与 E_2 点液相平衡的是 B、S、C 晶相。

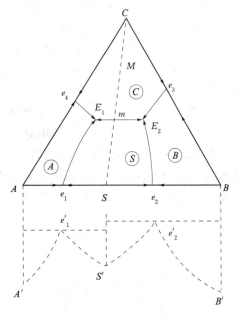

图 3.53 具有一个一致熔融二元化
合物的三元系统相图

由于 S 是一个稳定化合物，它可以与组分 C 形成新的二元系统，从而将 A—B—C 三元系统划分为两个分三元系统 A—S—C 和 B—S—C。这两个分三元系统的相图形式与简单的具有一个低共熔点的三元系统相图完全相同，显然，如果原始配料点落在△ASC 内，液相必在 E_1 点结束析晶，析晶产物为 A、S、C 晶体；如落在△SBC 内，则液相在 E_2 点结束析晶，析晶产物为 S、B、C 晶体。其冷却析晶过程的分析同具有一个低共熔点的三元系统相图完全相同。

如同 e_4 是 A—C 二元低共熔点一样，连线 CS 上的 m 点必定是 C—S 二元系统中的低共熔点。而在分三元 A—S—C 的界线 mE_1 上，m 点必定是温度的最高点。同理，在 mE_2 界线上，m 点也是温度最高点。因此，m 点是整条 E_1E_2 界线上的温度最高点。

由图 3.53 可以看出连线 CS 把三组分系统相图划分为两个三角形：△ASC 和△BSC。每个分三角形是一个具有低共熔点的三元系统相图，这使复杂的相图简单化了。实际上，对于生成化合物的复杂三组分相图，可以把某些组分及化合物的周围组成连接起来，将原三角形划分成若干个分三角形使之简化，这种方法称为相图的三角形化。划分出的分三角形也称副三角形。

三角形化的具体方法是：凡是相邻的初晶区的固相组成点都应连成直线，不相邻的初晶区的固相组成点不连。这样，三元系统相图上每一条界线都对应一条连线，这些连线在相图上划分出的副三角形的个数与三组分无变量点的个数相等，即每个三组分无变量点都对应一个副三角形，而且副三角形之间不能重叠。无变量点可以在副三角形内，也可以在副三角形外。

例如，在图 3.54 相图中，D 和 G 是两个二元化合物，且都是一致熔化合物。将相邻的初晶区的固相组成点连成直线，图中可以画出两条连线，即 DG 和 AG，而不存在连线 BD，因为 $⑧$、$⑩$ 两个初晶区不相邻，它们没有共同的界线。两条连线把 A—B—C 三元相图划分出三个副三角形，即 $\triangle ABG$、$\triangle ADG$ 和 $\triangle DGC$，它们对应的无变量点分别是 E_1、E_2 和 E_3。

3. 具有一个一致熔融三元化合物的三元系统相图

如图 3.55 所示，在三元系统中有一个一致熔融的三元化合物 S，其组成点在它自己的初晶区内，并且是该区的温度最高点。一致熔融化合物为稳定化合物，可以分别与组成 A、B、C 形成独立的二元系统，用连线 AS、BS 和 CS 来表示，m_1、m_2 和 m_3 分别是其二元低共熔点。此相图中共有 4 个初晶区、6 条界线和 3 个三元低共熔点。

具有一个一致熔融三元化合物的三元系统相图

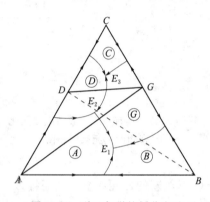

图 3.54　副三角形的划分方法

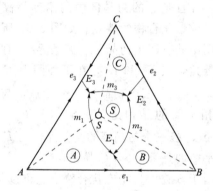

图 3.55　具有一个一致熔融三元化合物的三元系统相图

根据划分副三角形的方法可以把系统划分为三个副三角形，即 $\triangle ASC$、$\triangle BSC$ 和 $\triangle ABS$。可以看出每一个副三角形都相当于一个最简单的三元系统。

4. 具有一个不一致熔融二元化合物的三元系统相图

（1）相图分析。图 3.56 是具有一个不一致熔融二元化合物的三元系统相图。A、B 两组分间生成一个不一致熔化合物 S。AB 边是该二元系统相图（图中虚线所示）的投影。在 A—B 二元相图中，$e_1'p'$ 是与 S 平衡的液相线，而化合物 S 的组成点不在 $e_1'p'$ 的组成范围内。液相线 $e_1'p'$ 在三元立体相图中发展为液相面，其在平面图中的投影即 $⑤$ 初晶区。显然，在三元相图中不一致熔融二元化合物 S 的组成点仍然不在其初晶区范围内。这是所有不一致熔融化合物在相图上的重要特点。

从 A—B 二元系统相图可以看出，A 与 S 形成的低共熔点 e_1' 是该二元系统相图中所有液相线

具有一个不一致熔融二元化合物的三元系统相图

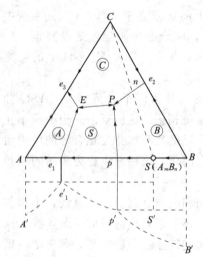

图 3.56　具有一个不一致熔融二元化合物的三元系统相图

上的温度最低点，因此，投影到 AB 边上，温度下降方向均指向低共熔点 e_1。BC 边和 AC 边分别表示具有一个低共熔点的二元系统，其低共熔点分别为 e_2 和 e_3。图中有四个初晶区、五条界线和两个三元无变量点。

由于 S 是一个在高温下会分解的不稳定化合物，在 $A—B$ 二元系统中，它不能和组分 A 和组分 B 形成分二元系统，在 $A—B—C$ 三元系统中，它自然也不能和组分 C 构成二元系统。因此，连线 CS 与图 3.53 中的连线 CS 不同，它不代表一个真正的二元系统，它不能把 $A—B—C$ 三元系统划分成两个分三元系统。

划分初晶区 Ⓐ 和 Ⓢ 的界线 e_1E 系从二元低共熔点 e_1 发展而来，冷却时在此界线上的液相将同时析出 A 和 S 晶相，是一条共熔线。划分初晶区 Ⓢ 和 Ⓑ 的界线 pP 系从二元转熔点 p 发展而来，冷却时此界线上的液相将回吸 B 晶体而析出 S 晶体，是一条转熔线。因此，如同二元系统中有低共熔点和转熔点两种不同的无变量点一样，三元系统中的界线也有共熔和转熔两种不同性质的界线。

无变量点 E 位于三个初晶区 Ⓐ、Ⓢ、Ⓒ 的交会点，与 E 点液相平衡的晶相是 A、S、C。E 点位于这三个晶相组成点所连成的三角形 $\triangle ASC$ 的重心位，存在 $L_E \rightleftharpoons A+S+C$，即从 E 点液相中将同时析出 A、S、C 三种晶相，E 点是一个低共熔点。无变量点 P 位于初晶区 Ⓑ、Ⓒ、Ⓢ 的交会点，与 P 点液相平衡的晶相是 B，C，S。P 点处于 $\triangle BCS$ 的交叉位，根据交叉位置规则，在 P 点发生的相变化应为 $L_P+B \rightleftharpoons C+S$，即液相回吸 B 晶体，析出 C 和 S 晶体。因此，P 点与 E 点不同，是一个转熔点。所以，三元系统中的无变量点也有共熔与转熔之分。

（2）冷却析晶过程。图 3.57 是图 3.56 中富 B 部分的放大图。图上有四个典型的组成点，下面将以 1、2、3、4 四个典型组成点进行析晶过程的分析。

1）组成 1 位于 $\triangle BSC$ 中。熔体 1 的组成点位于 B 的初晶区内，所以熔体冷却到析晶温度时，首先析出 B 晶相，此时液相组成沿着 $B1$ 射线向背离 B 的方向移动，在这个过程中从液相中不断地析出 B 晶相，固相组成在 B 点。当液相组成到达低共熔界线 e_2P 上的 a 点时，液相同时对晶相 B 和 C 饱和，从液相中同时析出 B 和 C 两种晶相，此时 $P=3$，$F=1$。系统的温

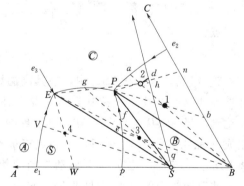

图 3.57　图 3.56 中富 B 部分的放大图

度继续下降，液相组成将沿着 e_2P 线逐渐向 P 点变化，相应的固相组成则离开 B 点沿着 BC 边向 C 点移动。当系统温度刚刚冷却到 T_P 温度时，液相组成到达 P 点，转熔过程尚未开始，固相组成到达 $P1$ 延长线与 BC 的交点 b 点。随后，系统将进行如下转熔过程，$L_P+B \rightleftharpoons C+S$，即液相回吸析出的 B 晶相，析出 S 和 C 晶相，这时 $P=4$，$F=0$，系统的温度不变，液相组成在 P 点不动，但液相量在不断减少。由于固相中增加了 S 晶相，所以固相组成点不再停留在 BC 边上，而沿着 $b1$ 线向 1 点变化。当固相组成到达 1 点，与原始熔体的组成点重合时，液相消失，转熔过程结

束，结晶结束。最后的析晶产物为 B、S、C 三种晶相。

熔体 1 的冷却析晶过程可用下式表示

液相点：
$$1 \xrightarrow[F=2]{L \to B} a \xrightarrow[F=1]{L \to B+C} P \xrightarrow[F=0]{L+B \to C+S} P \text{（} L \text{ 消失）}$$

固相点：
$$B \xrightarrow{B+C} b \xrightarrow{B+C+S} 1$$

2）组成 2 在 $\triangle ASC$ 中。熔体 2 也组成点位于 B 的初晶区内，但位于 $\triangle ASC$ 中，其析晶过程，在液相组成点到达 P 点前与熔体 1 完全相同。当液相到达 P 点时，固相到达 BC 边的 n 点，然后在 P 点发生转熔过程：$L_P + B \rightleftharpoons S + C$，温度恒定，液相组成在 P 点不变，但液相量不断减少，固相组成沿 nP 线向三角形内移动。当固相点到达 $\triangle BSC$ 的 SC 边上的 d 点时，B 晶相全部被液相回吸完，转熔过程结束，但结晶过程没有结束，组成为 P 的液相尚有剩余（液相量：固相量＝$d2$：$P2$），因此析晶过程尚未结束，系统为三相平衡共存，$P=3$，$F=1$，温度继续下降，液相点将离开 P 点沿 PE 界线向 E 点变化，PE 是条共熔的界线，S 和 C 同时结晶析出，相应的固相点在 SC 连线上移动。当液相点到达 E 点时，固相点从 d 点到达 h 点。在 E 点发生低共熔过程：$L_E \rightleftharpoons S + A + C$，系统又进入四相平衡状态，$P=4$，$F=0$，温度保持不变，液相组成不变，但固相组成中因增加 A 晶相，固相点要离开 SC 连线沿 $h2$ 线向三角形内变化。当固相点到达 2 点时，与原始熔体的状态点重合，液相在 E 点消失。此系统的析晶产物为 A、S 和 C 三种晶相。

上述析晶过程可用下式表示

液相点：
$$2 \xrightarrow[F=2]{L \to B} a \xrightarrow[F=1]{L \to B+C} P \xrightarrow[F=0]{L+B \to C+S} P \xrightarrow[F=1]{L \to C+S} E \xrightarrow[F=0]{L \to C+S+A} E \text{（} L \text{ 消失）}$$

固相点：
$$B \xrightarrow{B+C} n \xrightarrow{B+C+S} d \xrightarrow{C+S} h \xrightarrow{C+S+A} 2$$

3）组成 3 也在 $\triangle ASC$ 中，但其高温熔体的结晶过程却与熔体 2 不同。熔体 3 同样处在初晶区 ⑧ 中，当冷却到析晶温度时，首先析出 B 晶相，液相点沿 $B3$ 的延长线变化到达界线 pP 上的 e 点时，由于界线 pP 是转熔线，液相回吸已析出的 B 晶相，生成 S 晶相，$P=3$，$F=1$，液相点在 pP 界线上由 e 点向 P 点变化，相应的固相点离开 B 点沿着 BS 边向 S 点移动。当液相点到达 f 点时，固相点沿 BS 边移动到 S 点，此时固相中的 B 已被回吸完，只剩下 S 晶相。此时系统中只有液相与 S 晶相，$P=2$，$F=2$。按照相平衡的观点，此时液相将不能继续沿着与 B 和 S 两晶相平衡的 pP 界线变化，而只能沿与 S 晶相平衡的液相面向温度下降的方向变化，在平面图上将发生离开界线而穿相区的现象，即液相组成从 f 点开始沿着 $S3$ 射线穿过 S 的初晶区向 g 点移动，在整个穿相区过程中，液相不断析出 S 晶相，固相组成点在 S 点不动，但 S 晶相的量在增加。到 g 点后，从液相中开始同时析出 S 和 C 晶相，$F=1$，随着系统温度的降低，液相组成沿着界线由 g 点沿 PE 界线向 E 点变化，固相点则离开 S 点沿 SC 连线向 C 方向变化。当液相点刚到 E 点时，固相点到达 q 点。在 E 点进行低共熔过程，A、S、C 三种晶体同时析出，固相点则离开 q 点沿 $q3$ 线向 3 点移动。当固相点到达 3 点与系统的组成点重合时，最后一滴液相在 E 点消失，析晶结束，最后的析晶产物是 A、S、C 三种晶体。

熔体 3 的冷却析晶过程可表示如下。

液相点：$3 \xrightarrow[F=2]{L \to B} e \xrightarrow[F=1]{L+B \to S} f \xrightarrow[F=2]{L \to S} g \xrightarrow[F=1]{L \to S+C} E \xrightarrow[F=0]{L \to S+C+A} E$（$L$ 消失）

固相点：$\qquad\qquad\qquad B \xrightarrow{B+S} S \xrightarrow{S+C} q \xrightarrow{S+C+A} 3$

从 3 个熔体的冷却析晶过程可以看出以下几个规律。

a. 在转熔线上的析晶过程，有时会出现液相组成点离开界线进入初晶区的现象，称之为"穿相区"。"穿相区"现象一定发生在界线转熔的过程中，当被回吸的晶相被回吸完时，系统中只剩下液相和一种晶相两相平衡共存，系统的自由度数由 $F=1$ 变为 $F=2$ 时，才可能发生。

b. P 上的相平衡关系是 $L+B \rightleftharpoons S+C$。冷却时，在 P 点上的析晶过程可能有三种不同的结果。一是液相先消失，B 晶相有剩余，析晶过程在 P 点结束，析晶产物是 S、B、C 三种晶相，凡是组成在 $\triangle BSC$ 内的熔体都属这种情况。二是晶相 B 先消失，液相有剩余，转熔结束，结晶未结束，液相组成要继续沿着界线降低温度，析出晶体，凡是组成在 $\triangle ASC$ 内的熔体都属这种情况。三是液相与 B 晶相同时消失，析晶结束，析晶产物为 S、C 两种晶相。凡组成在 SC 连线上的熔体都属于这种情况。

综上所述，可以看出低共熔点 E 一定是析晶结束点，转熔点 P 不一定是析晶结束点。

分析三元系统结晶路程，必须牢固树立相图的平衡观点。液固相的变化是互相影响互相制约的。固相组成的变化固然是由液相的析晶过程所决定的，而液相的变化也要受到系统中固相的制约，液相总是沿着与固相平衡的相图上的几何要素变化。当在转熔过程中某一晶相被耗尽时，液相点离开界线穿入另一初晶区，或离开转熔点进入另一界线，这都是由当时系统中实际存在的晶相，也就是由当时的具体平衡关系所决定的。而在这一点上，相图表现出极大的优越性，因为它把各种具体的相平衡关系表达得十分形象生动：处于初晶区内的液相与该初晶区的晶相成二相平衡；处于界线上的液相与该界线两侧的初晶区的晶相成三相平衡；处于无变量点的液相则与相会于该无变量点的三个初晶区的晶相成四相平衡。具备了平衡观点，加上熟练地掌握相律及各项规则，任何复杂三元相图的结晶路程都是不难分析的。

4）组成 4 处于 $\triangle ASC$ 中，讨论其平衡加热过程。平衡加热过程是上述冷却析晶过程的逆过程。例如，组成点 4 加热到 T_E 温度开始出现液相，此时系统中四相平衡共存，$A+S+C \rightleftharpoons L_E$。就是说 A、S、C 晶体都在不断共同熔融生成组成为 E 的熔体。由于四相平衡、液相点不动，根据杠杆规则，固相点应在 $E4$ 线的延长线上变化。当固相点到达 AS 连线上的 W 点时，固相中的 C 晶相已完全熔融成为液相，这时系统中三相平衡共存（液相、A 晶相和 S 晶相）。温度继续升高时，液相点沿着 Ee_1 界线变化，A 和 S 不断熔融，相应的固相组成点在 AS 边上变化。当液相点移动到 V 点时，固相点到达 S 点，这意味着系统中的 A 晶相也已熔完，系统进入液相与 S 晶相两相平衡的状态。随着温度继续升高，固相点仍旧在 S 点，液相点则应沿着

三元相图的几条重要规则总结

V4 线向 4 点靠近，液相量不断增加，S 晶相的量不断减少。当液相点到达 4 点时，S 晶相完全熔融成为液相。至此，所有的晶相都已熔化，系统成为液相，为一单相体系。

5. 三元相图的几条重要规则

在三元相图内存在许多界线和无变量点，判明这些界线和无变量点的性质，才能进一步讨论分析系统中任一组成点在加热或冷却过程中所发生的相变过程。掌握几条重要的判读三元系统相图的规则对于认识三元相图和分析三元系统的结晶过程具有非常重要的意义。

(1) 连线规则。连线规则是用来判断界线的温度走向的。可表述如下：将一条界线（或其延长线）与相应的连线（或其延长线）相交，其交点是该界线上的温度最高点，界线上的温度随离开此点的方向而下降。

所谓"相应的连线"是指与对应界线上的液相平衡的二晶相组成点的连接直线。如图 3.53 中的界线 E_1E_2 与初晶区 ©、Ⓢ 毗邻，与 E_1E_2 液相平衡的晶相是 C 晶体和 S 晶体，其组成点连线是 CS，连线 CS 同 ©、Ⓢ 两个初晶区之间的界线 E_1E_2 相交于 m 点，连线规则指出 m 点是界线上的温度最高点，即 m 点是 E_1E_2 界线上的温度最高点。m 点又称为鞍形点。其温度应该分别向 E_1 或 E_2 下降。

在其他界线上也可以看到类似的规律。例如，图 3.56 中界线 e_2P 是 Ⓑ、© 两个初晶区的界线，它与 BC 连线的交点 e_2 是界线 e_2P 上的温度最高点，界线上的温度由 e_2 点向 P 点下降。

连线与对应相区界线的位置关系可能有以下三种情况，如图 3.58 所示。图中 A 和 C 表示两个组分的固相组成点；Ⓐ、© 表示两个组分的初晶区；曲线 E_1E_2 或 EP 表示两个初晶区的界线。图 3.58 (a) 中界线与相对应的连线直接相交；图 3.58 (b) 中界线与相对应的连线的延长线相交；图 3.58 (c) 中界线的延长线与相对应的连线相交。但不论哪种情况，交点都是界线上的温度最高点。一致熔化合物在相图中会出现图 3.58 (a) 的情况，而不一致熔化合物则会出现图 3.58 (b) 和图 3.58 (c) 的情况。

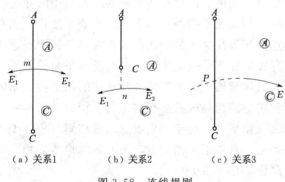

(a) 关系1　　(b) 关系2　　(c) 关系3

图 3.58　连线规则

(2) 三角形规则。三角形规则用于确定结晶产物和结晶终点。表述如下：原始熔体组成点所在副三角形的三个顶点表示的物质即为其结晶产物；与这三个物质相应的初晶区所包围的三元无变量点是其结晶结束点。

例如，在图 3.57 中，熔体 1 的组成点位于 △BSC 中，根据三角形规则，其结晶产物必是 B、S、C 三种晶体，而结晶结束点应为 Ⓑ、Ⓢ、© 初晶区所包围的三元无变量点，即无变量点 P 点。熔体 2 的组成点位于 △ASC 中，其结晶产物应是 A、S、C 三种晶体，它的高温熔体将在 Ⓐ、Ⓢ、© 初晶区所包围的三元无变量点，即无变

量点 E 点结束析晶。运用这一规律，可以判断对析晶过程的分析是否正确。

（3）切线规则。切线规则用于判断三元相图上界线的性质。三元系统相图中的界线均表示液相与两个固相平衡共存，但由于析晶性质不同而分为两种。一种是液相同时析出两个固相，这种析晶性质的界线称为共析晶线（或共熔线）；另一种是液相回吸一种固相，析出另一种固相，这种析晶性质的界线称为回吸线（或转熔线）。判断界线上液相的析晶性质是共析晶还是回吸要应用切线规则。

表述如下：将界线上某一点所作的切线与相应的连线相交，如交点在连线上，则表示界线上该处具有共熔性质，在该点发生共析晶（或共熔）过程；如交点在连线的延长线上，则表示界线上该处具有转熔性质，则发生回吸（转熔）过程，其中远离交点的晶相被回吸。

根据切线规则，作图 3.56 中 e_1E 界线上任意一点的切线，都在 AS 连线之间相交，所以 e_1E 界线为共析晶线，在线上进行的是共析晶过程：$L \rightleftharpoons A+S$。若作 pP 界线上任意一点的切线，都与 BS 连线的延长线之间相交，因此，界线 pP 是一条回吸线，在线上进行的是回吸过程：$L+B \rightleftharpoons S$。

有时还会碰到图 3.59 中 uE 线所示的情况，即相区界线的性质是发生变化的，过界线 uE 上的 g、k 和 h 点分别作切线，与相应的连线 AD（或其延长线）相交于 g'、D 和 h'，可以看到界线 uE 上任一点切线与连线 AD 相交有两种情况：在 Ek 段，交点在 AD 连线上，而在 uk 段，交点在 AD 的延长线上。因此，Ek 段界线

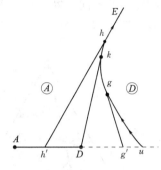

图 3.59　切线规则

具有共熔性质，冷却时从液相中同时析出 A，D 晶体；而 uk 段具有转熔性质，冷却时远离交点的 A 晶体被回吸，析出 D 晶体。uE 界线性质发生转变的点为 k 点。

为了在相图上区别这两类界线，通常用单箭头表示共熔界线的温度下降方向，而用双箭头表示转熔界线的温度下降方向。

（4）三元无变量点性质判断规则。正确地判断三元无变量点的性质是分析三元相图的基础，可用下面两种方法来进行判断。

一种方法是根据无变量点与对应的副三角形的位置关系来判断。若无变量点处于相对应的副三角形内的重心位置，该无变量点为低共熔点；若无变量点处于相应的副三角形之外，则是转熔点，而且在交叉位置的是单转熔点，在共轭位置的是双转熔点。

所谓相对应的副三角形是指与该无变量点处液相平衡的 3 个晶相的组成点连成的三角形。如图 3.56 中的两个无变量点 E 点和 P 点：与 E 点的液相平衡的三种晶相是 A、S 和 C 晶相，因此，E 点对应的副三角形是 $\triangle ASC$，且 E 点处于 $\triangle ASC$ 重心位置，所以 E 点是低共熔点，在 E 点进行的过程是：$L \rightleftharpoons A+S+C$。与 P 点的液相平衡的三种晶相是 B、S 和 C 晶相，其对应的副三角形是 $\triangle BSC$，P 点处于 $\triangle BSC$ 的交叉位置，所以 P 点是单转熔点（回吸一种晶相的转熔过程称单转熔，或称一次转熔过程），在 P 点进行的过程是：$L_P+B \rightleftharpoons S+C$。又如在图 3.61 中的 R 点上，与液相平衡的是 A、B、S 三种晶相，与之对应的副三角形是 $\triangle ABS$，R 点在三角形

的共轭位置，所以 R 点是双转熔点（回吸两种晶相的转熔过程称为双转熔，或称二次转熔过程），相平衡关系为：$L_R + A + B \rightleftharpoons S$。

另一个方法是根据无变量点周围三条界线的温度下降方向进行判断。每一个三元无变量点都是三条界线的交会点。若无变量点周围三条界线上的温降箭头都指向它，该无变量点是低共熔点；若两个箭头指向它，一个离开它，这个无变量点是单转熔点；若一个箭头指向它，另外两个离开它，这个无变量点是双转熔点。单转熔点又称双升点，因为从该点出发有两条升温界线。双转熔点又称双降点，因为从该点出发有两条降温的界线。

具有一个不一致熔融三元化合物的三元系统相图

6. 具有一个不一致熔融三元化合物的三元系统相图

图 3.60 和图 3.61 都是 A、B、C 三个组分形成一个三元化合物 S，在相图中，化合物的组成点 S 在它的初晶区之外，因此是 S 是一个不一致熔融化合物。据 S 点在相图中的不同位置，两个系统中的三元无变量点的性质有所不同，会出现单转熔点和双转熔点两种情形。

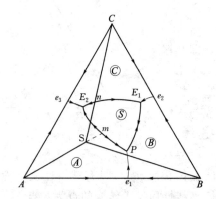

图 3.60 具有单转熔点性质的一个不一致
熔融三元化合物的三元系统相图

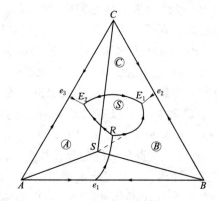

图 3.61 具有双转熔点性质的一个不一致
熔融三元化合物的三元系统相图

（1）具有单转熔点类型的相图。如图 3.60 所示，由 S 点引出三条连线将整个相图划分成 3 个副三角形。根据连线规则可以判断界线上温度下降方向如图箭头所示，其中界线 PE_2 上，m 是温度最高点；界线 E_1E_2 上，n 是温度最高点。应用切线规则可判断各界线的性质，界线 PE_2 是回吸线，其相平衡关系为：$L + A \rightleftharpoons S$。除界线 PE_2 外，其他界线均为共析晶线。该系统有 3 个无变量点 E_1、E_2、P，它们分别与 3 个副三角形 $\triangle BSC$、$\triangle ASC$、$\triangle ABS$ 相对应，E_1、E_2 在对应的副三角形的重心位置，故 E_1、E_2 是低共熔点（共析晶点）；P 点在对应的副三角形 $\triangle ABS$ 一条边的外侧呈交叉位置，故 P 点为单转熔点（一次回吸点），其相平衡关系为：$L + A \rightleftharpoons S + B$。可以看出，交于 P 点的 3 条界线上，温度下降方向有两条指向 P 点，故 P 点是双升点。

（2）具有双转熔点的相图。如图 3.61 所示，用同样的方法把相图副三角形化。判断界线上温度下降方向、界线性质和无变量点的性质。由相图可以看出 E_1E_2 是共熔性质的界线，E_2R 是转熔线，而 E_1R 是条性质发生变化的界线，靠近 R 的一端是转熔性质，靠近 E_1 的一端是共熔性质。E_1、E_2 在对应的副三角形的重心位置，故

E_1、E_2 是低共熔点（共析晶点）；R 点在对应的副三角形 $\triangle ABS$ 的共轭位置，为双转熔点（二次回吸点），其相平衡关系为：$L_R + A + B \rightleftharpoons S$。从 R 点周围的三条界线温度下降方向看，有两条界线上的箭头离开它，所以 R 又称双降点。

7. 具有一个固相分解的二元化合物的三元系统相图

如图 3.62 所示，化合物 S 的组成点在 AB 边上，从虚线所示的 A—B 二元相图

具有一个固相分解的二元化合物的三元系统向图

可以看出，这个化合物在 T_a 温度以下才能稳定存在，温度高于 T_a 则分解为 A、B 两种晶相。由于其分解温度低于 A、B 二元的低共熔温度，因而不可能从 A、B 二元的液相线直接析出 S 晶体，即 S 晶体的初晶区不会与 AB 边相连。此系统的特点是：系统有三个三元无变量点 P、E 和 R，但只能划分出与 P 和 E 对应的两个副三角形。P 点在对应的 $\triangle ASC$ 外的交叉位置，是单转熔点。E 点在对应的 $\triangle BSC$ 内的重心位置，是低共熔点。R 点周围的三个初晶区是 Ⓐ、Ⓑ、Ⓢ，对应的三种晶相的组成点 A、B、S 在一条直线上，不能形成一个副三角形。但在 R 点上却为四相平衡共存，$P = 4$，$F = 0$。在 R 点上进行的过程是化合物的形成或分解过程，即：$mA + nB \rightleftharpoons S(A_m B_n)$。这种无变量点称为过渡点。从 R 点周围三条界线上的温降方向看，类似于双降点，所以 R 点称为"双降点式的过渡点"。根据三角形规则，此系统的析晶结束点只可能是 P 或 E 点，而不可能是 R 点。

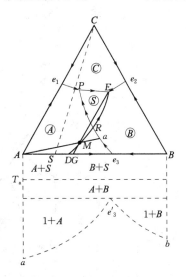

图 3.62 具有一个固相分解的二元化合物的三元系统相图

在过渡点上，由于 $F = 0$，系统的温度不变，液相组成在 R 点上不变，实际上液相量也不变，这个情况和前面介绍的各种无变量点有所不同。在 R 点进行化合物的形成或分解过程时，液相只起介质作用。过渡点一定不是析晶结束点。

8. 具有多晶转变的三元系统相图

如图 3.63 所示，该系统中固相 B 有 α、β、γ 三种晶型，固相 C 有 α、β 两种晶型。该相图的特点是，B、C 两个组分的初晶区利用多晶转变等温线把各个晶型的稳定区分隔开来，每种稳定晶型都有自己的初晶区。在多晶转变等温线的两侧一定有同组分的不同晶型存在，而且在多晶转变等温线上不标箭头。相图中多晶转变等温线与界线的交点也是三元无变量点，但性质上与共熔点和转熔点不同，三元多晶转变点一定不是析晶结束点，它在相图中也没有对应的副三角形，这是三元多晶转变点与三元低共熔点和转熔点的主要区别。

例如，多晶转变等温线 $t_3 t_3'$ 与界线 $e_2 E$ 的交点 t_3 称为三元多晶转变点，其相平衡关系为：$\alpha\text{-}C \rightleftharpoons \beta\text{-}C$，即在液相和固相 $\beta\text{-}B$ 存在的条件下，$\alpha\text{-}C$ 与 $\beta\text{-}C$ 之间进行多晶转变，液相与 $\beta\text{-}B$ 并不参与，系统中四相平衡共存，$F = 0$。熔体冷却时，当液相组成点到达 t_3 时，系统温度不变，液相组成点在 t_3 不动，在 $\alpha\text{-}C$ 全部转变为 $\beta\text{-}C$ 之前，系统中液相量不变，所以三元多晶转变点一定不是析晶结束点。

9. 具有液相分层的三元系统相图

如图 3.64 所示，在 A—B—C 三元系统中，A—B 二元系统具有液相分层（见虚线所示），二液区的边界线为 $I'G'J'$，G' 是临界点。由于 C 组分的加入，二元相图中的二液区边界曲线在空间中扩展成曲面，它在成分三角形上的投影为三元相图上的二液区 IJK。其中 K 点是曲面上温度最低的临界点，它是液相分层的温度最低点，温度低于 K 点，液相分层将不存在。

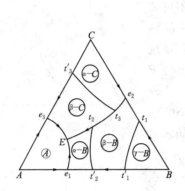

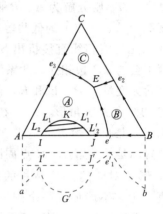

图 3.63　具有多晶转变的三元系统相图　　图 3.64　具有液相分层的三元系统相图

图中 L_1L_1'，L_2L_2' 等称为结线，每条结线的两端表示在一定温度下互相平衡的两个液相的组成。

凡在冷却结晶过程中液相组成经过二液区的熔体都将发生液相分层现象，分为 L 和 L' 两种组成的液相，同时析出晶相 A。随着 A 晶相的不断析出，液相中 A 的量不断减少，也就是富 A 的 L 液相要转变为富 B 的 L' 液相。当液相完全转变为 L' 液相时，液相分层现象结束。

10. 形成一个二元连续固溶体的三元相图

图 3.65 是一个形成一个二元连续固溶体的三元系统相图，组分 A—B 形成连续固溶体，而 A—C，B—C 则为两个简单二元系统。在此相图上有一个 C 的初晶区，一个 S_{AB} 固溶体的初晶区。结线 $l_1'S_1$、$l_2'S_2$、$l_n'S_n$ 等均表示与界线上不同组成液相相平衡的 S_{AB} 固溶体的不同组成。在冷却的过程中，液相沿界线同时析出 C 晶体和不同组成的 S_{AB} 固溶体。

此相图的特点为：只有两个初晶区和一条界线，不存在四相平衡，也没有三元无变量点。

形成一个二元连续固溶体的三元系统相图

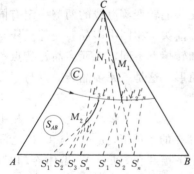

图 3.65　形成一个二元连续固溶体的三元系统相图

3.4.3　分析复杂相图的步骤

前面介绍了三元系统相图的基本类型以及分析相图所需的重要规则和方法，这些都是分析复杂相图的基础。三元系统的专业相图一般都很复杂，经常包含多种化合物，使相图上化合物的初晶区、界线和无变量点大大增多。但只要掌握分析相图的基本规则和方法，便能达到读懂和应用专业相图的目的。分析复杂三元相图的主要步骤如下：

（1）判断化合物的性质。遇到一个复杂的三元相图，首先要了解系统中有哪些化合物，其组成点和初晶区的位置，然后根据化合物的组成点是否在它的初晶区内，判断化合物的性质属一致熔还是不一致熔。

（2）划分副三角形。根据划分副三角形的原则和方法把复杂的三元相图划分为若干个分三元系统，使复杂相图简化。

（3）判断界线的温度走向。根据连线规则判断各条界线的温度下降方向，并用箭头标出。

（4）判断界线性质。应用切线规则判断界线是共熔线（共析晶线），还是转熔线（回吸线），确定相平衡关系。共析晶线用单箭头，回吸线用双箭头标出温度下降方向。

（5）确定三元无变量点的性质。根据三元无变量点与对应的副三角形的位置关系，或根据交会于三元无变量点的三条界线的温度下降方向，来判断无变量点是低共熔点、单转熔点还是双转熔点，确定三元无变量点上的相平衡关系。

（6）分析熔体的冷却析晶过程，用杠杆规则计算冷却过程中各相的含量。

有了前面介绍的判读三元相图的各种规则，按照此步骤就可以对复杂三元相图进行正确而详细的分析，使相图为实际生产提供重要参考和理论分析。

3.4.4 专业三元系统相图列举

1. $CaO—Al_2O_3—SiO_2$ 系统三元相图

$CaO—Al_2O_3—SiO_2$ 系统相图与许多无机非金属材料的生产和使用密切相关。图 3.66 为 $CaO—Al_2O_3—SiO_2$ 三元系统相图。相图中有 15 个化合物，这些化合物的熔

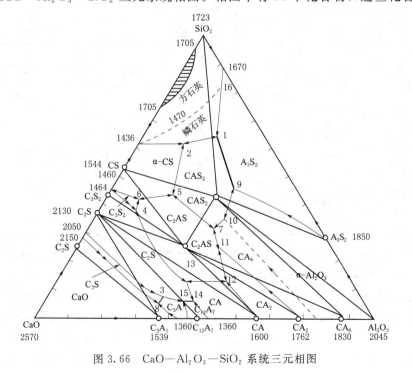

图 3.66 $CaO—Al_2O_3—SiO_2$ 系统三元相图

CaO - Al_2O_3 - SiO_2 系统 三元相图

点或分解温度都标在相图上各自的组成点附近，其中 3 个纯组分：CaO(2575℃)、Al_2O_3(2045℃)、SiO_2(1723℃)；10 个二元化合物：4 个是一致熔化合物：硅灰石(CS)、硅酸二钙(C_2S)、七铝酸十二钙($C_{12}A_7$)、莫来石(A_3S_2)，6 个不一致熔化合物：二硅酸三钙(C_3S_2)、硅酸三钙(C_3S)、铝酸三钙(C_3A)、铝酸钙(CA)、二铝酸钙(CA_2)、六铝酸钙(CA_6)。两个三元化合物都是一致熔的：钙长石(CAS_2)及铝方柱石(C_2AS)。

这 15 个化合物都有其对应的初晶区。靠近 SiO_2 处还有一个二液分层区，SiO_2 的初晶区被 1470℃ 的多晶转变等温线分为方石英和鳞石英两个不同晶型区。根据副三角形的划分方法，可以获得 15 个副三角形，与此相对应的有 15 个无变量点，见表 3.7。本系统共有 16 个无变量点，第 16 个无变量点为方石英和鳞石英的晶型转变等温线与界线的交点，此点上相平衡关系为：方石英⇌鳞石英，没有与之相对应的副三角形。在副三角形化以后，根据组成点所处的位置，运用三角形规则，可以预先判断任一配料的结晶产物和结晶终点。

表 3.7　　　　　　　　CaO—Al_2O_3—SiO_2 系统三元无变量点的性质

序号	平衡关系式	平衡性质	平衡温度/℃	组成/%		
				CaO	Al_2O_3	SiO_2
1	$L \rightleftharpoons$ 鳞石英 $+CAS_2+A_3S_2$	低共熔点	1345	9.8	19.8	70.4
2	$L \rightleftharpoons$ 鳞石英 $+CAS_2+\alpha-CS$	低共熔点	1170	13.3	14.7	62.0
3	$C_3S+L \rightleftharpoons C_3A+\alpha-C_2S$	单转熔点	1455	58.3	33.0	8.7
4	$\alpha'-C_2S+L \rightleftharpoons C_3S_2+C_2AS$	单转熔点	1315	48.2	11.9	39.9
5	$L \rightleftharpoons CAS_2+C_2AS+\alpha-CS$	低共熔点	1265	38.0	20.0	42.0
6	$L \rightleftharpoons C_2AS+C_3S_2+\alpha-CS$	低共熔点	1310	47.2	11.8	41.0
7	$L \rightleftharpoons CAS_2+C_2AS+CA_6$	低共熔点	1380	29.2	39.0	31.8
8	$CaO+L \rightleftharpoons C_3S+C_3A$	单转熔点	1470	59.7	32.8	7.5
9	$Al_2O_3+L \rightleftharpoons CAS_2+A_3S_2$	单转熔点	1512	15.6	36.5	47.9
10	$Al_2O_3+L \rightleftharpoons CA_6+CAS_2$	单转熔点	1495	23.0	41.0	36.0
11	$CA_2+L \rightleftharpoons C_2AS+CA_6$	单转熔点	1475	31.2	44.5	24.3
12	$L \rightleftharpoons C_2AS+CA+CA_2$	低共熔点	1500	37.5	53.2	9.3
13	$CA_2S+L \rightleftharpoons \alpha'-C_2S+CA$	单转熔点	1380	48.3	42	9.7
14	$L \rightleftharpoons \alpha'-C_2S+CA+C_{12}A_7$	低共熔点	1335	49.5	43.7	6.8
15	$L \rightleftharpoons \alpha'-C_2S+C_3A+C_{12}A_7$	低共熔点	1335	52.0	41.2	6.8

CaO—Al_2O_3—SiO_2 系统相图与许多硅酸盐产品有关，其富钙部分相图与硅酸盐水泥生产关系尤为密切，而其富铝部分则为高铝质耐火材料的组成范围。

图 3.67 为 CaO—Al_2O_3—SiO_2 系统的富钙部分相图。从图中可以看出，硅酸盐水泥中的主要矿物 C_2S、C_3S 和 C_3A 都在此系统内。按照划分副三角形的方法可划分出三个副三角形，即△CaO—C_3S—C_3A、△C_3S—C_3A—C_2S 和△C_3A—C_2S—$C_{12}A_7$。它们对应的无变量点为 h、k 和 F。h 和 k 点为单转熔点，F 点为低共熔点。界线性

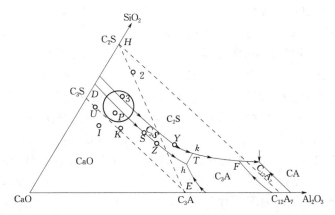

图 3.67 CaO—Al₂O₃—SiO₂ 系统的富钙部分相图

质用切线规则进行判断，CaO 和 C₃S 初晶区的界线在 Z 点，由转熔性质的界线转变为共熔性质的界线；而 C₃S 和 C₂S 初晶区的界线则在 Y 点，从共熔性质转变为转熔性质，这是两条性质较复杂的界线。其余界线除 CaO 和 C₃A 初晶区的界线为转熔性质外，都是共熔性质。

（1）硅酸盐水泥的配料范围选择。硅酸盐水泥中含有 C₃S、C₂S、C₃A 和 C₄AF 四种矿物，相应的氧化物为 CaO、SiO₂、Al₂O₃ 和 Fe₂O₃。由于 Fe₂O₃ 含量较低（2%～5%），可并入 Al₂O₃ 一起考虑，C₄AF 则计入 C₃A，这样就可用 CaO—Al₂O₃—SiO₂ 三元系统来表示硅酸盐水泥的配料组成。

硅酸盐水泥熟料在 1450℃ 左右烧成，要有 30% 左右的液相，以利于 C₃S 的生成。为使硅酸盐水泥熟料性能符合要求，熟料中各主要矿物的含量一般为：C₃S 为 40%～60%，C₂S 为 15%～30%，C₃A₆ 为 6%～13%，C₄F 为 10%～16%。根据三角形规则，熔体的配料点落在哪个三角形内，最后的析晶产物便是这个副三角形的三个顶点所代表的晶相。所以硅酸盐水泥的配料应选在△C₂S—C₃S—C₃A 内。考虑到熟料中各种矿物组成含量的要求，以及烧成时所需的液相量，可以把配料范围进一步缩小。实际硅酸盐水泥的配料范围是在△C₂S—C₃S—C₃A 中靠近 C₂S—C₃S 边的小圆圈内，如图 3.68 所示。

CaO—Al₂O₃—SiO₂ 系统也可以用来判断高铝质耐火材料的化学组成。当该材料组成点处于 SiO₂—CAS₂—A₂S₂ 内，制品的矿物组成主要是莫来石和石英；当该材料组成点处于 Al₂O₃—CAS₂—A₃S₂ 内，制品的矿物组成主要是莫来石和刚玉。

（2）烧成。工艺上不可能将配料加热到 2000℃ 左右完全熔融，然后平衡冷却析晶。实际上是采用部分熔融的烧结法生产熟料。因此，熟料矿物的形成并非完全来自液相析晶，固态组分之间的固相反应起着更为重要的作用。为了加速组分间的固相反应，液相开始出现的温度及液相量至关重要。如果是非常缓慢的平衡加热，则加热熔融过程应是缓慢冷却平衡析晶的逆过程，且在同一个温度下，应具有完全相同的平衡状态。以配料 3 为例，其结晶终点是 k 点，则平衡加热时应在 k 点出现与 C₂S、C₃A、C₂S 平衡的 L 液相，但 C₃S 很难通过纯固相反应生成，在 1200℃ 以下组分间通过固相反应生成的是反应速率较快的 $C_{12}A_7$、C_3A 和 C_2S。因此，液相开始出现的温度并不是 k 点的 1445℃，而是与这三种晶相平衡的 F 点温度 1335℃（事实上，由于工艺配料中含有 Na_2O、K_2O、MgO 等其他氧化物，液相开始出现的温度还要低，约为 1250℃）。F 点是一个低共熔点，加热时 $C_2S+C_{12}A_7+C_3A \longrightarrow L_F$，即 $C_{12}A_7$、C_2A、C_2S 低共熔形成 F 点液相。当 $C_{12}A_7$ 熔完后，液相组成将沿 Fk 界线变化，升温过程中，C_3A 与 C_2S 继续熔入液相，液相量随温度升高不断增加。系统中一旦形成液相，生成 C_3S 的固相反应 $C_2S+CaO \longrightarrow C_3S$ 的反应速率即大大加快。从某种意义上说，水泥烧成的核心问题是如何创造良好的动力学条件促成熟料中的主要矿物 C_3S 的大量生成。$C_{12}A_7$ 是在非平衡加热过程中在系统中出现的一个非平衡相，但它的出现降低了液相开始形成的温度，对促进热力学平衡相 C_3S 的大量生成是有帮助的。

（3）冷却。水泥配料达到烧成温度时所获得的液相量为 20%～30%。水泥熟料烧成后需要冷却，采取不同的冷却制度对熟料的相组成及含量都有影响。冷却制度可分为平衡冷却、急冷和介于二者之间的三种情况。

平衡冷却：由于冷却速度很慢，使每一步过程都达到平衡，其析晶产物符合三角形规则。图 3.67 中的 P 点配料的熔体平衡冷却得到的产物是 C_2S、C_3S 和 C_3A 三种晶相，其固相组成点即为 P，各晶相量可根据 P 点在 $\triangle C_2S$—C_3S—C_3A 中的位置按双线法求得，C_2S 为 14.6%，C_3S 为 63.9%，C_3A 为 21.5%。但在实际水泥生产过程中，为了防止 C_3S 分解及 β-C_2S 发生晶型转变，工艺上通常采取快速冷却措施，而不是缓慢冷却，即冷却过程是不平衡的。

2. MgO—Al_2O_3—SiO_2 系统三元相图

图 3.68 是 MgO—Al_2O_3—SiO_2 系统相图。系统共有 4 个二元化合物：MS、M_2S、MA、A_3S_2 和两个三元化合物 $M_2A_2S_5$（堇青石）、$M_4A_5S_2$（假蓝宝石）。堇青石和假蓝宝石都是不一致熔化合物。堇青石在 1465℃分解为莫来石和液相，假蓝宝石则在 1482℃分解为尖晶石、莫来石和液相。相图上共有 9 个无变量点，相应地可将相图划分成 9 个副三角形，该系统中的无变量点性质分别列于表 3.8。

表 3.8　　　　　　　　　MgO—Al_2O_3—SiO_2 系统三元无变量点的性质

序号	平衡关系式	平衡性质	平衡温度/℃	组成/%		
				MgO	Al_2O_3	SiO_2
1	$L \rightleftharpoons MS+S+M_2A_2S_5$	低共熔点	1355	20.5	17.5	62
2	$L+A_3S_2 \rightleftharpoons M_2A_2S_5+S$	单转熔点	1440	9.5	22.5	68
3	$L+A_3S_2 \rightleftharpoons M_2A_2S_5+M_4A_5S_2$	单转熔点	1460	16.5	34.5	49
4	$L+MA \rightleftharpoons M_2A_2S_5+M_2S$	单转熔点	1370	26	23	51
5	$L \rightleftharpoons M_2S+MS+M_2A_2S_5$	低共熔点	1365	25	21	54
6	$L \rightleftharpoons M_2S+MA+M$	低共熔点	1710	51.5	20	28.5
7	$L+A \rightleftharpoons MA+A_3S_2$	单转熔点	1578	15	42	43
8	$L+MA+A_3S_2 \rightleftharpoons M_4A_5S_2$	双转熔点	1482	17	37	46
9	$L+M_4A_5S_2 \rightleftharpoons M_2A_2S_5+MA$	单转熔点	1453	17.5	33.5	49

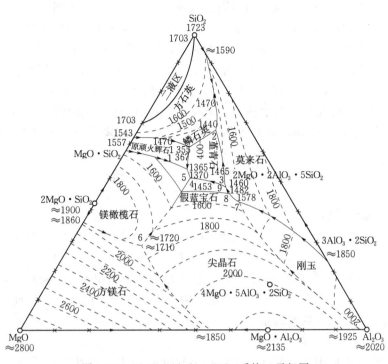

图 3.68 MgO—Al$_2$O$_3$—SiO$_2$ 系统三元相图

副三角形 SiO$_2$—MS—M$_2$A$_2$S$_5$ 与镁质陶瓷生产密切相关。镁质陶瓷是一种用于无线电工业的高频瓷料，其介电损耗低。镁质陶瓷以滑石和黏土配料。图 3.69 上画出了经煅烧脱水后的偏高岭土（烧高岭）及偏滑石（烧滑石）的组成点的位置，镁质

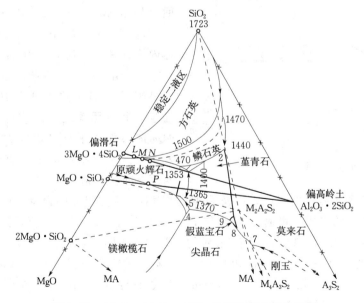

图 3.69 MgO—Al$_2$O$_3$—SiO$_2$ 系统的富硅部分相图

瓷配料点大致在这两点的连线上或其附近区域。L、M、N 各配料以滑石为主，仅加入少量黏土故称为滑石瓷。其配料点接近 MS 角顶，因而制品中的主要晶相是顽火辉石。如果在配料中增加黏土含量，即把配料点拉向靠近 $M_2A_2S_5$ 一侧（有时在配料中还另加 Al_2O_3 粉），则瓷坯中将以董青石为主晶相，这种瓷叫董青石瓷。在滑石瓷配料中加入 MgO，把配料点移向接近顽火辉石和镁橄榄石初晶区的界线（如图 3.69 中的 P 点），可以改善瓷料的电学性能，制成低损耗滑石瓷。如果加入的 MgO 量足够多，使坯料组成点到达 M_2S 组成点附近，则将制得以橄榄石为主晶相的镁橄榄石瓷。

3.5　四　元　系　统

3.5.1　四元相图基础

四元系统即是包含四个独立组元的系统，$C=4$，对于四元凝聚系统，相律可以写成 $F=C-P+1=5-P$，当 $P_{min}=1$ 时，$F_{max}=4$；当 $F_{min}=0$ 时，$P_{max}=5$。即四元凝聚系统中最多可以有 5 相平衡共存，这 5 相是 4 个晶相和 1 个液相；自由度数最大为 4，这 4 个独立变量是温度和 4 个组元中任意 3 个组元的浓度。因此四元系统相图必须用空间立体的图形来表示。

1. 四元系统组成的表示方法

四元系统的组成用正四面体表示，称为浓度四面体，如图 3.70 所示。设 4 个纯组元为 A、B、C、D，则四面体的 4 个顶点分别代表上述 4 个纯 D 组元；6 条棱分别代表 $A—B$、$B—C$、$C—A$、$A—D$、$B—D$、$C—D$ 6 个二元系统；4 个侧面分别表示 $A—B—C$、$A—B—D$、$B—C—D$、$A—B—D$ 4 个三元系统；四面体内任意一点都代表 C 由 A、B、C、D 4 个组元组成的四元系统。若将浓度四面体 $ABCD$ 上各棱边均分为 100 等份，则任意一个四元系统的组成都可以通过向四面体各面作平行平面的方法确定，其要点是：通过系统的组成点作一平面与四面体的任一底 B 面平行，则 2 个平行

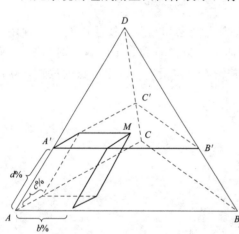

图 3.70　浓度四面体

平面在其他 3 条棱截得的线段，均表示这个底面对面顶点组元的含量。例如，要确定图 3.70 中 M 点的组成，可通过 M 点作平面 $A'B'C'$ 与底面 ABC 平行，两平行平面在 AD 边上所截得的线段 AA' 表示 D 组元的含量 $d\%$。同理，过 M 点分别作 ACD 和 ABD 2 个面的平行平面，在 AB 边和 AC 边上截取的线段分别代表 B 组元的含量 $b\%$ 和 C 组元的含量 $c\%$。第 4 组元 A 的含量可按下式求得：$a\%=100\%-(b\%+c\%+d\%)$。

2. 分析四元相图的规则

与浓度三角形相似，四元系统的浓度四面体也有几个分析四元相图的规则，掌握

这些规则有助于分析四元系统相图中熔体的析晶过程。

（1）在四面体中任意一个平行于某个底面的平面上所有各组成点中，对面顶点组元的含量均相等。如图 3.71 中，平面 $A'B'C'$ 平行于底面 ABC，在平面 $A'B'C'$ 上所有各点中 D 组元的含量均相等，即都等于 $d\%$。

（2）通过浓度四面体的某条棱所作的平面上所有各组成点中，其他两个组元的含量之比相等。在图 3.71 中，通过 AD 棱作一个平面 ADE，平面上所有各点中 B、C 两组元含量的比例都相等，且都等于 E 点中 B、C 的含量之比。

（3）通过浓度四面体某个顶点所作的直线上所有各组成点中，其余三组元含量的比例相等，且沿此线背离顶点的方向是顶点组元含量减少的方向。如图 3.71 中，通过顶点 D 所作的直线 DM 上的所有各点 A、B、C 三组元含量的比例相等，且均等于 M 点中 A、B、C 三组元的含量之比。

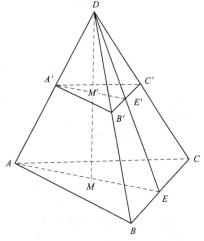

图 3.71　浓度四面体判断规则示意图

在浓度四面体内，杠杆规则、重心规则等仍然是适用的。

3.5.2　典型的四元系统相图

1. 具有一个低共熔点的四元系统相图

（1）相图分析。如图 3.72 所示是具有一个低共熔点的四元系统状态图，它是四元相图中最简单的四元系统。浓度四面体的 6 条棱边表示的 6 个二元系统 $A—B$、$B—C$、$C—A$、$A—D$、$B—D$、$C—D$ 都是简单二元系统。e_1、e_2、e_3、e_4、e_5、e_6 分别是这 6 个简单二元系统的低共熔点。浓度四面体的 4 个侧面表示的 4 个三元系统 $A—B—C$、$A—B—D$、$B—C—D$、$A—C—D$ 都是简单三元系统，E_1、E_2、E_3、E_4 分别是它们的三元低共熔点。在三元系统 $A—B—C$、$A—B—D$、$A—C—D$ 中，组分 A 的初晶区在四元系统中发展为靠近 A 顶点的初晶空间。任一组成点落 M 中在此空间内的高温熔体冷却时将首先析出 A 晶体，系统处于二相平衡状态。在四面体的其他三个顶点附近也有相应的 B、C、D 初晶空间，每个初晶空间的形状如图 3.73 所示。分隔两个初晶空间的曲面称为界面。界面上的液相与相邻两初晶空间所代表的晶相处于三相平衡状态。如界面 $e_4E_2EE_4$ 是从三元系统界线 e_4E_2 及 e_4E_4 发展而来，在此界面上的液相与 A、D 晶相平衡共存。系统中共有 6 个界面。相邻 3 个初晶空间交界处的曲

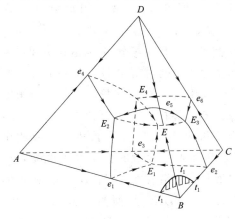

图 3.72　具有一个低共熔点的
四元系统状态图

线称为界线，界线上的液相与这 3 个初晶空间所表示的晶相平衡共存。系统中共有 4 条界线。最后，4 个初晶空间、4 条界线交汇于 E 点。E 点是系统的四元低共熔点，冷却时从 E 点液相中同时析出 A、B、C、D 四种晶相，系统处于五相平衡状态。

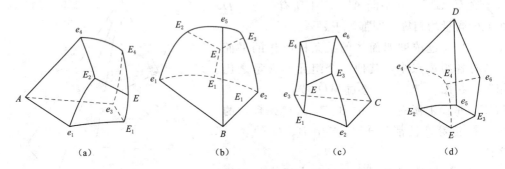

图 3.73　具有一个低共熔点的四元系统相图的初晶空间

在四元系统的浓度四面体内已无法安置温度坐标，通常是采用每隔一定温度间隔作一个等温曲面的方法来表示温度。图 3.72 中，凡组成点落在 t_1 等温曲面上的配料，加热到 t_1 温度时完全熔融，冷却时则在 t_1 温度开始析出 B 晶体。因此，四元系统相图上任一点既表示组成也表示温度，这和三元系统平面投影图上每一点既表示组成也表示温度的情况是类似的。一些重要的点（如化合物熔点及无变量点）的温度，往往在相图上直接标出或另外列表说明。此外，四元系统相图上的界线，也用箭头标出温度下降的方向。

（2）结晶路程。以图 3.74 中组成为 M 的熔体为例，分析四元系统中熔体的冷却析晶过程。M 熔体位于 D 的初晶空间，将 M 熔体冷却到 M 点温度 T_M 时，液相首先对 D 饱和，将从熔体中析出第一粒 D 晶体。由于 D 晶相的析出，液相中 D 组元在不断减少，A、B、C 含量不断增加，但 A、B、C 三组元含量之比不变，因此液相组成点将沿着 DM 连线向背离 D 的方向变化。在这个过程中从液相中析出 D 晶相，

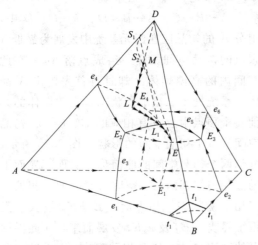

图 3.74　具有一个低共熔点的四元系统状态图的结晶过程

固相组成在 D 点不动。当系统温度冷却到 L 点温度 T_L，液相组成到达界面 $e_4E_2EE_4$ 上的 L 点时，液相不但对组分 D 饱和，而且对组分 A 也达到饱和，因而从熔体中同时析出 D、A 两晶体。此后液相组成将沿着与 D、A 晶体平衡的 $e_4E_2EE_4$ 界面向温度下降的方向变化，由于析出 D、A 两种晶相后，液相中 C、B 两组元含量的比例并不改变，所以液相必定沿着点 M 与 AD 棱所确定的平面与 $e_4E_2EE_4$ 界面的交线 LL_1 变化。相应的固相组成离开 D 点沿 DA 连线变化。具体每一时刻固、液相组成点的位

置可根据杠杆规则确定，即原始组成点 M、固相组成点 D 及液相组成点三点应在一条直线上，且固、液二相点应分布于原始组成点两侧。当系统冷却到 T_{L_1} 温度，液相组成点到达界线 E_4E 上的 L_1 点时，相应的固相到达 S_1 点，液相同时对 D、A、C 三种晶相饱和，从熔体中将同时析出 D、A、C 三种晶体，其后，液相组成点将随温度下降沿 E_4E 界线向低共熔点 E 点变化，相应的固相组成点要离开 DA 进入 $\triangle ADC$ 平面。液相组成点到达 E 点时，进行四元低共熔过程，从液相中同时析出 D、A、C、B 四种晶体，系统处于五相平衡状态，根据相律，$F=5-P=0$，因而系统温度保持在 T_E 不变，液相组成也保持在 E 点不变，相应的固相组成离开 ADC 平面上的 S_2 点向四面体内 M 点变化。当固相组成点到达 M 点时，液相在 E 点消失，析晶结束后的产物是 A、B、C、D 四种晶相。

上述析晶过程可用下式表示。

液相：$M \xrightarrow[F=3]{L \to D} L \xrightarrow[F=2]{L \to D+A} L_1 \xrightarrow[F=1]{L \to D+A+C} E(L \to D+A+C+B \ F=0, L \ 消失)$

固相：$\qquad\qquad D \xrightarrow{D} D \xrightarrow{D+A} L_1 \xrightarrow{D+A+C} S_2 \xrightarrow{D+A+C+B} M$

在最简单的四元系统相图中，无论原始熔体在什么位置，最后都在 E 点结晶结束，产物都是 A、B、C、D 四种晶相。冷却析晶过程中仍可以使用杠杆规则进行各相量的计算。

2. 生成化合物的四元系统相图

简单四元系统内组分之间不生成任何化合物，因而其界面、界线、无变量点都是共熔性质的。若组分之间生成化合物，则情况就要复杂得多。这里只讨论其中两种最简单的情况，即生成一种一致熔融二元化合物的四元系统和生成一种不一致熔融二元化合物的四元系统。在生成一种不一致熔融化合物时，四元系统相图上的界面、界线、无变量点不一定都是共熔性质的，可能出现各种转熔性质的界面、界线、无变量点。因此，首先应判明一张四元系统相图上的界面、界线、无变量点的性质，才能分析其结晶路程。

（1）界面、界线、无变量点性质的判别。

1）界面性质的判别。四元系统相图中界面上是液相和两种晶相平衡共存，因而界面可以是共熔界面，即冷却时从界面液相中同时析出两种晶相；也可以是转熔界面，即冷却时界面液相回吸一种晶体，析出另一种晶体。

判断界面的性质，可将三元系统中的"切线规则"加以推广。其方法是：首先确定液相在界面上的变化途径，然后作这条变化途径的切线，若切线与相应的两晶相组成点的连线直接相交，液相进行的是共熔过程；若切线与相应的两晶相组成点的连线的延长线相交，则液相进行的是转熔过程，回吸远离交点的晶相，析出靠近交点的晶相。

图 3.75（a）中，界面 eE_1EE_2 是 A 和 D 两个初晶空间的界面。熔体 M 在 A 的初晶空间内，冷却时首先析出 A 晶相，然后液相沿着 AM 射线向背离 A 的方向移动，到达界面上的 L 点时，液相将沿着 M 点与 AD 棱确定的平面与界面的交线 LQ 移动，LQ 即液相在沿界面移动时的途径。通过变化途径 LQ 曲线上各点作切线，可以看出

切线都直接与 AD 连线相交，所以液相沿界面进行的是从液相中同时析出 A、D 两种晶相的共熔过程，即 $L \Longleftrightarrow A+D$。图 3.75（b）中，界面 axk 为 A、D 两个初晶空间之间的界面，但与界面相对应的两晶相组成点的连线 AD 在界面的同一侧。熔体 M 仍在 A 的初晶空间内，当冷却到液相沿界面变化时，其变化途径应为 LF 曲线（确定方法同上）。作 LF 曲线上各点的切线，可以看出切线不直接与 AD 连线相交，交点都在 AD 连线的延长线上，所以液相沿界面变化时进行的是转熔过程，回吸远离交点的 A 晶相，析出靠近交点的 D 晶相，即 $L+A \Longleftrightarrow D$。

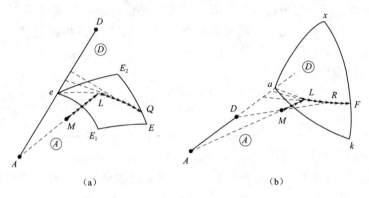

图 3.75　界线上的析晶情况

2）界线性质的判别。在界线上是液相和 3 种晶相平衡共存。假设界线上与液相平衡的 3 种晶相是 A、B、C，则界线上进行的过程有以下 3 种可能的情况：①共熔过程 $L \Longleftrightarrow A+B+C$；②一次转熔过程 $L+A \Longleftrightarrow B+C$；③二次转熔过程 $L+A+B \Longleftrightarrow C$。

判断界线上任一点的性质，可以综合运用切线规则和重心规则。具体方法是：通过界线上任意一点作切线，使之与界线所对应的三种晶相组成点所决定的三角形平面相交，若交点在三角形内重心位置，则界线相应的点上液相进行的是低共熔过程；若交点在三角形外交叉位置，则界线的相应点上液相进行的是一次转熔过程；若交点在三角形外共轭位置，则界线的相应点上液相进行的是二次转熔过程。

图 3.76（a）中，界线 L_1L_n 是 A、B、C 三个初晶空间的界线。通过界线上任意一点 L 作界线的切线，切线与相应的三晶相组成点所形成的 $\triangle ABC$ 所在的平面相交，交点 l 在 $\triangle ABC$ 内重心位置，因此液相在界线上 L 点处进行的是从液相中同时析出 A、B、C 三种晶相的低共熔过程，即 $L \Longleftrightarrow A+B+C$。

图 3.76（b）和（c）中，界线 L_1L_n 上通过 L 点所作的切线与平面的交点 l 均落在了相应的三角形外。落在交叉位的，液相在界线上进行的是一次转熔过程，回吸与交点相对的 A 晶相，析出 B、C 晶相，即 $L+A \Longleftrightarrow B+C$。落在共轭位的，液相在界线上 L 点处进行的是二次转熔过程，与交点 l 相对的两种晶相被回吸，即 $L+A+B \Longleftrightarrow C$。

当然，四元相图中的界线有的也会出现性质发生转变的情况，即一段为共熔性质，一段为转熔性质。

3）无变量点性质的判别。在四元无变量点上是液相与 4 种晶相平衡共存，假设

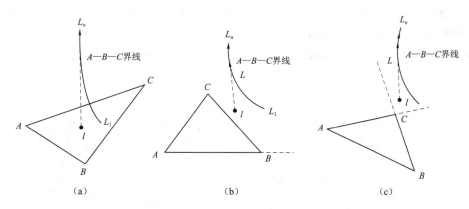

图 3.76　界线上的析晶情况

与液相平衡的 4 种晶相分别为 A、B、C、D，则无变量点上进行的过程有以下 4 种可能情况：①低共熔过程 $L \rightleftharpoons A+B+C+D$；②一次转熔过程 $L+A \rightleftharpoons B+C+D$；③二次转熔过程 $L+A+B \rightleftharpoons C+D$；④三次转熔过程 $L+A+B+C \rightleftharpoons D$。

　　判断四元无变量点性质的方法与判断三元无变量点性质的方法类似。首先找出每个四元无变量点所对应的分四面体，然后根据无变量点与对应的四面体的相对位置关系来判断无变量点的性质。若无变量点在自己所对应的四面体内（重心位），则为低共熔点；若无变量点在自己所对应的四面体外一个侧面的一侧（交叉位），则为一次转熔点；若无变量点在自己所对应的四面体外一条棱的一侧（也称交叉位），则为二次转熔点；若无变量点在所对应的四面体外一个顶点的一侧（共轭位），则为三次转熔点。

　　分四面体的划分方法是把四元无变量点上与液相平衡的四种晶相组成点连接起来即可。四元无变量点一定处于四条界线的交点，于是也可以根据相交于无变量点的四条界线上的温度下降方向来判断四元无变量点的性质，若四条界线上的箭头都指向它，该点便是低共熔点；若四条界线中三条箭头指向它，一条箭头离开它，该点是一次转熔点；若四条界线中两条箭头指向它，两条箭头离开它，该点是二次转熔点；若四条界线中一条箭头指向它，三条箭头离开它，则该点是三次转熔点。

　　如图 3.77 所示为判断无变量点性质的两种方法。图中无变量点处的液相组成为 L_1，包围无变量点 L_1 的 4 个初晶空间是 A、B、C、D 的初晶空间，因此，与无变量点对应的四面体是四面体 $ABCD$。图 3.77（a）中 L_1 点在四面体 $ABCD$ 内，L 点是四元低共熔点。在该点上进行的过程为 $L_1 \rightleftharpoons A+B+C+D$。图 3.77（b）中 L_1 点在四面体 $ABCD$ 外，且在 BCD 侧面的一侧，L_1 点是一次转熔点，被回吸的一种晶相是与 L_1 相对的 A 晶相，析出的是 B、C、D 晶相，即 $L_1+A \rightleftharpoons B+C+D$。图 3.77（c）中 L_1 点在四面体 $ABCD$ 外，一条棱的一侧，L_1 点是二次转熔点，被回吸的两种晶相是与 L_1 相对的 A 和 B 晶相，析出的是 C、D 晶相，即 $L_1+A+B \rightleftharpoons C+D$。在图 3.77（d）中 L_1 点位于四面体 $ABCD$ 的顶点 D 的一侧，L_1 点应是三次转熔点，被液相回吸的是与 L_1 相对的 A、B、C 晶相，而析出 D 晶相，即 $L+A+B+C \rightleftharpoons D$。图中每个四面体左侧都标出了无变量点周围四条界线上的温度下降方向及界线上平衡共存的相。从每一条箭头离开无变量点的界线上所标示的平衡相可以判断被该无变量点液相回吸的晶相。如图 3.77（b）中的一次转熔点，箭头离开该无变量点的界线上标示的平衡四相是 L_1、B、C、D，则被回吸的晶相是 A。

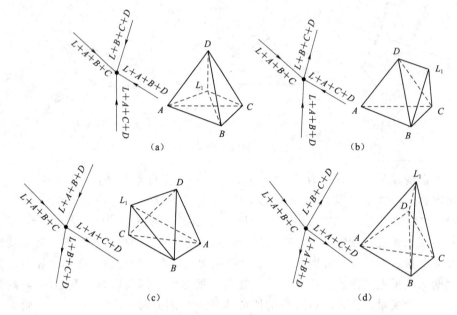

图 3.77 四元无变量点性质的判别

根据划分出的分四面体，还可以确定不同组成熔体的结晶结束点和最终结晶产物。原始熔体组成点所在的四面体所对应的无变量点是其结晶的结束点，四面体四个顶点所代表的物质是其结晶产物。这与三元系统中的三角形规则很相似。

（2）生成一致熔融二元化合物的四元系统相图。如图 3.78 所示的四元系统 A—B—C—D 中，组分 A、B 之间生成一种二元化合物 F。化合物组成点位于其初晶空间内，因而是一种一致熔融二元化合物。

相图上有 5 个初晶空间、9 个界面、7 条界线和 2 个四元无变量点 E_1、E_2。三元系统相图的连线规则在判断四元系统相图界面和界线的温度最高点时仍然适用。界面与相应连线的交点是界面上的温度最高点。界线与相应三角形平面的交点是界线上的温度最高点。若二者不能直接相交，可使之延长相交。根据上述判断方法，可以标出各条界线的温度下降方向。

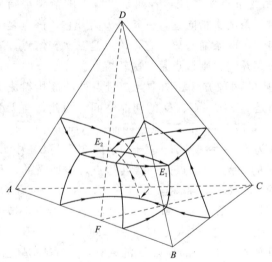

图 3.78 生成一种一致熔融二元化合物的四元系统相图

运用界面、界线性质的判别方法可以判定本系统相图上所有界面、界线都是共熔性质的。与无变量点 E_1 平衡的晶相是 B、C、D、F。E_1 点位于相应的四面体 BC-DF 内，因而是一个低共熔点。无变量点 E_2 也位于其相应的四面体 $AFCD$ 内，因而也是一个低共熔点。这样，以 $\triangle FCD$ 为界，$A-B-C-D$ 四元系统被划分为两个简单分四元系统。凡组成在四面体 $BCDF$ 内的高温的四元系统相图熔体必定在 E_1 点结束析晶，凡组成在四面体 $AFCD$ 内的高温熔体则在 E_2 点结束析晶。

（3）生成一种不一致熔融二元化合物的四元系统相图。如图 3.79 所示的四元系统中 A、B 组分间生成一种二元化合物 G。化合物组成点不在其初晶空间内，因而是一种不一致熔融二元化合物。相图上也有 5 个初晶区、9 个界面、7 条界线和 2 个无变量点 E、P。与 EP 界线上的液相平衡的晶相是 G、C、D。延长 DEP 界线与相应的三角形 GCD 平面相交，根据交点位置，可以判定该界线上的温度下降方向应从 P 点指向 E 点。根据界面性质的判别方法，可以判定界面 $P_1P_2PP_3$ 是转熔界面，冷却时在界面上发生 $L+B \longrightarrow G$ 的转熔过程。其他界面均为共熔界面。根据界线性质的判别方法，可以判定界线 P_3P 及 P_2P 具有一次转熔性质。冷却时，在 P_3P 界

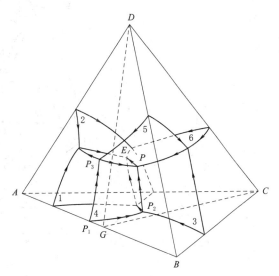

图 3.79　生成一种不一致熔融二元化合物的四元系统相图

线上发生的一次转熔过程是 $L+B \longrightarrow D+G$，在 P_2P 界线上发生的一次转熔过程则是 $L+B \longrightarrow G+C$。其他界线均为共熔界线。共熔界线的温度下降方向用单箭头表示，转熔界线的温度下降方向用双箭头表示。

根据无变量点性质判别方法，可以判定 E 点是一个低共熔点。冷却时，从 E 点液相中同时析出 A、G、C、D 晶化合物的四元系统相图。P 点是一个一次转熔点，冷却时发生 $L_P+B \longrightarrow G+C+D$ 的一次转熔过程。

由于化合物 G 不是一致熔融化合物，$\triangle GCD$ 不能将 $A-B-C-D$ 四元系统划分成两个简单分四元系统。但 $\triangle GCD$ 把浓度四面体划分成两个分四面体，对判断析晶产物和析晶终点仍是有帮助的。任何组成点位于分四面体 $AGCD$ 内的熔体，其最终析晶产物是 A、G、C、D 四种晶体，析晶终点则是与该分四面体相应的无变量点 E；任何组成点位于分四面体 $BCDG$ 内的熔体，其最终析晶产物是 B、C、D、G 晶体，析晶终点则是与该分四面体相应的无变量点 P。

3.5.3　专业四元系统相图举例

1. $CaO-C_2S-C_{12}A_7-C_4AF$ 四元系统相图

该系统是 $CaO-Al_2O_3-Fe_2O_3-SiO_2$ 四元系统富钙部分的一个分四元系统，如

图 3.80 所示。由于硅酸盐水泥配料主要使用 CaO、SiO_2、Al_2O_3、Fe_2O_3 这 4 种氧化物，而熟料中 4 种主要矿物组成 C_2S、C_3S、C_3A 和 C_4AF 均包含在 CaO—C_2S—$C_{12}A7$—C_4AF 系统中，因此，此系统相图对硅酸盐水泥的生产具有非常重要的意义。

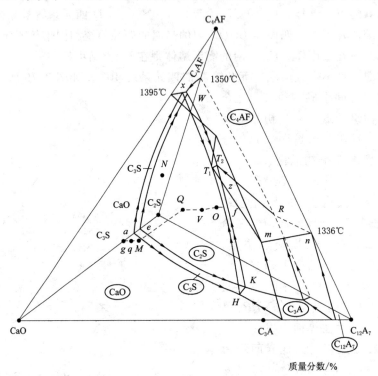

图 3.80 CaO—C_2S—$C_{12}A_7$—C_4AF 四元系统相图

（1）相图分析。图 3.80 为 CaO—C_2S—$C_{12}A_7$—C_4AF 四元系统相图，四面体 4 个侧面代表 4 个三元系统 CaO—C_2S—$C_{12}A_7$、CaO—C_2S—C_4AF、CaO—$C_{12}A_7$—C_4AF、$C_{12}A_7$—C_4AF—C_2S。此系统的三元无变量点 H、K、x、W 及四元无变量点 T_1、T_2、R 的温度、组成和性质列于表 3.9。

表 3.9 CaO—C_2S—$C_{12}A_7$—C_4AF 四元系统中三元及
四元无变量点的温度、组成和性质

无变量点	温度/℃	相平衡关系	平衡性质	组 成/%			
				CaO	Al_2O_3	SiO_2	Fe_2O_3
K	1455	$L+C_3S \rightleftharpoons C_3A+C_2S$	单转熔点	58.3	33.0	8.7	—
H	1470	$L+CaO \rightleftharpoons C_3S+C_3A$	单转熔点	59.7	32.8	7.5	—
x	347	$L \rightleftharpoons C_3S+CaO+C_4AF$	低共熔点	52.8	16.2	5.6	25.4
W	1348	$L+C_2S \rightleftharpoons C_3S+C_4AF$	单转熔点	52.4	16.3	5.8	25.2
R	1280	$L \rightleftharpoons C_4AF+C_2S+C_{12}A_7+C_3A$	低共熔点	50.0	34.5	5.5	10
T_1	1341	$L+CaO \rightleftharpoons C_3S+C_3A+C_4AF$	一次转熔点	55.0	22.7	5.8	16.5
T_2	1338	$L \rightleftharpoons C_3S+C_2S+C_3A+C_4AF$	低共熔点	54.8	22.7	6.0	16.5

系统中有 6 个初晶空间 CaO、C_3S、C_2S、C_4AF、C_3A 和 $C_{12}A_7$，它们都是从三元系统中相应的初晶区发展而来的。CaO、C_2S、C_4AF、$C_{12}A_7$ 的初晶空间位于其相应的顶点。C_3S 的初晶空间呈薄片状，前面是 CaO 初晶空间，后面是 C_2S 初晶空间，右上方是 C_4AF 初晶空间，右下方是 C_3A 初晶空间。因 C_3S 是不一致熔融化合物，C_3S 组成点不位于其初晶空间内。C_3A 初晶空间与其他 5 个初晶空间均毗邻。因 C_3A 同样是不一致熔融化合物，其组成点也不在 C_3A 初晶空间内。熔体在初晶空间内析晶时，从液相中析出一种晶体，系统处于二相平衡状态。

把两个初晶空间分开的是界面，界面上的液相与两种晶相平衡。如 C_3S 初晶空间与其他 4 个初晶空间毗邻，因而有 4 个界面。aXT_1h 是 CaO 和 C_3S 初晶空间的界面，eWT_2k 是 C_3S 和 C_2S 初晶空间的界面，T_1XWT_2 是 C_2S 和 C_4AF 初晶空间的界面，hT_1T_2k 是 C_3S 和 C_3A 初晶空间的界面。界面上的液相分别和相应的两种晶相平衡。

3 个相邻的初晶空间相交于界线。如 T_2W 是 C_3S、C_2S 与 C_4AF 这个初晶空间的界线，它是一条一次转熔界线，液相回吸 C_2S，析出 C_3S 和 C_4AF。T_2k 则是 C_3S、C_2S 与 C_3A 这 3 个初晶空间的界线，它也是一条一次转熔界线，液相回吸 C_3S，析出 C_2S 和 C_3A。与界线 T_2R 上的液相平衡的晶相是 C_2S、C_3A 和 C_4AF。T_2R 是一条共熔界线，Z 点是该界线上的温度最高点，因为 Z 点是 T_2R 与相应三角形 C_2S—C_3A—C_4AF 平面的交点。

4 个初晶空间（或 4 条界线）相交于无变量点。本系统共有 3 个四元无变量点 T_1、T_2 及 R。T_1 是 CaO、C_3S、C_4AF 及 C_3A 4 个初晶空间的汇交点，它位于相应的分四面体 CaO—C_3S—C_4AF—C_3A 的某一个面（C_3S—C_3A—C_4AF）的外侧，是一个一次转熔点。冷却时 T 点液相回吸 CaO，生成 C_3S、C_3A 和 C_4AF，$L_{T1}+CaO \longrightarrow C_3S+C_3A+C_4AF$。$T_2$ 是一个低共熔点，因为它位于相应分四面体 CaO—C_3S—C_4AF—C_3A 的内部，冷却时从 T_2 点液相中析出 C_3S、C_2S、C_4AF 和 C_3A 晶体。任何配料组成点处于 CaO—C_3S—C_4AF—C_3A 分四面体中的高温熔体，均在 T_2 点结束析晶。R 点也是一个低共熔点，与 R 点液相平衡的晶相是 C_2S、C_4AF、C_3A 及 $C_{12}A_7$。R 点与 C_2S、C_4AF、$C_{12}A_7$ 的三元低共熔点非常接近，二者几乎重合。与这 3 个四元无变量点相对应，整个 CaO—C_2S—C_4AF—$C_{12}A_7$ 的四元系统可以划分为 3 个分四元系统。

（2）析晶过程。硅酸盐水泥熟料的主要矿物组成是 C_3S、C_2S、C_3A 和 C_4AF，因而其配料组成是在分四面体 CaO—C_3S—C_4AF—C_3A 内，配料的析晶终点是 T_2 点。T_2 点温度为 1338℃，T_2 点组成以氧化物计为（$wt\%$）：CaO 54.8%、Al_2O_3 22.7%、Fe_2O_3 16.5%、SiO_2 6%；以化合物计为（$wt\%$）：C_3S 1.6%、C_2S 16.0%、C_3A 32.3%、C_4AF 50.1%。T_2 点铝氧率 $p=Al_2O_3/Fe_2O_3=1.38$。

硅酸盐水泥生料有低铁配料和高铁配料之分。低铁配料的铝氧率 $p>1.38$，高铁配料的铝氧率 $p<1.38$。下面分别讨论这两种配料的结晶路程。

1）铝氧率 $p>1.38$ 的配料的结晶路程。由于配料中 Fe_2O_3 含量低，配料点接近 CaO—$C_{12}A_7$—C_2S 底面，如图 3.81 中的 M 点。M 点位于 CaO 初晶空间，从液相中首先析出 CaO 晶体，液相点沿 CaO—M 连线的延长线变化到 CaO—C_3S 界面上的 Q

点时（见图 3.81 及图 3.82），发生 $L+CaO \longrightarrow C_3S$ 的转熔过程。随后，液相点在界面上将沿由 CaO、C_3S 和 M 三点决定的平面与 CaO—C_3S 界面的交线 QV 运动。由于在 QV 上任一点所作的切线（如 bd）都交于 CaO—C_3S 连线的延长线上，在这个冷却阶段，CaO 不断被回吸，C_3S 不断析出。到达 V 点，CaO 被回吸完（C_3S、M、V 三点处于一条直线上），液相点穿过界面进入 C_3S 的初晶空间，沿 VO 线向 C_3S—C_2S 界面前进，从液相中不断结晶出 C_3S。液相点到达 C_3S—C_2S 界面上的 O 点，开始发生 $L \longrightarrow C_3S+C_2S$ 的共析晶过程，随后液相点将在界面上沿由 C_3S、C_2S、M 三点决点的平面与 C_3S—C_2S 界面的交线 Of 运动，从液相中不断析出 C_3S 和 C_2S。液相点到达 T_2k 界线上的 f 点，开始回吸 C_3S，析出 C_2S 和 C_3A，并随着温度下降，沿 kT_2 界线到达低共熔点 T_2。在 T_2 点，从液相中同时析出 C_3S、C_2S、C_3A、C_4AF 晶体，析晶过程结束。

上述析晶过程可以用下式表示。

液相：$M \xrightarrow[F=3]{L \longrightarrow CaO} Q \xrightarrow[F=2]{L+CaO \longrightarrow C_3S} V \xrightarrow[F=3]{L \longrightarrow C_3S} O \xrightarrow[F=2]{L \longrightarrow C_3S+C_2S} f \xrightarrow[F=1]{L+C_3S \longrightarrow C_2S+C_3A}$

$$T_2 \left(\begin{array}{l} L \longrightarrow C_3S+C_2S+C_3A+C_4AF \\ F=0, L \text{ 消失} \end{array} \right)$$

固相：$CaO \xrightarrow{CaO} CaO \xrightarrow{C_3S+CaO} C_3S \xrightarrow{C_3S} C_3S \xrightarrow{C_3S+C_2S} g \xrightarrow{C_3S+C_2S+C_3A}$

$q \xrightarrow{C_3S+C_2S+C_3A+C_4AF} M$

析晶各阶段晶相的变化是：

$CaO \longrightarrow CaO+C_3S \longrightarrow C_3S \longrightarrow C_3S+C_2S \longrightarrow C_3S+C_2S+C_3A \longrightarrow C_3S+C_2S+C_3A+C_4AF$

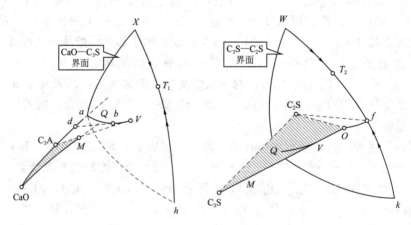

图 3.81　M 点配料的析晶过程

2）铝氧率为 <1.38 的配料的结晶路程。由于配料中 Fe_2O_3 含量较高，配料点位于 M 配方的上方，如图 3.80 中的 N 点。N 点同样位于 CaO 初晶空间，其开始的析晶路程，与 M 点相似。当在 CaO—C_2S 界面上 CaO 被回吸完，液相穿过 C_3S 初晶空间到达 C_3S—C_2S 界面时，液相点位于界面上部，因而继续降温，使液相点沿 C_3S—

C_2S 界面运动到 WT_2 界线，而不是 kT_2 界线。在 WT_2 线上，液相回吸 C_2S，析出 C_3S 和 C_4AF。到达 T_2 点，从液相中同时析出 C_3S、C_2S、C_3A 和 C_4AF 晶体，析晶过程结束。

（3）在水泥生产中的应用。

1）配料。硅酸盐水泥生料的配料中 CaO 含量增加，一般会提高熟料中 C_3S 的含量。但 CaO 含量过高，配料点进入 $CaO—C_3A—C_3S—C_4AF$ 分四面体，即使在平衡加热、平衡析晶的条件下 CaO 也不可能被完全吸收，熟料中必然会残留游离 CaO，导致水泥安定性不良。事实上，由于实际生产过程的不平衡性，配料中 CaO 含量往往比 $C_3S—C_3A—C_4AF$ 平面所确定的极限含量要低。如在某些国家水泥生产中所采用的 CaO 最大含量，就是用 $C_3S—C_4AF—h$ 平面计算的。

2）组成。液相形成的温度及液相量对水泥熟料的煅烧十分重要。由于水泥生料的配料组成在 $C_3S—C_2S—C_4AF—C_3A$ 分四面体内，在平衡加热条件下，液相开始出现的温度应为 T_2 点的 1338℃。在此温度下，C_3S、C_2S、C_3A、C_4AF 四晶相低共熔形成 T_2 组成的液相。当其中某一晶相完全熔融，系统消失一相后，系统温度便可以继续上升，此时的液相量是在 1338℃下可能获得的最大液相量。显然，$p>1.38$ 的配料首先消失的晶相是 C_4AF，而 $p<1.38$ 的配料首先消失的晶相则是 C_3A。在 T_2 温度下系统可能获得的液相量，运用杠杆规则不难计算出来。

如同在 $CaO—Al_2O_3—SiO_2$ 三元系统中曾讨论过的，实际生产的加热过程一般是非平衡的。由于 C_3S 生成困难，在加热过程中首先生成的是 $C_{12}A_7$、C_3A、C_4AF 和 C_2S。因此，系统开始出现液相的温度不是平衡加热时的 T_2 点温度，而是与上述四矿物平衡的低共熔点 R 的温度 1280℃。实际上，由于配料中还有其他微量氧化物组分，出现液相的温度比 1280℃更低。液相在较低的温度下形成，将促进 $C_2S+CaO\longrightarrow C_3S$ 的反应，对熟料的烧成是有利的。

3）冷却。在讨论结晶路程时曾述及，$p>1.38$ 的配料冷却时液相点首先到达 KT_2 界线，C_3S 被回吸，生成 C_2S 和 C_3A。而 $p<1.38$ 的配料冷却时液相点首先到达 WT_2 界线，C_2S 被回吸，生成 C_3S 和 C_4AF。因此，水泥生产中采取急冷措施对于 $p>1.38$ 的配料是有利的，可以抑制 C_2S 被回吸，使熟料有较高的 C_3S 含量。而对于 $p<1.38$ 的配料，慢冷却有利于 C_2S 的回吸和 C_3S 含量的增加。因而，对于铝氧率值不同的生料，在烧成带内的降温速率应该有所区别。

3.6 拓 展 应 用

3.6.1 "点水成冰"实验及其奥秘

把一瓶矿泉水放进冰箱的冷冻层，放置 2.5h 之后取出。可以看到，水仍然是液体，这个时候，拿着瓶子在桌上用力一敲，里面的水从瓶口那里开始结小冰晶，不到一秒的时间，整瓶水就从透明变成了半透明。接下来，准备一个容器，里面放上一些冰块。打开刚才的水瓶，将水慢慢地倒在冰上面。水流出来的瞬间就结冰了，一层层堆出了冰雕，简直就像冰雪奇缘里的魔法一样。

这样的瞬时结冰实验，背后有什么原理呢？原来，瓶中的水因为缺少凝结核可以冷却到 0℃ 以下，还保持液态，这种状态的水被称为过冷水，但这是一种很不稳定的状态，只要受到外力触碰或遇到结晶核，就能立刻结冰。

　　在动画片《海尔兄弟》就有关于过冷水的片段，兄弟两人遇到一个水温低于 0℃ 仍不结冰的池塘，哥哥往水里扔了一块石头，整个池塘迅速全部结冰。当然了，这只是理论情况，现实中是不可能发生的，因为池塘的水质没有没那么好，里面肯定会有各种各样的杂质、浮游生物等，都可以作为凝结核，不会出现过冷现象。天然雨水中也会出现过冷水的情况，它被称为冻雨。比如 2008 年华南地区的雨雪灾害中，就出现过这种情况。冻雨是由冰水混合物组成，与温度低于 0℃ 的物体碰撞立即冻结的降水，是初冬或冬末春初时节见到的一种灾害性天气。低于 0℃ 的雨滴在温度略低于 0℃ 的空气中能够保持过冷状态，其外观同一般雨滴相同，当它落到温度为 0℃ 以下的物体上时，立刻冻结成外表光滑而透明的冰层，称为雨凇。严重的雨凇会压断树木、电线杆，使通信、供电中止，妨碍公路和铁路交通，威胁飞机的飞行安全。

　　早在 100 多年以前，美国物理学家约西亚·吉布斯提出了液体与固体转换的成核理论。吉布斯认为，在水冰转换的过程中，由于水受温度的影响变冷形成冰核微粒，当冰核微粒的大小超过了液体水的大小，那么水就在这一瞬间转换成了冰。然而受科学技术的影响，并且在水冰转换的过程中存在许多偶然性，吉布斯的理论并没有充分的实践证据来证明。

　　近年《自然》上的一篇文章终于解开了水结成冰那一瞬间的谜题。来自中国科学院研究所、中国科学院大学和河北工业大学的研究团队利用氧化石墨烯纳米片模拟冰核颗粒，用固定尺寸的石墨烯纳米片探测冰核颗粒的大小，通过冰核颗粒的体积，结合水和冰转换过程中的温度变化，并从中得到了水和冰转换瞬间的"临界冰核"的尺寸。水变成冰，看似是一个简单的过程，但在微观世界中，这是一个非常复杂的过程，以至于它整整困扰了人类 100 多年。解开冰核颗粒的谜团，也有助于人们更加了解在微观世界中微观物质的变化。

3.6.2　速滑凭啥这么快？

　　短跑运动员常被人冠以"飞人"的名号，比如博尔特，速度能达到 37.5km/h，但是在冰刀的帮助下，速滑运动员们在赛场上能达到 50km/h 以上的高速。能达到这么高的速度，除了运动员的艰苦训练和研发人员的努力，最根本的原因就是，冰是滑的。冰这么滑，其实是因为冰刀跟冰之间存在着一层水膜，起到润滑的作用，让冰刀受到的阻力大大降低，得以高速滑行。那么水是怎么来的呢？

　　有人认为对冰面施加压力会导致冰的熔点降低，实验表明当冰面的压强达 $4.72 \times 10^7 \mathrm{Pa}$ 时，冰的熔点可以降低到 -3.5 ℃，依据克拉佩龙方程，一个体重约为 70kg 的速滑运动员，穿好冰刀站在冰上，触冰面积按 $0.0001\mathrm{m}^2$ 计算，在这种情况下，才不过能够让受压的冰的熔点降低 0.5℃ 而已。北京冬奥会国家速滑馆冰面的温度在 $-6 \sim -10.5$ ℃ 之间，冰刀产生的压力不足以使冰面熔融。

　　还有一种理论认为，冰刀滑动会产生摩擦，而摩擦可以生热，热量能够化冰产生水，让冰面更滑。有科学家通过实验和计算得出结论，当一名体重 60kg 的运动员穿着宽度为 1.5mm 的冰刀在冰面高速滑行时，其摩擦热产生的水膜远小于 $23\mu m$，这么薄的水层不足以让冰变得更滑。

另一种相对更合理却又突破大家想象力的解释是：冰的表面原本就有一层水，只要冰的温度高于 $-36℃$，它的最表层就天然存在水膜，水膜的厚度在 $1\sim100nm$ 之间，也就是几十到上千层水分子的厚度。1987 年的核磁共振实验发现 $-20\sim0℃$ 之间冰的表面存在一个介于液态水与冰之间形态的薄层，其水分子的转动频率是冰的 10 万倍，是水的 1/25。

2019 年发表在《自然》杂志上的一项研究进一步证明，这层水膜，里头其实还有一点碎冰，黏度、弹性等性质也与水或冰有所区别，而更接近于油。

近年来中国科学家在大量实验的基础上提出一个新模型：$-36℃$ 以上的冰从内到外由结晶冰层、无定形冰晶层、冰水混合物层和液态水层共 4 层构成，这才是冰滑的真正原因。当冰刀在冰面滑动时，冰表面类似于凝胶状态的冰水混合物层被压实，混合物里的水因"离浆现象"析出，过渡层中的冰粒沿着冰刀运动的方向滚动，下方被压实的部分填补了结晶冰层的缺陷，使得冰刀运动更加顺滑。

3.7 案 例 分 析

3.7.1 多元相图在传统陶瓷低温烧成中的应用

传统陶瓷行业是我国能源消耗大户，日用陶瓷烧成温度一般高于 1300℃，建筑卫生陶瓷烧成温度一般高于 1200℃。若能在保证产品质量指标不变的前提下，降低烧成温度 $80\sim120℃$，将至少可降低烧成能耗 10% 以上，节省大量能源，也大大减少了 CO_2、NO_x 等废气的排放，其经济效益和社会效益十分显著。

降低烧成温度常见技术措施有：提高原料的细度，采用热压烧结、微波烧结等新型烧结技术，在配方中加入适量的熟料等，除了上述措施外，可利用多元相图系统的指导，在传统的日用陶瓷配料中，加入少量的滑石、透辉石、硅灰石、废玻璃粉等原料，也可以在坯料配方中，采用霞石正长岩、霞石或锂质原料代替部分长石等方法，实现陶瓷制品的低温烧成。

对于传统陶瓷而言，一般配方中均含有 K、Na、Al、Si 等多元组分，构成 K—Na—Al—Si 体系，该多元组分可促使配方能在该多元系统的低共熔点下的某温度 [一般为 $(0.7\sim0.95)T_熔$] 烧成。若添加含 CaO、MgO 等组分原料，可构成 K—Na—Ca—Al—Si 和 K—Ca—Mg—Al—Si 多元体系。由于含有 Ca、Mg，可明显降低传统陶瓷的烧成温度。

应用实例如下，由于废玻璃中含有大量的 SiO_2，在日用陶瓷坯体中掺入适量的废玻璃，将在原有的坯体多元配方组分的基础上，增加新的组分，构成"K—Na—Al—Si"多组分配方体系。研究表明：掺入 9% 的废玻璃，将使该坯体烧成温度从 1250℃ 降低到 1180℃，且同时能增加坯体强度。在坯料中加入一定量的硅灰石，可起到助熔、降低坯体的烧成温度等作用。研究发现，加入 5% 的硅灰石，在配方中构成"K—Na—Ca—Al—Si"多元组分系统，从而可使日用陶瓷的烧成温度至少降低

30～40℃。在传统陶瓷配方中添加 20％的铁尾矿,铁尾矿的主要成分是 CaO、MgO、SiO₂、Al₂O₃ 等则构成 "K—Ca—Mg—Al—Si" 多元组分系统,可使传统陶瓷的烧成温度降低到 1100℃左右,而产品的强度也有所提升。多元体系相图对传统陶瓷的低温烧结起到了重要的指导作用。

3.7.2 铁碳相图的在金属材料加工中的应用

铁碳合金相图是研究钢铁的重要理论基础,它反映了平衡状态下铁碳合金的成分、温度、组织三者之间的关系。实际生产中使用的铁碳合金的含碳量不超过 5％,因而常用的铁碳相图只是 Fe—C 合金相图的一部分,即 Fe—Fe₃C 相图 (图 3.82)。

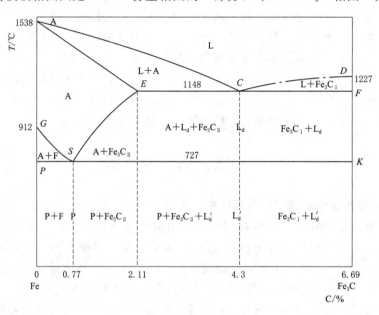

图 3.82　简化的 Fe—Fe₃C 相图

对铁碳相图的应用,极大提高了对金属材料有效利用的可能性及可靠性。可以有效使用相图,实现对材料力学性能及相关性能的预测,对指导材料的使用具有重要的价值。具体应用举例如下。

1. Fe—Fe₃C 相图在选材方面的应用

在实践中当需要根据工件的性能、要求来选择合适的制造材料时,Fe—Fe₃C 相图就成为很重要的工具。例如,钢的部分的选用,在 Fe—Fe₃C 相图中,0.0218％＜C＜2.11％是钢的部分,当制造的构件需要有良好的塑性和韧性时,就应该选用含碳量小于 0.25％的钢材料;对于制造普通的机械零件和建筑上用的构件时,往往选用低碳钢和中碳钢;如果制造的构件在强度、塑性、韧性方面都有较高的要求,含碳量应稍高一些,就应该选用含碳量 0.3％～0.5％的钢材料。还有,常见的弹簧应具备一定的强度和韧性,所以一般选用含碳量 0.6％～0.85％的钢材料;而制作各种工具的钢,因为需要较高的硬度,所以主要使用高碳钢。比如制造冲压工具时,因其必须具备足够的硬度和韧性,一般可选用含碳量 0.7％～0.9％的钢材料;再如制造切削工具和测量工具时,因其必须具备很高硬度和耐磨性,一般可以选用含碳量 1.0％～

1.3%的钢材料。

2. Fe—Fe₃C 相图在制定热加工工艺方面的应用

Fe—Fe₃C 相图还反映了在缓慢加热或冷却过程中，不同成分的铁碳合金在结构组织上的变化规律，这对工业生产具有指导意义，为技术人员在制定铸造、锻造和热处理等热加工工艺时提供了重要依据。

在铸造方面的应用（图 3.83）。首先，依据 Fe—Fe₃C 相图，可以确定合适熔化温度和浇注温度，Fe—Fe₃C 相图里的液相线 AC 表明，随着铁碳合金中含碳量的逐渐增加，铁碳合金的熔点在逐渐降低，可以根据不同成分的合金的熔点来确定钢和铸铁的浇注区，钢的熔化温度和浇注温度比铸铁高。再者 Fe—Fe₃C 相图还表明，具有共晶成分的铁碳合金不仅结晶温度最低，而且凝固温度范围小，因此这部分铸铁的流动性好，收缩性小，可以得到优良的铸件。还有共晶成分的合金结晶温度较低，操作比较方便，铸件组织较均匀，所以说铸铁的铸造性能好，这也是这部分铸铁在铸造生产中获得广泛应用的原因。

利用铁碳合金相图，可以清楚了解和掌握铁碳合金的成分、组织、性能之间的关系；根据相图提供的信息不但可以帮助我们更深刻地研究和使用钢铁材料、更好地指导生产实践，而且也为新材料的研制提供理论依据。

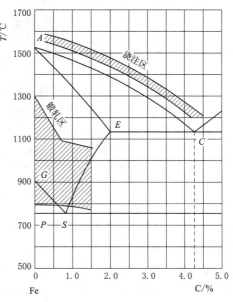

图 3.83　Fe—Fe₃C 相图与铸、锻工艺的关系

3.7.3　低温烧结 α-堇青石微晶玻璃

第一块微晶玻璃诞生于 1957 年，由美国 Corning 公司的 S. D. Stookey 所研发，因其独特的性能优势而备受关注，随后很多科研人员从事其合成、性能优化及晶化机理等研究。MgO—Al₂O₃—SiO₂ 系微晶玻璃是最早被研究的几种微晶玻璃之一。从 MgO—Al₂O₃—SiO₂ 三元相图（图 3.84）可以看出，该体系微晶玻璃在热处理过程中可能析出的结晶相有：堇青石（2MgO·2Al₂O₃·5SiO₂），镁橄榄石（2MgO·SiO₂），莫来石（3Al₂O₃·2SiO₂），尖晶石（MgO·Al₂O₃）及石英相（SiO₂）等。这些析出的结晶相中，堇青石是最引人关注的一种晶型，因为堇青石具有低介电常数和介电损耗、低热膨胀系数等特点。

按照堇青石理论化学计量比（2MgO·2Al₂O₃·5SiO₂）制备堇青石微晶玻璃，其烧结温度范围较窄，致密化程度较低，生成单一 α-堇青石的烧结温度较高，无法应用作为 LTCC 基板材料。但堇青石优越的性能促使研究人员克服以上缺陷，改变堇青石微晶玻璃的基础组成，掺入添加剂及晶核剂（CaO、CaF₂、B₂O₃、P₂O₅、

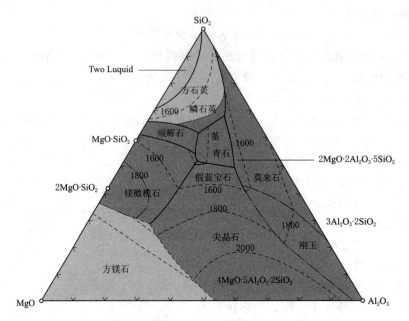

图 3.84　MgO—Al_2O_3—SiO_2 三元相图

TiO_2、ZrO_2、CrO_3、NiO、CeO_2、V_2O_5、WO_3 及碱金属氧化物），目的是降低基础玻璃的烧结温度及促进堇青石相的析出，在低烧结温度制备出致密的堇青石微晶玻璃。最先取得突破性进展的是 IBM 公司，他们改变了 Corning 公司的基础玻璃配方，在低于 1000℃ 制备出高致密的堇青石微晶玻璃；进一步研究发现 MgO 能降低基础玻璃的高温黏度，而少量的 P_2O_5 和 B_2O_3 可以改善基础玻璃的烧结性；随后在满足 LTCC 技术要求前提下将制备堇青石微晶玻璃的烧结温度降至 900℃，并开发出 390/ES9000 系列堇青石微晶玻璃/铜多层基板材料，其介电常数（5.00）远小于 Al_2O_3 的介电常数，热膨胀系数（$3.00×10^{-6}$ K^{-1}）与 Si 的热膨胀系数匹配，所制备的多层电路元件成功应用在 System/390 ©- Enterprise System/ 9000™ 计算机上。

随后的几十年，国内外大量报道了堇青石微晶玻璃 LTCC 基板材料的研究，通过调节基础玻璃前驱体化学成分，改善其烧结特性，并努力制备单一 α-堇青石相微晶玻璃。

习 题

3.1　试述相平衡图、组元、独立组元的定义，相的定义及特点。

3.2　如果系统中有下列相存在，而且给定的物质之间建立了化学平衡，试确定系统的组分数。

（1）HgO(s)、Hg(g)、O_2(g)；

（2）Fe(s)、FeO(s)、CO(g)、CO_2(g)。

3.3　硫的相图如图 1 所示，①试写出图中的线和点各代表哪些相的平衡；②试述系统的状态在定压下由 X 加热到 Y 所发生的相变化。

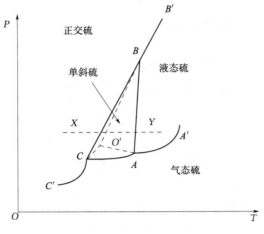

图 1 硫的相图

3.4 试根据下列知识，大约画出 HAc 的相图。①固体 HAc 的熔点为 289.8K，此时的饱和蒸汽压为 1.2×10^2 Pa；②固体的 HAc 有 α 和 β 两种晶型，这两种晶型的密度都比液体大，α 晶型在低压下是稳定的；③α 晶型和 β 晶型与液体成平衡的温度为 328.4K，压力为 2×10^8 Pa；④α 晶型和 β 晶型的转化温度（即 α 和 β 的平衡温度）随压力降低而降低。

3.5 试举例说明如何利用相图来分析、解决生产问题？

3.6 某一个异成分熔融化合物存在的二元相图如图 2 所示，当加热组成相当于 x 和 y 的两个混合物到不同温度时，所发生的相反应是怎么样的？处于平衡的各相的含量为若干？

（1）体系温度刚到 T_g 时。

（2）体系温度即将高于 T_g 时。

（3）体系温度到 T_P 时。

（4）体系温度即将高于 T_P 时。

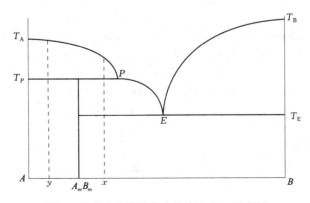

图 2 某异成分熔融化合物存在的二元相图

3.7 铸造 1kg 含有 Si 质量分数为 10％的铝合金，根据 Si—Al 相图（图 3）。

（1）在冷却过程中第一个固相出现的温度是多少？

（2）第一个固相刚出现时的组成？

（3）在什么温度下合金完全固化？

（4）在显微结构中将发现多少低共熔前的相？

（5）在 849K 时 Si 是怎样分配到这显微结构中去的？

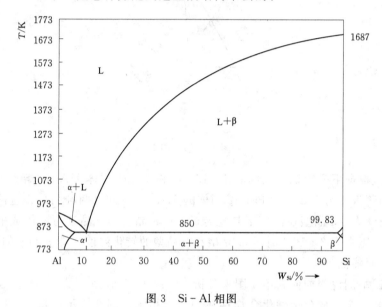

图 3 Si - Al 相图

3.8 图 4 是无化合物生成的三元相图，在图上画有等温线，等温线上所注明的标记，从高温到低温的次序是：$t_6 > t_5 > t_4 > \cdots > t_1$。据此平面投影的相图请说出：

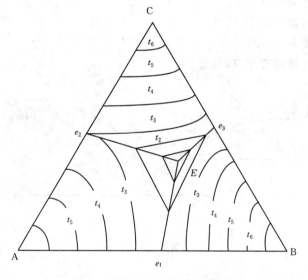

图 4 无化合物生成的三元相图

(1) 三个组分 A、B、C 熔点的高低次序？

(2) 液相面的下降陡势如何？哪一部分最陡？哪一部分较平坦？

3.9　图 5 中所示的三元相图，有三个二元化合物 S_1、S_2、S_3。相应地，在状态图上有 6 个相区。根据图回答：

(1) 化合物 S_1、S_2、S_3 的化学式怎样表示？它们各具有什么性质？

(2) 图中共有 5 个无变量点，确定它们的性质？

(3) 讨论组成位于 S_1S_3 连线上，且在组分 B 相区内的熔融体的结晶过程？

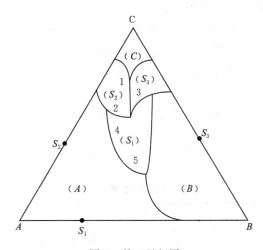

图 5　某三元相图

3.10　在标准压力和不同温度下，CH_3COCH_3 和 $CHCl_3$ 系统的溶液组成和平衡蒸汽组成有表 1 所列数据（摩尔分数）。

表 1　习题 3.10 数据

$t/℃$	56.0	59.0	62.5	65.0	63.5	61.0
$X(CH_3COCH_3,l)$	0.00	0.20	0.40	0.65	0.80	1.00
$Y(CH_3COCH_3,g)$	0.00	0.11	0.31	0.65	0.88	1.00

(1) 画出此物系的沸点-组成图。

(2) 将 4mol $CHCl_3$ 和 1mol CH_3COCH_3 的混合液蒸馏，当溶液沸点上升到 60℃时，试问整个馏出物的组成约为若干？

(3) 将 (2) 中所给溶液进行完全分馏，能得何物？

3.11　在标准压力下，HNO_3—H_2O 系统的组成（摩尔分数）见表 2。

表 2　标准压力下 HNO_3—H_2O 系统的组成

$t/℃$	100	110	120	122	120	115	110	100	85.5
$X(HNO_3,l)$	0.00	0.11	0.27	0.38	0.45	0.52	0.60	0.75	1.00
$Y(HNO_3,g)$	0.00	0.01	0.17	0.38	0.70	0.90	0.96	0.98	1.00

（1）画出此系统的沸点-组成图。

（2）将 3mol HNO_3 和 1mol H_2O 的混合气体冷却到 114℃，互相平衡的两相组成为何？互比量为多少？

（3）将 3mol HNO_3 和 1mol H_2O 的混合物蒸馏，待溶液沸点升高了 4℃时，整个馏出物的组成约为多少？

（4）将（3）中所给混合物进行完全蒸馏，能得何物？

3.12 （1）根据表 3 中数据绘出 H_2O—KNO_3 系统的温度-组成图。数据为不同温度之下饱和溶液的浓度及平衡共存之固相。

（2）在相图上标注 100℃时把 50g KNO_3 及 50g 水组成的系统定温蒸发至水量减少到 10g 的过程，并计算析出 KNO_3 晶体的质量。

（3）在相图上标注将上述所配制的溶液由 100℃冷却到 30℃的过程，并计算析出结晶的质量。

（4）生产 KNO_3 的二次结晶工段上，每次投料"一次结晶"共 800kg，该"一次结晶"含水 5%，要配成 75℃时的饱和溶液，试计算加水量。过滤后进行二次结晶时冷却到 28℃，试计算可得"二次结晶"的质量收率是多少？

表 3 习题 3.12 数据

$t/℃$	0	−1.4	−2.9	0	10	20	30	40
$w_{KNO_3}/\%$	0.00	4.99	10.0	11.6	17.3	24.0	31.4	39.0
固相	冰	冰	冰+KNO_3	KNO_3	KNO_3	KNO_3	KNO_3	KNO_3

$t/℃$	50	60	70	80	90	100	125
$w_{KNO_3}/\%$	46.1	52.4	58.0	62.8	66.9	70.9	78.9
固相	KNO_3	KNO_3	KNO_3	KNO_3	KNO_3	KNO_3	KNO_3

3.13 KNO_3—$NaNO_3$—H_2O 系统在 5℃时有一、三相点，在这一点无水 KNO_3 和无水 $NaNO_3$ 同时与一饱和溶液达成平衡，已知此饱和溶液含 KNO_3 的质量分数为 0.0904，含 $NaNO_3$ 的质量分数为 0.4101。如果有一 70g KNO_3 和 30g $NaNO_3$ 的混合物，欲用重结晶方法回收 KNO_3，试计算在 5℃时最多能回收 KNO_3 的质量是多少？

3.14 25℃时，丙醇（A）-水（B）系统气液两相平衡时。组分 B 的蒸汽分压、液相组成与总压的关系见表 4。

表 4 组分的蒸汽分压、液相组成与总压的关系

x_B	0	0.100	0.200	0.400	0.600	0.800	0.950	0.980	1.000
p_B/kPa	0	1.08	1.79	2.65	2.89	2.91	3.09	3.13	3.17
p/kPa	2.90	3.67	4.16	4.72	4.78	4.72	4.53	3.80	3.17

（1）画出压力-组成图，并指出发生何种偏差？

（2）组成为 $x_B = 0.300$ 的系统在平衡压力 $p = 4.16\text{kPa}$ 时达到气液两相平衡，求平衡时气相组成 y_B 及液相组成 x_B。

（3）上述系统 5mol 在 $p = 4.16\text{kPa}$ 时达到平衡，气液两相物质的量各为多少？

（4）上述系统 10kg 在 $p = 4.16\text{kPa}$ 时达到平衡，气液两相物质的量各为多少？

第4章 熔体和玻璃体

熔体和玻璃体是物质另外两种聚集状态。相对于晶体结构而言，熔体和玻璃体中质点排列具有不规则性，其结构至少在长距离范围具有无序性，这类材料属于非晶态材料。熔体特指加热到较高温度才能液化的物质的液体，即具有较高熔点物质的液体；熔体快速冷却则变成玻璃体。因此，熔体和玻璃体是相互联系、性质相近的两种聚集状态，这两种聚集状态的研究对理解无机材料的形成和性质有着重要的作用。

玻璃是常见的非晶体固体材料，里面包含有大量的玻璃相结构。其由玻璃原料加热成熔融态冷却形成，在其他无机材料的生产过程中，一般也都会出现一定数量的高温熔融相，而常温下以玻璃相存在于各晶相之间，其含量及性质对这些材料的形成过程及制品性能都有重要影响。如水泥行业，高温液相的性质（如黏度、表面张力）常常决定水泥烧成的难易程度和质量好坏；陶瓷和耐火材料行业，它通常是强度和美观的有机结合，有时希望有较多的熔融相，而有时又希望熔融相含量较少，而更重要的是希望能控制熔体的黏度及表面张力等性质。所有这些愿望，都必须在充分认识熔体结构和性质及其二者之间的关系之后才能实现。本章主要介绍固体的熔融和玻璃化转变、熔体的结构特点与模型、熔体的性质、玻璃体的性质、常见的玻璃体等内容，这些基本知识对控制无机材料的制造过程和改善无机材料性能具有重要的意义。

4.1 熔体的概念

4.1.1 固体的熔融和玻璃化转变

1. 固体的熔融

固体的熔融是指把固体材料加热到较高的温度使其转变为液相。对于硅酸盐固体来说，它的液体通常称为熔体，它的熔点一般都很高，多数处于 1000℃ 以上。

固体熔融时有以下几个特征：①体积变化不大，这说明固体和熔体中质点之间距离变化不大；②固体熔化热比液体汽化热小得多，这说明固体和液体的内能差别不大，即内部质点之间作用力差别不大；③固液态热熔相近，这说明液体中质点的热运动状态与固体中相类似，即基本上仍是在平衡位置作热振动。

在硅酸盐熔体中，最基本的离子是硅、氧、碱土或碱金属离子。由于 Si^{4+} 电荷高、半径小、极化能力强，具有很强的形成硅氧四面体 $[SiO_4]$ 的能力。在 $[SiO_4]$ 中，4 个氧离子围绕位于中心的硅离子，每个氧离子有一个电子可以和其他离子键合。Si—O 键既有离子键又有共价键的成分。如果熔体中 O：Si 为 4：1，则形成孤立的 [SiO₄]；当 O：Si 小于 4：1 时，则各 [SiO₄] 之间由共同氧离子相连接构成不同聚合程度的聚合物；当 O：Si 小于 2：1 时， [SiO₄] 连接成架状结构。其中与两个 [SiO₄] 相连接的氧称为桥氧，与一个 [SiO₄] 相连的氧称为非桥氧。熔体中的 R—O 键的键强比 Si—O 键弱得多。Si^{4+} 能吸引 R—O 上的氧离子，结果使 Si—O—Si 中的 Si—O 键断裂，使 Si—O 键的键强、键长、键角都发生变化。即在硅酸盐熔体中 R_2O、RO 起到使结构网络破裂的作用。

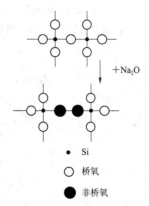

图 4.1 石英熔体中
掺入 Na_2O

图 4.1 和图 4.2 为石英熔体中掺入 Na_2O 后结构变化的示意图。在熔融 SiO_2 中，由于 Na_2O 的断键作用，使 O：Si 比值升高。随着 Na_2O 含量、非桥氧数和 Si—O 键断裂程度的增加，熔体结构逐渐从架状变成层状、链状、环状、岛状的各种不同聚集状态。

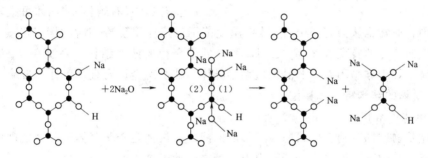

图 4.2 四面体网络被 Na_2O 分化

硅酸盐熔体结构由许多 [SiO₄] 聚合程度不同的聚合物、游离碱、吸附物组成。熔体的结构与其组成和温度有关。当熔体组成不变时，各种聚合物的数量与温度有关；当温度恒定时，熔体中的各种不同类型的聚合物处于缩聚和解聚的平衡状态。温度升高，低聚物浓度增加，反之，低聚物浓度降低。高聚合物主要是三维结构。以高聚合物为主的熔体（如硅酸二钠）具有高黏度、低析晶能力。而以低聚合物为主的熔体（如偏硅酸钠），其黏度低、析晶能力增加。对 MO—SiO（M＝Na、Ca、Pb、Fe）系统熔体结构研究表明，熔体中聚合物生成量按下列次序递减：Na 盐＞Ca 盐＞Pb 盐＞Fe 盐，游离 MO 量为 $Na_2O＜CaO＜PbO＜FeO$。说明熔体化学组成、结构与性能关系是十分密切的。

除硅的氧化物能聚集成各种聚合集团之外，熔体中含有硼、锗、磷、砷等氧化物时也会形成类似的聚合。聚合程度随 O：B、O：P、O：Ge、O：As 的比例和温度而变。

2. 固体的玻璃化转变

玻璃是由熔体或液体冷却形成的。物质从熔体冷却到凝固点时可能结晶成晶体，也可能变得越来越稠，黏度越来越大，最后凝结成不结晶的玻璃体。熔融态向玻璃态转化的可逆性和渐变性玻璃没有熔点温度，熔体向玻璃体的转化过程中，系统没有明显的结构突变，而是处于一种渐变过程。

系统内能和体积从熔融态变为固态的过程相应也是一种逐渐过渡的状态、一种渐

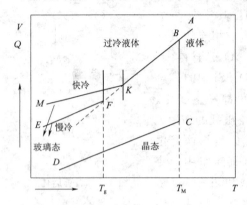

图 4.3　物质内能、体积随温度的变化

变过程。在图 4.3 中曲线 $ABKM$ 和 $ABKFE$ 上，由于冷却速度不同分别出现 K 和 F 两个转折点，K 和 F 点两侧均呈现曲线的斜率不同，K 和 F 点对应的温度都可称为玻璃转变温度 T_g。T_g 的物理意义为：系统的行为，当 $T > T_g$ 时主要遵从熔体变化规律，当 $T < T_g$ 时遵从固体变化规律。T_g 温度可以由高温和低温下两个曲线的交点确定。当系统的组成一定时，冷却速度不同，系统的结构、内能偏离平衡状态的程度不同，T_g 温度则不同。因此玻璃无固定熔点，只有熔体-玻璃体可逆转变的

温度范围，通常也认为有一个 T_g 转变温度范围。熔体平衡冷却时的熔点温度 T_m 和熔体非平衡急冷的转变温度 T_g 之间，系统处于介稳的液态结构，系统在 T_g 以下的温度才真正处于非晶固态。非晶态硫系半导体、非晶态金属合金都可称为玻璃。

4.1.2　熔体的结构特点和模型

1. 熔体的结构特点

熔体是物质加热到熔融状态下所形成的液体。熔体是介于气体和晶体之间的一种物质状态，它的存在依赖于分子间引力与熵之间的微妙平衡，引力使之凝聚，而熵阻其固化。熔体在熔点附件或过热度不大时，熔体的结构、热力学性质以及力学性能与晶体有较大的相似性，而与气体有较大的区别。通过对比相同成分的晶体和熔体的密度和导电性，发现二者之间并无太大的差别，这是由于两者具有相近的原子间距、键角、键长、配位数等结构参数。部分物质熔化前后原子间距及配位数接近于固态而远离气态，说明熔体与气态的完全无序是不同的。

X 射线衍射是研究物质结构的一种有效工具，通过分析相同物质的不同聚集状态可以说明物质结构中质点的排列情况，如图 4.4 所示。气体的特点是当衍射角 θ 很小的时候，衍射强度很大，随着 θ 角的增大，衍射强度逐渐减弱；熔体与玻璃的 X 射线衍射图相似，呈现宽的衍射峰，这些峰的中心位置位于该物质相应晶体对应

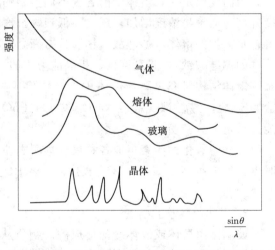

图 4.4　不同聚集状态物质的 X 射线衍射图

衍射峰所在的区域，衍射峰中最高点的位置相近说明了熔体中某一质点最邻近的几个质点的排列形式与间距和玻璃相似；而晶体的 X 射线衍射图呈现明显的质点衍射峰。从图 4.4 中可以看到，熔体位于固体和气体之间的中间态，它的结构与玻璃态相似，而与晶体结构明显不同。晶体结构是长程有序、短程有序状态；而熔体结构呈现长程无序、短程有序特征，这是由于熔体中原子是随机密集排布的，具有一定的短程有序结构，熔体中的剧烈热运动打破其长程有序结构，表现为长程无序。

2. 熔体的结构模型

由于熔体结构很复杂，且一般处于高温，这为实验测定熔体结构带来很多的困难。而通过实验得到的结构因子和径向分布函数等数据只能反映熔体结构在微观上的统计信息，并不能够反映熔体结构的局域原子排列。因此，为了更加形象地认识熔体结构，人们提出了很多的模型来描述熔体结构。目前，熔体的结构理论主要包含以下几种。

（1）液体自由体积理论。

此理论是引入分子间作用力来描述熔体的热力学性质。此理论认为液体是由无数个近邻分子间作用力势场构成的大小相等的胞腔构成，每个粒子占据一个胞腔，并在胞腔内做类似于气体的热运动。此理论能够近似地表示范德瓦耳斯力熔体中原子的运动及排列情况。

（2）群聚态模型。

该模型认为物质熔化后熔体原子仍在一定程度上保持着与固态时类似的价键。在过热度不高时，原子的有序分布不仅局限于该原子的直接近邻周围，而且还扩展到较大体积的原子团簇内，也就是说熔体中的原子团簇保持着接近于晶体中的结构。这种原子团簇称为熔体的有序带或者群聚态。有序带的周围原子混乱排列，称为无序带。由于有序带和无序带之间不存在明显的分界线，因此不能称为两个相。有序原子团簇在熔体中不断产生而又不断消失，可认为是处于一个不均匀的非平衡态。这可能是熔化时某些物化性质产生滞后的原因。若将熔体在较高的温度下保温一段时间，这种聚集态有可能会消失，熔体转变为更加无序的结构。溶解于熔体中的元素在此两带内有不同的溶解度，能大量溶解于固体中的元素在有序带内的溶解度比较高，表面活性元素多在此两带的界面上存在。

（3）有效结构模型。

该模型是由 Egring 教授和他的团队从晶体点阵出发提出的。他们在早期的研究中发现，晶体熔化时体积改变很小，熔体的结构与晶体的结构比较类似，基于此，在晶体点阵中引入各种缺陷（空穴和位错等）作为有效结构模型。该模型认为晶体熔化时产生了许多空位，这些空位的产生是由高温下某些原子得到了较高的能量而脱离晶格位置导致的。有效结构理论可以通过数学处理方法来解释液气两相连续平衡的现象以及晶体熔化过程。

（4）硬球无规密堆积模型。

该模型是 1959 年由 Bernal 教授提出的，其出发点是认为熔体结构类似于非晶体，密度类似于晶体，而空间分布类似于气体。该模型是基于熔体具有均质、排列紊乱、密度集中的原子堆垛结构。

  Bernal 将几千个钢球装入一个球形袋中，经过压紧与振实使钢球达到最紧密的排列状态。然后，往球形袋中加入适量油漆使钢球黏合在一起。待油漆干燥后将钢球剥离，统计各个钢球接触点的位置，并统计各个钢球的三维坐标以及配位数。结果发现钢球的随机密集排布造成极不规则的配位排布，配位数从 5~12 不等，平均配位数为 8~9，与 X 射线衍射得到的溶体的配位数一致。该实验得到的径向分布函数也与实验值基本相符。研究结果还显示钢球能够构成近程有序的集团，这些原子集团多以多面体的形式存在，称为 Bernal 多面体。这些多面体的每个面均为三角形，边长可以有±20%的偏离。熔体由五种 Bernal 多面体组成，分别是：四面体、八面体、四角十二面体、阿基米德反棱柱和三棱柱。而 Scott 采用类似的方法将球体装入球形瓶中震荡得到的无规堆积最大的堆积系数与 Bernal 的结果一致，都是 0.6366。

  硬球无规密堆模型是目前较好的模型之一。该模型统计结果与实验结果符合较好，特别在金属或类金属非晶合金上得到了很好的一致性。但是此模型只能表示熔体在某一时刻的静态结构，而现实熔体中的原子却是在不断运动的。如今，人们已经开始通过计算机模拟的方法来建立动态的随机密排模型。

4.1.3 熔体的性质

1. 黏度

  黏度是指液体在受到外力作用移动时，一层液体内分子与邻近一层液体内分子之间的相互作用力。主要用于表征液体内部抵抗流动的阻力，其物理意义为：单位接触面积单位速度梯度下两层液体间的内摩擦力，用流体的剪切应力与剪切速率之比来表示。

  假如两层液体之间的内摩擦力为 F，相互之间的接触面积为 S，垂直流动方向的速度梯度为 $\dfrac{\mathrm{d}v}{\mathrm{d}x}$，则黏度可表示为

$$F = \eta S \frac{\mathrm{d}v}{\mathrm{d}x} \tag{4.1}$$

式中：η 为黏度系数，简称黏度，Pa·s。

  黏度的倒数称为流动度（ψ），黏度越大，其流动度越小。

  熔体的黏度在晶体生长、玻璃的制备、陶瓷的液相烧结等方面有很重要的作用。例如，玻璃生产的各个阶段，从熔制、澄清、均化、成型、加工，直到退火的每一工序都与黏度密切相关，如熔制玻璃时，黏度小，熔体内气泡容易逸出；在玻璃成型和退火方面黏度起控制性作用，玻璃制品的加工范围和加工方法的选择取决于熔体黏度及其随温度变化的速率。黏度也是影响水泥、陶瓷、耐火材料烧成速率快慢的重要因素，降低黏度对促进烧结有利，但黏度过低又增加了坯体变形的能力；在瓷釉中如果熔体黏度控制不当就会形成流釉等缺陷。此外，熔渣对耐火材料的腐蚀，对高炉和锅炉的操作也和黏度有关。因此熔体的黏度是无机材料制造过程中需要控制的一个重要工艺参数。

2. 影响黏度的因素

  （1）黏度与温度的关系。硅酸盐熔体在不同温度下的黏度差异非常大，可以从

10^{-2}Pa·s 到 10^{15}Pa·s 之间变化。熔体在流动时，内部质点之间从一个平衡位置移到另一个位置，需要克服足够的能量才能够移动。依据玻耳兹曼方程，可得

$$\eta = K \mathrm{e}^{\frac{-\Delta E}{RT}} \tag{4.2}$$

式中：η 为熔体黏度；K 为玻耳兹曼常数；ΔE 为黏度活化能；R 为气体常数；T 为熔体的温度。

假设 ΔE 的大小与温度无关，可得

$$\ln\eta = \ln K - \frac{\Delta E}{RT} \tag{4.3}$$

即 $\ln\eta$ 与 $1/T$ 呈线性关系。这是由于温度越高，质点运动能量增大。

对于硅酸盐熔体而言，ΔE 在加到温度范围内，不是常数，而是随着温度的变化而变化。如图 4.5 所示，钠硅酸盐玻璃熔体的 $\log\eta$ 与 $1/T$ 在较宽的温度范围内不是直线，说明 ΔE 并不是常数。通过曲线的斜率可求出每一个温度下活化能的大小，从图中标出的数值可以看到活化随温度降低而增大。研究指出：大多数氧化物熔体的 ΔE 在低温时为高温时的 2～3 倍。这是由于熔体在流动时，并不使键断裂，而只是使原子从一个平衡位置移到另一个位置。因此活化能应是液体质点做直线运动所必需的能量。它不仅与熔体组成，还与熔体 [SiO$_4$] 聚合程度有关。当温度高时，低聚物居多数，而温度低时高聚合物明显增多。在高温区或低温区域 $\lg\eta - 1/T$ 可近似看成直线。但在玻璃转变温度范围 $(T_g - T_f)$（注：对应于黏度为 $10^{12} \sim 10^8$Pa·s 的温度范围）内，由于熔体结构发生突变，也就是复合

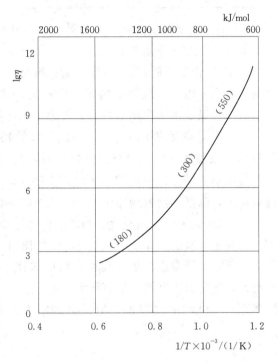

图 4.5　钠硅酸盐玻璃熔体的黏度-温度关系曲线

阴离子团分布随温度变化而剧烈改变从而导致活化能随温度变化。

由于硅酸盐熔体的结构特性，因而与晶体（如金属、盐类）的黏度随温度的变化有显著的差别。熔融金属和盐类，在高于熔点时，黏度变化很小，当达到凝固点时，由于熔融态转变成晶态的缘故，黏度呈直线上升。而硅酸盐熔体的黏度随温度的变化则是连续的。

（2）黏度与组成的关系。依据熔体结构的聚合作用模式，Si^{4+}、部分 Al^{3+} 和 Fe^{3+} 为成网阳离子，而一价碱金属（K^+、Na^+）和二价金属（Ca^{2+}、Mg^{2+}、Fe^{2+}）一般是变网阳离子。熔体中成网阳离子越多，熔体聚合程度越高，要使成键力很强的网络破裂、变形而开始流体，就必须施加较大的作用力，因而熔体的黏度就越大。相

反，随着变网阳离子的含量增加，熔体聚合程度降低，而黏度就变小。

1）O/Si 值。熔体的结构取决于 O/Si 值的大小。即 SiO_2 的含量增加，O/Si 的值下降，结构由岛→组群→链→层→架状，随着结构复杂程度增加，黏度逐渐升高。见表 4.1。

表 4.1　　　　　　　　1400℃ 时 Na_2O - SiO_2 系统玻璃黏度

熔体分子式	O/Si 比值	结构式	$[SiO_4]$ 连接形式	1400℃ 黏度值/(Pa·s)
SiO_2	2/1	$[SiO_2]$	架状	10^9
$Na_2O \cdot 2SiO_2$	5/2	$[Si_2O_5]^{2-}$	层状	28
$Na_2O \cdot SiO_2$	3/1	$[SiO_3]^{2-}$	链状	1.6
$2Na_2O \cdot SiO_2$	4/1	$[SiO_4]^{4-}$	岛状	<1

2）一价碱金属氧化物。一价碱金属氧化物（R_2O）加入后是降低黏度的，但是降低的程度与其含量多少有关。

当 R_2O 含量较低，即 SiO_2 含量较高时，对黏度起主要作用的是 $[SiO_4]$ 四面体之间的键力，熔体中硅氧负离子集团较大，这是加入的一价碱金属阳离子的半径越小，夺取硅氧负离子集团上桥氧的能力增大，使硅氧负离子集团解聚，黏度活化能减小，因而降低黏度的作用越大。因此，降低黏度的顺序为：$Li_2O > Na_2O > K_2O$。当 R_2O 含量较高及 SiO_2 含量较低时，熔体中的 O/Si 值增加，熔体结构从复杂形式逐渐向简单形式转变，因而四面体之间主要靠键力 R—O 连接，键力最大的 Li^+ 具有最高的黏度，降低黏度的顺序为：$Li_2O < Na_2O < K_2O$，如图 4.6 所示。

3）二价碱土金属氧化物 RO。二价碱土金属氧化物对熔体的黏度的影响有双重作用。在不含碱的熔体中，由于 O/Si 的比值不大，RO 的加入能夺取硅氧负离子基体中的氧，从而黏度增加；而在含碱的熔体中，RO 能够提供游离氧从而使 O/Si 比值增大，随着 R^{2+} 离子半径的增大，黏度逐渐降低。综合上述作用，RO 降低黏度的顺序为：$BaO > SrO > CaO > MgO$，如图 4.7 所示。

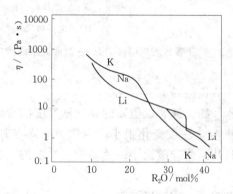
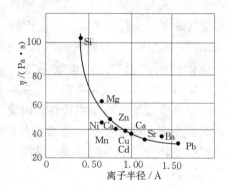

图 4.6　R_2O—SiO_2 玻璃在 1400℃ 时的黏度变化　　图 4.7　二价阳离子对硅酸盐熔体黏度的影响

4）极化作用。离子间的极化作用对黏度也有明显的影响。由于极化作用使离子变形、共价键成分增加，从而减弱了 Si—O 间的键力，因此起降低黏度的作用。具有

18 电子层结构的二价金属离子（Zn^{2+}、Cd^{2+}、Pb^{2+}）等因其极化能力和被极化能力都较大，比含有 8 个电子层的碱土金属离子更能降低黏度。

5）高价金属氧化物。一般来说，在熔体中引入 Al_2O_3、ZrO_2、ThO_2 等氧化物时，因其阳离子所带电荷多，离子半径又小，则离子势 Z/r 大，总是倾向于形成更为复杂巨大的复合阴离子团，使黏滞活化能变大，从而导致熔体黏度增高。

6）阳离子配位数。图 4.8 为硅酸盐 Na_2O—SiO_2 玻璃中，以 B_2O_3 代替 SiO_2 时，黏度随 B_2O_3 含量的变化曲线。当 B_2O_3 含量较少时，$Na_2O/B_2O_3 > 1$，结构中"游离"氧充足，B^{3+} 离子处于 $[BO_4]$ 四面体状态加入 $[SiO_4]$ 四面体网络，使结构紧密，黏度随含量升高而增加；当 B_2O_3 含量和 Na_2O 含量的比例约为 1 时（B_2O_3 含量约为 15%），B^{3+} 离子形成 $[BO_4]$ 四面体最多，黏度达到最高点；B_2O_3 含量继续增加，使 $Na_2O/B_2O_3 < 1$，"游离"氧不足，增加的 B^{3+} 开始处于 $[BO_3]$ 中，结构趋于疏松，黏度又逐步下降，从而出现"硼反常"现象（指由于 B^{3+} 配位数的变化而引起玻璃性能曲线上出现转折的现象）。

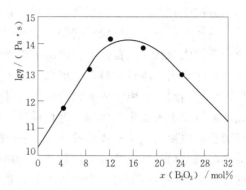

图 4.8 $16Na_2O \cdot xB_2O_3 \cdot (84-x)SiO_2$ 系统玻璃中 560℃时的黏度变化

当 Na_2O 加入硼酸盐中时，随 Na_2O 量增多，"游离"氧出现，使部分 $[BO_3]$ 三角体转变成 $[BO_4]$ 四面体，B—O 复合阴离子团由片状转向架状结构，网络连接程度增加，结构密度增大，则黏度增大。由于 $[BO_4]$ 带有一个负电荷，所以不能直接相连，其间必须由电中性的 $[BO_3]$ 隔开，所以当系统中所形成的 $[BO_4]$ 到达一定的比例（理论上 $[BO_4]/[BO_3]+Na_2O$ 为 1/5）时，就不再形成 $[BO_4]$，这时黏度达到最大；若继续引入 Na_2O，则只能引起 B—O 复合阴离子团解聚，黏度相应下降，同样出现"硼反常"现象。但与硼硅酸盐玻璃不同的是，在硼硅酸盐玻璃中不存在 $[BO_4]$ 的这一极限值，因为 $[BO_3]$ 之间的隔离作用可通过电中性 $[SiO_4]$ 来承担。

7）混合碱效应。熔体中同时引入一种以上的 R_2O 或 RO 时，黏度比等量的一种 R_2O 或 RO 高，称为混合碱效应，这可能和离子的半径、配位等结晶化学条件不同而相互制约有关。

8）其他化合物。CaF_2 能使熔体黏度急剧下降，其原因是 F^- 的离子半径与 O^{2-} 的相近，较容易发生取代，但 F^- 只有一价，将原来网络破坏后难以形成新网络，所以黏度大大下降。

稀土元素氧化物如 La_2O_3、CeO_2 等，以及氯化物、硫酸盐在熔体中一般也起降低黏度的作用。

3. 表面张力

对于液体，表面张力和表面能在数值上是相同的，量纲也相同。表面能的含义是形成单位面积时，体系吉布斯自由熔的增量，单位为 J/m^2；而表面张力是扩张表面单位长度所需要的力，单位为 N/m。在液体中，原子和原子团易于移动，形成新表面或扩张新表面，表面结构均可保持不变。而在固体中形成新表面时，原子距离可不变，但是扩张新表面原子间的距离一定要变。因此，在固体中特别是各向异性的晶体中，表面能和表面张力在数值上不一定相同。

对于熔体而言，其表面层的质点受到体系内部质点的作用力比与空气层之间的引力大。因此，表面层质点有趋向于熔体内部使表面积有尽量收缩的趋势，结果在表面切线方向上有一种缩小表面的力作用，这个力称为表面张力。

熔体表面张力对玻璃的熔制、成形以及加工工序有重要的作用。在玻璃熔制过程中，表面张力在一定程度上决定了玻璃液中气泡的长大和排除；在玻璃成形中，人工挑料或吹小泡及滴料供料都要借助于表面张力，使之达到一定形状。拉制玻璃管、玻璃棒、玻璃丝时，由于表面张力的作用才能获得正确的圆形；玻璃制品的烘口、火抛光也需借助于表面张力作用；近代浮法平板玻璃生产是基于表面张力而获得可与磨光玻璃表面质量相媲美的优质玻璃。在硅酸盐材料中熔体的表面张力的大小会影响液、固表面润湿程度和影响陶瓷材料坯、釉结合程度。因此熔体的表面张力是无机材料制造过程中需要控制的另一个重要工艺参数。

影响表面张力的因素如下。

（1）温度。熔体表面张力随温度的增加而降低，几乎呈直线关系。这是由于随着温度的升高，质点热运动加剧，体积膨胀，化学键松弛，使表面层的质点受到两侧的作用力差值降低，所以表面张力降低。

在高温时，熔体的表面张力受温度的影响变化不大，一般温度每增加 $100℃$，表面张力减少约 $(4 \sim 10) \times 10^{-3}/m$。当熔体温度降到其软化温度附近时，其表面张力会显著增加，这是由于此时体积突然收缩，质点之间的作用力显著增大的原因，如图 4.9 所示。

（2）熔体组成和结构。熔体中质点之间的键型对表面张力有不同的影响，一般表面张力的大小为：金属键＞共价键＞离子键＞分子键。二元硅酸盐熔体中既有共价键又有离子键，其表面张力介于共价键熔体和离子键熔体之间。

结构类型相同的离子晶体，其晶格能越大，则其熔体的表面张力也越大。其单位晶胞边长越小，熔体的表面张力也越大。即熔体表面张力随内部质点间的相互作用力的增加而增大。

各种氧化物的加入对硅酸盐熔体表面张力的影响是不同的。能够增大熔体表面张力的物质无表面活性，称为表面惰性物质，例如，Li_2O、Na_2O、CaO、MgO、Al_2O_3 等氧化物。这是由于此类氧化物能够提供"游离"氧，使 O/Si 比值增大，复合阴离子团解聚变小，其离子势 Z/r 变大，小阴离子团比大阴离子团表面不均匀性高，使熔体表面张力增

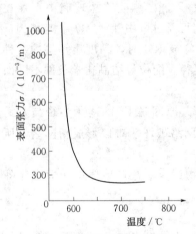

图 4.9 钾铅硅酸盐玻璃表面
张力与温度的关系

大。且随阳离子半径增大，这种作用依次减少，表面张力大小表现为：$Li^+ > Na^+ > K^+$。

能降低熔体表面张力的物质具有表面活性，称为表面活性物质。例如，SiO_2、P_2O_5、B_2O_3、PbO、K_2O 等氧化物，加入量较大时，能显著降低熔体表面张力。这是由于熔体中随 SiO_2 含量增加，O/Si 比值增大，硅氧复合阴离子团尺寸增大，其离子势 Z/r 变小，这些硅氧复合阴离子团被排挤到熔体表面，使表面张力降低。P^{5+} 容易与 O^{2-} 形成大复合阴离子团，使表面张力降低；B^{3+} 与 O^{2-} 形成［BO_3］层状结构，铺展于熔体表面，降低表面张力作用较大。对硼酸盐熔体，随着碱含量减少，表面张力的温度系数由负逐渐接近零值，当碱含量再减少时 $d\sigma/dT$ 也将出现正值。这是由于温度升高时，熔体中各组分的活动能力增强，扰乱了熔体表面［BO_3］平面基团的整齐排列，致使表面张力增大。B_2O_3 熔体在 $1000℃$ 左右的 $d\sigma/dT \approx 0.04 \times 10^{-3}$/m。$Pb^{2+}$ 极化力和极化率都较大，Pb^{2+} 与 O^{2-} 在表面层做定向排列，其电距方向由负到正指向内部，从而降低表面能，且温度系数为正值。如 PbO—SiO_2 系统玻璃的表面张力随温度升高而变大，这是因为随温度升高，Pb^{2+} 与 O^{2-} 在表面层的定向排列被破坏，则表面张力增加。一般含有表面活性物质的系统也出现此正温度系数，这可能与在较高温度下出现"解吸"过程有关。

一般硅酸盐熔体的表面张力温度系数并不大，波动在（$-0.06 \sim +0.06$）$\times 10^{-3}$N/（m·℃）之间。

能显著降低熔体表面张力的物质称为表面活性剂，如 Cr_2O_3、V_2O_5、MoO_3、WO_3 等难熔氧化物。加入少量，也可剧烈降低熔体表面张力。其原因是 M—O 键力强，可以把阴离子团连接成更大的复合阴离子团，使表面张力下降。

（3）气体介质。气体介质的极性对熔体的表面张力影响不一致。非极性气体：如干燥的空气、N_2、H_2、He 等对熔体的表面张力基本上不影响。极性气体：如 H_2O 蒸汽、SO_2、NH_3、HCl 等通常使熔体表面张力明显降低，且介质的极性越强，表面张力降低得也越多，即与气体的偶极矩成正比。特别在低温时（如 $550℃$ 左右），此现象较明显，当温度升高时，由于气体被吸收能力降低，气氛的影响同时减小，在温度超过 $850℃$ 或更高时，此现象将完全消失。

气体介质的性质对表面张力影响不同。还原气氛下熔体的表面张力较氧化气氛下大 20%。这对于熔制棕色玻璃时色泽的均匀性有着重大意义，由于表面张力的增大，玻璃熔体表面趋于收缩，这样便不断促使新的玻璃液达到表面而起到混合搅拌作用。

4.2 玻 璃 体

玻璃是最常见的由玻璃原料经过加热、熔融、快速冷却而形成的一种无定形的非晶态结构固体。玻璃的结构是指玻璃中质点在空间的几何排列、有序程度以及它们彼此间的结合状态。由于玻璃的结构与其性质有着密切的联系，因此，非常有必要对其结构进行详细的研究。从微观角度上讲，玻璃的结构是短程有序、长程无序的，保持着熔体的结构，即在玻璃的结构单元内，离子的排列是有序的，但是结构单元之间的相互连接方式是不规则的。由于玻璃结构的复杂性，至今尚未提出一个统一和完善的玻璃结构理论。以下对各种玻璃结构的模型和学说进行介绍。

4.2.1 玻璃体的无规密堆积结构

1. 晶子学说

晶子学说是苏联科学家列别捷夫在 1921 年提出的。他对硅酸盐玻璃进行加热和冷却，并分别测出不同温度下玻璃的折射率。无论是加热还是冷却，玻璃的折射率在 573℃附近都会发生急剧的变化。而 573℃正是 α-石英与 β-石英的晶型转变温度。这种现象对不同玻璃都有一定的普遍性。因此，他认为这种变化与玻璃内部的结构变化有关，于是提出了晶子学说。

晶子学说认为玻璃是由与该玻璃成分一致的晶体化合物组成的，但是这个晶态化合物的尺度远比一般多晶体中的晶粒小，所以称为晶子。晶子与一般的微晶不同，它是带有晶格变化的有序区域，分散在无定形介质中，并且，从晶子部分到无定形部分的过渡是逐步完成的，两者之间无明显的界限，如图 4.10 所示。

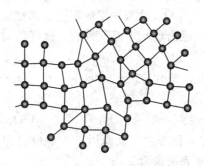

图 4.10 微晶模型示意图

晶子学说得到 X 射线结构分析结果的支持，如二元钠硅玻璃的散射强度峰随组成变化而出现不同的峰强，他们分别对应石英相和偏硅酸钠相。石英玻璃在加热过程中，折射率在相变温度出现的突变，也支持玻璃中微晶的存在。此外，玻璃和微小晶粒晶体的红外反射和吸收光谱有很大的相似，说明玻璃中有局部的不均匀区。

晶子学说着重揭示了玻璃结构中的微观不均匀性和进程有序性。但是学说本身尚存在一些重要的缺陷，如玻璃中有序区的大小、晶格变形的程度、晶子的含量、晶子的化学组成等都未能加以确定。但是长期以来，晶子学说对玻璃结构的认识和玻璃结构理论的发展具有重要的贡献。

2. 无规则网络学说

无规则网络学说是 1932 年德国晶体学家查哈里阿森（Zachariasen）依据早期硅酸盐晶体结构的 X 射线衍射研究结果提出的。他认为，玻璃氧化物不可能具有比晶体结构高得多的内能，而玻璃氧化的结构是由离子多面体—三角体（MO_3）或四面体（MO_4）构成，这些多面体相互间通过角顶上的公共氧搭桥（氧桥）构成向三维空间发展的无规则连续网络。但是，由于网络中离子多面体间作不规则排列，故玻璃结构与晶体结构又有所不同，如图 4.11 所示。玻璃的网络结构是不规则的、非周期性的，而晶体中的网络结构具有周期重复性，因此玻璃结构的内能大于晶体结构的内能。

查哈里阿森还提出了能够形成玻璃氧化物（A_mO_n）应具备以下的条件：

（1）每个氧离子最多与两个 A 离子相结合。

（2）在中心氧离子周围的配位氧离子数目必须是 4 或者更小。

（3）氧多面体相互间通过共有角顶相连，而不能共棱或共面。

（4）每个氧多面体必须至少有三个顶角与相邻的多面体连接，形成三维空间网络。

根据无规则网络学说的观点，符合上述条件的氧化物有 SiO_2、B_2O_3、GeO_2、P_2O_5、V_2O_5、As_2O_5、Sb_2O_5 等能形成四面体配位，从而构成网络结构，因此被称为玻璃网络形成剂。而碱金属氧化物 R_2O（Na_2O，K_2O）等或碱土金属氧化物 RO（CaO、MgO）等时，则这种网络结构中的桥氧被切断而出现非桥氧，而 R^+ 或 R^{2+} 离子无序地分布在某些被切断的桥氧离子附近的网络外间隙中，如图 4.12 所示。这类氧化物改变了玻璃的结构，称为玻璃改变剂。如果玻璃中含有比碱金属和碱土金属化合价高而配位数小的离子，例如，Al_2O_3、TiO_2 等氧化，它们的配位数有 4 或 6，如在有 R^+ 存在的情况下，Al^{3+} 可以取代 Si^{4+} 进入玻璃的网络结构中，可作为网络形成剂。若不满足上述条件时它又处于网络之外，成为网络改变剂，这类氧化物称为网络中间剂。

无规则网络学说强调玻璃中离子、多面体排列的统计均匀性、连续性和无序性。这一结构特点能够反映和解释玻璃的各向同性、组成改变引起玻璃性质变化的连续性，长期以来是玻璃结构理论的主要学派。

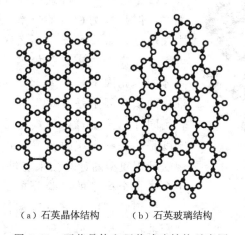

（a）石英晶体结构　　（b）石英玻璃结构

图 4.11　石英晶体和石英玻璃结构示意图

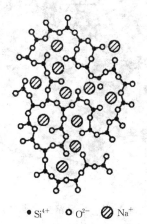

● Si^{4+}　○ O^{2-}　◍ Na^+

图 4.12　钠硅玻璃结构示意图

3. 无规密堆积结构

无规密堆积结构是建立在金属玻璃结构研究的基础上。无规密堆积模型是把原子看成是不可压缩的硬球，这些硬球不规则地堆积起来，使其总体密度达到最大可能值。该模型把非晶态看作是一些均匀连续的、致密填充的、混乱无规的原子硬球集合。

所谓均匀连续的是指不存在微晶与周围原子被晶界所分开的情况；致密填充的是指硬球堆积中，没有足以容纳另一球的空洞；而混乱无规的是指在相隔五个或更多球的直径的距离内，球的位置之间仅有很弱的相关性。

为了描述这种图谱无序局域形貌，曾提出两种结构单元。一种是贝纳尔（Bernal）空洞，它是由各球心的连线所构成的多面体。并认为无规密堆积结构中仅有五种不同的多面体组成，如图 4.13 所示。另一种是伏罗洛矣（Voronoi）多面体，它是以某个球作为中心，近邻的球心相连，这些连线的垂直平分面所围成的多面体。显然两种多面体都可以反映原子周围近邻的几何特征，如图 4.14 所示。

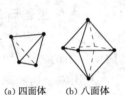

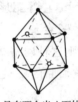

(a) 四面体　(b) 八面体　(c) 具有三个半八面体　(d) 具有两个半八面体的　(e) 四角十二面体
　　　　　　　　　　　　　　的三角棱体　　　　阿基米德反棱柱

图 4.13　贝尔纳多面体的五种典型构造

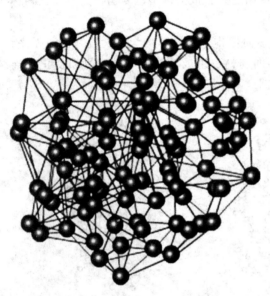

图 4.14　伏罗洛矣多面体示意图

这是描述非晶态金属结构的最令人满意的模型。用实验方法很容易得到这种模型的图像，如果把大量大小相同的刚性球快速地放入壁面不规则的容器中，就可以得到刚性球的一种无序，但是极为稳定的位形。如果将刚性球比作金属原子，那么这种位形可用来代表无规密堆积模型。面心立方体的填充因子是 0.7405，而无规密堆积的填充因子是 0.637。这就是说，若用同样的刚性球，无规密堆积的致密度是晶态密堆积的 86%。由硬球无规密堆积模型的计算结果与过渡金属-半金属合金模型的实验分布函数相比较，发现它们的填充密度相符合。无规密堆积模型是目前理解金属玻璃结构比较令人满意的模型。

非晶金属的无规密堆积结构虽然也可以看作亚稳排列状态，但是这种结构是极其稳定的。要想通过增加密度连续地从无规密堆积过渡到晶态密堆积结构是不可能的。

4. 拓扑无序模型

拓扑无序是指模型中原子的相对位置是随机、无序地排列。无论是原子相互间的距离还是各原子间的夹角都没有明显的规律性。这一模型主要是强调非晶态结构中原子排列的混乱和无序。由于非晶态固体有接近晶态固体的密度，并且实验也发现在非晶态固体中有近程有序，因此，非晶态固体中的混乱和无序不是绝对的。但是，该模型着重强调无序，把近程有序看作是无规则拓扑结构的附带结果。非晶态结构的拓扑无序模型如图 4.15 所示。该模型可用于模拟非晶态合金（金属玻璃）的硬球无规密堆积和共价键结合的非晶态固体的连续无规网络。

4.2.2 玻璃体的性质

一般无机玻璃的物理性质是有较高的硬度、较大的脆性，对可见光具有一定的透明度并在开裂时具有贝壳及蜡状断裂面。而且，玻璃可以加工成不同形状，拉丝、镀膜、成球、制成薄板等，这些性质与玻璃的结构之间有着密切的连续。但是，从本质上讲玻璃体应该具有以下不同于晶体的特性。

1. 各向同性

无内应力存在的均质玻璃在各个方向的物理性质，如力学、光学、热学、电学等性能都是相同的，完全不

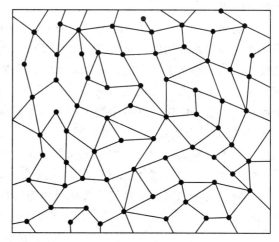

图 4.15 拓扑无序模型示意图

同于非等轴晶系晶体具有的各向异性物理性质。这是由于晶体中原子的排列是长程有序，而非晶态结构的玻璃是长程无序，只是在很小的范围内表现出短程有序。这是玻璃结构中内部质点无序排列而呈现统计均质结构的表现，与液体性质非常相似。

但玻璃存在内应力时，结构均匀性就遭受破坏，显示出各向异性，例如出现明显的光程差。

2. 介稳性

在一定的热力学条件下，系统虽未处于最低能量状态，却处于一种可以较长时间存在的状态，称为处于介稳状态，也即热力学不稳定而动力学稳定的状态。当熔体冷却成玻璃体时，其状态不是处于最低的能量状态，含有过剩内能，但能长时间在低温下保留高温时的结构而不变化，因而为介稳状态或具有介稳的性质。这种介稳态结构其内能和体积大于晶态结构。当冷却速度不同时，其介稳态的结构也不同。冷却速度慢使结构更紧密，释放的能量较多，从而导致形成得到的玻璃内能和体积有所差异。

从热力学观点看，玻璃态是一种高能量状态，必然有向低能量状态转化的趋势，也即有析晶的可能。然而事实上，很多玻璃在常温下经数百年之久仍未结晶，这是由于在常温下，玻璃黏度非常大，使得玻璃态自发转变为晶态很困难，其速率十分小。因而从动力学观点看，它又是稳定的。

3. 熔融态向玻璃态转化的可逆性和渐变性

玻璃由固体转变为液体是在一定温度区间进行的，它与结晶态物质不同，没有固定熔点。当物质由熔体向固体转变时，如果是结晶过程，在系统中必有新相生成，并且在结晶温度，许多性质等方面发生突变，如图 4.3 中由 B 到 C 的变化。但是，当物质由熔体向固态玻璃转化时，随着温度的逐渐降低，熔体的黏度逐渐增大，最后形成固态玻璃。此凝固过程是在较宽温度范围内完成的，始终没有新的晶体生成，系统没有明显的结构突变，而是出于一种渐变过程。系统内能和体积从熔融态变为固态的过程相应也是一种逐渐过渡的状态、一种渐变过程，如图 4.3 折线 $ABKM$ 和折线

ABKFE 所示。

玻璃转变温度 T_g 以系统的黏度表征，为 10^{13} dPa·s，这一特征值对于不同组成氧化物玻璃都是相同的。玻璃转变温度 T_g 也是区分传统玻璃和其他非晶态固体（如硅胶、树脂、非熔融法制得的新型玻璃）的重要特征参数。一些非传统玻璃往往不存在上述的可逆转变，它们不像传统玻璃那样，晶体析出温度高于玻璃转变温度 T_g，而是 $T_g > T_m$。例如，许多用气相沉积等方法制备的 Si、Ge 等非晶态薄膜的 T_m 低于 T_g，即非晶态固体薄膜在加热到 T_g 之前就转变为结晶相，继续加热则晶相熔化。因此，这类非晶态结构与熔融态之间不存在可逆转变。

4. 物理、化学性质随温度变化的连续性

玻璃体由熔融状态冷却转变为机械固态，或者加热的相反转变过程，其物理化学性质的变化是连续的。如图 4.16 所示，玻璃性质随温度变化曲线可分为三类：

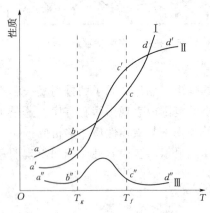

图 4.16 玻璃性质随温度的变化

曲线Ⅰ：第一类性质：如电导、比容、黏度等；

曲线Ⅱ：第二类性质：如热容、膨胀系数、密度、折射率等；

曲线Ⅲ：第三类性质：如导热系数和一些机械性质（弹性常数等）等，它们在 T_g-T_f 转变范围内有极大值的变化。

在图 4.16 上有两个特征温度，即 T_g 与 T_f。T_g 是玻璃转变温度，是玻璃出现脆性的最高温度，相应的黏度为 10^8 Pa·s，由于在该温度时，可以消除玻璃制品因不均匀冷却而产生的内应力，因而也称为退火上限温度（退火点）。T_f 是玻璃软化温度，为玻璃开始出现液体状态典型性质的温度，相应的黏度为 1 亿 Pa·s，在该温度下玻璃可以拉制成丝。而在 T_g-T_f 之间，熔体向非晶态固体转变，结构随温度发生剧烈变化，性质也随之发生变化。

5. 玻璃体性能的可设计性

玻璃的热膨胀系数、黏度、导电性、光学性、化学稳定性等物理化学性质都遵守加和法则，即组成变化发生变化后性能随之发生改变。这使得玻璃可以通过选择合适的组成，从而调整玻璃系统中各个组分的含量，获得所需要的各种性能。而在一个均匀的结构中实现设计的性能是一般晶体难以达到的。

4.2.3 常见玻璃体

1. 硅酸盐玻璃

硅酸盐玻璃由于资源广泛，价格低廉，对常见试剂和气体介质化学稳定性好、硬度高、生产方法简单等优点而成为使用价值最大的一类玻璃。

硅酸盐玻璃的主要成分是 SiO_2，它的结构形式对硅酸盐玻璃的性质有决定性的影响。纯的硅酸盐玻璃俗称石英玻璃，其结构为硅氧四面体 $[SiO_4]$ 中四个氧以顶角相连而成的三维架状网络。石英玻璃中的 Si—O 中的硅原子和氧原子之间的距离为

0.162nm，氧原子与氧原子之间的距离为 0.265nm，与石英晶体中硅氧的距离很相近。石英玻璃中的 Si—O—Si 键角分布在 120°～180°之间，平均为 144°，键角的分布范围要比石英晶体宽。这使石英玻璃中硅氧四面体〔SiO₄〕排列成无规则网络结构，而不像石英晶体中的四面体有良好的对称性。

当碱金属氧化物 R_2O 或碱土金属氧化物 RO 加入纯 SiO_2 石英玻璃中，形成二元、三元甚至多元硅酸盐玻璃时，由于 O/Si 的比例增加，结构中的非桥氧量上升，使原来的 O/Si 比为 2 的三维结构破坏，随之玻璃的性质也发生变化，如熔体的黏度下降、析晶倾向增大、玻璃化学稳定性下降、热膨胀系数上升等。

为了比较硅酸盐玻璃网络的结构特征，常常引入 4 个基本网络结构参数：

X 为每个多面体中非桥氧离子的平均数；

Y 为每个多面体中桥氧离子的平均数；

Z 为每个多面体中氧离子的平均总数；

R 为玻璃中氧离子总数与网络形成离子总数之比（一般为 O/Si 比）。

这 4 个结构参数之间存在两个简单的关系：

$$X+Y=Z \text{ 和 } X+\frac{1}{2}Y=R$$

或

$$X=2R-Z, \ Y=2Z-2R$$

每个多面体中氧离子的总数 Z 一般是已知的，例如：硅酸盐玻璃和磷酸盐玻璃中 $Z=4$，硼酸盐玻璃中 $Z=3$。R 为硅酸盐玻璃中的氧硅摩尔比，用它可以描述玻璃中网络连接的状况，R 一般可以通过组成计算，这样 X 和 Y 就很容易确定下来，举例如下：

（1）石英玻璃。$Z=4$，$R=O/Si=2/1=2$。通过计算可求得 $X=0$，$Y=4$。这说明所有的氧离子都是氧桥，四面体中的所有顶角都是共有的，玻璃网络的强度达到最大值。

（2）$Na_2O \cdot SiO_2$ 水玻璃。$Z=4$，$R=3$。通过计算求得 $X=2$，$Y=2$。这说明在一个四面体上只有 2 个氧是桥氧，其余否是非桥氧，其结构网络强度就比石英玻璃差。

（3）化学组成（摩尔比）为 $10\%Na_2O \cdot 8\%CaO \cdot 82\%SiO_2$ 玻璃。$Z=4$，$R=\frac{10+8+82\times2}{82}=2.22$。通过计算求得：$X=0.44$，$Y=3.56$。

但是并不是所有玻璃都可以简单计算四个参数。因为有些玻璃中的离子不是典型网络形成离子或网络变形离子，如 Al^{3+}、Pb^{2+} 等属于中间离子，这是需要通过分析才能确定 R 值。如果摩尔比$(R_2O+RO)/Al_2O_3>1$，则 Al^{3+} 离子被认为占据〔AlO_4〕四面体的中心位置，Al^{3+} 离子作为网络形成离子计算；如果$(R_2O+RO)/Al_2O_3<1$，其中与(R_2O+RO)相同物质的量 Al_2O_3 中的 Al^{3+} 离子被认为占据〔AlO_4〕四面体的中心位置，作为网络形成离子计算，其余部分的 Al^{3+} 离子则被作为网络调整离子计算。

由此可以看出，尽管硅酸盐玻璃中的 O/Si 的摩尔比由 2 增加到 4，相应的结构由三维网络变成孤岛状四面体，但是如果四面体中还包括与 Si^{4+} 离子半径相近的其他中间体离子，如 Al^{3+} 离子，网络参数 R 仍然不会因为氧化硅的减少而简单上升。

表 4.2 给出了典型氧化物玻璃的网络参数。一般钠钙硅玻璃的 R 值约为 2.4，各种釉和搪瓷的 R 值在 2.25~2.75 之间。

表 4.2　　　　典型氧化物玻璃的网络参数 X、Y 值和 R 值

组成	R	X	Y
SiO_2	2	0	4
$Na_2O \cdot 2SiO_2$	2.5	1	3
$Na_2O \cdot 1/3Al_2O_3 \cdot 2SiO_2$	2.25	0.5	3.5
$Na_2O \cdot Al_2O_3 \cdot 2SiO_2$	2	0	4
$Na_2O \cdot SiO_2$	3	2	2
P_2O_5	2.5	1	3

网络参数中，Y 又称为结构参数，玻璃的很多性质都取决于 Y 值的大小。$Y<2$ 的硅酸盐玻璃不能构成三维网络。随着 Y 值的减小，桥氧数减小，网络的断裂加重，聚合程度降低，结构标的疏松，并随之出现较大的间隙。从而导致网络外的离子运动比较容易。因此，随着 Y 值的减小，玻璃的热膨胀系数增大、电导率增加、黏度降低，并且容易出现析晶。

表 4.3　　　　　　　　　　Y 值对玻璃性质的影响

组成	Y	熔融温度/℃	热膨胀系数/10^7
$Na_2O \cdot 2SiO_2$	3	1523	146
P_2O_5	3	1573	140
$Na_2O \cdot SiO_2$	2	1323	220
$Na_2O \cdot P_2O_5$	2	1373	220

表 4.3 是 Y 值对玻璃性质的影响。表中每一对玻璃的两种化学组成完全不同，但是它们都具有相同的 Y 值，因而具有几乎相同的物质性质。

用网络参数来衡量硅酸盐玻璃只能说明部分问题，不能解释玻璃结构和性质中的所有现象。以玻璃的黏度为例。当碱金属氧化物 R_2O 加入后，碱金属离子 R^+ 对黏度的影响与其自身的含量多少有关。碱金属离子 R^+ 含量少，氧硅摩尔比值 R 较低时，对黏度起主要作用的是处于四面体之间的 Si—O—R—O—Si 中的 R—O 键力。此时的 R_2O 随 R^+ 半径的减小，R—O 键强增加，它在 [SiO_4] 四面体之间对 Si—O 键的削弱能力增加，导致硅酸盐体系的黏度下降幅度增大。因此，在同一温度下，系统按 Li_2O、Na_2O、K_2O 中碱金属离子半径增大而黏度逐渐增加。这是因为，当氧硅摩尔比 R 值较高时，硅氧四面体的连接程度非常低，四面体在很大很大程度上依靠 R—O 连接，所以半径最小的 Li^+，静电作用力最大，系统黏度最高。

碱土金属氧化物 RO 的加入对氧硅摩尔比的影响与碱金属氧化物相似，可以按网络参数计算。各种二价阳离子在降低硅酸盐熔体黏度上的作用与离子半径有关。二价离子间的极化作用对黏度也有显著影响，极化使离子变形，共价键成分增加，减弱了

Si—O 键力。因此，含有 18 个电子层离子的熔体，如 Zn^{2+}、Cd^{2+}、Pb^{2+} 等，比含有 8 个电子层的碱土金属离子的熔体具有更低的黏度（Ca^{2+} 除外）。一般 R^{2+} 对黏度降低作用的次序为 $Pb^{2+} > Ba^{2+} > Cd^{2+} > Zn^{2+} > Ca^{2+} > Mg^{2+}$。

成分复杂的硅酸盐玻璃在结构上与相应的硅酸盐晶体还是有很显著的区别。主要体现在以下几点。

（1）在晶体结构中，硅氧四面体结构排列是单一的，具有确定的对称规律，而在玻璃中同时存在硅氧四面体的不同聚合体，并且组合是无序的。

（2）晶体中的低价离子 R^+、R^{2+} 占据了晶格中的固定位置，而玻璃中的网络外离子 R^+、R^{2+} 统计地分布在网络的间隙中，起到平衡氧负电荷的作用。

（3）在晶体中只有当骨架外阳离子半径相近时才能发生同晶置换，在玻璃中则不论半径如何，只要遵守静电价规则，骨架外阳离子均能发生互相置换。

（4）在晶体中氧化物之间具有固定的化学计量，而在玻璃中氧化物可以非化学计量的任意比例混合。

2. 硼酸盐玻璃

硼酸盐玻璃的结构与硅酸盐玻璃之间有很大的区别。纯的 B_2O_3 构成的硼酸盐玻璃中，B 原子和 O 原子交替排列的平面六元环的 B—O 基团是 B_2O_3 玻璃的重要基元，这些环通过 B—O—B 键连成三维网络。

纯的 B_2O_3 玻璃的结构可以看成是由硼氧三角配位多面体单体 $[BO_3]$ 连接成的二维层状结构，弯曲折叠的硼氧层在空间通过分子间力连接，构成无序的网络。虽然硼氧键能（498kJ）略大于硅氧键能（444kJ），但是由于 B_2O_3 玻璃层状结构的特征，及其同一层内 B—O 键很强，而层与层之间是由分子引力相连的弱键，所以使 B_2O_3 玻璃的性质不同于 SiO_2 玻璃。例如，B_2O_3 玻璃的软化温度（约 450℃）远小于 SiO_2 玻璃（1200℃），B_2O_3 玻璃的化学稳定性差（易在空气中潮解）、热膨胀系数高。因此，纯 B_2O_3 玻璃使用的价值不高。它与碱金属氧化物和碱土金属氧化物组合使用时才能制成具有使用价值的硼酸盐玻璃。

二元的碱金属氧化物加入硼酸盐玻璃中会出现"硼反常"现象，也就是随着碱金属氧化物的增加，桥氧数增大，热膨胀系数逐渐下降，而玻璃的折射率、密度、硬度和化学稳定性逐渐升高；当碱金属氧化物的含量增加到一定程度时，桥氧数又开始降低，热膨胀系数逐渐升高，而折射率、密度、硬度和化学稳定性逐渐降低。也就是在性能的变化曲线中分别存在极大值和极小值，这种现象称为硼反常性。

这是由于当碱金属氧化物 R_2O 加入时，碱金属氧化物提供的氧使硼酸盐玻璃中的结构单元 $[BO_3]$ 转变为 $[BO_4]$，从而形成三维空间网络。由于 $[BO_4]$ 之间本身带有负电荷不能直接相连，需要通过 $[BO_3]$ 连接。因此，不可能所有的 $[BO_3]$ 都转变成 $[BO_4]$。当 R_2O 含量达到 40%（摩尔分数）时，$[BO_4]$ 基团数达到最大值；R_2O 含量继续增大时，$[BO_4]$ 基团数开始下降，碱金属氧化物的氧离子开始作为非桥氧使网络的连接程度下降；当 R_2O 含量达到 70%（摩尔分数）时，全部硼都重新回到三配位状态。"硼反常"现象就是随着碱金属氧化物含量的增加，硼酸盐玻璃中的结构出现以下转变：

$$[BO_3] \rightarrow [BO_4] \rightarrow [BO_3]$$

由于 $[BO_3]$ 和 $[BO_4]$ 两种结构单元的共同存在，在碱硼酸盐玻璃中可以出现互不相溶的富硅氧相和富碱硅酸盐相。原因是硼氧三角体的相对数量很大，并进一步富集在一定区域。B_2O_3 含量越高，分相倾向越大。通过一定的热处理可使分相更加剧烈，甚至可使玻璃发生乳浊。不混溶现象同样存在于硼硅酸盐玻璃中，即 $[BO_4]$ 和 $[SiO_4]$ 的不混溶。利用不混溶现象，将分相玻璃中易溶于酸的富碱硼相洗去，可以制造氧化硅含量很高的高硅氧玻璃。

硼酸盐玻璃由于融化温度低，被广泛用作玻璃焊接、易熔玻璃、涂层物质的防潮和抗氧化以及低温釉料中。由于硼能有效地吸收中子射线，因此，硼酸盐玻璃可作为原子反应堆的窗口材料，屏蔽中子射线。特种硼酸盐玻璃对 X 射线透过率高，是制造 X 射线管小窗的最适宜材料。

3. 非氧化物玻璃

（1）卤化物玻璃。卤化物玻璃是指以氟化铍等为主要成分的玻璃，它们构成的 R—X 化学键比 R—O 化学键弱。卤素离子在玻璃中起网络终止剂的作用，从而使玻璃的结构变得更疏松，随着 Br 离子和 I 离子含量的增加，玻璃的密度随之降低。

BeF_2 玻璃的晶型和 SiO_2 玻璃的晶型在结构上是相似的，但是 BeF_2 的化学价只有 SiO_2 的一般，因此，可以认为 BeF_2 是削弱的 SiO_2 模型。BeF_2 可以形成非晶态，它的玻璃结构由 $[BeF_4]$ 四面体构成，Be—F 的距离为 $0.154nm$。四面体之间以共顶相连，即一价的 F^- 和两个 Be^{2+} 离子连接。Be—F—Be 的平均键角为 $146°$，与石英玻璃的网络结构十分相似。

在氟化物玻璃中可加入不同的一价金属元素卤化物形成二元的氟化物玻璃，碱金属离子在其中起到的作用类似硅酸盐玻璃中的碱土金属离子。二元氟化物玻璃的形成总是发生在正离子场强差大于 0.35（Z/R）的情况，因此除了 BeF_2 外，在氟化物玻璃中，还有以 ZrF_2，AlF_3 为主要成分的氟化物玻璃。随着碱金属离子半径的增加，玻璃的形成能力增加，玻璃形成区从小到大依次为 $Li^+ < Na^+ < K^+ < Cs^+$，同时玻璃化转变温度略微增加，热膨胀系数和密度明显提高。

卤化物玻璃具有较好的透红外性，在红外区的截止波长随卤素原子量的增加向长波段移动，卤化物玻璃具有大的受激发射截面、非线性折射率低、热光性能较好的特点。具有从紫外到中红外极宽的透光范围，为激发波长和发光波长在近紫外和中红外的激活的离子发光和多掺杂的敏华发光创造了极好的条件，可能获得荧光输出。典型重金属氟化物玻璃的截止波长为 $7 \sim 9\mu m$，而溴化物玻璃可达 $20\mu m$ 以上。但是由于这些化学键较弱从而使玻璃的化学稳定性下降，使许多卤化物玻璃容易水解。

（2）硫系玻璃。硫系玻璃是以硫族元素（VIA 族中除氧和钋以外的元素，S、Se、Te）为基础引入其他电负性较弱的金属或非金属元素而形成的非晶态材料。与氧化物玻璃相比，硫系玻璃通常具有较大的质量、较弱的化学键键强，较低的声子能量。如果考虑形成配位数为 3 或 4 所要求的离子半径比，那么可以得出配位数为 3 的结构，如 As_2S_3、As_2Se_3、As_2Te_3 玻璃，它们与 B_2O_3 类似，由弯曲的层构成，而由 GeS_2 或 $GeSe_2$ 组成的配位数为 4 的玻璃则由相应的四面体形成无序结构。

仅由一种组分也可构成硫系玻璃。例如，早期就发现了单由硒组成的玻璃，玻璃形成的原因是熔体中含有硒构成的链。温度降低时，链的长度增加，黏度增大，硒玻璃的 T_g 温度为 31℃。硫也有类似的现象，但除链状外还易于形成 S_8 环状结构，而且必须急冷才能形成玻璃。

单组分硫化物或硒化物玻璃可以按各种比例相互结合，也可以和别的组分结合形成玻璃。一般而言，阴离子的原子量增大会降低玻璃形成倾向，因为金属键所占比例会逐渐增大。

硫系玻璃具有较快的光学响应时间、较宽的红外透过范围、较高的红外透过率、较低的光学损耗、较低的声子能、较高的线性和非线性折射率、较好的化学稳定性、独特的光敏特性等优异性能。因此，除了用作透红外材料外，还用于光信息存储器、光电导器件。

（3）金属玻璃。金属玻璃是构成的主元之间通过金属键结合，原子排列短程有序、长程无序的金属和合金，又称为非晶态合金、非晶态金属或玻璃态金属。液态的熔体在冷却过程中，随温度的降低原子排列方式必然发生变化。当冷却速度较低时，熔体结晶成原子排列具有三维周期性即长程有序的结构；当凝固冷却速度足够快时，内部原子来不及找到自己的平衡位置就已经凝固，致使原子在室温下还保持类似液态结构的混乱原子排列，从而形成近程有序而长程无序的结构，但不同于氧化物玻璃，仍然可以达到较高的原子堆积密度。

从热力学角度来讲，金属玻璃属于亚稳态结构，存在由非晶相向晶相转变的趋势。在外在因素影响下，如加热或者外加作用力下，金属玻璃发生晶化转变为晶态合金。转变的温度称为晶化温度 T_x。大部分金属玻璃在发生晶化以前首先发生玻璃化转变。从动力学角度来讲，形成金属玻璃就是要抑制熔体凝固过程中晶体的形核和长大，使冷却过程中内部原子来不及找到自己的平衡位置就已经凝固。

由于金属玻璃内部原子的排列是近程有序，长程无序的结构，其内部没有晶界和位错等结构缺陷，导致金属玻璃具有较小尺度上的均匀性。因此，相对晶体材料而言，其具有接近于理论值的高强度，几乎每个合金系都达到了同合金系晶态材料的数倍。金属玻璃的弹性应变极限很大，一般可以达到 2%，甚至更高，而晶体合金的弹性应变极限一般在 1% 以下。高弹性加上高强度，使金属玻璃称为一种储存弹性能的极佳材料，可用于制备高弹性的高尔夫球，性能优异的弹簧。由于金属玻璃没有晶界、位错等结构缺陷，相对于晶体合金而言，其具有更好的抗腐蚀、耐磨损等性能，在高温下不易发生氧化、硫化等化学反应，具有良好的化学稳定性，可用来制作工业涂层的防护材料。此外，金属玻璃还表现出优良的软磁和硬磁性能以及超导特性等，具有很好的发展前景。

4.3 拓 展 应 用

4.3.1 金属玻璃

金属玻璃（metal‐glass）又称非晶态合金，是采用现代快速凝固冶金技术合成的，兼有一般金属和玻璃优异的力学、物理和化学性能的新型合金材料。金属玻璃中的"金属"，是指这种材料是由金属原材料熔炼而成；"玻璃"不是指我们日常生活中常见的"玻璃"，是指液体冷却成固体的过程中没有发生结晶过程的材料，它是一种玻璃态结构。

通常，金属合金在冷却过程中会结晶，材料内部原子会遵循一定的规则有序排列，这样凝固得到的合金就是我们经常见到的钢铁等晶态金属材料。但是，快速凝固时会阻止金属熔体凝固过程中晶体相的形成，使原子来不及形成有序排列的晶体结构，这样金属熔体原子无序的混乱排列状态就被冻结下来。所以，在微观结构上，金属玻璃更像是非常黏稠的液体。金属玻璃因此也被称作"被冻结的熔体"。它既有金属和玻璃的优点，又能克服了它们各自的弊病，如易碎，没有延展性等。金属玻璃的强度高于钢，硬度超过高硬工具钢，且具有一定的韧性和刚性，所以，人们赞扬金属玻璃为"敲不碎、砸不烂"的"玻璃之王"。

早在 20 世纪 20 年代，科学家已经开始探索人工制备金属玻璃的方法和途径。德国科学家 Krammer 等人采用气相沉积法首次制得金属玻璃膜。1950 年，Brenner 等人采用了电沉积法制出了 Ni—P 金属玻璃，这种方法至今仍被用于制备耐磨和耐腐蚀的非晶合金涂层。在金属玻璃制备和探索的同时，非晶态形成理论的研究在 20 世纪 50 年代取得重大突破。Turnbull 等人研究了合金液态过冷度对金属玻璃形成的影响，提出了金属玻璃的形成判据，初步建立了金属玻璃的形成理论，为金属玻璃材料及物理的发展奠定了基础，揭开了金属玻璃物理研究的序幕。Anderson 等人研究了非晶固体的电子态，提出非晶固体中电子"定域"特性，并于 1977 年获得诺贝尔物理学奖。1958 年，在美国 Alfred 召开了第一次非晶态固体国际会议，进一步推动了非晶材料和物理的发展，迎来了 20 世纪 60 年代非晶发展的高潮。这个时期非晶研究的主要成就为：①实验证实可以获得金属玻璃；②以 Turnbull 为代表的科学家发展了金属玻璃形成和电子结构理论。

1960 年，加州理工学院 Duwez 教授等人发明了熔体快速冷却的凝固方法（急冷法），即将高温合金熔体喷射到高速旋转的铜辊上，以每秒约 100 万摄氏度的超高速度冷却熔体，使得金属熔体中无序的原子来不及重排，从而首先制得了 Au—Si 金属玻璃条带。这种不透亮的玻璃合金开创了金属玻璃研究和应用的新纪元，掀起了非晶物理和材料研究的高潮。1971 年，Chen 等人采用快冷连铸轧辊法制成多种铁基非晶态合金的薄带和细丝，并正式命名为"金属玻璃"，并以商品形式出售。我国钢铁研究总院非晶和微晶研究工程中心也研制成功万吨级非晶条带生产线，大大促进了金属玻璃材料在我国各领域的应用。但是，金属玻璃的形成需要大于 $10^6 K/s$ 的冷却速率，这使形成的合金以很薄的条带或细丝状呈现，因而限制了这类材料的应用范围，同时也影响了对其许多性能进行系统、精确的研究。20 世纪 80 年代，人们发展出一系列制备原理与急冷法完全不同的制备金属玻璃的新方法，但也没有根本解决制得大块金属玻璃这一难题。

金属玻璃材料在制备上的进展促进了对金属玻璃的力学、热学、磁性、超导电性、催化等物理、化学性能的研究。这一时期金属玻璃材料在科学和工程方面都积累了大量数据，进一步促进了金属玻璃材料在更多领域中的应用，并取得了可观的经济效益。

块体金属玻璃（bulk metallic glass）通常是指三维尺寸都在毫米以上的金属玻璃。大块状金属玻璃一直是非晶物理和材料领域科学家们追求的目标，并为此做出了艰苦的努力。20 世纪 70 年代，Chen 等人用简单的吸铸法在相当低的冷速（10^3 K/s 范围内）下制备出毫米直径的 Pd—Cu—Si 金属玻璃棒，该体系是最先发现的块体金属玻璃体系。20 世纪 80 年代，人们发展出一系列制备原理与急冷法完全不同的制备金属玻璃的新方法，Inoue 等人通过多组元合金混合，采用金属模浇铸（metal mold casting）方法获得了 La—Al—Ni—Cu，Mg—Y—Ni—Cu，Zr—Al—Ni—Cu 等具有很强玻璃形成能力的第二代块体金属玻璃体系（呈直径为 1～10mm 的棒状、条状）。这些大块金属玻璃不仅包括了传统金属玻璃的特点，同时具有更高的热稳定性和优异的力学、物理性能，所以具有很大应用潜力。Johnson 等人在发现 ZrTiCuNiBe 大块金属玻璃系列后，由于 Zr 基大块金属玻璃具有高强度：显微硬度为 6 GPa，屈服强度为 1900 MPa，而不锈钢为 850 MPa，Ti-6Al-4V 钛合金为 800MPa；断裂韧性为 $55\text{MPa}/\sqrt{m}$，和高强度钢相当，已接近工程陶瓷材料，高弹性（弹性极限为 2%），密度介于钛和钢之间的特点，它首先被用于制造高尔夫球具。金属玻璃在高尔夫球具上的成功应用使其很快在滑雪、棒球、滑冰、网球拍、自行车和潜水装置等许多体育项目中得到应用。在生活中，磁敏感的金属玻璃用于书、光盘的防盗标签，金属玻璃已成为高档手表、手机、手提电脑的外壳。

目前，新一代块体金属玻璃材料的研究已经开始，其目的是发展新一代高性能、高玻璃形成能力、低成本的 Fe－，Cu－，Al－，Mg－基等块体金属玻璃材料，开发非晶钢。另外，发展具有功能特性的块体金属玻璃材料，拓展金属玻璃的应用范围。

4.3.2 非线性光学材料

1961 年，Franken 利用一束波长为 694.3nm 的红宝石激光射入石英晶体，结果从出射光中除了观察到原来入射的红光外，还同时观察到了 347.2nm 的紫外光，其频率恰好为红宝石激光频率的两倍，这就是著名的倍频实验，它标志着非线性光学学科的诞生。

非线性光学材料是指光学性质依赖于入射光强度的材料（图 4.17），非线性光学性质也被称为强光作用下的光学性质，主要因为这些性质只有在激光这样的强相干光作用下才表现出来。利用非线性光学晶体的倍频、和频、差频、光参量放大和多光子吸收等非线性过程可以得到频率与入射光频率不同的激光，从而达到光频率变换的目的。这类晶体广泛应用于激光频率转换、四波混频、光束转向、图像放大、光信息处理、光存储、光纤通信、水下通信、激光对抗及核聚变等研究领域。

玻璃的非线性光学效应大多是由于材料的原子或离子在强光电场的照射下的非线性极化所引起的共振效应。玻

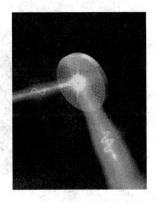

图 4.17 非线性光学材料

璃虽具有各向同性，但在受到如电极化、热极化、激光诱导极化、电子束辐射极化等作用时，可使其结构发生变化，在微小的区域内产生相当强的定向极化，从而打破玻璃的反演对称性，使其具有二阶非线性光学效应。可用于制备二倍倍频器、杂化双稳器、紫外激光器，红外激光器、电光调制器等。

利用玻璃的三阶非线性光学效应可制备超高速光开关、光学存储器、光学运算元件、新型光纤等。如碲铌锌系统玻璃就是一种性能优良的三阶非线性光学玻璃材料。在碲铌锌系统玻璃中引入稀土离子，利用其 4f 电子的跃迁提高谐波光子激发的可能性，从而提高玻璃的三阶光学非线性。由于玻璃组成多样，性能优越、透光性好、良好的化学稳定性和热稳定性、易于制作和加工和易于掺杂等一系列优点，日益引起人们的重视，也是一类有较好应用前景的非线性光学材料。

激光是 20 世纪人类最重要的发明之一，它被广泛运用于高精密仪器和国防武器装备等领域，因此世界各国对此技术非常重视，都提出了自己国家的激光发展计划。比如美国的"激光核聚变计划"、日本的"激光研究五年规划"、德国的"激光学促进计划"等等。而激光技术的关键在于这种能够转化激光的晶体材料，而我国研究的高性能 KBBF 晶体，至今仍是领先世界。

我国在非线性光学晶体研制方面成绩卓著，某些晶体处于世界领先地位。1986年我国已经成功研制出世界领先的 BBO 晶体（低温相偏硼酸钡，是一种非线性光学晶体，这种晶体可以改变激光的波长和输出频率），就当美国想要追赶时候，我国又在 1991 开发了这款国家禁止出口的 KBBF（氟代硼铍酸钾）非线性光学晶体，美国人这时候傻眼了，一步落后步步落后。KBBF 晶体是一种非线性光学晶体材料，它能够将激光转化为人类史上的 176nm 波长深紫外激光，进而制造出深紫外固体激光器。这种激光器是研制光谱仪和电子显微镜等前沿装备的基础，是当今世界科学研究的高尖端利器，其重要性不言而喻。2009 年美国《自然》还报道过一篇文章《中国藏起了这种晶体》，提到中国禁运 KBBF 晶体，值得注意的是，虽然美国这次花了十年的时间打破了中国的技术封锁。不过，我国并没有止步不前，2015 年，中国科学院福建物质结构研究所研制出了新型无铍深紫外非线性光学晶体材料 LSBO，有望超越KBBF 非线性光学晶体。

4.3.3 光纤

光纤是光导纤维的简写，是一种利用光在玻璃或塑料制成的纤维中的全反射原理而达成的光传导工具，图 4.18 所示为 2010 年上海世博会上的光纤触须。

1870 年的一天，英国物理学家丁达尔到皇家学会的演讲厅讲光的全反射原理，他做了一个简单的实验：在装满水的木桶上钻个孔，然后用灯从桶上边把水照亮。结果使观众们大吃一惊。人们看到，放光的水从水桶的小孔里流了出来，水流弯曲，

图 4.18 2010 年上海世博会——由六万余根外向伸展的光纤触须

光线也跟着弯曲，光居然被弯弯曲曲的水俘获了。

人们曾经发现，光能沿着从酒桶中喷出的细酒流传输；人们还发现，光能顺着弯曲的玻璃棒前进。这是为什么呢？难道光线不再直进了吗？这些现象引起了丁达尔的注意，经过他的研究，发现这是全反射的作用，即光从水中射向空气，当入射角大于某一角度时，折射光线消失，全部光线都反射回水中。表面上看，光好像在水流中弯曲前进。实际上，在弯曲的水流里，光仍沿直线传播，只不过在内表面上发生了多次全反射，光线经过多次全反射向前传播。

后来人们造出一种透明度很高、粗细像蜘蛛丝一样的玻璃丝——玻璃纤维，当光线以合适的角度射入玻璃纤维时，光就沿着弯弯曲曲的玻璃纤维前进。由于这种纤维能够用来传输光线，所以称它为光导纤维。

光导纤维可以用在通信技术里。用光导纤维进行的通信叫光纤通信。一对金属电话线至多只能同时传送 1000 多路电话，而根据理论计算，一对细如蛛丝的光导纤维可以同时通 100 亿路电话。铺设 1000km 的同轴电缆大约需要 500t 铜，改用光纤通信只需几千克石英就可以了。利用光导纤维制成的内窥镜，可以帮助医生检查胃、食道、十二指肠等的疾病。光导纤维胃镜是由上千根玻璃纤维组成的软管，它有输送光线、传导图像的本领，又有柔软、灵活，可以任意弯曲等优点，可以通过食道插入胃里。光导纤维把胃里的图像传出来，医生就可以窥见胃里的情形，然后根据情况进行诊断和治疗。

习　题

4.1　熔体与玻璃体之间有什么区别？

4.2　简述影响熔体黏度的因素。

4.3　表面张力的定义是什么？影响表面张力的因素有哪些？使表面张力下降的因素有哪些？

4.4　什么是硼反常现象？为什么会产生硼反常现象？

4.5　玻璃的通性有哪些？

4.6　SiO_2 熔体的黏度在 1000℃时为 10^{15} dPa·s，在 1400℃时为 10^8 dPa·s，且玻璃黏滞的活化能为多少？上述数据为恒压下取得，若在恒容下获得，你认为活化能会改变吗？为什么？

4.7　在 SiO_2 中应加入多少 Na_2O，使玻璃的 O/Si＝2.5，此时析晶能力是增强还是削弱？

4.8　试比较硅酸盐玻璃与硼酸盐玻璃在结构与性能上的差异。

第 5 章 表 面 与 界 面

处于固体表面的质点，其受到的作用力和内部质点的作用力不同，使其呈现出一系列特殊的新性质。在无机非金属材料中，陶瓷工业中粉体的性质、固相反应、烧结、晶体长大、晶粒生长、玻璃强化、陶瓷显微结构等都与之有关。材料的许多性能，例如摩擦、磨损、腐蚀、氧化、催化、吸附、光的吸收和反射等都受到固体的表面与界面特性的影响。了解固体材料的表面和界面结构及其行为，是掌握无机非金属材料制备与制品物理化学变化及工艺过程的原理和材料性质的基础。

（1）表面。是指物体对真空或与本身的蒸汽接触的面。由于绝对的真空并不存在，在许多场合下，把固相与气相，液相与气相之间的分界面都称为表面。

（2）相界。是指结构不同的两块晶体或结构相同而点阵参数不同的两块晶体结合所形成交界面。

（3）晶界。是指同种材料相同结构的两个晶粒之间的边界，也称为晶粒间界。

（4）界面。是一个总的名称，即两个独立体系的相交处，它包括了表面、相界和晶界。

5.1 固 体 的 表 面

固体的表面是指表面的一个或几个原子层，有时指厚度达几微米的表面层。表面是体相结构的终止，表面向外的一侧没有近邻原子，表面原子有一部分化学键伸向空间形成悬空键。固体内部三维周期势场在表面中断，表面原子的电子状态也和体内不同。这些不同使表面具有某种特殊的力学、光学、磁学、电学和化学性质。对固体表面的研究在各种新材料的研制与开发中有着举足轻重的作用。

5.1.1 固体表面类型

1. 理想表面

理想表面是一种理论上结构完整的二维点阵平面，表面的原子分布位置和电子密度都和体内一样，如图 5.1 所示。理想表面忽略了晶体内部周期性势能在晶体表面的中断的影响，也忽略了表面原子的热运动、热扩散和热缺陷等，忽略了外界对表面的物理化学作用等。

2. 清洁表面

清洁表面是指在特殊环境中经过特殊处理后获得的表面，是不存在吸附、催化反应或杂质扩散等物理、化学效应的表面。这种清洁表面的化学组成与体内相同，但周期结构不同于体内。例如，经过离子轰击、高温脱附、超高真空中解析、蒸发薄膜、

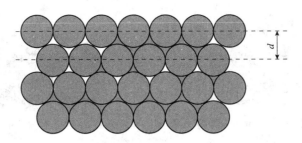

图 5.1 理想表面结构示意图

场效应蒸发、化学反应、分子束外延等特殊处理后，保持在超高真空下，外来沾污少到不能用一般表面分析方法探测的表面，就是清洁表面。真实的清洁表面与理想表面间主要存在表面结构弛豫、表面结构重构、表面双电层等不同。

根据表面原子的排列，清洁表面又可分为台阶表面、弛豫表面、重构表面等。

（1）台阶表面。台阶表面不是一个平面，它是由有规则的或不规则的台阶的表面所组成。由于晶体内部缺陷的存在等因素，使晶体内部应力场分布不均匀，加上在解理晶体对外力情况环境的影响，晶体的解理面常常不能严格地沿所要求的晶面解理，而是伴随着相邻的倾斜晶面的开裂，形成层状的解理表面。它们由一些较大的平坦区域和一些高度不同的台阶构成，称为台面-台阶-拐结（tettace－ledge－kink）结构，简称台阶结构或 TLK 结构，如图 5.2 所示。

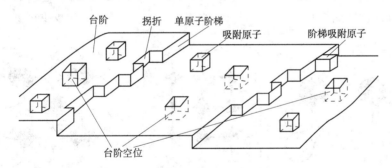

图 5.2 固体表面原子水平的 TLK 模型

图 5.2 是通过低能电子衍射（Low－energy electron diffraction，LEED）技术，绘制出来的固体表面原子水平的 TLK 模型。从原子水平看，固体表面是不规整的，存在多种位置。这些位置主要有吸附原子、阶梯吸附原子、单原子阶梯、台阶、拐折，以及台阶空位等。在台阶内的原子，周围最邻近的原子数目最多，而在其他的区域，其最邻近的原子数较少。这造成除台阶内以外其他区域的原子十分活泼，对表面上原子的迁移和参与化学反应起着重要的作用。

（2）弛豫表面。弛豫表面是指表面层之间以及表面和体内原子层之间的垂直距离和体内原子层间距相比有膨胀或压缩的现象，如图 5.3 所示。

（3）重构表面。重构是指表面原子层在水平方向上的周期性不同于体内，但垂直方向的层间距则与体内相同，如图 5.4 所示。

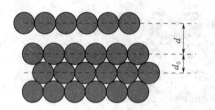

图 5.3　弛豫表面结构

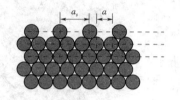

图 5.4　密排六方重构表面示意图

3. 吸附表面

吸附表面有时也称为界面。它是在清洁表面上有来自体内扩散到表面的杂质和来自表面周围空间吸附在表面上的质点所构成的表面。

根据原子在基底上的吸附位置，一般可分为四种吸附情况，即顶吸附、桥吸附、填充吸附和中心吸附等，如图 5.5 所示。

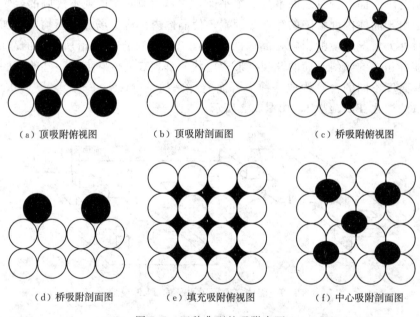

（a）顶吸附俯视图　　　（b）顶吸附剖面图　　　（c）桥吸附俯视图

（d）桥吸附剖面图　　　（e）填充吸附俯视图　　　（f）中心吸附剖面图

图 5.5　四种典型的吸附表面

5.1.2　固体的表面力

固体中的每个质点都不是孤立存在的，它们之间存在着一定的作用力，或者说在每个质点的周围都存在着一个力场。对于完美的晶体，其内部的质点排列是有序和重复的，每个质点受到的作用力都是对称的；但是，在晶体的表面，质点的排列有序性和重复性中断，使处于表面边界上的质点受到的作用力对称性破坏，表现出剩余的键力，这就是固体的表面力。根据固体表面力的性质不同，可将它划分为化学力和分子引力。

1. 化学力

化学力的本质是静电力，比分子间力大得多，主要来自表面质点的不饱和价键，是固体表面产生化学吸附的原因。其可以用表面能的数值来估计。对于离子晶体，表面能主要取决于晶格能和分子体积。晶格能越大，即质点间键力越强，不饱和键力也越强，表面能就越高；分子体积降低，质点间作用距离越小，不饱和价键的作用越强，表面能增大。

2. 分子引力

分子引力也称范德华力，一般是指固体表面与被吸附质点（如气体分子）之间相互作用力。它是固体表面产生物理吸附和气体凝聚的原因，并与分子引力内压、表面张力、蒸汽压、蒸发热等性质密切有关。分子间的引力主要来自三种不同的效应。

（1）定向作用。主要发生在极性分子（离子）之间。每个极性分子（离子）都有一个恒定偶极矩（μ）。相邻两个分子因极性不同而相互作用的力称为定向作用力。这种力的本质是静电力。若两个极性分子具有永久偶极矩 μ，从经典静电学求得两个极性分子间定向作用位能为 E_k。

$$E_k = -\frac{2\mu^4}{3r^6 kT} \tag{5.1}$$

式中：r 为分子间距；k 为玻耳兹曼常数；T 为温度。

上式表明：在一定温度下，定向作用能 E_k 与分子偶极矩（μ）的四次方成正比；与分子间距离（r）的六次方成反比。温度（T）升高使定向作用力减小。

（2）诱导作用。主要发生在极性分子与非极性分子之间。诱导是指在极性分子作用下，非极性分子被极化诱导出一个暂时的极化偶极矩，随后与原来的极性分子产生的定向作用。用经典静电学方法可求得诱导作用引起的位能 E_D。

$$E_D = -\frac{2\mu^2 \alpha}{r^6} \tag{5.2}$$

诱导作用将随极性分子的偶极矩（μ）和非极性分子的极化率（α）的增大而加剧，随分子间距（r）的增大而减弱。

（3）分散作用。主要发生在非极性分子之间。非极性分子是指其核外电子云是球形对称而不显示永久的偶极矩。也就是指电子在核外周围出现概率相等而在某一时间内极化偶极矩平均值为 0。但是电子在绕核运动的某一瞬间，在空间各个位置上，电子分布并非严格相同，将呈现出瞬间的极化偶极矩。许多瞬间极化偶极矩之间以及它对相邻分子的诱导作用会引起相互作用效应，称为分散作用或色散力。应用量子力学的微扰理论可以近似地求出分散作用位能 E_L。

$$E_L = -\frac{3\alpha^2}{4r^6} h\nu_0 \tag{5.3}$$

式中：ν_0 为分子内的振动频率；h 为普朗克常数。

对于不同的物质，上述三种作用并非相等。例如，对于非极性分子，定向作用和诱导作用很小，可以忽略，主要是分散作用。范德华力一般仅为几千焦每摩尔，比化学力小 1～2 个数量级；色散力是普遍存在的；范德华力与诱导力是有极性很强的分子上才表现出来。这三种力都与分子间距的六次方成反比，说明分子间引力的作用范围极小，一般约在 0.3～0.5nm 以内。范德华力通常表现出引力作用。

5.1.3　固体的表面能

固体表面上的质点受到不平衡的作用力，要将内部质点迁移到表面时，要克服向内的引力，即要增强新表面，必须反抗内部引力作用。表面能也就是在温度、压力、组成恒定时，增大单位表面积，对体系做的可逆非膨胀功，或者是每增加单位表面积时，体系自由焓的增量，单位为 J/m^2。

固体在高温时，表面能和表面张力数值相等。常温时，因固体能承受剪应力，产生塑性形变，表面张力与表面能数值不等，表面张力大于表面能。正因为晶体表面有极大的表面张力或表面能，因此，其表面结构也会有所变化。

对于共价键晶体，其表面能是破坏单位面积上的全部键所需能量。而对于离子晶体，由于表面层的结构与晶体内部相比发生了较大的变化，造成实际上表面层上的原子数降低，从而使理论计算值比实验值偏大。

5.1.4　固体的表面结构

固体表面质点在表面力作用下使表面层结构不同于内部。固体表面结构可以从微观质点的排列状态和表面几何状态两方面来描述。前者属于原子尺寸范围的超细结构，后者属于一般的显微结构。

1. 晶体表面结构

表面力的存在使固体表面处于较高的能量状态。但系统总会通过各种途径来降低这部分过量的能量，导致表面质点的极化、变形、重排并引起原来晶格的畸变，这就造成了表面层与内部的结构差异。对于不同结构的物质，其表面力的大小和影响不同，因而表面结构状态也会不同。晶体质点间的相互作用、键强是影响表面结构的重要因素。

对于离子晶体，表面力的作用影响如图 5.6 所示。处于表面层的负离子（Cl^-）只受到上下和内侧正离子（Na^+）的作用，面外侧是不饱和的。电子云将发生极化变形，诱导成偶极子，如图 5.6（b）所示，这样就降低了晶体表面的负电场。表面质点通过电子云极化变形来降低表面能的这一过程称为松弛。松弛在瞬间即可完成，其结果是改变了表面层的键性。接着是发生离子的重排过程，从晶格点阵排列的稳定性考虑，作用力较大、极化率小的正离子应处于稳定的晶格位置。为进一步降低表面能，各离子周围作用能应尽量趋于对称，因而 Na^+ 在内部质点作用下向晶体内靠拢，而易极化的 Cl^- 受诱导极化偶极子排斥而被推向外侧，从而形成表面双电层，如图 5.6（c）所示。与此同时，表面层中的离子键将逐渐过渡到共价键，其结果是固体表面好像被一层负离子所屏蔽并导致表面层在组成上成为非化学计量，重排的结果还可以使晶体表面的能量趋于稳定。

图 5.7 是维尔威（Verwey）以氯化钠晶体为例所做的计算结果。在 NaCl 晶体表面，最外层和次层质点面网之间 Na^+ 离子的距离为 0.266nm，而 Cl^- 离子间距离为 0.286nm。因而形成一个厚度为 0.020nm 的表面双电层。这样的表面结构已被间接地由表面对 Kr 的吸附和同位素交换反应所证实。对于其他由半径大的负离子与半径小的正离子组成的化合物，特别是金属氧化物如 Al_2O_3、SiO_2、ZrO_2 等都有相应的效应。也就是说在这些氧化物的表面，大部分由氧离子组成，正离子则被氧离子屏

蔽。而产生这种变化的程度主要是取决于离子的极化性能。

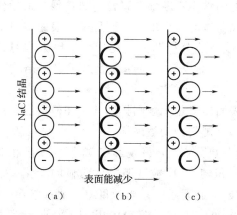

图 5.6　离子晶体 NaCl 表面的电子云
变形和离子重排

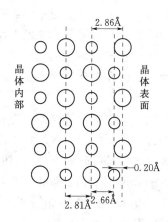

图 5.7　离子晶体 NaCl 表面
形成的双电层

由表 5.1 所示的数据可知，所列的化合物中，PbI_2 表面能最小，PbF_2 为次，而 CaF_2 最大。这是因为 Pb^{2+} 和 I^- 都具有最大极化性能，双电层的厚度都将导致表面能和硬度的降低。但是如果用极化性能小的 Ca^{2+} 和 F^- 依次置换 Pb^{2+} 和 I^-，表面能和硬度将增加，可以预料相应的双电层的厚度将减小。

表 5.1　　　　　　　　　　晶体化合物的表面能和硬度

化合物	表面能/(MN/m)	硬度	化合物	表面能/(MN/m)	硬度
PbI_2	130	1	$BaSO_4$	1250	2.5～3.5
Ag_2CrO_4	575	2	$SrSO_4$	1400	3.0～3.5
PbF_2	900	2	CaF_2	2500	4

如图 5.7 所示，NaCl 晶体表面最外层与次层、次层与第二层之间的离子间距是不相等的，说明由于上述极化和重排作用引起表面层的晶格畸变和晶胞参数的改变，而随着表面层晶格畸变和离子变形又必将引起相邻的内层离子的变形和键力的改变，依次向内层扩展。但这种影响随着向晶体的纵深推移而逐步减小，与此相应的正、负离子间的作用键强也沿着从表面向内部方向交替地增强和减弱，离子间距交替地缩短和伸长。因此，晶体表面与晶体内部相比，其表面层离子排列的有序程度降低了，键强数值分散了。表面效应所能达到的深度，与正、负离子的半径差有关，如 NaCl 那样半径差较大的晶体，大约可延伸到第 5 层，而半径差较小的晶体，大约在 2～3 层。

2. 粉体表面结构

粉体是由大量颗粒及颗粒间的空隙所构成的集合体，颗粒粒径在 $0.1～1000\mu m$ 范围内。粉体的构成应该满足以下三个条件：①微观的基本单元是小固体颗粒；②宏观上是大量的颗粒集合体；③颗粒之间有相互作用。在无机材料生产中，通常把原料破碎研磨成粉体以便于加工成型和高温烧结反应。

粉体在制备过程中，由于经过反复地破碎，不断形成新的表面，而表面层质点的极化变形和重排使表面结构的有序度降低。因此，随着颗粒的微细化过程，比表面增大，表面结构的有序程度受到外界机械力的作用不断地向颗粒内部扩展，最后使粉体表面结构趋于无定形结构。结果不仅造成粉体的活性增大，而且由于表面双电层结构容易使粉体重新团聚在一起。基于 X 射线、热分析和其他物理化学等方法对粉体表面结构所做的研究，有关学者提出两种不同的模型：粉体表面是无定形结构和微晶结构。

(1) 无定形结构。该模型认为粉体表面质点是无规则排列的。在研磨过程中，表面质点的排列受到强烈的扰乱，表面层的有规则排列被破坏。

例如，把经过粉碎的 SiO_2 粉体进行差热分析时，发现其在 573℃时发生相变：$\beta\text{-}SiO_2 \Longleftrightarrow \alpha\text{-}SiO_2$ 且相应地相变吸热峰面积随 SiO_2 粒度而发生明显的变化。当粒度减小到 $5\sim10\mu m$ 时，发生相转变的石英数量显著减少；当粒度减小到 $1.3\mu m$ 时，则仅有一半的石英发生上述的相变。但是如果将上述石英粉体用 HF 处理以溶去表面层，然后重新进行差热分析测试，则发现参与上述相变的石英数量增加到 100%。这说明石英粉体表面是无定形结构。因此，随着粉体颗粒变细，表面无定形层所占据的比例增加，可能参与相转变的石英数量减少。据此可定量估计其表面层厚度为 $0.11\sim0.15\mu m$。

(2) 微晶结构。该模型认为：粉体表面覆盖一层尺寸极小的微晶体，即表面呈现微晶化状态。

该模型是基于对反复粉碎的粉体进行 X 射线的研究结果，粉体的 X 射线谱线不仅强度减弱而且宽度明显变宽，但是仍然呈现着一定规律的谱线。因此认为粉体表面并非无定形态，而是覆盖了一层尺寸极小的微晶体，即表面呈现微晶化状态。由于微晶体的晶格严重畸变，晶格常数不同于正常值而且十分分散，使其 X 射线谱线明显变宽。

此外，对磷石英粉体表面的易溶层进行的 X 射线测定表明，它并不是无定形。

上述两种模型都得到一定实验结果的支持。如果把粉体表面看成是畸变的微小晶粒，其有序度也是十分有限的；如果看成是无定形结构，也不像流体那样具有流动性。总之，一般认为粉体表面具有近程有序、远程无序的结构状态。

3. 玻璃表面结构

玻璃也同样存在着表面力场，其作用与晶体相似，而且玻璃比同组成的晶体具有更大的内能，表面力场的作用效应也更为明显。从熔体变为玻璃体是一个连续过程，但却伴随着表面成分的不断变化，使之与内部显著不同，这是因为玻璃体中各成分对表面自由能的贡献不同所致。为了保持最小表面能，各成分将按其对表面自由能的贡献自发地转移和扩散。另外，在玻璃成型和退火过程中，碱、氟等易挥发组分容易从表面层中挥发损失。因此，即使是新鲜的玻璃表面，其化学成分、结构也不同于内部，这种差异可以从表面折射率、化学稳定性、结晶倾向以及强度等性质的观察得到证实。

对于含有较高极化性能的离子如 Pb^{2+}、Sb^{2+}、Cd^{2+} 等的玻璃，其表面结构也会明显受到这些离子在表面的排列取向状况的影响，这种作用本质上也是极化问题。例如，铅玻璃，由于铅原子的最外层有 4 个价电子（$6S^2 6P^2$），当形成 Pb^{2+} 时，其最外层尚有两个电子，对接近它们的 O^{2-} 产生斥力，致使 Pb^{2+} 的作用电场不对称，即与 O^{2-} 相斥一方的电子云密度减少，在结构上近似于 Pb^{4+}，而相反一方则因电子云的增加而近似于 Pb^0 状态，这可视为 Pb^{2+} 按 $Pb^{2+} \Longleftrightarrow \frac{1}{2}Pb^{4+} + \frac{1}{2}Pb^0$ 方式被计划变形。

在不同条件下，这些极化离子在表面取向不同，则表面结构和性质也不相同。在常温时，表面极化离子的偶极矩通常是朝内部取向以降低其表面能。因此，常温下铅玻璃具有特别低的吸湿性。但随着温度升高，热运动破坏了表面极化离子的定向排列，故铅玻璃呈现正的表面张力温度系数。

图 5.8 是分别用 0.5mol/L 的 Cu^{2+}、Cd^{2+}、Zn^{2+}、Rb^{2+} 盐溶液处理过的钠钙硅酸盐玻璃粉末，在室温、相对湿度为 98% 的空气中吸水速率曲线。从中可以看到不同极化性能的离子进入表面层后，对玻璃表面结构和性质的影响。

4. 实际表面结构

固体的实际表面是不规则和粗糙的，存在着无数台阶、裂缝和凹凸不平的峰谷，这些不同的几何状态必然会对表面性质产生影响，其中最重要的是表面粗糙度和微裂纹。

表面粗糙度会引起表面力场的变化，进而影响其表面结构。图 5.9 是粗糙固体表面示意图。从色散力的本质可见，位于凹面 A 点的质点，其色散力最大；位于平面的 B 点的质点，其色散力次之；而在凸面 C 点的质点，其色散力最小。一般半圆形凹处质点间的色散力要比平面处大 4 倍，这是因为色散力产生于质点分子相互作用力，A 点周围质点多，C 点最少。而对于静电力，则在凸面 C 点的质点最大，平面处 B 点的质点次之，而凹面 A 点的质点最小。这是因为静电力的产生与质点间的断键有关，断键越多，作用力越强。这样，表面粗糙度将使表面力场变得不均匀，其活性及其他表面性质也随之发生变化。表面粗糙度还直接影响到固体比表面积、内/外表面积的比值以及与之相关的属性，如强度、密度、润湿、孔隙率、透气性等。此外，粗糙度还影响到两种材料间的封接和结合界面间的啮合以及结合轻度。

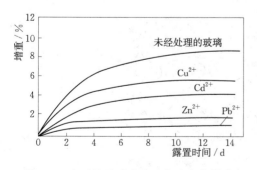

图 5.8 表面处理对玻璃吸水速率的影响

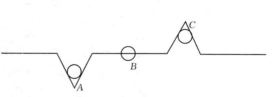

图 5.9 粗糙固体表面示意图

表面微裂纹是因晶体缺陷或外力而产生。微裂纹同样会强烈地影响到表面性质，对脆性材料的强度尤为重要。计算结果表明：脆性材料的理论强度约为实际强度的几百倍。正是由于存在于固体表面的微裂纹在材料中起着应力倍增器的作用，使位于裂纹尖端的实际应力远远大于所施加的应力。基于这个观点，格里菲斯（Griffith）建立了著名的玻璃断裂理论，并导出了材料的实际断裂应力 σ_c 与微裂纹长度 c 的关系：

$$\sigma_c = \sqrt{\frac{2E\gamma}{\pi c}}$$

(5.4)

式中：E 为弹性模量；γ 为表面能。

从式（5.4）可以看出，E 和 γ 应大而微裂纹尺寸 c 应小。

例如，用刚刚拉制的玻璃棒做试验，其弯曲强度为 $6 \times 10^9 \text{N/m}^2$，该棒在空气中放置几小时后强度下降为 $4 \times 10^9 \text{N/m}^2$。强度下降的原因是大气腐蚀而形成表面微裂纹。由此可见，控制表面微裂纹的大小、数目和扩展，就能更充分地利用材料固有的强度。例如，玻璃的钢化和预应力混凝土制品的增强原理就是使外层通过表面处理而处于压应力状态，从而闭合表面微裂纹。

5.2　固体表面的晶界和相界

5.2.1　固体表面的晶界

1. 晶界概念

陶瓷体是由微细颗粒的原料经高温烧结而成的多晶集合体。在烧结过程中，众多的微细原料颗粒形成了大量的结晶中心，在它们发育长大成为晶粒的过程中，由于这些晶粒本身的大小、形状是毫不规则的，而且它们相互之间的取向也不规则，因此当这些晶粒相遇时就可能出现不同的边界，通常称为晶界。由于各种晶粒均为固相，所以晶界是指相邻两个不同取向晶体之间的内界面。

由于晶界上两个晶粒的质点排列取向有一定的差异，两者都希望按照自己固有的排列取向来排列。当达到平衡时，晶界上的原子就形成某种过渡的形式，如图 5.10 所示。由此可见，晶界实际上就是一种晶格缺陷，这种缺陷的程度取决于两相邻晶粒间的位向差及材料的纯度等。位向差越大或纯度越低，晶界往往就越厚，一般厚度为

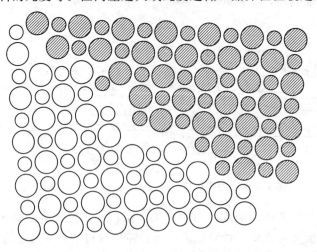

图 5.10　晶界结构示意图

2～3个原子层到几百个原子层。由图5.10可见，晶界上由于原子排列不规则而造成结构比较疏松，因而使晶界易受腐蚀（热侵蚀、化学腐蚀）后显露出来。在多晶体材料中，晶界是原子（离子）快速扩散的通道，容易引起杂质原子（离子）偏聚，同时也使晶界处熔点低于晶粒。晶界上原子排列混乱，使得它们在常温下容易对材料的塑性变形起到一定的阻碍作用，在宏观上表现为晶界较晶粒内部具有更高的强度和硬度。晶界上还存在着许多空位、位错等缺陷，处于应力畸变状态，能阶较高，也存在着晶界能。较高的晶界能表明它有自发地向低能状态转化的趋势。晶粒长大和晶界的平直化都能减少晶界的总面积，从而降低晶界的总能量。但是，只有当原子具有一定动能时，这个过程才可能发生，温度越高，原子的动能越大，越有利于晶粒长大和晶界的平直化。此外，晶界处较高的能阶也使晶界成为固体相变时优先成核的区域。

利用晶界的这些特性，通过控制晶界组成、结构和相态等来制作新型无机材料已成为材料科学工作者感兴趣的研究领域之一。

研究表明，晶粒的大小对陶瓷多晶体的性能有很大的影响。晶粒越小，晶界占据的比例就越高。图5.11表示多晶体中晶粒尺寸与晶界所占晶体中体积百分数的关系。由图可见，当多晶体中晶粒平均尺寸为$1\mu m$时，晶界占晶体总体积的1/2。因此，在细晶材料中，晶界对材料的力学性能、电学性能、热学性能和光学性能等都有不可忽视的作用。

2. 晶界分类

为了描述晶界的几何性质，可用晶界的取向及其两侧晶粒的相对位向进行说明。二维点阵中晶界的几何关系如图5.12所示，晶界位置可用两个晶粒的位向差θ和晶界相对于一个点阵某一平面的夹角φ来确定。因此，二维点阵的晶界有两个自由度。

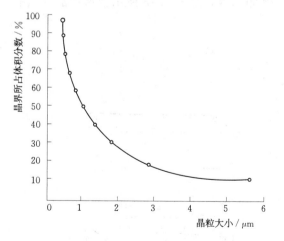

图5.11 晶粒大小与晶界所占体积分数的关系

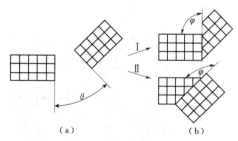

图5.12 二维点阵的晶界

对于三维点阵晶体之间的晶界，必须确定晶粒彼此之间的位向和晶界相对于其中某一晶粒的位向，如图5.13所示。假设将图5.13（a）的晶体沿XOZ平面切开，然后让右侧晶体绕X轴旋转，这样就会使两个晶体之间产生位向差。同样，右侧晶体还可以绕 Y 轴或 Z 轴旋转。因此，为了确定两个晶体之间的位向，必须给定三个角度。进一步考虑位向差一定的两个晶体之间的界面，如图 5.13（b）所示，若在 XOZ 平面有一个界面，将这个界面绕 X 轴或 Z 轴旋转，可以改变界面的位置，但绕 Y 轴旋转时，界面的位置不变。因此，为了确定界面本身的位向，还需要确定两个角度。

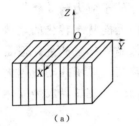 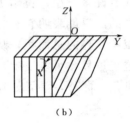

图 5.13　三维点阵的晶界

由此可见，一般晶界具有五个自由度，三个自由度确定一个晶粒相对于另一个晶粒的位向，还有两个自由度确定晶界相对于其中某一晶粒的位向。

根据相邻晶粒之间的位向差 θ 角的大小不同可将晶界分为两类：小角度晶界和大角度晶界。

（1）小角度晶界。小角度晶界是指相邻两个晶粒之间的位向差小于 $10°$ 的晶界，通常是 $2°\sim3°$。小角度晶界可分为倾斜晶界、扭转晶界和重合晶界。

1）倾斜晶界。倾斜晶界分为两种：对称倾斜晶界和不对称倾斜晶界。

图 5.14 是对称倾斜晶界，它可看作是晶界两侧的晶体相互倾斜的结果，是由一列平行的刃型位错构成。其两侧的晶体位向差为 θ，相当于晶界两边的晶体绕平行于位错线的轴各自旋转了一个方向相反的 $\theta/2$ 角而成，如图 5.15 所示。这种晶界只有一个变量 θ，是一个自由度晶界。

$$D = \frac{b}{2\sin\dfrac{\theta}{2}} \tag{5.5}$$

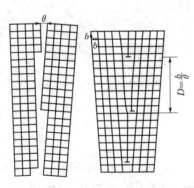 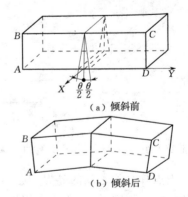

图 5.14　对称倾斜晶界　　　　图 5.15　对称倾斜晶界

式中：D 为位错间距；b 为伯氏矢量。

当 θ 值很小时，$\theta \approx \dfrac{b}{D}$。

图 5.16 是不对称倾斜晶界，它是对称倾斜晶界的界面绕 X 轴转了一个角度 φ。此时，两晶粒之间的位向差仍为 θ 角，但是晶界的界面对于两个晶粒是不对称的。它有 θ 和 φ 两个自由度，在这种情况下，界面与左侧晶粒（100）轴向的夹角为 $\left(\varphi - \dfrac{\theta}{2}\right)$，与右侧晶粒（100）轴向的夹角为 $\left(\varphi + \dfrac{\theta}{2}\right)$。因此，它需要两个参数 θ 和 φ 来确定。此时的晶界结构可看成由两组相互垂直的刃型位错交错排列构成。

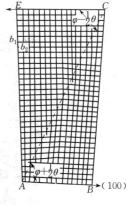

图 5.16 不对称倾斜晶界

2）扭转晶界。扭转晶界是将一个晶体沿中间平面切开，然后使右半晶体绕 Y 轴转 θ 角，再与左半晶体结合在一起，如图 5.17 所示，它的自由度为 1。因为界面与旋转轴垂直，所以使一个自由度晶界。该晶界的结构可看成是由相互交叉的螺旋型位错交叉构成，如图 5.18 所示。

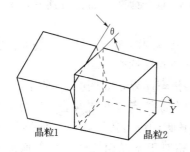

（a）晶粒2相对于晶粒1绕Y轴旋转 θ 角　　（b）晶粒1、2之间的螺旋形位错交叉网格

图 5.17 扭转晶界形成模型

倾斜晶界和扭转晶界都是小角度晶界的简单情况。两种不同之处在于倾斜晶界形成时，转轴在晶界内；而扭转晶界的转轴则垂直于晶界。在一般情况下，小角度晶界都可看成是两部分晶体绕某一轴旋转一角度而形成的，只不过其转轴既不平行于晶界也不垂直于晶界。因为晶界上的原子排列是畸变的，所以其自由能增大。小角度晶界的能量主要来自位错能量，而位错密度又决定于晶粒的位向差，所以，小角度晶界能也和位向差 θ 有关。一般在位向差 $\theta < 10°$ 时，小角度晶界的晶界能随位向差 θ 的增大而增大。

（2）大角度晶界。大角度晶界是指两晶粒之间的位向差都比较大，如图 5.19 所示。多晶体材料中各晶粒之间的晶界通常为大角度晶界，此时晶界上的原子排列近似无序状态，具有比较松散的结构，原子间的键被割断或被严重歪扭，因而晶界具有较高的能量。大角度晶界的结构复杂，不能用位错模型来描述晶界的结构。

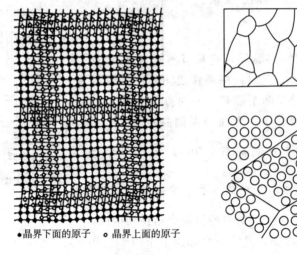

●晶界下面的原子　○晶界上面的原子

图 5.18　扭转晶界位错模型　　　图 5.19　大角度晶界

在大角度晶界中，虽然晶界上的原子排列不规则，但是还存在一定数量重合点阵的原子。晶界上重合位置越多，及晶界上越多的原子为两个晶粒所共有，原子排列的畸变程度就越小，则晶界能也相应越低。

（3）孪晶界。孪晶是指两个晶体（沿一个晶体的两部分）沿一个公共晶面构成镜面对称的位向关系，这两个晶体称为孪晶，此公共面称变为孪晶面。

孪晶面可分为两类，即共格孪晶界和非共格孪晶界，如图 5.20 所示。图 5.20 为共格孪晶界，其在孪晶面上的原子同时位于两个晶体点阵的结点上，为两个晶体所共有，是无畸变的完全共格界面，它的界面能很低，约为普通晶界界面能的 1/10，很稳定。图 5.21 为非共格孪晶界，它是孪晶界相对于孪晶面旋转一角度而形成的。此时，孪晶界上只有部分原子为两部分晶体所共有，因而原子错排较严重，这种孪晶界的能量相对较高，约为普通晶界的 1/2。

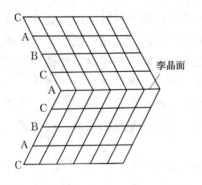

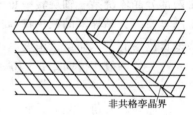

非共格孪晶界

图 5.20　共格孪晶界　　　　图 5.21　非共格孪晶界

3. 晶界应力

晶界应力是指在晶界上由于质点间排列不规则而使质点距离疏密不均匀，而形成的微观机械应力。晶界上的质点由于其能量较高，从热力学角度来看，它处于介稳状态，将吸引空位、杂质和一些气孔。因此，晶界是缺陷存在较多的区域，也是应力比较集中的部位。对单一的多晶材料来说，由于晶粒的取向不同，相邻晶粒在同一方向的热膨胀系数、弹性模量等物理性质都不同。对于多相晶体来说，各相间更有性能的差异；对于固溶体来说，各晶粒间化学组成上的不同也会形成性能上的差异。这些性能上的差异，在陶瓷烧结成后的冷却过程中，由于热膨胀系数的不同，收缩不同，都会在晶界上产生很大的晶界应力。晶粒越大，晶界应力也越大。这种晶界应力甚至可以使大晶粒出现贯穿性断裂。这就是为什么粗晶粒结构的陶瓷材料的机械强度和介电性能都很差的原因之一。

晶界应力的存在虽然使烧结得到的陶瓷性能变差，但是我们还可以利用晶界应力对其进行粉碎。例如，对于硬度较大的石英岩石，由于其不同结晶方向上的热膨胀系数不同，利用其晶界应力对其进行粉碎。为此，需要将石英岩预烧到高温（1200℃以上），然后在空气中急冷，利用相变及热膨胀而产生的晶界应力，使其晶粒之间开裂而便于粉碎。

5.2.2　固体的相界

由两个结构不同的晶体，或者由结构相同但点阵参数不同的晶体结合而形成的界面称为相界。按照相界处两晶体中原子的特点，相界可以分为三大类。

1. 共格相界

共格相界是指两晶体界面上的原子同时位于二者晶格的结点上，即两相的晶格是彼此衔接的，界面上的原子为两者共有，此时的界面能很低。理想的完全共格界面，只有在孪晶界且孪晶界即为孪晶面时才可能存在。

2. 半共格相界

若相邻晶体在相界处的晶面间距相差较大，则在相界面上不可能做到完全的一一对应，于是在界面上将产生一些位错，以降低界面的弹性应变能，这是界面上两相原子部分地保持匹配，这样的界面称为半共格界面。

3. 非共格相界

当两相在相界处的原子排列相差很大时，只能形成非共格界面。这种相界与大角度晶界相似，可看成是由原子不规则排列很薄的过渡层构成。

从相界能的角度来看，从共格相界至半共格相界到非共格相界依次递增。

各种形式的相界如图 5.22 所示。

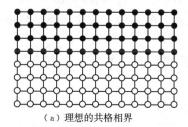

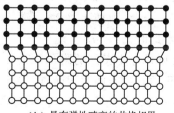

（a）理想的共格相界　　　　　　　（b）具有弹性畸变的共格相界

图 5.22（一）　各种形式的相界

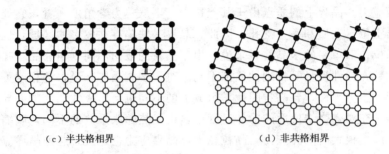

（c）半共格相界　　　　　　　　　（d）非共格相界

图 5.22（二）　各种形式的相界

5.3　固 体 的 界 面 行 为

5.3.1　弯曲表面效应

1. 曲面上的压差

由于表面张力的存在，使弯曲表面上产生一个附加压力。表面和界面产生的许多重要影响都起因于这个附加压力。图 5.23 所示为不同曲率液体表面的内外压差情况。假如液体表面所受总压力为 p，$p = p_0 + \Delta p$。式中 p_0 为外压力，Δp 为弯曲表面产生的压力差，其符号取决于 r（曲面的曲率半径）。凸面时，r 为正值；凹面时，r 为负值。

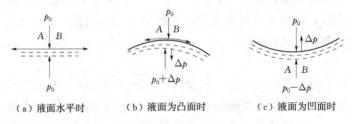

（a）液面水平时　　　　（b）液面为凸面时　　　　（c）液面为凹面时

图 5.23　弯曲表面上的附加压力的产生

当液面为水平时，如图 5.23（a）所示，表面张力与液面平行，因此，各个相对方向上的表面张力相互抵消，液体表面内外压力大小相等而方向相反，此时 $\Delta p = 0$。

当液面为凸面时，如图 5.23（b）所示，表面张力合力指向液体内部，与外压力 Δp 方向相同，因此凸液面上所受到的压力比外部压力 p_0 大，此时 $\Delta p > 0$。

当液面为凹面时，如图 5.23（c）所示，表面张力合力指向液体外部，与外压力 Δp 方向相反，这个附加压力 Δp 有把液面往外拉的趋向，凹液面所受到的压力比平面的 p_0 大，此时 $\Delta p < 0$。

由此可见，弯曲表面的附加压力 Δp 总是指向曲面的曲率中心，当曲面为凸面时，Δp 为正值；当曲面为凹面时，Δp 为负值。

附加压力 Δp 与曲率半径 r 之间的关系：如图 5.24 所示，把一根毛细管插入液体中，向毛细管吹气，在管端形成一个半径为 r 的气泡。如果管内压力增加，气泡体积增加，相应表面积也增加 dA。如果液体密度是均匀的，不计重力的作用，那么阻碍气泡体积增加的唯一阻力是由于扩大表面积所需要的总表面能。为了克服表面张力，环境所做的功为$(p-p_0)\mathrm{d}V$，平衡时这个功应等于系统表面能的增加。

$$(p-p_0)\mathrm{d}V=\gamma\mathrm{d}A \tag{5.6}$$

$$\Delta p\,\mathrm{d}V=\gamma\mathrm{d}A \tag{5.7}$$

因为

$$V=\frac{4}{3}\pi r^3, \quad \mathrm{d}V=4\pi r^2\mathrm{d}r$$

$$A=4\pi r^2, \quad \mathrm{d}A=8\pi r\mathrm{d}r$$

可得

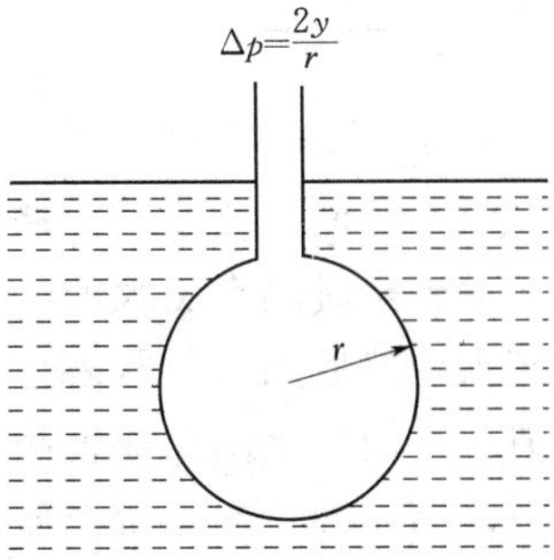

图 5.24 液体中气泡的形成

$$\Delta p=\frac{2\gamma}{r} \tag{5.8}$$

对于非球面的曲面，有著名的拉普拉斯（Laplace）公式：

$$\Delta p=\gamma\left(\frac{1}{r_1}+\frac{1}{r_2}\right) \tag{5.9}$$

式中：r_1、r_2 分别为两种主曲面的曲率半径。

当 $r_1=r_2$ 时，式（5.9）即为式（5.8）。此式对固体表面也同样适用。

当曲率半径 r 很小时，此时由于表面张力引起的压力差可达几十千克每平方厘米。在陶瓷材料中，正是这个附加压力推动了烧结过程的进行。

2. 毛细现象

两块相互平行的平板间的液体液面上附加压力（因为 $r_2=\infty$）为 $\Delta p=\dfrac{\gamma}{r_1}$。当 r_1 很小时，这种压力称为毛细管力。如将一毛细管插入液体中。则可能有如下两种现象产生。

（1）液体润湿管壁。即润湿角 $\theta<90°$，则管内液面成凹面，有 $p_凹<p_平$，管内液面将沿管壁上升，如图 5.25 所示。按式（5.8）得到的负压被吸入毛细管中的液柱静压所平衡，并与 θ 有如下关系：

$$\Delta p=\frac{2\gamma}{R}=\frac{2\gamma\cos\theta}{r}=\rho gh \tag{5.10}$$

式中：γ 为液体表面张力；R 为液面曲率半径；r 为毛细管半径；ρ 为液体的密度；g 为重力加速度；h 为液体上升高度。

即液体上升高度为

$$h=\frac{2\gamma\cos\theta}{\rho gr} \tag{5.11}$$

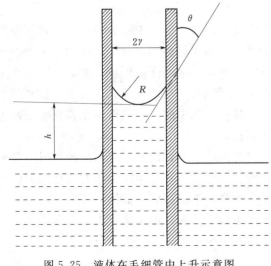

图 5.25 液体在毛细管中上升示意图

（2）液体不润湿管壁。即润湿角 $\theta>90°$，则管内液面成凸面，有 $p_凸>p_平$，管内液面将沿管壁下降至管外水平面以下。液柱下降的高度

也为 $h = \dfrac{2\gamma\cos\theta}{\rho g r}$。

3. 曲面的饱和蒸汽压

（1）凸面。弯曲的液面会产生附加压力，这将使液体在以小液滴形式分散存在时比大量聚集时具有更大的饱和蒸汽压。如果取一洁净玻璃在上面喷洒水雾，再滴上几大滴水，然后用密封罩罩住并恒温。经过一段时间后，罩内的水雾变得越来越小，直至消失，而大水滴却变得越来越大，这就相当于小水滴通过气相通道转移到大水滴表面上，而这种转移之所以能产生是因为二者饱和蒸汽压不同引起的。

液面曲率半径 r 与饱和蒸汽压 p_0 之间的关系可以用开尔文（Kelvin）方程描述。

$$\ln\frac{p}{p_0} = -\frac{2\gamma M}{\rho R T}\frac{1}{r} \tag{5.12}$$

式中：p 为曲面上蒸汽压；p_0 为平面上蒸汽压；γ 为液体表面张力；M 为液体分子量；ρ 为液体的密度；R 为气体常数；T 为液体的温度；r 为液面的曲率半径。

对于非球面的曲面，可以导出：

$$\ln\frac{p}{p_0} = -\frac{2\gamma M}{\rho R T}\left(\frac{1}{r_1} + \frac{1}{r_2}\right) \tag{5.13}$$

式中：r_1、r_2 分别为两种主曲面的曲率半径。

从开尔文公式可以得出一个重要的结论：凸面上方饱和蒸汽压＞平面＞凹面。这是因为式（5.12）右边除 r 外的其余物理量均为正值，因此当 $r>0$（凸面）时，$p>p_0$，并且 r 越小，p 越大；而当 $r<0$（凹面）时，$p<p_0$，并且 $|r|$ 越小，p 越小。例如，水在毛细管中形成凹面时，该凹面液体上方水的饱和蒸汽压小于平面液体上方饱和蒸汽压。因此，将毛细管插入水中后，水面将沿毛细管壁上升，直到上升液柱的静压力等于平液面与凹液面上的压力差值时，体系达到平衡。这就是所谓的毛细管上升。

当表面曲率在 $1\mu m$ 时，由曲率半径差异而引起的压差已十分显著。这种蒸汽压差在高温下足以引起微细粉体表面上出现由凸面蒸发而向凹面凝聚的气相传质过程，这就是粉体烧结传质的一种方式。

开尔文公式可应用在人工降雨方面。人工降雨时，空气中水分的饱和蒸汽压虽然已经足够大，但是无凝聚核心，而刚形成的小水滴半径很小，这时形成的小液滴的饱和蒸汽压远远大于空气中水分的饱和蒸汽压，从而小液滴无法形成。此时，在空中撒入碘化银作为成核剂，使凝结成水滴的曲率半径加大，从而使形成小液滴的饱和蒸汽压降低，小于高空中水分的饱和蒸汽压。这样，空气中的水分就很快在碘化银表面上凝聚，形成小液滴，从而达到人工降雨的目的。

在沸腾的溶液中加入沸石防止暴沸，也是开尔文公式的另一应用。沸腾时，气泡的形成必须经过从无到有，从小到大的过程。而最初形成的半径极小的气泡内的饱和蒸汽压远小于外压，因此在外压的压迫下，小气泡难以形成，液体不能沸腾而形成过热液体，过热较多时，容易暴沸。若在液体中加入沸石，由于沸石表面多孔，其中已有曲率半径较大的气泡存在，因此气泡内的蒸汽压不致太小，从而防止了暴沸。

（2）凹面。开尔文公式也可用于毛细管内液体的蒸汽压变化。如液体对管壁润湿，如图 5.24 所示，开尔文公式可写成：

$$\ln \frac{p}{p_0} = -\frac{2\gamma M}{\rho R T} \frac{1}{r} \cos\theta \tag{5.14}$$

式中：r 为毛细管半径；θ 为液体与管壁之间的接触角。

若 $\theta \approx 0°$，即液体对毛细管壁完全润湿，液面在毛细管中呈半球形凹面，则

$$\ln \frac{p}{p_0} = -\frac{2\gamma M}{\rho R T} \frac{1}{r} \tag{5.15}$$

即凹面上蒸汽压低于平面上蒸汽压。

如果在指定温度下，环境蒸汽压为 p_0 时（$p_凹 < p_0 < p_凸$），则该蒸汽压对平面液体未达到饱和，但对管内凹面液体已呈过饱和，此时蒸汽压在毛细管内凝聚成液体。这个现象称为毛细管凝聚。

毛细管凝聚在生活和生产中常可遇到，例如，陶瓷生坯中有很多毛细孔，从而有许多毛细管凝聚水，这些水由于蒸汽压低而不易被排除，若不预先充分干燥，入窑将容易炸裂。又如水泥地面在冬天易冻裂也与毛细管凝聚水的存在有关。

（3）微晶的溶解度。开尔文公式可用于固体的溶解度：

$$\ln \frac{C}{C_0} = \frac{2M\gamma_{LS}}{d R T r} \tag{5.16}$$

式中：C、C_0 分别为半径为 r 的小晶体和大晶体的溶解度；M 为固体的分子量；γ_{LS} 为固液的界面张力；d 为固体密度；R 为气体常数；T 为晶体温度；r 为晶体的半径。

从公式（5.16）可以得出，微小晶粒溶解度大于普通颗粒的溶解度。

（4）微晶的熔点。固体颗粒半径对其熔化温度的影响可用下式表示：

$$\Delta T = T_m - T = \frac{2\gamma_{SV} M T_m}{d \Delta H r} \tag{5.17}$$

式中：T、T_m 分别为半径为 r 的小晶体和大晶体的融化温度；γ_{SV} 为晶体表面张力；ΔH 为熔化热。

综上所示，表面曲率对其蒸汽压、溶解度和熔化温度等物理性质有着重要的影响。固体颗粒越小，表面曲率越大，则蒸汽压和溶解度增大而熔化温度降低。

5.3.2　固体表面的吸附

气体分子在固体表面上发生的浓集现象称为气体在固体表面的吸附，吸附作用使固体表面能降低。因此，气体在固体表面的吸附过程是一种自发过程，想获得真正干净的固体是很难的。许多发生在固体表面上的重要行为，如黏附、摩擦、润湿、催化活性等，都在很大程度上受到气体吸附的影响。所以，吸附是发生在固体表面上的一种重要的物理化学现象，是固体表面化学中的一个重要问题。

为了研究方便，通常被吸附的物质称为吸附质，而能有效地吸附吸附质的物质称为吸附剂，吸附质可以是气体、蒸汽和液体。但吸附剂大多为比表面较高的多孔固体材料。

1. 吸附及其本质

当分子撞击在固体表面时，绝大多数的分子在撞击中都将损失其能量，且在表面

上停留一个较长的时间（约 $10^{-6} \sim 10^{-3}$ s），这比原子振动时间（约 10^{-12} s）要长得多，这样分子最终将完全损失掉它们的动能，不能再脱离固体表面而被表面所吸附。所以，吸附的结果是使本来可自由运动的分子被限定在固体的表面而失去自由性。同时，也是固体表面力场受到某种程度的削弱。根据吸附分子与固体表面的作用力性质的不同，可以把吸附分为物理吸附和化学吸附两类。

（1）物理吸附。是由分子间引力引起的，吸附过程没有电子转移，吸附层可看作由蒸汽冷凝形成的液膜，或者说吸附分子和固体表面晶格是两个分立的系统。由于分子间力没有选择性，所以物理吸附一般也没有选择性，只要条件合适，可发生在任何固体和任何气体之间，且吸附速度也较快。一般来说，越是易于液化的气体越易于被吸附。由于分子间力是长程力，所以物理吸附可以是单分子层也可以是多分子层。这类吸附的解吸也较容易，其吸附热与气体的液化热相近。这类吸附的吸附速率和解吸速率都很高，且一般不受温度的影响，也就是说吸附不需要活化能。因此，这类吸附是一种物理作用，吸附过程没有化学键的生成与破坏，没有原子重排，而导致吸附的只是范德华力，故称为物理吸附。

（2）化学吸附。是指吸附过程中有电子的转移，形成类似化学键的作用力。此时吸附分子和吸附晶格作为一个统一的系统来处理。一般吸附剂只对某些气体才会发生吸附作用，其吸附热很大（>42kJ/mol），与化学反应热几乎同一个数量级。这类吸附总是单分子层的，且不易解吸。此类吸附的吸附速率和解吸速率都很小，而且随温度的升高吸附速率和解吸速率增加。吸附过程需要一定的吸附活化能。吸附一旦形成，则是不可逆的，不易脱附。因此，这类吸附实质上是一种化学反应，所以叫作化学吸附。

表 5.2　　　　　　　　　　　　物理吸附和化学吸附的区别

吸附因素	物 理 吸 附	化 学 吸 附
吸附力	范德华力	化学键力
吸附热	较小，近似液化热（<40kJ/mol）	较大，近似化学反应热（>40kJ/mol）
选择性	无	有
分子层	单分子层或多分子层	单分子层
可逆性	可逆	不可逆
吸附速率	快，不受温度影响，一般不需要活化能	慢，温度升高吸附速率加快，需要活化能
吸附温度	低于吸附质临界温度	接近吸附质沸点

图 5.26 反映了吸附过程中系统的能量与吸附质点距离（r）之间的关系，图中 q 为吸附热。当气体分子靠近固体表面后，与固体表面发生引力作用，系统能量降低。当相距 r'_0 时，放出热量 q'，系统处在一个相对能量地点 A。如果再要靠近则要求越过能垒 B，一旦越过 B 点，系统能力又随 r 的减小而降低，当相距 r''_0 时，能量为最低点 C。q'、r'_0 相对应于物理吸附，q''、r''_0 则相对应于化学吸附。化学吸附脱附需要越过能垒 B，这显然是不容易的。

物理吸附和化学吸附之间的区别如表 5.2 所示。但是在区别吸附性质时，不能单凭一两个吸附表现就下结论，而应当综合各方面的吸附结果。例如，对于多孔固体，因为分子要钻到孔中才能被表面吸附，速度也很慢；若孔隙很小，大的气体分子就根本过不去，结果物理吸附就表现出选择性。决不能根据这些现象就判定为化学吸附。另外，物理吸附和化学吸附也不是不相容的，而是说，同一种固体和同一种气体之间极可能发生化学吸附，也可能发生物理吸附，两者也可能同时发生。如氧在金属钨表面上的吸附就是三种情况，即有氧

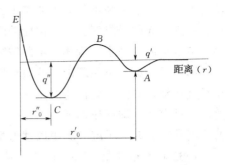

图 5.26 吸附过程系统能量变化曲线

以原子态被化学吸附，这是纯粹的化学吸附；也有以分子态被物理吸附，这是纯粹的物理吸附；还有氧以分子态被吸附在氧原子上，形成多层吸附。

2. 吸附理论

实验表明，固体对气体的吸附量 V 与温度 T 和气体压力 p 有关，即 $V=f(T, p)$。为了实验和表达上的方便，通常固定其中一个变量，以求出其余的两变量间的关系。例如，分别用吸附等温线 $V=f_T(p)$ 或等压线 $V=f_p(T)$，等量线 $p=f_V(T)$ 来描述，其中以吸附等温线应用最多。各种吸附等温线可以归纳为图 5.27 中的五种类型。实验表明，等温线的类型和固体表面特性有一定的联系，或者说某种程度上取决于吸附剂的孔隙大小和分布。孔径大于几个分子直径的木炭，几乎总是得到Ⅰ型等温线；吸附剂是非多孔性的，则可能是Ⅱ型等温线；如果固体与蒸汽分子间的相互作用比蒸汽分子本身相互间的作用小，则非多孔吸附剂可得到Ⅲ型等温线；多孔吸附剂可得到Ⅳ型等温线；由溶胶形成的吸附剂如氧化铝、氧化硅之类，则常得到Ⅴ型等温线。

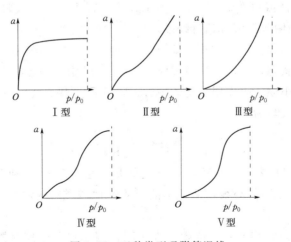

图 5.27 五种类型吸附等温线

目前，对于吸附理论可以归纳为三类。第一类理论是从动力学观点出发，主要考虑气体与被吸附层间的交换过程，且假定分子是被吸附在固定的吸附位上，平行于吸

附剂表面的吸引力和排斥力可忽略不计；第二类理论是从热力学立场出发，主要考虑由于吸附引起的吸附剂表面自由能的降低，并且假定被吸附分子沿吸附剂表面有流动性，基本形成"两维"流体，由此被吸附分子间的侧面吸引力也就具有了决定性的意义；第三类理论是位能理论，着眼于固体表面的位能场，认为被吸附分子在固体表面做垂直运动，必然引起位能的变化。这些理论虽然着眼点不同，但基本上都首先假设这样一种存在，即低压时吸附层是单分子层的，压力增高，趋于气体的饱和蒸汽压时，则转变为多分子层。其中以动力学理论最为常用。

1961 年朗格缪尔（Langmuir）从动力学观点出发，提出了固体对气体的吸附理论，称为单分子层吸附理论。其基本假设如下：

（1）固体表面对气体的吸附是单分子层的，即固体表面上每个吸附位只能吸附一个分子，气体分子只有碰撞到固体的空白表面上才能被吸附。

（2）固体表面是均匀的，即表面上所有部位的吸附能力相同。

（3）被吸附的气体分子间无相互作用力，即吸附或脱附的难易与邻近有无吸附态分子无关。

（4）吸附平衡是动态平衡，即达吸附平衡时，吸附和脱附过程是同时进行的，且速率相同。

依次得到如下朗格缪尔吸附方程：

$$V = \frac{V_m KP}{1 + KP} \tag{5.18}$$

式中：V、V_m 分别为当气体压力为 P 时的平衡吸附量和饱和吸附量；K 为决定于温度和吸附气体种类的常数。

在一定温度下，对给定的吸附剂和被吸附气体而言，V_m 是恒定的。从式（5.18）中也可以看出：

（1）当压力很低或吸附较弱时，$V = V_m KP$，即 $V \propto P$，吸附量与压力成正比，如图 5.26 中 I 型吸附等温线开始直线段。

（2）当压力很高或吸附较强时，即 $P \to \infty$ 时，$V \to V_m$。这说明表面已全部被覆盖，吸附达到饱和状态，吸附量达最大值，如图 5.27 中 I 型吸附等温线的水平线段。

（3）当压力大小或吸附作用力均适中时，V 与 P 呈现曲线关系。

式（5.18）可改写为

$$\frac{1}{V} = \frac{1}{V_m} + \frac{1}{V_m KP} \tag{5.19}$$

从式（5.19）可以看出，$1/V$ 与 $1/P$ 之间是线性关系。V_m 和 K 可以满意地说明图 5.27 中的第 I 型吸附等温线，但是不能说明其他四类吸附曲线，这主要是受到假设的局限性。

1938 年布鲁若尔、埃米尔、特勒三人在朗格缪尔单分子层吸附理论基础上提出了多分子层吸附理论，即 BET 理论。该理论认为吸附层可以是多分子层的，不过第一层上靠固气之间的分子引力，从第二层起则是靠气体分子间的引力，由于这两种引力不同，后者所放出的热可看作为气体的凝聚热。显然，这时气体的吸附量应等于各

吸附层吸附量的总和。当表面平坦时，吸附层可以无限多。依次可求得 BET 方程为

$$V = \frac{V_m C P}{(P_0 - P)\left[1 + (C-1)\dfrac{P}{P_0}\right]} \qquad (5.20)$$

式中：V 为平衡压力 P 时的吸附量；V_m 为第一层完全覆盖时的吸附量；P_0 为实验室温度下的气体饱和蒸汽压；C 为与吸附气体凝聚热及温度有关的常数。当 $P_0 \gg P$ 时，式（5.20）可改写为与朗格缪尔方程式相似的类型，即

$$V = \frac{V_m C X}{1 + C X} \qquad (5.21)$$

式中：$X = P/P_0$。

式（5.21）说明当压力很小时，单分子的假设仍是成立的。BET 理论方程或稍加修改，可以解释除 V 形以外的所有曲线，因此比朗格缪尔方程具有较大的实用性。此外，应用 BET 方程的基本关系可以简便而又准确地测定固体的表面积，这需要求出单分子吸附层时的饱和吸附量 V_m。当吸附分子的截面积已知时，则可求出吸附剂的比表面积 S 为

$$S = \frac{V_m}{V_0} N A_0 \qquad (5.22)$$

式中：V_0 为被吸附层气体的标准状态的摩尔体积；N 为阿伏伽德罗常数；A_0 为吸附气体一个分子的截面面积（常用氮气作吸附气体，其中 $A_0 = 0.162 \text{nm}^2$）。

式（5.21）可改写为直线方程：

$$\frac{P}{V(P_0 - P)} = \frac{1}{V_m C} + \frac{C-1}{V_m} \frac{P}{P_0} \qquad (5.23)$$

即 $\dfrac{P}{V(P_0 - P)}$ 与 $\dfrac{P}{P_0}$ 呈线性关系，其直线的斜率为 $\dfrac{C-1}{V_m}$，截距为 $\dfrac{1}{V_m C}$。则

$$V_m = \frac{1}{\text{斜率} + \text{截距}} \qquad (5.24)$$

3. 吸附对表面结构和性质的影响

除非经过特别的处理，固体表面总是被吸附膜所覆盖。因为新鲜的表面有较高的表面能，能迅速从空气中吸附气体或其他物质来降低能量，并使其表面断键得到结构上的满足。例如，陶瓷、玻璃及其他硅酸盐材料，其表面断裂的 Si—O—Si 键和未断裂的 Si—O—Si 键都可以和水蒸气实现化学吸附，形成 OH⁻ 基团的表面吸附层，随后再通过 OH⁻ 层上的氢键吸附水分子，形成吸附水膜，如图 5.28 所示。OH⁻ 基团需要在 400℃ 才能除去，吸附水可通过红外光谱检测到。

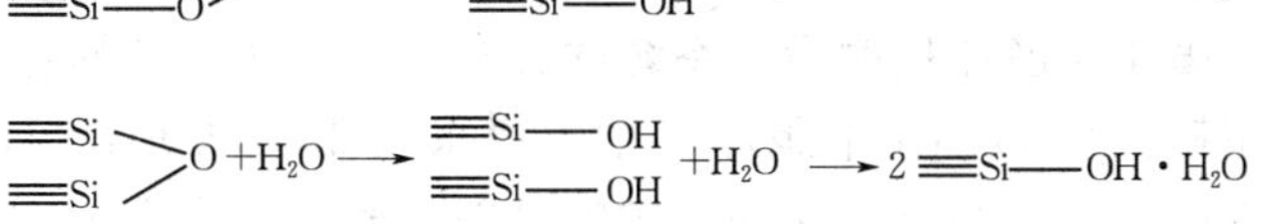

$$\begin{array}{c} \equiv\!\text{Si}\!- \\ \equiv\!\text{Si}\!- \end{array}\!\!\!\!\!\!\text{O} + H_2O \longrightarrow \begin{array}{c} \equiv\!\text{Si}\!-\!\text{OH} \\ \equiv\!\text{Si}\!-\!\text{OH} \end{array} + H_2O \longrightarrow 2\equiv\!\text{Si}\!-\!\text{OH}\cdot H_2O$$

$$\begin{array}{c} \equiv\!\text{Si} \\ \equiv\!\text{Si} \end{array}\!\!\!>\!\!\text{O} + H_2O \longrightarrow \begin{array}{c} \equiv\!\text{Si}\!-\!\text{OH} \\ \equiv\!\text{Si}\!-\!\text{OH} \end{array} + H_2O \longrightarrow 2\equiv\!\text{Si}\!-\!\text{OH}\cdot H_2O$$

图 5.28 硅酸盐材料表面吸附水膜形成示意图

吸附膜的形成既改变了表面原来的结构，也改变了表面的性质。主要体现在以下几点：

（1）降低表面能。由于吸附膜降低了固体的表面能，使固体表面较难被润湿和黏附，从而改变了界面的化学特性，所以在涂层、镀膜、材料封接等工艺中必须对加工面进行严格的表面处理。

（2）降低材料机械强度。吸附膜会显著降低材料的机械强度，这是因为吸附膜使固体表面微裂纹内壁的表面能降低。根据格里菲斯（Griffith）材料断裂应力（σ_c）公式：

$$\sigma_c = \sqrt{\frac{2E\gamma}{\pi}} \tag{5.25}$$

式中：E 为弹性模量；γ 为材料的表面能；c 为裂纹长度。

固体表面有吸附膜时，其表面能 γ 降低，从而 σ_c 也降低。

例如，普通钠钙硅酸盐玻璃在真空中的强度为 165.6MPa，而在饱和的水蒸气中强度仅为 79.5MPa。其他玻璃和陶瓷材料等也有类似效应。温球磨可以提高粉磨效率就是一例。此外，材料的滞后破坏现象也可用吸附膜概念加以阐明。

（3）改变金属材料功函数。吸附膜还会改变金属材料的功函数，从而改变它们的电子发射特性和化学活性。功函数是指电子从它在金属所占据的最高能级迁移到真空介质所做的功。当吸附物的电离势小于吸附剂的功函数时，电子则从吸附物移到吸附剂的表面，这就在吸附膜与吸附界面上形成一个正端朝外的偶极矩，并降低金属的功函数。若吸附物是非金属原子，其电子亲和能大于吸附剂的功函数，电子将从吸附剂移到吸附物，并在其界面上形成一个负端朝外的偶极矩并提高了吸附剂的功函数。由于功函数的变化改变了电子的发射能力和转移方法，这对真空器件中的阴极材料和化学工业中的催化剂等材料的性能影响甚大。

（4）使润湿变差，黏附降低。吸附膜生成使固体表面能降低，从而与其他液体的润湿变差，界面间黏附降低。

（5）调节固体间的摩擦和润湿。因为摩擦起因于黏附，而接触面间的局部变形加剧了黏附作用，吸附膜的存在则可以通过降低表面能而使黏附作用减弱。从这个意义上说，润湿作用的本质是基于吸附膜的效应。

例如，石墨是一种固体润滑剂，其摩擦系数为 0.18，有人在真空中与预先经过严格表面处理除去了吸附膜的石墨棒与高速转盘进行摩擦实验，发现此时石墨不再起润滑作用，其摩擦系数上升为 0.80。由此可见，气体吸附对摩擦和润滑作用有着重要的影响。

5.3.3 润湿现象

润湿是指固体表面上的气体（或液体）被液体（或另外一种液体）取代的现象。其热力学定义是：固体与液体接触后，系统的吉布斯自由能降低的现象。润湿是近代很多工业技术的基础。例如，在平版印刷中，要求油墨不能附着在印版的亲水层表面，造成印刷品空白部分的黏脏；又如，矿物浮选，要求分离去的杂质为水润湿，而有用的矿石不为水所润湿。再如，机械的润滑，注水采油，油漆涂布，金属焊接，陶瓷、搪瓷的坯釉结合，陶瓷或玻璃与金属的封接等工艺和理论都与润湿作用有密切关系。

1. 润湿的分类

按照热力学概念，当固体与液体接触后，体系的吉布斯自由能下降时就会发生润湿现象。根据润湿程度不同，其可分为 3 种形式：黏附润湿、铺展润湿和浸渍润湿，如图 5.29 所示。

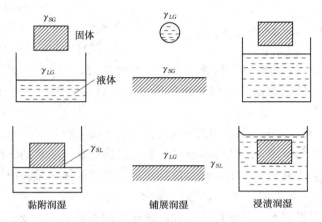

图 5.29　润湿的三种方式

（1）黏附润湿。这是指液体和固体接触后，界面液-气和固-气被固-液界面所取代。设这 3 种界面的面积均为单位值（如 1cm^2），比表面的吉布斯自由能分别为 γ_{LG}、γ_{SG} 和 γ_{SL}，则上述过程的吉布斯自由焓变化为

$$\Delta G_1 = \gamma_{SL} - (\gamma_{LG} + \gamma_{SG}) \tag{5.26}$$

若对上述附着的逆过程，设想在恒温恒压相同组成条件下，将其可逆地再分开，外界对体系所做的功为 W，如图 5.30 所示，则 $\Delta G_1 = -W$，W 称为附着功或黏附功。它表示将单位截面积的液-界面拉开所做的功。显然，此值越大表示固液界面结合越牢固，也即附着润湿越强。

在陶瓷和搪瓷生产中釉和珐琅在坯体上牢固附着是很重要的，一般 γ_{LG} 和 γ_{SG} 均是固定的。在实际生产中为了使液相扩散和达到较高的附着功，一般采用化学性能相近的两相系统，这样可以降低 γ_{SL}，有效提高黏附功 W。另外，在高温煅烧时两相之间如发生化学反应，会使坯体表面变粗糙，熔质填充在高低不平的表面，相互啮合，增加两相之间的机械附着力。

（2）铺展润湿。铺展润湿是指液体与固体表面接触后，在固体表面上排除空气而自行铺展的过程，即以固-液界面取代固-气表面同时液体表面也随之扩展的过程。当忽略液体的重力和黏度影响时，液体在固体表面上的铺展就由这 3 个界面张

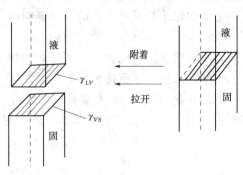

图 5.30　附着正逆过程的示意图

力来决定，其平衡关系可由图 5.31 和下式确定。

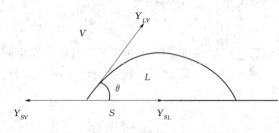

图 5.31　液滴在平滑固体表面上的润湿角

$$\gamma_{SG} = \gamma_{SL} + \gamma_{LG}\cos\theta \qquad (5.27)$$

$$\cos\theta = \frac{\gamma_{SG} - \gamma_{SL}}{\gamma_{LG}} \qquad (5.28)$$

$$F = \gamma_{LG}\cos\theta = \gamma_{SG} - \gamma_{SL} \qquad (5.29)$$

式中：θ 为润湿角；F 为润湿张力。

若 $\theta > 90°$，则因润湿张力小固体表面不润湿；$\theta < 90°$，则固体表面被液体所润湿；$\theta = 0°$，润湿张力 F 最大，可完全润湿，即液体在固体表面上可自由铺展。因此，θ 润湿角的大小实际上是直接地反映了液体在固体表面的润湿能力，也就是润湿程度可由 θ 值的大小来表示。

从式（5.29）可以看出，润湿的先决条件是 $\gamma_{SG} > \gamma_{SL}$，或者 γ_{SL} 十分微小。当固-液两相的化学性能或化学结合方式很接近时，是可以满足这一要求的。因此，硅酸盐熔质在氧化物固体上一般会形成小的润湿角，甚至完全将固体润湿。而在金属溶质与氧化物之间，由于结构不同，界面能 γ_{SL} 很大，$\gamma_{SG} < \gamma_{SL}$，$\theta > 90°$，不能润湿。从式（5.29）还可以看到 γ_{LG} 的作用是多方面的，在润湿的系统中 $\gamma_{SG} > \gamma_{SL}$，$\gamma_{LG}$ 减小会使 θ 减少；而在不润湿的系统中 $\gamma_{SG} < \gamma_{SL}$，$\gamma_{LG}$ 减小会使 θ 增大。

（3）浸渍润湿。浸渍润湿是指固体直接浸入液体中，原来的固-气表面被固-液界面所取代的过程，而液体表面没有变化。一种固体浸渍到液体中的自由能变化可由下式表示：

$$-\Delta G = \gamma_{SG} - \gamma_{SL} = \gamma_{LG}\cos\theta \qquad (5.30)$$

若 $\gamma_{SG} > \gamma_{SL}$，则 $\theta < 90°$，于是浸渍润湿过程将自发进行；当 $\gamma_{SG} < \gamma_{SL}$，则 $\theta > 90°$，润湿过程的体系能量升高，不可能自发进行，为了要将固体浸于液体之中，则必须对系统做功。

综上所述，可以看到三种润湿的共同点是：液体将气体从固体表面排挤开，使原有的固-气或液-气界面消失，而代之以固-液界面。就润湿发生的三种方式而言，铺展是润湿的最高标准，能铺展则必能附着和浸渍，反之则不一定。

2. 影响润湿的因素

上面的讨论都是对理想的平坦表面而言，但是实际表面是粗糙和被污染的，这些因素对润湿过程会发生重要的影响。

（1）粗糙度。研究表明，固体表面的非均匀性或粗糙性将对固-液之间的接触角产生影响。从热力学原理可知，当系统处于平衡时，界面位置的少许移动所产生的界面能的净变化应等于 0。界面在固体表面上从图 5.32 中 A 点推进到 B 点，这时固-液界面积扩大 δ_S，而固体表面减少了 δ_S，液-气界面积增加了 $\delta_S\cos\theta$，平衡时则有

$$\gamma_{SL}\delta_S + \gamma_{LG}\delta_S\cos\theta - \gamma_{SG}\delta_S = 0 \qquad (5.31)$$

$$\cos\theta = \frac{\gamma_{SG} - \gamma_{SL}}{\gamma_{LG}} \qquad (5.32)$$

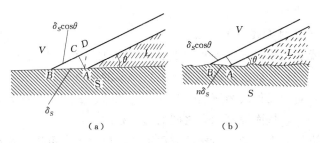

（a） （b）

图 5.32 表面粗糙度对润湿的影响

但是，因实际的固体表面具有一定粗糙度如图 5.32（b）所示，因此真正表面积较表观面积为大（设大 n 倍）。若界面位置同样从 A' 点推移到 B' 点，使固液界面的表观面积还是增大 δ_s。但是此时真实表面积却增大了 $n\delta_s$，固-气界面实际上也减少了 $n\delta_s$，而液-气界面积则净增了 $\delta_s\cos\theta$，于是

$$\gamma_{SL}n\delta_s + \gamma_{LG}\delta_s\cos\theta_n - \gamma_{SG}n\delta_s = 0 \tag{5.33}$$

$$n = \frac{\cos\theta_n}{\cos\theta} \tag{5.34}$$

式中：n 为表面粗糙度系数；$\cos\theta_n$ 为粗糙表面的表观接触角。

由于 n 值总是大于 1，故 θ 和 θ_n 的相对关系按图 5.33 所示的余弦曲线变化：$\theta < 90°$，$\theta > \theta_n$；$\theta = 90°$，$\theta = \theta_n$；$\theta > 90°$，$\theta < \theta_n$。因此，当真实接触角 $\theta < 90°$ 时，粗糙度越大，表观接触角越小，就越容易润湿；当 $\theta > 90°$ 时，则粗糙度越大，越不利于润湿。

（2）吸附膜。固体表面被污染后，其润湿行为会发生显著的变化。例如，石蜡类物质污染了具有高表面能的玻璃后，玻璃表面就不能被水所润湿。当用某些强酸或强碱清洗，最终用铬酸清洗后，便可以得到洁净的玻

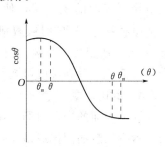

图 5.33 θ 和 θ_n 的关系

璃表面，该表面能被水润湿。固体表面的吸附现象也会引起润湿行为的变化。此时，杨氏方程可以改写成

$$\cos\theta = \frac{(\gamma_{SG} - \pi) - \gamma_{SL}}{\gamma_{LG}} \tag{5.35}$$

式中，π 为固体表面上被吸附物质的表面压力，该吸附物质使固体表面张力从 γ_{SG} 变为 $\gamma_{SG} - \pi$。π 项对于非润湿性液体通常是不重要的，而当润湿性增强时，π 项便会变得十分重要。有时，某种液体可以润湿干燥的固体表面，但是不能润湿具有该液体蒸汽吸附层的固体表面。上述表明，吸附膜的存在使接触角增大，起着阻碍液体铺展的作用。这种效应对于许多实际工作都是重要的。在陶瓷坯体上釉前和金属与陶瓷封接等工艺中，都要使坯体或工件保持清洁，其目的是去除吸附膜，提高 γ_{SG} 以改善润湿性。例如，用碳酸钠等对 SiC 颗粒进行处理去除颗粒表面的氧化膜和污染物可

改善 SiC 与金属液的润湿性。

3. 改善金属陶瓷件润湿性的方法

（1）改善陶瓷表面粗糙度。前面已提到，固体材料的实际表面具有一定的粗糙度，粗糙度越大，越容易润湿，说明对于可以润湿的体系，固体表面粗化时体系的润湿性更好。例如，陶瓷元件表面镀银，必须先将瓷件表面磨平并抛光，才能提高瓷件与银层之间的润湿性，从而提高二者之间的结合程度。

（2）对陶瓷进行表面处理。由杨氏方程可知，增大 γ_{SG} 可以减小接触角，因此可对陶瓷进行表面处理，通过物理化学的方法来增大 γ_{SG}，包括物理气相沉积、化学气相沉积、物理化学气相沉积、表面涂覆处理、物理化学清洗。

（3）使金属合金化。这是目前使用最广泛和最有效的方法之一。金属基通过添加合金元素来降低熔融金属的表面张力及其固-液界面能，甚至通过添加的合金元素在固-液界面参与界面反应来减小接触角。例如，纯铜与碳化锆 ZrC 之间接触角 θ 为 135°（1100℃）。当铜中加入少量 Ni（0.25%），θ 降为 54°，Ni 的作用是降低 γ_{SL}，这样就使铜-碳化锆结合性能得到改善。

（4）升高润湿过程中的温度。通常情况下升高温度对固体的表面能没什么影响，但可以降低熔融金属的表面能，达到改善润湿性的目的。另外，升高温度还可以破坏熔融金属表面的氧化层，使金属与陶瓷充分接触从而促进润湿。例如，Al 表面的 Al_2O_3 在约 970℃ 的时候遭到破坏，使 Al/SiC 的接触角从 900℃ 的 155° 降到 1100℃ 的 80°，由不润湿变为润湿。但是，升高温度有一定的局限性，如升高温度会引起更多金属的蒸发、升高温度可能引起激烈的金属陶瓷反应等。

5.3.4 黏附现象

固体表面的剩余力场不仅可与气体分子及溶液中的质点相互作用发生吸附，还可与其紧密接触的固体或液体的质点相互吸引而发生黏附。黏附现象的本质和吸附一样，都是两种物质之间表面力作用的结果，是一个表面化学问题。

对于发生在固-固界面上的黏附现象，界面上的分子或原子在相互靠近到一定的距离时就会产生跨越两相界面的相互作用。这种界面上的相互作用既可以是分子间的范德华力，如定向力、诱导力和色散力等，也可以是化学键合作用，如离子键、共价键、金属键等；还可以是界面上微观的机械连接作用。常温常压下的固-固接触时真实接触面积只有表观接触面积的万分之一左右，因而通常固-固两相界面之间的黏附现象不明显。只有在高温（接近熔点）、高压（接触面发生显著塑形变形）时，由于两相界面的实际接触面积大大增加，两固体材料之间的结合才会表现出很强的黏附作用。黏附作用可通过两固相相对滑动时的摩擦、固体粉末的聚集和烧结等现象表现出来。例如，金属-金属之间的扩散焊接；金属-陶瓷之间的黏接等。

固-固界面的黏附作用在很多情况下是人们所需要的，而良好的黏附又要求黏附的位置完全致密并有高的黏附强度。为此，一般采用液体或易于变形的热塑性固体作为黏附剂，与两固体材料结合后，固化了的黏附剂将表现出较强的黏附作用。所以，黏附现象又是发生在固-液界面上的行为，黏附作用的大小取决于以下条件。

1. 润湿性

对液相参与的黏附作用，必须考虑固-液之间的润湿性能。在两固体空隙之间，液体的毛细管现象所产生的压力差，有助于固体的相互结合。如液体能在固体表面上的铺展，则不仅液体用量少，而且可增大压力差，提高黏附强度；反之，如果液体不能润湿固体，在两相界面上，将会出现气泡、空隙，这样就会降低黏附强度。因此，黏附面充分润湿是保证黏附处致密和强度的前提，润湿越好黏附也越好。式（5.28）的润湿角和式（5.29）中的润湿张力 F 可作为润湿性的量度。

2. 黏附功

黏附功的大小与物质的表面性质有关，黏附程度可通过黏附功衡量。黏附功是指分开单位面积黏附界面所需要的功或能。等于新形成表面的表面能 γ_{SG} 和 γ_{LG} 以及消失的固-液界面的界面能 γ_{SL} 之差，即

$$W = \gamma_{SG} + \gamma_{LG} - \gamma_{SL} \tag{5.36}$$

将式（5.27）代入式（5.36），得

$$W = \gamma_{LG}(1 + \cos\theta) \tag{5.37}$$

可以看出，当黏附剂给定（γ_{LG} 值一定）时，W 随 θ 减小而增大。因此，式（5.37）可作为黏附性的度量。黏附功标志着固-液两相铺展结合的牢固程度，黏附功的树脂越大，将液体从固体表面拉开要消耗的能量越大，说明固-液两相互相结合地越牢固；相反，黏附功越小，则越容易分离。用耐火泥浆喷补高温炉衬时，喷补初期，为了使泥浆能牢固地黏附于喷面，希望它们之间有较大的黏附功。因此，为了延长耐火材料的使用寿命，可从黏附功数值大小考虑选料。

3. 黏附面的界面张力 γ_{SL}

界面张力的大小反映了界面的热力学稳定性。γ_{SL} 越小，黏附界面越稳定，黏附力也越大。同时从式（5.37）可见，γ_{SL} 越小，则 $\cos\theta$ 或润湿张力就越大。实验表明，黏附位置的结合强度与 γ_{SL} 的倒数成正比。

4. 相容性和亲和性

润湿不仅与界面张力有关，也与黏附界面上两相的亲和性有关。例如，水和水银两者的表面张力分别为 $7.2 \times 10^{-4} N \cdot cm$ 和 $50 \times 10^{-4} N \cdot cm$，但是水却不能在水银表面上铺展，说明水和水银是不亲和的。所谓相溶或亲和是指两者润湿时的自由能变化 $\Delta G \leqslant 0$。因此，相溶性越好，黏附也越好。由于 $\Delta G = \Delta H - T\Delta S$（$\Delta H$ 为润湿热），故相溶性的条件是 $\Delta H \leqslant T\Delta S$，并可用润湿热 ΔH 来度量。对于分子间由较强的极性键或氢键结合时，ΔH 一般小于或接近于零，而分子间由较弱的分子间结合时，ΔH 通常为正值，并可用下式来确定：

$$\Delta H = V_m V_1 V_2 (\delta_1 - \delta_2)^2 \tag{5.38}$$

式中：V_m 为系统的全体积；V_1、V_2 分别为 Ⅰ、Ⅱ 组分的体积分数；δ_1、δ_2 分别为 Ⅰ、Ⅱ 两组分的相溶性参数。

上式表明：当 $\delta_1 = \delta_2$ 时，$\Delta H = 0$，则两物质润湿时具有良好的亲和性。

良好的黏附的应该有以下条件：

（1）被黏附体的润湿角要小，润湿张力要大，以保证良好的润湿性能。

（2）黏附功要大，以保证黏附的牢固程度。

（3）黏附界面张力 γ_{SL} 要小，以保证黏附界面的热力学稳定。

（4）黏附剂与被黏附体之间相溶性要好，以保证黏附界面的良好键合，为此润湿也要低。

另外，黏附性能还与多种因素有关，常见的包括以下几方面：

（1）固体表面的清洁度。若固体表面吸附有气体而形成气膜，会明显减弱甚至会完全破坏黏附性能。

（2）固体分散。一般来说，固体细小时，黏附效应比较明显。提高固体的分散度，可以扩大接触面积，从而提高黏附强度，这也是硅酸盐工业生产中一般使用粉体原料的一个原因。

（3）固体在外力作用下的变形程度。固体较软或者在外力来作用下易于变形，就会引起接触面积的增加，从而提高黏附强度。

5.3.5 固体的表面活性和改性

固体表面的活性对于吸附、润湿和黏附等现象都具有重要的意义。同时，固体表面的活性还可以近似地被看作为促使化学或物理化学反应的能力。对于无机材料，通常由于它们具有较大的晶格能和较高的熔点，反应能力比较低。所以，提高无机材料表面活性，对其高温物理化学过程尤为重要。

固体表面活性很难用一个普遍的定量指标来比较和评价。而只能在规定的条件下进行相对比较。例如，方解石在 900℃下煅烧所得的 CaO 加水后会立即剧烈地消解，而经 1400℃高温煅烧所得的 CaO 则需几天才能水化。这说明前者活性大于后者。通常 CaO 的活性可以通过测定在给定温度下的消解速度做相对比较。在固体参与的任何反应中，反应总是从表面开始的。因此，固体的表面活性又深受其表面积和表面结构的影响。

1. 固体表面活性机理

在一定的条件下，物质的反应能力可以从热力学和动力学两方面来估计。热力学可用反应过程系统自由能 ΔG 来判断，动力学可以用经历该反应过程所需的活化能 E 来判断。当 $\Delta G < 0$，且负值越大时，说明反应前系统的自由能 ΔG 越高，进行反应的趋势也越大；而活化能 E 越小，则说明进行该反应所需克服的能量越小，反应速度越快，因此活性也越大。所以，固体的高活性意味着它处于较高的能位。从表面力和表面结构的概念出发，固体的表面积、晶格畸变和缺陷是产生活性的本质原因。同一种物质只要通过机械的或化学的方法处理，使固体微细化，就可能大大地提高其活性。这种具有极高反应能力的固体物质称为活性固体。

2. 固体的表面改性

表面改性是利用固体表面吸附特性，通过各种表面处理改变固体表面结构和性质，以适应各种预期的要求。固体新鲜表面具有较强的表面力，能够迅速地从空气中吸附气体或其他物质来满足其表面能降低的要求。例如，无机材料的表面容易形成≡Si—OH 或≡Al—OH 等亲水或憎油的基团，与有机高分子材料不能亲和。因此，为了提高亲水性的无机材料和有机物质的润湿效果和结合强度，就必须对其表面改性，使之成为疏水性和亲油性物质。

表面改性实质上是通过改变固体表面结构状态和官能团来实现的。最常用的技术手段有：涂料涂层、化学处理、辐射处理和机械方法等。通过测定其吸附曲线、润湿热等就可以判断其表面亲水性或亲油性的程度，以及表面极性和不均匀性等表面性质。而采用表面活性剂来处理固体的表面是常采用的方法，它是一种能够降低固体表面张力的物质。其主要由两部分构成：一端是具有亲属性的极性基团，如—OH、—COOH、—SO$_3$Na 等基团；另一端是具有憎水性的非极性基团，如碳氢基团、烷基丙烯基等基团。

表面活性剂具有润湿、乳化、分散、增溶、发泡、洗涤和减少摩擦等多种作用，所有这些作用机理，都是基于表面活性剂同时具有亲水和憎水两种基团。能在界面上选择性地定向排列，促使两个不同极性和互不亲和的两个表面互相桥联和键合，并降低其界面张力。

3. 表面活性剂在陶瓷工业中的应用

(1) 在陶瓷原料研磨粉碎中的作用。利用机械力来破坏单一晶体成为更小单元的过程称为研磨。原料研磨粉碎是陶瓷制备中的重要一步，同时也是一个高能耗、低效率的作业过程。无论湿法或干法粉碎，由于分子或粒子的相互碰撞、相互吸引，研磨会越来越困难，随着颗粒粒径越来越小，粒子间的团聚现象将会出现。团聚现象是超细粉碎过程中的必然现象。通常通过添加表面活性剂作为助磨剂，助磨剂的添加一定程度上可以提高原料细磨效率，节约能耗，因其可降低界面能、静电稳定和空间稳定的作用，有效降低团聚，降低粉碎极限。例如，在进行瓷石的研磨时，加入十二烷基苯磺酸钠、柠檬酸钠＋水玻璃等对瓷石均有较好的助磨效果。木质素磺酸钠、油酸等对石英砂有较好的助磨效果。

助磨剂的作用机理通常是以列宾捷尔为首的"吸附降低硬度"学说，即助磨剂分子在颗粒上的吸附可降低颗粒的表面自由能，或者引起表面晶格的位错迁移产生点缺陷或线缺陷，从而降低颗粒的强度和硬度，促进裂纹的产生和扩展，因而降低了磨矿能耗，降低粉碎极限，改善磨矿效果。

(2) 在陶瓷浆料配制中的作用。在注浆、流延等湿法陶瓷工艺中，对陶瓷浆料的性能控制直接影响着成品的质量。陶瓷浆料中超细颗粒因特殊的表面结构相互间极易吸附而团聚。控制不当易造成浆料沉降，坯体出现针孔、干裂等缺陷。这时可以加入表面活性剂作为流变性调整剂，以控制浆料黏度，改善其触变性能，克服沉淀，同时控制干燥时间和增加坯体强度。其作用机理是以克兰帕尔为首的"矿浆流变学调节"学说，认为助磨剂能够通过调节浆料的流变学性质和表面电性质等降低浆料的黏度，促进颗粒的分散，从而提高浆料的流动性，阻止颗粒之间，颗粒与研磨介质及衬板之间的团聚与黏附。

(3) 在陶瓷粉体制备中的作用。尤其是纳米陶瓷粉末制备过程中，因颗粒细小，通常表面能高，极易团聚。其颗粒间的吸附力来源于：粒子间的氢键、静电作用所产生的吸附；量子隧道效应、电荷转移和界面原子的局部耦合产生的吸附；巨大的比表面产生的吸附。表面活性剂可降低体系界面能，不同类型的表面活性剂在颗粒的吸附层上可产生静电的、溶剂化的或空间稳定的防止聚集的作用。其作用原理如下：

1）降低液体介质的表面张力、固液界面张力和液体在固体上的接触角，提高其润湿性及降低体系的界面能。

2）离子型表面活性剂在颗粒上的吸附可增加颗粒表面电势，提高颗粒间的静电排斥作用，利于体系稳定，即静电稳定作用。

3）长链表面活性剂在颗粒上的吸附形成厚吸附层，产生空间位阻斥力，即空间位阻稳定作用，具有此作用的表面活性剂须与粒子和分散介质间有强相互作用，牢固地吸附于粒子表面上，并溶于溶剂中，所以须带有能吸附在固体上的"锚式基团"以及环式和托尾式的溶剂化基团。溶剂化基团可产生足够厚的膜以防止粒子间的相互吸引，使颗粒的有效半径与斥力位能增加。现认为最有效的稳定剂是梳状接枝共聚物高分子表面活性剂，其分子由两部分组成，一部分为不溶于介质（憎水）对颗粒有强亲和力的主链，可以牢固地锚在颗粒的表面上，另一部分则由溶于介质并被介质溶剂化（亲水）的高分子支链组成。

4）某些长链离子型表面活性剂同时具有静电和空间位阻稳定作用，即静位阻稳定机制或称联合稳定机制。

其他陶瓷工艺中用到的表面活性剂还有黏结剂、解凝剂、悬浮剂、润湿剂、泡沫控制剂、絮凝剂等。目前表面活性剂的应用已经非常广泛，但选择合适的表面活性剂还需通过反复试验，目前尚不能从理论上解决。

5.4 膜 化 学

5.4.1 膜的定义

膜从广义上可定义为两相之间的一个不连续区间，及分隔两相的界面，并以特定的形式限制和传递各种化学物质。这个区间的三维量度中的一维和其余二维相比要小得多，区别于通常的相界面。膜一般很薄，厚度可从纳米级、微米级到毫米级之间，而长度和宽度可达到厘米级甚至米级。

膜具有两个特性：①膜不管薄到什么程度，至少必须具有两个界面，膜正是通过这两个界面分别与被膜分开于两侧的流体物质互相接触；②膜应具有选择透过性。

膜的主要作用有：①物质分离，如超滤膜、半透膜、离子交换膜等；②透过功能，如生物膜、半透膜；③能量转化，如用于太阳能电池的有机薄膜，用作电子器件的 LB 膜；④生物功能，如各种生物膜等。

5.4.2 不溶物单分子层膜

1. 表面压

将不溶于水的两亲有机物质溶于适宜的有机溶剂，将此溶液滴加到水和空气的界面上，起始时的铺展系数是正值，溶剂挥发后形成两亲物单层。由于两亲物不溶于水，且挥发性极低，故其可以稳定地存在于水面上。由于水面上铺有两亲物分子层而使表面张力改变 π：

$$\pi = \sigma_0 - \sigma$$

式中：σ_0 和 σ 分别为铺膜前后的表面张力；π 为表面压。

若在干净的水面上放置一轻质小棒，在其一侧滴加两亲有机物溶液，小棒将急剧向另一方向运动，这可视为两亲物铺展时对小棒施加力从而推动其运动。因此，表面压也可定义为铺展的膜对单位长度浮片施加的力，数值上等于铺膜前后液体表面张力之差。表面压是二维压力，表征表面上因有外来物质而引起表面能的变化。

表面压的测量方法有两种。一种是直接测量铺展的膜施加于液面上浮片的力。另一种测量表面压的方法是使用吊片法（或其他适宜的测定液体表面张力的方法）测定纯液体的加入和加入成膜物质后液体的表面张力 σ_0 和 σ，按照 $\pi = \sigma_0 - \sigma$ 计算表面压。图 5.34 是一种用吊片法测定表面压的膜天平装置示意图。

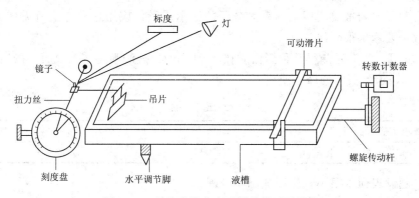

图 5.34　吊片法测定表面压的膜天平装置

2. 不溶物单层膜的状态与结构

在恒定温度条件下，测出的不溶物单层膜的表面压 π 与成膜分子占据面积 A 的关系曲线称为 $\pi\text{-}A$ 等温线。图 5.35 是不同不溶物在多种条件下 $\pi\text{-}A$ 图的综合结果。实际上并非一种不溶物都有图中等温线的全部特征。图中等温线的各段名称如下：

G：气态膜；$L_1\text{-}G$：气-液平衡膜；L_1：液态扩张膜（也简称为 Le 膜）；I：转变膜；L_2：液态凝聚膜（也称为 L_c 膜）；S：固态膜。L_2 和 S 也统称为凝聚膜。L_1、I 和 L_2 也统称为液态膜。这里应用气、液、固态膜的称谓显然是从三维物质存在状态套用的，在膜存在的二维状态里应有特殊的意义。在一定温度和二维压力下，膜的状态也可以如三维物质一样有类似的变化。图中 J 为 $L_1\text{-}I$ 膜转变点，R 为 $I\text{-}L_2$ 膜转变点，π_c 是膜的崩溃压（破裂压），T_v 是气态膜的最大表

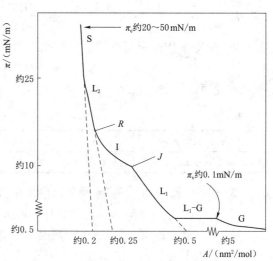

图 5.35　典型的二维单层膜的 $\pi\text{-}A$ 曲线

面压（约小于 0.1mN/m）。

（1）气态膜。当成膜分子在表面距离很远，即拥有的面积很大（如大于 $100nm^2$）时，表面压 π 很小（如不大于 0.5mN/m）。在这种条件下。两亲分子类似于处于理想气体状态，服从类似于理想气体状态方程 $pV=nRT$ 的二维理想气体方程

$$\pi A = kT \tag{5.39}$$

若考虑到成膜分子的协面积 a_0，则有

$$\pi(A-A_0) = kT \tag{5.40}$$

式中：k 为玻尔兹曼常数。当用 A 和 A_0 表示相应成膜物的摩尔面积时，只将上两式中之 k 换为 R（气体常数）即可。

气态膜研究的重要应用是估算大分子的摩尔质量，应用这种方法所需样品量少，操作和数据处理也很简便。

【例 5.1】　25℃时测得某种蛋白质在 0.01mol/L 盐酸水溶液上成膜时的表面压数据见表 5.3，求蛋白质的摩尔质量。

表 5.3　　　　　　　　　　表 面 压 数 据

比表面积/(m²/mg)	4.0	5.0	6.0	7.5	10.0
π/(mN/m)	0.44	0.24	0.105	0.06	0.035

解：题设表面压很小，应属气态膜范围。

若设 A 和 A_0 为相应之摩尔面积，式（5.40）可变为

$$\pi A = RT + \pi A_0$$

对于 1g 成膜物

$$\frac{\pi A}{M} = \frac{RT}{M} + \frac{\pi A_0}{M}$$

若设 1g 成膜物占的面积为 a，$a = A/M$

故：

$$\pi a = \frac{RT}{M} + \frac{\pi A_0}{M} \tag{5.41}$$

以 πa 对 π 作图应得直线，直线截距为 RT/M，从而可得

$$M = RT/(\pi a)_{\to 0}$$

处理题设数据，见表 5.4。

表 5.4　　　　　　　　　数 据 处 理

π/(mN/m)	0.44	0.24	0.105	0.06	0.035
πA/(mJ/mg)	1.76	1.20	0.63	0.45	0.35

作 $\pi A - \pi$ 图，如图 5.36 所示，由图中直线求出截距为 0.23J/g。

$$M = 8.31 \times 298J/mol / 0.23J/g = 10766g/mol$$

（2）气-液平衡膜。气-液平衡膜是从气态膜向液态膜的转变状态，类似于三维状态中的气-液平衡状态。从微观角度看在气-液平衡膜中很可能是富集的两亲不溶物相与纯溶剂相间的转变。此时 π_v 相当于在三维状态时成膜物的饱和蒸汽压，一般 π_v 均

小于 0.1mN/m。表 5.5 中列出一些两亲物在 15℃时气态膜的饱和蒸汽压 π_v。显然 π_v 与分子结构有关，同系物则随碳原子数增加 π_v 减小。

（3）液态扩张膜。关于此种膜的物理图像有很多设想。其中有两种值得介绍，因为这两种模型都给出了表征液态扩张膜的相应方程。Langmuir 认为在这种膜状态中，成膜分子碳氢链部分相互拉扯，类似于液态烃（"似油"），而极性部分互不拉扯，类似于气态。从而得到状态方程为

$$(\pi - \pi_0)(\sigma - \sigma_0) = kT \qquad (5.42)$$

式中：$\pi_0 = \sigma_水 - \sigma_{水-油} - \sigma_油$。此处之油指两亲物的碳氢链。

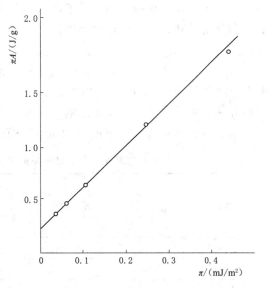

图 5.36 某蛋白质表面膜的 πA-π 图

表 5.5　　　　　　　　　一些两亲物气态膜的饱和蒸气压 π_v（15℃）

两亲物	π_v/(mN/m)	两亲物	π_v/(mN/m)
十三酸	0.31	十七酸乙酯	0.10
十四酸	0.20	十八酸乙酯	0.033
十五酸	0.11	十四醇	0.11
十六酸	0.039	十七烷腈	0.11

史密斯研究脂肪酸在水面上的单层液态扩张膜，认为在这种膜中可将脂肪酸分子视为由"硬圆盘"（—CH_2—基团）构成的圆筒，分子的极性基锚接于水面，圆筒彼此有 van der Waals 力作用。根据这种模型得出液态扩张膜的状态方程如下：

$$\left(\pi + \frac{\pi e m d^2}{4A^2}\right)\left[A\left(1 - \frac{\pi d^2}{4A}\right)^2\right] = kT \qquad (5.43)$$

$$\left(\pi + \frac{\pi \varepsilon d^2}{A^2}\right)\left[A\left(1 - \frac{A_0}{A}\right)^2\right] = kT \qquad (5.44)$$

式中：d 为圆筒（即分子）直径；A_0 为分子截面积；A 为分子占有面积；m 为分子中碳原子数；ε 为相邻—CH_2—间作用能。

（4）转变膜。这是从液态扩张膜向液态凝聚膜转变的中间状态。一种模型认为，一些成膜分子聚集成小的二维聚集体，小聚集体间相距甚远，又表现出二维气态的特点。也有人认为转变膜状态中随 π 的增大，成膜分子转动自由度减小。

（5）液态凝聚膜。在液态凝聚膜中，成膜分子倾向于紧密定向排列成半固态，只是在极性基间有少量溶剂水的存在，极性基与水形成氢键的程度决定了这种膜可压缩性的大小。该类膜的 π-A 关系近似为直线方程

$$\pi = b - aA \qquad (5.45)$$

（6）固态膜。在固态膜中难溶两亲物分子以极性基朝水相，非极性基指向气相垂直定向紧密排列，成压缩性极小的固态，状态方程为

$$\pi = c - qA \qquad (5.46)$$

式（5.45）和式（5.46）形式上相同，常数各不相同。因而，应用此二式将 $\pi - A$ 等温线外延至 $\pi = 0$ 时所求出的分子面积不同，由同一成膜物，形成液态凝聚膜求出的分子面积大于由固态膜求出的。表 5.6 列出了成膜物不同温度的 $\pi - A$ 等温线的液态凝聚膜和固态膜外延至 $\pi = 0$ 求出的分子面积，图 5.37 即为实例。

表 5.6　　　　　　　由液态凝聚膜和固态膜外延求出的分子面积（nm²）比较

成膜物	分子 面 积/nm²					
	液态凝聚膜			固 态 膜		
	5℃	20℃	40℃	5℃	20℃	40℃
十四（碳）醇	0.2065	0.2185	—	0.1995	0.2070	—
十六（碳）醇	0.2075	0.2135	0.2340	0.1965	0.2025	0.2180
十八（碳）醇	0.2130	0.2170	0.2325	0.1975	0.2025	0.217

由表 5.6、图 5.37 及其他许多实验结果可知以下几点。①液态凝聚膜和固态膜的 $\pi - A$ 等温线虽均为直线，但斜率不同。直链脂肪酸 $\pi - A$ 等温线液态凝聚膜和固态膜区域直线外延至 $\pi = 0$ 时分子面积分别为 $0.25nm^2$ 和 $0.2 \sim 0.22nm^2$，即前者大于后者。固态膜时分子排列已接近结晶态，与直链脂肪酸三维晶体结构之值 $0.185nm^2$ 接近。②同系列两亲长链有机物形成固态膜外推分子面积接近（如脂肪酸为 $0.2 \sim 0.22nm^2$，醇、酯略大一些），与碳氢链长短关系不大，说明成膜分子取垂直定向方式排列。③利用固态膜外推至 $\pi = 0$ 时之分子面积代表分子截面积，实际上是忽略了成膜分子侧向间的作用及外力的挤压作用对分子排列的影响，即可视为是一个成膜分子单独定向直立于液面上占据之面积。④除用外推至 $\pi = 0$ 时之分子面积表征凝聚膜之性质外，还可用膜的压缩系数 C_m（compressibility）作为凝聚膜的重要参数：

$$C_m = -\frac{1}{A}\left(\partial A / \partial \pi\right)_T \qquad (5.47)$$

式中：A 是在膜中的分子面积，可由 $\pi - A$ 等温线求出压缩系数。十八碳醇在 5℃、20℃ 和 40℃ 时固态膜的 C_m 依次为 $0.85 \times 10^{-3}mN/m$、$0.91 \times 10^{-3}mN/m$ 和 $1.5 \times 10^{-3}mN/m$。这一数据说明随温度升高 C_m 增大。

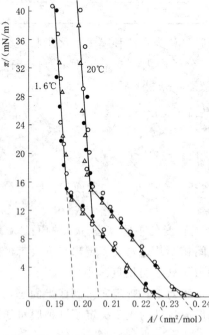

图 5.37　十八酸在 $0.01mol/L\ H_2SO_4$ 溶液表面上的 $\pi - A$ 等温线

（7）单层膜的崩塌。在表面压足够高时，单层膜将崩塌并形成三维多层膜。发生崩塌的表面压大小与成膜物的性质有关。例如，2-羟基十四酸的单层膜在 68mN/m 时发生崩塌。图 5.38（a）是崩塌膜的电镜照片，其隆起高度可达 200nm。硬脂酸钙的崩塌膜是镜状薄片。单层膜崩塌的过程可能如图 5.38（b）所示。

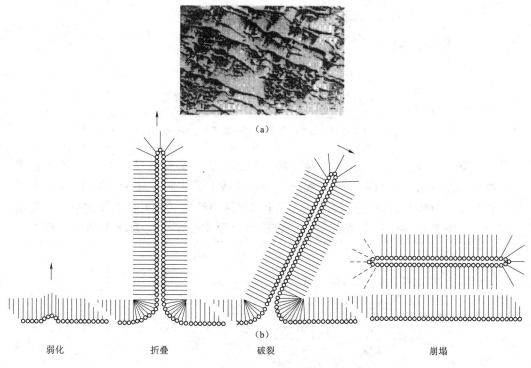

图 5.38　2-羟基十四酸崩塌膜的电镜图
（a）和可能的崩塌机理（从膜的弱化到崩塌）

5.4.3　单层膜的研究方法

在单层膜研究中首先要测定表面压，其方法在前面已介绍。下面主要介绍表面电势、表面黏度的测定及光学方法等。

1. 表面电势测定方法

当液体表面有成膜物的膜形成时，表面有电势差，铺膜前后的电势差 ΔV 显然是膜的贡献。ΔV 与单位表面上成膜物的分子数 n，成膜分子的有效偶极矩 μ，偶极子实际方向与垂直方向的夹角 θ 有关：

$$\Delta V = 4\pi n\mu \cos\theta \tag{5.48}$$

通常可用两种方法测量表面电势。

（1）离子化电极法。此法多用于空气/水界面。此法是测量在水相中的和在空气中的两个电极间的电势差。空气中的电极装在离表面几毫米处，电极上有少量放射性物质，能使电极与表面间空隙的气体电离，常用的放射源是能发出 α 射线的 Po-210 和 Pu-234。这种射线半衰期短。水相中有 Ag—AgCl 电极的半电池，用静电计或高阻抗伏特计测量电势差。总是先测量干净表面，然后测定铺膜后的电势，它们之差值

即为 ΔV。早期实验装置如图 5.39 所示。

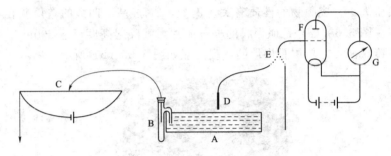

图 5.39 离子化电极法测定表面电势装置
A—膜天平液槽；B—Ag—AgCl 电极；C—电位计；
D—离子化电极；E—转换开关；F—电子管；G—电流计

（2）振动电极法。此法实际上是一种电容测定法。实验装置如图 5.40 所示。将音频电流引到一块四水酒石酸钾钠盐或扩音器磁铁上，从而引起距表面 0.5mm 的平板电极振动，电极与表面间电容变化，在第二线路中产生交流电，电流大小与间隙电势差有关。调节电位计使电流最小。成膜前后及膜中分子密度及状态影响表面电势大小。

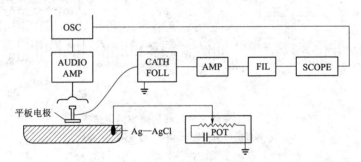

图 5.40 振动电极法测定表面电势装置
OSC—音频振荡器；AUDIO AMP—音频放大器；CATH FOLL—阴极输出器；
AMP—放大器；FIL—滤波器；SCOPE—示波器；POT—电位计

2. 表面黏度测定方法

单层膜的表面黏度与成膜分子的结构和排列紧密程度有关。表面黏度分为表面膨胀黏度和表面切变黏度两种。前者是表面扩大或压缩时表面张力变化对膜形变的影响。后者是膜发生切变时受到的阻力大小的衡量。表面切变黏度常用狭缝式、扭摆式、振荡盘式黏度计测量。图 5.41 为狭缝式表面黏度计示意图，其测定原理是在恒定的二维压差 $\Delta\gamma$ 作用下使表面膜通过狭缝，测量单位时间流过狭缝的膜的面积 $Q(Q=\Delta A/\Delta t)$，依下式计算表面黏度 η^s：

$$\eta^s=\left(\frac{\Delta\gamma d^3}{12lQ}\right)-\left(\frac{d\eta}{\pi}\right) \tag{5.49}$$

式中：d 为狭缝宽度；l 为狭缝长度；η 为底液黏度。

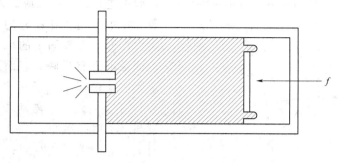

图 5.41 狭缝式表面黏度计

膜表面黏度数量级一般在 $10^{-4} \sim 10^{-2}$ g/s 或表面泊间。例如，当 $\Delta\gamma = 10$ mN/m 时，0.01 表面泊的膜，流过 0.1cm 宽、5cm 长的狭缝时流速约为 0.02cm²/s。式（5.49）中最后一项为底液对膜的拖曳作用的校正。显然，狭缝式黏度计需在有表面压差下进行测定。

振动式表面黏度计用于测定界面黏度十分方便。这种方法是测定在表（界）面的扭力摆、振动盘或环的阻尼。图 5.42 是一种振动式黏度计的示意图。利用这种仪器测定表面黏度的一种方法（自由衰减振动法）是在内筒与表面膜（或与水面）接触后，先将内筒转至一定角度，然后任其自由衰减振动，测量内筒的摆动周期和内筒上反射镜指针的旋转角度，由偏转角计算摆动振幅（A），由下式计算表面黏度 η^s。

$$\eta^s = \frac{I}{2\pi}\left(\frac{\lambda}{T} - \frac{\lambda_0}{T_0}\right)\left(\frac{1}{R_1^2} - \frac{1}{R_2^2}\right) \tag{5.50}$$

式中：I 为内转筒转动惯量；λ_0 和 λ 分别为在纯水和水面上有单层膜时内筒相邻两次转动振幅比的自然对数 [如 $\ln(A_1/A_2)$]；T_0 和 T 分别为在纯水和水面上有单层膜对内筒自由衰减摆动的周期。此式只适用于牛顿型流体。

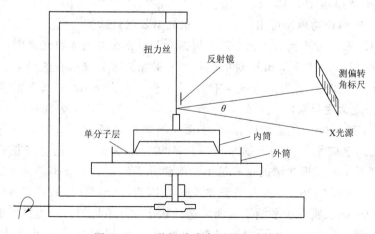

图 5.42 一种振动式表面黏度计结构

表面黏度的研究有助于对单层的相变、分子间的键合、离子在单层上的吸附、单

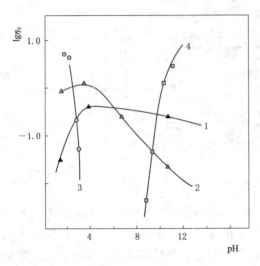

图 5.43 蛋白质和聚氨基酸单层的 $\lg\eta_0$
对 pH 关系图

1—牛血清蛋白；2—胃蛋白酶；3—聚—L—谷氨酸；
4—聚赖氨酸

层膜上进行的某些反应深入了解。例如，聚合物单层通常比相应的单体单层的黏度大，因而在界面上的聚合物反应必在表面黏度上有反映。表面黏度有助于理解蛋白质单层中分子间的相互作用。图 5.43 是蛋白质和聚氨基酸单层的表面黏度与 pH 值关系图。图中 $\lg\eta_0$ 是由 $\lg\eta_s$ 对 π 的直线关系外推至 $\pi=0$ 时的值。由图可见，牛血清蛋白（BSA）在某一 pH 值（等电点）表面黏度最大，且随电荷增大而减小。聚—L—赖氨酸和聚—L—谷氨酸有相似的性质。

3. 光学方法

荧光显微（fluoresence microscopy，FM）法将少量两亲性荧光染料引入单层中，用光照射膜，用光学显微镜观察荧光分子的横向分布。由于单层膜的状态不同，荧光分子分布也不均匀。但通常荧光染料总是不易在液态凝聚膜和固态膜中存在。用此技术首次证明水面上的单层膜有不同相态的共存。

单层膜吸收光谱。适于在可见和红外应用的一种光谱仪简图如图 5.44 所示，光路大致如下。钨灯光源发出的光线经单色器和短焦距透镜成平行光，进入装有膜天平的密封盒 H。光线在此分为两路，一路经可调节的镜子 M′ 和 M″ 为参考光束，另一路经精密可调镜 M 折射入铺膜体系。F 是一对平行镜，上面一块在水面上，另一块在水面下。光束在此两镜间多次反射（均经过水面 I），最后经透镜 L′ 聚焦进入积分球 S，S 的出口有光电倍增管 P。

在水面上的两亲物单层可用图 5.44 所示光谱仪进行研究。图 5.45 即为两亲性染料 $C_{35}H_{52}N_4O_7$ 在两种不同分关面积时 s 偏振光和 p 偏振光的吸收光谱图。由图可见，分子面积为 0.22nm^2 和 0.35nm^2 时单层膜的 p 偏振光吸收光谱在波长 405nm 时有强且窄的吸收峰。此时的膜为液态凝聚膜。而分子面积为 1nm^2 时单层膜为液态扩张膜，对 p 偏振光无明显吸收，只在 470nm 处有不明显的宽峰。表面压-分子面积及在波长为 405nm 和 470nm 的表面吸收-分子面积图如图 5.47 所示。起偏棱镜的定向是，s 偏振光（光的电矢量与光的入射平面垂直）和 p 偏振光（光的电矢量在入射平面内）。图 5.46 中，p 偏振光谱的窄峰是由于成膜分子偶极矩垂直于平面。这种排列称为 H 聚集体。图 5.46 中的 s 偏振光谱的宽峰是因为 1nm^2/分子的膜正处于液态扩张膜的状态，单个的成膜分子平躺于表面。这种状态的膜不均匀，吸光度的变化是不稳定的。当膜压缩到 1nm^2/分子时，膜吸光度开始变得稳定，膜也变得均匀。从 1.10nm^2/分子至 0.70nm^2/分子 p 偏振光吸光度略有增加，随后增加变快，这可能是由于 H 聚集体形成，而 s 偏振光吸光度的减小是直到 $\pi-A$ 线上第一个转折点，即从

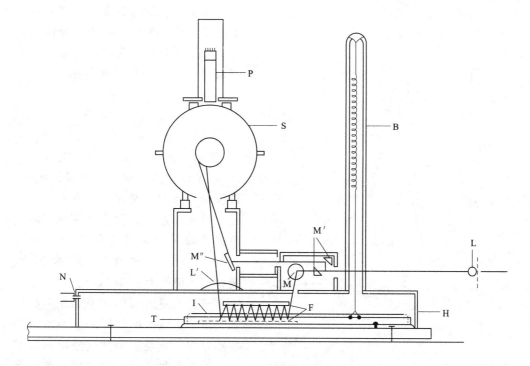

图 5.44 单层膜测量用光谱仪简图

L—短焦距透镜；H—内装膜天平的密封（不透光）盒；T—膜天平液槽；B—膜压测量装置；
M—精密可调节反光镜；I—水面（上有单层膜）；L'—透镜；S—积分球；P—光电倍增管；
M'，M"—可动反光镜；F——对平行的在单层膜上下的反光镜

液态扩张向液态凝聚膜转变时才发生，随后吸光度快速减小。这是由于平躺的单个分子密度快速减小之故。

图 5.45 两亲性染料 $C_{35}H_{52}N_4O_7$

5.4.4 单层膜的应用

1. 抑制底液蒸发

在液体上形成单层膜后可以降低底液的蒸发速度。单层膜的这一作用对于水资源紧缺的现在有极重要的意义。

底液的蒸发是底液分子从底液中逃离至蒸气相的过程。当底液上铺有不溶物膜时，底液分子逃离液相受到的阻力有 3 个方面：①液相分子的阻滞力（碰撞及分子间的各种作用力）；②气相分子的碰撞阻滞力；③单层膜分子的阻滞力。当有表面膜存在时，上述 3 种阻滞力中膜的阻力 R_f 最大。

当温度、底液性质一定时，底液的蒸发速度 dQ/dt（Q 为 t 时间内通过 A 面积的膜的物质的量）与 R_f、表面面积 A、液相与气相的浓差 Δc 有关，即

$$dQ/dt = A\Delta c/R_f \qquad (5.51)$$

显然，R_f 越大，蒸发速率越小。R_f 也称为蒸发比阻，单位为 s/cm。R_f 与成膜物的性质、表面压 π 大小、成膜物的溶剂（展开剂）有关：①R_f 随 π 增大而增大；②当 π 相同时，同系列成膜分子随碳原子数增多而增大（图 5.48）；③对于同一成膜物，展开剂非极性大的 R_f 大（图 5.49）。

虽然蒸发比阻 R_f 对底液的蒸发有很大影响，但也并非 R_f 越大越有利于实际应用，这是因为抑制底液蒸发对单层膜有多种要求：①形成的单层膜表面压高；②膜有扩张性，成膜分子间的作用力不能太大也不能太小，膜在受外力作用下的破损易恢复；③底

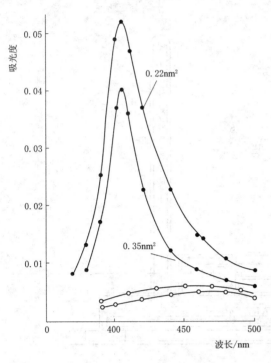

图 5.46　染料 $C_{35}H_{52}N_4O_7$ 单层膜在两种不同分子面积时 s 偏振光（空心点）和 p 偏振光（实心点）的吸收光谱图

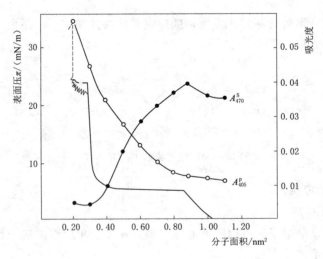

图 5.47　染料 $C_{35}H_{52}N_4O_7$ 单层膜的表面压-分子面积和表面吸光度分子-面积（在两种波长时）的关系图

液为水时，膜有良好的空气通透性，不影响水质中水生动植物生存；④无毒、无害、不破坏环境，价格适宜等。几十年来在抑制水蒸发的研究中广泛应用的成膜物为十

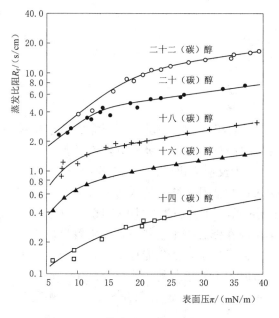

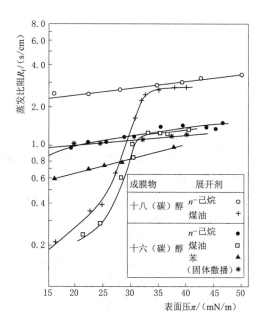

图 5.48 正构脂肪醇碳链长短对水的
蒸发比阻 R_f 的影响

图 5.49 展开剂对 R_f 的影响

六（碳）醇，这不仅是因为十六醇是易于制备的工业用表面活性物质，而且其蒸发比阻 R_f 和展开速率间有较好的协调关系，且其单层膜有抗风能力等。不溶性单层膜抑制水蒸发的研究早已在室外实际水面进行。罗伯特在美国伊利诺伊州两个相邻小湖进行对比实验，结果表明，铺有十六醇单层膜的可减少水蒸发 40%，平均 1kg 十六醇可减少 64000m³ 水的蒸发。我国水资源贫乏，人均水占有量仅有 2300m³，约为世界人均水平的 1/4，居世界第 121 位。全国 650 多个城市中，400 多个缺水，全国城市日缺水量达 1600 万 m³。开发大西北的首要困难就是水资源的开发和科学利用及保护。利用不溶性单层膜抑制水的蒸发无疑是一种可行的方法，有待更广泛地深入研究。

2. 单层膜中的化学反应

单层膜中的化学反应包括成膜物分子间的化学反应（如表面聚合反应），也包括成膜分子与底液中物质及气相中物质的反应（如酯水解反应，不饱和有机物的氧化反应，脂肪酸盐与溶液中某些物质形成不溶性纳米微粒的反应等）。在单层膜中的化学反应之重要意义不仅在于探索在准二维微环境进行化学反应的各种特殊因素，实现有别于三维空间反应的特殊效应，而且有助于模拟和研究许多在膜中进行的生物过程。

（1）长链酯水解反应。在碱性底液上的长链酯的水解反应对于研究生物体系的脂肪在界面上发生的自然分解和再合成反应很有意义。酯水解反应为

$$RCOOR' + H_2O \longrightarrow RCOOH + R'OH$$

在表面压恒定（有相应的面积和相界面电势的变化）及选挣适宜的碳链长度的酯和适宜的底液碱性大小使反应产物为可溶的或完全不溶的条件下，上述反应速率常数

219

可用以下公式表达：

$$\frac{A-A_\infty}{A_0-A_\infty}=\exp(-kt) \tag{5.52}$$

$$A=A_0\exp(-kt) \tag{5.53}$$

$$k=pZA_0\exp\left(-\frac{E_a}{RT}\right) \tag{5.54}$$

式中：A_0 为反应开始时的单层膜面积（即酯的面积）；A_∞ 为反应完全完成后单层膜面积（即产物占据的面积）；A 为 t 时单层膜的面积；k 为一级反应速率常数；Z 为每分钟 OH^{-1} 离子与单位面积的碰撞次数；E_a 为反应活化能；p 为空间因子。

表 5.7 中列出在 0.2mol/L NaOH 溶液表面甘油月桂酸三酯水解的数据：

$$C_3H_5[OCO(CH_2)_{10}CH_3]_3+3H_2O\longrightarrow 3CH_3(CH_2)_{10}COOH+C_3H_5(OH)_3$$

由这些结果可以得出以下结论：①若单层膜在液态扩张膜状态，酯水解反应速率和活化能与体相溶液中进行时的接近；②表面压增加，活化能也增大，空间指数也增加，但速率常数无明显增加；③长链酯水解时，不溶于水的产物留在膜中，将明显降低反应速率，酸性水解反应速率可降至很低；④在一定表面压时，速率常数与 OH^{-1} 浓度有直线关系。

表 5.7　　　　　在三个表面压条件下甘油月桂酸三酯在 0.2mol/L NaOH 表面水解反应的动力学结果

$\pi/(mN/m)$	$A/(nm^2/mol)$	$k/(10^{-3}/s)$	$E_a/(kJ/mol)$	$v/(10^{-11}/s)$	空间指数 p
5.4	0.936	0.745	41.8	0.797	1.1×10^{-6}
10.8	0.832	0.787	55.2	0.946	3.1×10^{-4}
16.2	0.767	0.671	67.3	0.874	4.1×10^{-2}

亚历山大等研究 $RCOOR'$ 水解反应时发现当 R' 较小，n 很大时（固态膜）反应速率小；π 小时反应速率大。定性解释是由于 R' 很小，π 大时可能将 R' 基挤到水面以下，屏蔽酯基，不易受 OH^{-1} 攻击。若 R、R' 均很长时，它们都只能在水面以上，酯基留在水面，水解反应易进行。

Llopis 等人的研究证明，表面电势对胆固醇甲酸酯酸性水解反应有影响。单层电势的不同是由于在单层中掺入的长链硫酸酯盐 $C_{22}H_{45}SO_4^-$ 或长链季铵盐 $C_{18}H_{37}N^+(CH_3)_3$ 的量不同所致。结果表明，在表面压恒定时，水解速率与 H^+ 浓度成正比。图 5.50 是在 $\pi=5.5mN/m$ 时反应速率与体相溶液中 H^+ 浓度比值之对数与膜电势

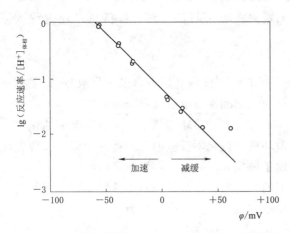

图 5.50　表面压恒定（$\pi=5.5mN/m$）时胆固醇甲酸酯水解反应的 lg［反应速率/催化离子（H^+ 或 OH^-）浓度］与膜电势 φ 关系图

φ 之关系。由图可知，当 φ 小于 0（即膜中有 $C_{22}H_{45}SO_4^-$）时反应速率/$[H^+]$ 越大。由于体相中 $[H^+]$ 在反应进行中可认为变化不大，故 φ 越大，反应速率越大。在研究琥珀酸单十六烷基酯单层膜碱性水解时计算出表面区域碱的浓度很大。因此可认为前述胆固醇甲酸酯在膜电势负值大时速率的增大是因表面区域 $[H^+]$ 浓度增大的结果。当 φ 大于 0 时对反应有抑制作用。

（2）界面聚合反应。界面聚合反应通常在不相混溶的两相（通常为水相和油相）间进行的，每相都含有一种反应物单体。在常温常压下，用界面聚合反应可以快速制备大分子量、窄分子量分布的聚合物。虽然反应机理尚有争议，但一般认为反应发生在靠近界面的油相薄层中。界面的作用是控制水溶性单体向油相的扩散和从聚合区域除去副产物。这种图像虽不能解释界面聚合各种现象，但能发生比体相溶液中更快的聚合反应，并能得到大分子量、窄分子量分布的产物，说明进行了二维化学反应。为了说明界面聚合机理，MacRitchie 研究了在油相中的癸二酰氯（SC）与在水相中的己二胺（HD）的界面缩聚过程，此反应生成尼龙 610。

$$n\,NH_2-(CH_2)_6-NH_2+n\,COCl-(CH_2)_8-COCl\longrightarrow$$

$$[NH_2(CH_2)_6NH-CO-(CH_2)_8-CO-Cl]n+(2n-1)HCl$$

这一研究包括以下几方面。①SC 铺在空气-水界面上形成单层，HD 加于底液水中，发生界面聚合反应，压缩表面膜，测定 $\pi-A$ 关系及表面黏度 η^s 与 A 的关系。②在含有两种反应物单体的水和苯溶液界面上和体相溶液中同时进行聚合反应。在界面上的反应快得多，且生成的聚合物很快就能除去。如果两种反应物单体都溶于油相中，界面就没有特别的作用了。③在界面上聚合反应在单层中发生，然后在界面上的产物聚结形成厚膜，只有当表面压 π 达到临界值时厚膜才能形成。当单体浓度很低时，π 达不到临界值，只能形成聚合物单层。这也就是说，只有当油-水界面张力低于某一值时（即 π 高于某一值时，$\pi=\sigma_0-\sigma$）才能形成聚合物厚膜。

由以上实验结果可以看出，界面聚合反应的可能过程是：反应物单体吸附到界面上，聚合反应在单层中进行，单体浓度越大，单体才能由特殊的定向方式使反应速率越快。当因界面吸附单体使界面压大于界面聚合反应进行生成的聚合物的临界聚结压时，聚合物单层将转而变成厚膜。聚合反应消耗单体，液相中的单体又不断地吸附到界面上（保持吸附平衡），因而吸附、界面聚合反应和厚膜的形成这些过程不断地进行。但是，虽然这些过程开始时速度都很快，但当厚膜形成后就会慢下来，这是由于厚膜形成使得有效界面减小并阻碍单体向界面的扩散。一定时间以后，达到平衡状态。上述过程得以继续进行，只是最后速度取决于单体浓度减小的速度。

界面反应有以下共性。

1）反应物浓度的影响。在界面压恒定时，速率常数与反应物浓度成正比。这是因为界面压、界面电势恒定时，体相浓度与界面浓度成正比。

2）界面压的影响。反应速率常数随界面压的增大而增大。在忽略界面电性质的作用时，体相浓度 c_b、界面浓度 c_s、与界面压 π 间有如下关系：

$$c_s / c_b = K_0 \exp\left(-\frac{\pi A}{kT}\right) \tag{5.55}$$

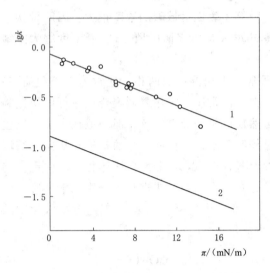

图 5.51　甘油三油酸酯单层（1）和油酸单层（2）被高锰酸盐氧化反应的速率常数 k 的对数（lgk）与表面压 π 关系图

式中：K_0 是在 $\pi = 0$ 时反应物在界面和体相溶液间的分配系数；A 为分子占据的面积；k 为 Boltzmann 常数；T 为热力学温度。根据式（5.55）可知 π 的增加引起 c_s 增加，故速率常数也增大。图 5.51 是甘油三油酸酯单层和油酸单层被高锰酸盐氧化反应的结果。

3）界面电势的影响。恒定表面压，界面反应速率常数随界面电势变化而变化。由图 5.49 可知，当长链阳离子（季铵盐）存在时，界面电势为正值，且其浓度越大，界面电势的正值也越大，反应速率越小；若长链阴离子（硫酸酯根）存在，界面负电荷多，电势为负值，且随其浓度的增加，反应速率也增大。这是因为图 5.49 是胆固醇甲酸酯的酸性水解反应的结果，其有催化作用的离子是带正电荷的 H^+。

4）界面反应的活化能。在与体相中反应的接近，这表明界面膜可能处于液态扩张状态。由表 5.7 数据知，活化能随界面压增加而增大，γ-羟基硬脂酸的单层膜内酯化反应的结果表明，当 π 从 11mN/m 起升高时，摩尔活化能可从 48.5kJ/mol 增至 72.7kJ/mol。这种作用的原因尚不能完满解释，但从界面酯水解反应的研究已知可能与反应前后界面上留存物质的不同引起界面电势的变化，从而导致反应速率及活化能的改变有关。

3. 复杂分子结构的推测

这是不溶物单层膜的早期应用，现今各种现代科学仪器的开发和应用对物质分子结构的测定已经不需用这种简易、间接推测的方法了。但这种方法给人以启迪的是，有时用简单的实验方法（甚至是定性的方法）也能解决大问题，最重要的是研究者要有见解，能活学活用现有的知识和运用现有的实验条件。

应用形成单层膜测定分子结构是将未知物形成固态膜，将 $\pi - A$ 线外推至 $\pi = 0$ 时求出分子面积与根据分子模型计算出的面积做比较，若截面积相同或相近，则这种模型结构可能是正确的。这种方法仪器设备简单，只需微量试样，用于研究天然产物分子结构推测实为方便。

早期，推测胆固醇之结构是该方法的成功实例。开始时，人们推测胆固醇的结构有多种，根据这些结构模型计算之分子截面积多大于 $0.54nm^2$。将胆固醇展开于水面，测出分子面积约为 $0.35 \sim 0.4nm^2$。符合这一面积的分子结构应为：

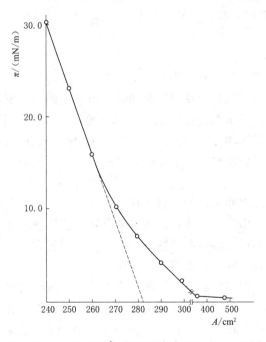

形成固态膜时以分子之末端羟基立于水面，成紧密单层排列，实测分子截面积为 0.39nm^2。

【例 5.2】 今将 7 滴苯含量为 $0.1673\text{g}/100\text{g}$ 的胆固醇溶液滴加在干净水面上，用带吊片装置的膜天平测出表面压 π 与铺膜面积 A 的关系见表 5.8，已知每滴溶液为 0.00391g，求胆固醇垂直定向时的分子面积。

表 5.8　　　　　　　　　　　　　　[例 5.2] 表

$\pi/(\text{mN/m})$	0.350	0.546	2.26	4.07	6.95	10.2	15.8	23.0	30.4
A/cm^2	480	360	300	290	280	270	260	250	240

解： 作 π-A 图（图 5.52），由图中高压表面区（固态膜）之直线外延至 $\pi=0$ 处胆固醇占据之表面面积为 282cm^2。

7 滴胆固醇之苯溶液含胆固醇量 $=0.1673\times7\times0.00391/100=4.58\times10^{-5}(\text{g})$

胆固醇分子在成垂直定向时之分子面积 a 为（胆固醇相对分子质量 $=386.7$）：

$$a=(282\times386.7\times10^{14})/(4.58\times10^{-5}\times6.023\times10^{23})=0.396(\text{nm}^2)$$

图 5.52　$4.58\times10^{-5}\text{g}$ 胆固醇在水面上之 π-A 图

5.5 拓 展 应 用

5.5.1 锄地保墒

"锄禾日当午,汗滴禾下土,谁知盘中餐,粒粒皆辛苦。"唐代诗人李绅《悯农》中暗示了一个重要的问题:锄地保墒。

近代土壤学揭示,土壤在过水后会形成通往地表的毛细管,还会在缩水过程中开裂;"锄地",就是切断毛细管,堵塞裂缝;从而"保墒"——抑制水分沿毛细管上行至地表蒸发和直接经裂缝蒸发。锄地保墒,一般在雨后土壤表面干燥到不泥泞时进行。用锄头在土壤表面松出 10cm 左右厚的"暄土",暄土不会开裂;暄土层与下层之间的毛细管也被切断了,不再能从下层获得水分,因此会迅速干燥成无水分可供蒸发的"被子",把下层水分牢牢地"捂"在土壤中。

农谚"锄板底下有水""锄头自有三寸泽"就是对锄地保墒功能的生动总结。孟子表达了儒家学派的政治主张:"王如施仁政于民,……深耕易耨……"。"易耨",就是经常锄地。锄地除了保墒、刈草外,还可提高地温;因为蒸发消耗热量,减少蒸发就积累热量。农谚说的"多锄地发暖,勤锄地不板"也是这个道理。

中国北方农民数千年来面向黄土背朝天,日复一日地锄地,为的就是用有限的水资源生产出尽可能多的粮食。

中国的农学论文《吕氏春秋·任地》论述到:"人耨必以旱,使地肥而土缓"。意思是:锄地的目的是防止土壤干旱,具体做法是把土壤弄脂腻、酥松。《齐民要术》就特别强调:"锄不厌数,勿以无草而中缀";就是说,锄地是不论次数的,没有草也要锄下去。

5.5.2 表面活性剂

表面活性剂是这样一类物质,当它在溶液中以很低的浓度溶解分散时,优先吸附在表面或界面上,使表面或界面张力显著降低;当它达到一定浓度时,在溶液中缔合成胶团。表面活性剂分子由两部分组成,一部分溶于水,具有亲水性,称作亲水基;另一部分不溶于水而溶于油,具有亲油性,称作亲油基,也称疏水基。双亲的分子结构使得表面活性剂一部分倾向于溶于水,而另一部分则倾向于从水中逃离,具有双重性质。

表面活性剂具有亲水和亲油的双重特性,当其溶于水后,其疏水基受到水的排斥而力图使整个分子"逃离"水溶液,而亲水部分则力图使整个分子留在水中,正是由于表面活性剂的这种易从水溶液中"逃离"的趋势,使其容易富集于溶液表面,且在溶液表面进行定向排列,这就是表面吸附现象。

表面活性剂由于具有润湿或抗黏、乳化或破乳、起泡或消泡以及增溶、分散、洗涤、防腐、抗静电等一系列物理化学作用及相应的实际应用,成为一类灵活多样、用途广泛的精细化工产品,在日常生活中,洗涤剂及沐浴露、化妆品等用品中会用到。表面活性剂主要作用如下:

(1)分散效果:尘埃和污粒等固体粒子能够集合在一起,在水中简单发生沉降,表活性剂分子能使固体粒子集合体分割成细微的微粒，使其分散悬浮在溶液中，起到促进固体粒子均匀分散的效果。

（2）乳化效果：表活性剂分子中亲水和亲油基团对油或水的综合亲和力。根据经验，将表面活性剂的 HLB 值范围限定在 $0 \sim 40$，非离子型的 HLB 值在 $0 \sim 20$。

（3）起泡和消泡效果：泡沫的构成主要是活性剂的定向吸附效果，是气液两相间的外表张力下降所造成的。通常低分子活性剂简单发泡，高分子活性剂泡沫少。豆蔻酸黄发泡性高，硬脂酸钠发泡性差，阴离子活性剂发泡性和泡沫安稳性比非离子型好，如烷基苯磺酸钠发泡性很强。

（4）消毒、灭菌：在医药行业中可作为灭菌剂和消毒剂运用，其灭菌和消毒效果归结于它们与细菌生物膜蛋白质的强烈相互效果使之变性或失掉功用，这些消毒剂在水中都有对比大的溶解度，依据运用浓度，可用于手术前肌肤消毒、创伤或黏膜消毒、器械消毒和环境消毒。

（5）去垢、洗涤效果：去掉油脂尘垢是一个对比复杂的进程，它与潮湿、起泡等效果均有关。洗涤剂中通常要参加多种辅佐成分，增加对被清洗物体的潮湿效果，又要有起泡、增白、占据清洗外表不被再次污染等功用。

（6）添加剂：表面活性剂在许多行业配方中被用作性能添加剂，如个人和家庭护理，以及无数的工业应用中：金属处理、工业清洗、石油开采、农药等。

随着世界经济的发展以及科学技术领域的开拓，表面活性剂的发展更加迅猛，其应用领域从日用化学工业发展到石油、食品、农业、卫生、环境、新型材料等技术部门。但在表面活性剂给人们生活、给工农业生产带来极大方便的同时，也给环境带来了污染，因此，研究表面活性剂发展及其趋势，对表面活性剂工业，乃至我国整体工业经济有着非常重要作用和意义。

5.5.3 涂层不粘锅的原理

不粘锅的表面通常都是覆盖一层涂料，主要分为两种：特氟龙涂层和陶瓷涂层。不粘涂料是一种涂层表面不易被其他黏性物质所黏附或黏着后易被除去的特种涂料。此种涂料因其所形成涂层的表面能极低、摩擦系数小、易滑动等防黏性特点，被广泛应用于家用电器、烹饪厨具、汽车、机械、化工等行业。

大部分的涂层都是特氟龙，也就是所谓的聚四氟乙烯（PTFE）。聚四氟乙烯的结构就是主链全碳的高分子，并且每个碳原子都连接两个氟原子。由于氟原子超强的电负性，碳氟键是极其稳定的。所以，聚四氟乙烯表现出很大的反应惰性。食物中的分子也就很难与聚四氟乙烯发生反应，就连最活泼的卤素氟气，都无法与聚四氟乙烯发生反应。氟的超强电负性意味着其他分子遇到聚四氟乙烯的时候都会被排斥开。这些原因就是不粘锅"不粘"的原理。

特氟龙在常温常态情况下，具有非常稳定的理化性质。可在 $-180 \sim 260$℃长期使用，但温度超过 260℃后，涂层向不稳定状态逐渐发生改变；当温度超过 360℃后，会发生分解。其产生的有害物质为"聚合物烟雾热"，可能引起寒战、头痛、发热和咳嗽等类似流感的症状。

陶瓷在不粘锅的升级过程中起到了重要作用。陶瓷性能稳定，并且经过上千年的使用检验，已充分证明其安全性。其使用纳米技术令产品表面紧致无孔隙，是指采溶胶凝胶（Sol-Gel）工艺，利用无机的金属盐或有机醇盐原料，分散到溶剂中，通过溶胶过程让原料粒子均匀分布成溶胶，再将溶胶凝化转变成固定凝胶，然后凝胶喷涂到金属表面，通过干燥或热处理形成表面涂层。达到不粘的效果。

陶瓷涂层不粘锅的颜值通常比较高，安全性也高，不含 PTFE、PFOA（全氟辛酸），耐高温至 450℃，即使温度超过了 450℃，也不会产生有害烟雾。

习 题

5.1 简述表面、相界、晶界之间的区别。

5.2 简述无机固体表面的理想表面、清洁表面和真实表面。

5.3 晶界的特点是什么？简述晶界的分类、相界的分类。

5.4 什么是润湿？影响润湿的因素有哪些？

5.5 在真空条件下，Al_2O_3 的表面张力约为 $0.9J/m^2$，液态铁的表面张力为 $1.72J/m^2$，同样条件下的界面张力（液态铁-氧化铝）约为 $2.3J/m^2$，问接触角有多大？液态铁能否润湿氧化铝？

5.6 在石英玻璃熔体下 20cm 处形成半径为 $5×10^{-8}m$ 的气泡，熔体密度 $\rho=2200kg/m^3$，表面张力 $\gamma=0.29N/m$，大气压力为 $1.01×10^5Pa$，求形成此气泡所需最低内压力是多少？

5.7 物理吸附和化学吸附之间的区别有哪些？

5.8 三种润湿之间的区别。影响润湿的因素有哪些？

5.9 如何对固体表面进行改性？

5.10 陶瓷原料球磨时，湿磨的效率往往高于干磨，如果再加入表面活性剂，则可进一步提高球磨效率，试分析这些效应的机理。

5.11 今测出 25℃卵清蛋白在水面上铺展成单层膜的表面压与铺展面积的数据见表 1，计算卵清蛋白的平均分子量和分子面积。

表 1　　　　　　　　表面压与铺展面积压

表面压/(mN/m)	0.07	0.11	0.18	0.20	9.26	0.33	0.30
铺展面积压/(m²/mg)	2.00	1.64	1.54	1.45	1.38	1.36	1.32

5.12 18℃测得胰岛素单层膜的表面浓度与表面压的关系见表 2，求该不溶物的分子量。

表 2　　　　　　　　表面浓度与表面压

表面浓度/(mg/m²)	0.07	0.13	0.16	0.20	0.23	0.30	0.32	0.34
表面压/(mN/m²)	5	10	15	20	28	50	52	60

5.13 25℃时将某种蛋白铺展于 pH=2.6 的硫酸铵水溶液表面上。测得表面压与每克蛋白占据面积的关系见表 3。计算该蛋白的分子量。

表3	表 面 压 与 占 据 面 积				
表面压/(mN/m)	0.135	0.210	0.290	0.360	0.595
占据面积/(m²/g)	1890	1740	1670	1640	158

5.14　讨论：用形成不溶物单层膜的方法抑制水蒸发时，对不溶物有哪些要求？

第6章 扩 散

扩散是固体材料中质点运动的基本方式。晶体中原子或离子的扩散是固体物质传质和反应的基础。当温度高于 0K 时，晶体中的原子或离子在热起伏过程中随机地获得能量，加剧振动，脱离结点位置迁移到一新的位置，这就是晶体中原子或离子的扩散。当固体物质内部中存在浓度梯度、化学位梯度、温度梯度或者其他梯度等时，原子或离子将进行迁移，宏观上表现为物质的运输。例如，陶瓷或粉末冶金的烧结，半导体的掺杂，材料的固态相变、高温蠕变，烧结，固相反应以及各种表面处理等，都与扩散密切相关。要深入地了解和控制这些过程，必须掌握扩散的相关基本规律。

因此，研究并掌握固体中扩散现象和扩散动力学规律，对固体材料的制备、性质的认识以及生产过程都具有十分重要的理论基础和实际意义。

6.1 固体扩散动力学

6.1.1 菲克第一定律

对于固体材料中的扩散，通常是在恒温恒压下进行的单相组成的单向扩散，那么这种扩散过程是沿着浓度梯度（化学势梯度）减少的方向进行的。如何描述固体材料中原子扩散的过程，早在 1855 年，菲克就提出：单位时间内通过垂直于扩散方向的单位面积上的扩散物质通量（diffusion flux，用 J 表示）与浓度梯度（concentration gradient）成正比，即

$$J = -D \frac{\partial c}{\partial x} \qquad (6.1)$$

式中：J 为扩散物质通量，代表单位时间内通过垂直于扩散方向 x 上的单位面积的扩散物质质量，$kg/(m^2 \cdot s)$；D 为扩散系数，m^2/s；c 为扩散物质的质量浓度，kg/m^3；x 为扩散方向，m；负号为表扩散方向与质量浓度梯度方向相反，即扩散是由高浓度向低浓度方向进行。

菲克第一定律描述了一种稳态扩散，即某一点的质量浓度不随时间的变化而变化。

6.1.2 菲克第二定律

在实际过程中大多数扩散过程是一种非稳态扩散，某一点的质量浓度随着时间的变化而变化，此时，菲克第一定律就不适合了。但是，可以由菲克第一定律和质量守恒条件推导而得到菲克第二定律。以一维方向上的非稳态扩散为例，如图 6.1 所示。在物质扩散方向 x 上任取一垂直于此方向的扩散单元，其单位横截面积为 A，长度为

$\mathrm{d}x$ 的体积元。通过测定流入和流出该体积元中的质点的通量差，可以得出在扩散过程中任一个位置的质点浓度随时间而变化的关系。由质量守恒定律可得

$$流入质量－流出质量＝积存质量$$
$$流入速率－流出速率＝积存速率$$

设扩散方向上 x 位置上的质点流入该体积元的速率为 J_1，流出该体积元的速率为 J_2，则

$$J_2 = J_1 + \frac{\partial J_1}{\partial x}\mathrm{d}x \tag{6.2}$$

因此，在单位时间内该质点积存速率可表达为

$$\mathrm{d}m = J_1 - J_2 = -\frac{\partial J_1}{\partial x}\mathrm{d}x \tag{6.3}$$

将菲克第一定律的式（6.1）代入式（6.3），可以得到

$$\mathrm{d}m = \frac{\partial}{\partial x}\left(D\frac{\partial c}{\partial x}\right)\mathrm{d}x \tag{6.4}$$

而该质点在该体积元中的浓度随时间而变化的速率可表示为

$$\frac{\mathrm{d}c}{\mathrm{d}t} = \frac{\mathrm{d}m}{\mathrm{d}x} \tag{6.5}$$

结合式（6.4）和式（6.5），可得到

$$\frac{\partial c}{\partial t} = \frac{\partial}{\partial x}\left(D\frac{\partial c}{\partial x}\right) \tag{6.6}$$

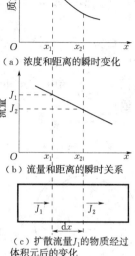

（a）浓度和距离的瞬时变化

（b）流量和距离的瞬时关系

（c）扩散流量 J_1 的物质经过体积元后的变化

图 6.1 体积元中扩散物质浓度的变化速率

式（6.6）就是菲克第二定律的数学描述。它表征了扩散质点的浓度随所处的位置以及时间变化而变化的特征。如果假定扩散系数 D 与扩散物质浓度无关，则式（6.6）可表示为

$$\frac{\partial c}{\partial t} = D\frac{\partial^2 c}{\partial x^2} \tag{6.7}$$

对于三维方向上的非稳态扩散，则菲克第二定律可表示为

$$\frac{\partial c}{\partial t} = \frac{\partial}{\partial x}\left(D_x\frac{\partial c}{\partial x}\right) + \frac{\partial}{\partial y}\left(D_y\frac{\partial c}{\partial y}\right) + \frac{\partial}{\partial z}\left(D_z\frac{\partial c}{\partial z}\right) = D\left(\frac{\partial^2 c}{\partial x^2} + \frac{\partial^2 c}{\partial y^2} + \frac{\partial^2 c}{\partial z^2}\right) \tag{6.8}$$

从式（6.8）可以看到，菲克第二定律表示在扩散过程中，某点的浓度随时间的变化率与浓度分布曲线在该点的二阶导数成正比。若浓度分布曲线在该点的二阶导数 $\frac{\partial^2 c}{\partial x^2} > 0$，则曲线为凹形，意味着该点的浓度随时间的增加而增大，即 $\frac{\partial c}{\partial t} > 0$；若浓度分布曲线在该点的二阶导数 $\frac{\partial^2 c}{\partial x^2} < 0$，则曲线为凸形，意味着该点的浓度随时间的增加而降低，即 $\frac{\partial c}{\partial t} < 0$。

6.1.3 菲克定律的应用

菲克第一定律和菲克第二定律是针对和解决扩散问题不同的应用。对于浓度梯度固定不变的所谓稳态扩散条件下，就应用菲克第一定律确定流量，如气体通过固体物质而扩散情况就是如此。而对于浓度梯度随时间的变化而变化的所谓非稳态扩散问题，就应用菲克第二定律，可求得扩散介质中扩散物质的浓度，它是位置和时间的函数。

在实际固体材料的研制生产过程中，经常会遇到众多的与原子或离子扩散有关的实际问题。因此，在求解不同边界条件下的扩散动力学方程往往是解决此问题的基本途径。但是，在解决此问题之前，首先要确定出该扩散状态下是稳态扩散或是非稳态扩散。

菲克第一定律和第二定律的区别

菲克第一定律的应用

1. 稳态扩散

在某一气罐中氢气发生的轻微泄漏，使气罐钢壁两侧有压力不等的氢气，如图6.2所示。其中气罐内一侧的氢气压力 P_2 远高于外侧的压力 P_1。设钢壁的厚度为 l，取 x 轴垂直于钢壁表面。经过一定时间扩散后，钢壁中建立起稳定的浓度分布。求氢气在钢壁中的扩散通量。

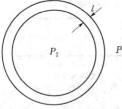

图 6.2 氢气通过气罐壁扩散泄露示意图

首先确定氢气在钢壁中的扩散为稳态扩散，需要菲克第一定律来求解。

$$J = -D\frac{\partial c}{\partial x} = D\frac{c_2 - c_1}{l} \tag{6.9}$$

由于氢气通过钢壁进行渗透的过程包括氢气吸附于金属表面，氢分子分解为原子、离子以及氢离子在金属中的扩散等过程。因此，管壁两侧氢气的浓度可由热分解反应

$H_2 \Longleftrightarrow H + H$ 中的平衡常数 K 决定。根据 K 的定义：

$$K = \frac{产物活度积}{反应物活度积} \tag{6.10}$$

当氢原子的浓度为 c 时，则有

$$K = \frac{c \cdot c}{P} = \frac{c^2}{P} \tag{6.11}$$

即

$$c = \sqrt{KP} = S\sqrt{P} \tag{6.12}$$

式中：S 为西佛特定律常数。

S 物理意义为：当空间压力 $P = 0.1\text{MPa}$ 时金属表面的溶解浓度。式（6.12）表明金属表面气体的溶解度与空间压力的平方根成正比。

将式（6.12）代入式（6.9），得

$$J = D\frac{S\sqrt{P_2} - S\sqrt{P_1}}{l} = D\frac{S}{l}\left(\sqrt{P_2} - \sqrt{P_1}\right) \tag{6.13}$$

引入金属的透气率 T，表示单位厚度金属在单位压差（MPa）下，单位面积透过

率的气体流量。

$$T = DS \qquad (6.14)$$

式中：D 为扩散系数；S 为气体在金属中的溶解度。

则有：

$$J = \frac{T}{l}(\sqrt{P_2} - \sqrt{P_1}) \qquad (6.15)$$

由上式可知，在实际生产中为减少氢气的渗透现象，可选用氢的扩散系数及溶解度小的金属作为储氢气罐，并尽量增加容器的壁厚。

2. 非稳态扩散

非稳态扩散中典型的边界条件可分成两种情况：一种为在整个扩散过程中扩散质点在材料表面的浓度 c_0 保持不变；另一种为一定量的扩散物质 M 由材料表面向内部扩散，扩散质点在表面的浓度随扩散过程的进行逐渐减小。这两种情况可分别用一维无限长物体的扩散和瞬时平面源模型进行说明。

菲克第二定律
的应用

以一维无限长物体的扩散为例，讨论两种边界条件下，扩散动力学方程的解。设有两根成分均匀的等截面金属棒 A 和 B，A 物质的浓度是 c_1，B 物质的浓度为 c_2，两者的长度均符合上述无限长的要求。将两根金属棒加压对焊，即形成所谓的扩散偶，取焊接面为坐标原点，扩散方向沿 x 方向，扩散偶成分随时间的变化如图 6.3 所示。

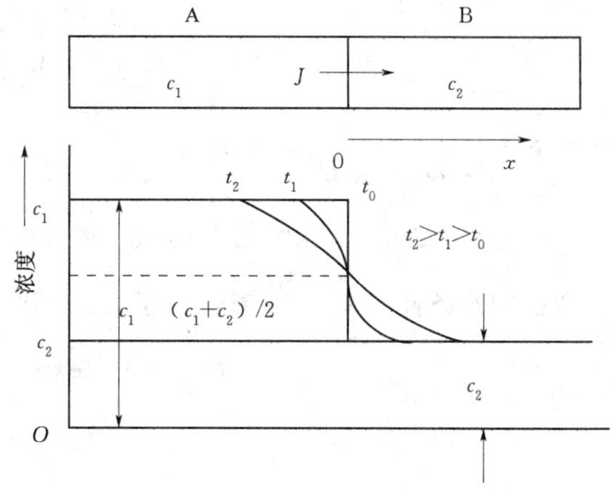

图 6.3 扩散偶的成分随时间的变化曲线

初始条件（即 $t=0$ 时）：

$$c = c_2 \qquad (x>0) \qquad (6.16a)$$
$$c = c_1 \qquad (x<0) \qquad (6.16b)$$

边界条件（即 $t \geqslant 0$ 时）：

$$c = c_2 \qquad (x=+\infty) \qquad (6.17a)$$
$$c = c_1 \qquad (x=-\infty) \qquad (6.17b)$$

为求出任意时刻 t 的浓度分布 $c(x,t)$，采用玻耳兹曼变换，即令

$$u = \frac{x}{\sqrt{t}} \qquad (6.18)$$

代入菲克第二定律，得

$$\frac{\partial c}{\partial t} = \frac{\partial c}{\partial u}\frac{\partial u}{\partial t} = -\frac{\partial c}{\partial u}\frac{x}{2t^{3/2}} = -\frac{\mathrm{d}c}{\mathrm{d}u}\frac{u}{2t} \qquad (6.19a)$$

$$D\frac{\partial^2 c}{\partial x^2} = D\frac{\partial^2 c}{\partial u^2}\left(\frac{\partial u}{\partial x}\right)^2 = D\frac{1}{t}\frac{\mathrm{d}^2 c}{\mathrm{d}u^2} \qquad (6.19b)$$

将式（6.19）代入式（6.7），并整理得到二阶线性微分方程

$$2D \frac{\mathrm{d}^2 c}{\mathrm{d}u^2} + u \frac{\mathrm{d}c}{\mathrm{d}u} = 0 \tag{6.20}$$

令 $\frac{\mathrm{d}c}{\mathrm{d}u} = z$，代入式（6.20），得

$$2D \frac{\mathrm{d}z}{\mathrm{d}u} + uz = 0 \tag{6.21}$$

求解，得到

$$z = A' \exp\left(-\frac{u^2}{4D}\right) \tag{6.22}$$

将上式代入 $\frac{\mathrm{d}c}{\mathrm{d}u} = z$ 中，得到

$$\frac{\mathrm{d}c}{\mathrm{d}u} = A' \exp\left(-\frac{u^2}{4D}\right) \tag{6.23}$$

求解，得到

$$c(x,t) = A' \int_0^u \exp\left(-\frac{u^2}{4D}\right) \mathrm{d}u + B \tag{6.24}$$

令 $\beta = \frac{u}{2\sqrt{D}} = \frac{x}{2\sqrt{Dt}}$，上式可写成：

$$c(x,t) = A' \cdot 2\sqrt{D} \int_0^\beta \exp(-\beta^2)\mathrm{d}\beta + B = A \int_0^\beta \exp(-\beta^2)\mathrm{d}\beta + B \tag{6.25}$$

考虑初始条件，在 $t = 0$ 时，对于 $x > 0$ 和 $x < 0$ 的任意点分别有

$$c = c_1 = A \int_{-\infty}^0 \exp(-\beta^2)\mathrm{d}\beta + B \tag{6.26a}$$

$$c = c_2 = A \int_0^{+\infty} \exp(-\beta^2)\mathrm{d}\beta + B \tag{6.26b}$$

即

$$c_1 = -A \frac{\sqrt{\pi}}{2} + B \tag{6.27a}$$

$$c_2 = A \frac{\sqrt{\pi}}{2} + B \tag{6.27b}$$

联立方程，求得积分常数 A 和 B 分别为

$$A = -\frac{c_1 - c_2}{2} \frac{2}{\sqrt{\pi}} \tag{6.28a}$$

$$B = \frac{c_1 + c_2}{2} \tag{6.28b}$$

将式（6.28a）和式（6.28b）代入式（6.25），得

$$c(x,t) = -\frac{c_1 - c_2}{2} \frac{2}{\sqrt{\pi}} \int_0^\beta \exp(-\beta^2)\mathrm{d}\beta + \frac{c_1 + c_2}{2} \tag{6.29}$$

引入误差函数的余误差函数概念：

$$erf(\beta) = \frac{2}{\sqrt{\pi}} \int_0^\beta \exp(-\beta^2) d\beta \tag{6.30a}$$

$$erf(-\beta) = 1 - \frac{2}{\sqrt{\pi}} \int_0^\beta \exp(-\beta^2) d\beta \tag{6.30b}$$

式中：$erf(\beta)$ 为余误差函数；$erf(-\beta)$ 为误差函数。

则式（6.29）可改写为

$$c(x,t) = -\frac{c_1 - c_2}{2} erf(\beta) + \frac{c_1 + c_2}{2} \tag{6.31a}$$

若只考虑扩散偶中的一种组分 A 在材料 B 中的扩散情况，则问题变成求解半无限长物体的扩散情况。半无限长扩散的特点是：扩散物质在表面浓度保持恒定，而扩散介质的长度大于 $4\sqrt{Dt}$，此时扩散介质 B 物质的浓度 c_2 可看作 0，边界条件变为

$$c = 0 \qquad (t=0, x>0) \tag{6.31b}$$

$$c = c_1 \qquad (t>0, x=0) \tag{6.31c}$$

$$c = 0 \qquad (t>0, x=\infty) \tag{6.31d}$$

通过边界条件（6.31）与菲克第二定律（联立求解），或直接将 $c_2 = 0$ 代入式（6.31），得

$$c(x,t) = \frac{c_1}{2}[1 - erf(\beta)] = \frac{c_1}{2}\left[1 - erf\left(\frac{x}{2\sqrt{Dt}}\right)\right] \tag{6.32}$$

由式（6.32）可以看到以下两点

（1）在任何时间，界面上（$x=0$）的浓度都是 $\frac{c_1}{2}$，它是金属棒 A 与金属棒 B 的平均成分。

$$c(x, t) = \frac{c_1}{2} \tag{6.33}$$

（2）式（6.32）表示扩散路径 x、时间 t，扩散系数 D 三者的关系，这对晶体管或集成电路生产中往往要控制扩散层的表面浓度和扩散深度有显著作用。

把式（6.31）变换为

$$x = 2\sqrt{Dt}\, erfc^{-1}\left[\frac{2c(x,t)}{c_1}\right] \tag{6.34}$$

若 c、c_1 为已知，则

$$x = K\sqrt{Dt} \tag{6.35}$$

K 是一个与比值 c/c_1 有关的常数，可以求得 $\frac{x}{2\sqrt{Dt}} - \frac{c}{c_1}$ 的关系曲线，如图 6.4 所示。当已知 c/c_1 的比值后，查表可得 $\frac{x}{2\sqrt{Dt}}$，再由 D、t 求扩散深度 x。

由式（6.35）可知，x 与 $t^{1/2}$ 成正比例。所以在指定一浓度 c 时，增加 1 倍扩散深度，则需延长 4 倍的扩散时间。

钢铁渗碳是半无限长物质扩散的典型实例，即把低碳钢的零件放在碳介质中，零

第 6 章 扩 散

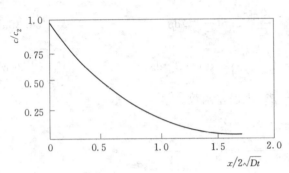

图 6.4 c/c_1 与 $x/2\sqrt{Dt}$ 的关系

件被看作半无限长。渗碳一开始，钢表面立刻达到渗碳气氛的碳浓度，并始终保持不变。镀层的扩散、异种金属的扩散焊也都属于这种情况。

3. 瞬时平面源

瞬时平面源是指在单位面积的纯物质表面覆一扩散元素组成平面源，然后对接成扩散偶进行扩散，扩散质点在材料表面的浓度对扩散过程的进行逐渐减小。

例如，在金属棒 B 的一端沉积一薄层金属 A，将这样的两个样品连接起来，就形成在两个金属棒 B 之间的金属 A 薄膜源，然后将此扩散偶进行扩散退火，那么在一定的温度下，金属 A 溶质在金属棒 B 中的浓度将随退火时间 t 而变。令棒中轴和 x 坐标轴平行，金属 A 薄膜源位于 x 轴的原点上。

初始条件（$t=0$）：

$$c=c_0 \qquad (x=0) \tag{6.36a}$$
$$c=0 \qquad (|x|>0) \tag{6.36b}$$

边界条件（$t>0$）：

$$c=0 \qquad (x\rightarrow\pm\infty) \tag{6.36c}$$

当扩散系数与浓度无关时，利用菲克第二定律对衰减薄膜源进行求解：

$$c(x,t)=\frac{A}{\sqrt{t}}\exp\left(-\frac{x^2}{4Dt}\right) \tag{6.37}$$

式中：A 为待定常数。

通过对上式微分就可知它是式（6.7）的解。

从式（6.37）可知，溶质质点浓度是以原点为中心成左右对称分布的。利用"扩散到材料内部的质点总数 M 不变"这一性质，可求出积分常数 A，即

$$M=\int_{-\infty}^{+\infty}c(x)\mathrm{d}x \tag{6.38}$$

令 $\beta=\dfrac{u}{2\sqrt{D}}=\dfrac{x}{2\sqrt{Dt}}$，则有

$$\mathrm{d}x=2\sqrt{Dt}\,\mathrm{d}\beta \tag{6.39}$$

代入式（6.38），得

$$M=2AD^{1/2}\int_{-\infty}^{+\infty}\exp(-\beta^2)\mathrm{d}\beta=2A\sqrt{\pi D} \tag{6.40}$$

即

$$A=\frac{M}{2\sqrt{\pi D}} \tag{6.41}$$

234

代入式（6.37），得

$$c(x,t)=\frac{M}{2\sqrt{\pi Dt}}\exp\left(-\frac{x^2}{4Dt}\right) \tag{6.42}$$

图 6.5 显示出不同 Dt 值 $\left(\frac{1}{16},\frac{1}{4},1\right)$ 的浓度分布曲线。$\frac{M}{2\sqrt{\pi Dt}}$ 是分布曲线的振幅，它随扩散时间的延长而衰减。当 $t=0$ 时，分布宽度为零，振幅为无穷大。因此，对扩散物质初始分布有一定宽度 W 的扩散问题，高斯解只是该问题的近似解。当扩散时间越长，扩散物质初始分布范围越窄，高斯解就越精确。

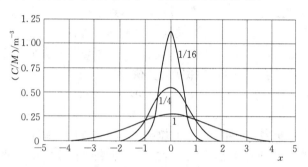

图 6.5　扩散物质浓度随距离变化的曲线

上述瞬时平面源扩散问题的求解常被用于扩散系数的确定。例如，测定示踪金属原子 A 在金属 B 中的扩散系数，先将一薄层放射性同位素原子 A 采用像电镀那样的方式沉积在样品的一端。经过一定时间扩散后，测量从表层到不同深度处放射性原子的浓度，利用式（6.42）进行求解。

将式（6.42）两边取对数，得

$$\ln c(x,t)=\ln\frac{M}{2\sqrt{\pi Dt}}-\frac{x^2}{4Dt} \tag{6.43}$$

用 $\ln c(x,t)-x^2$ 作图得到一直线，其斜率为 $-\frac{1}{4Dt}$，截距为 $\ln\frac{M}{2\sqrt{\pi Dt}}$，由此即可求出扩散系数 D。如图 6.6 所示。

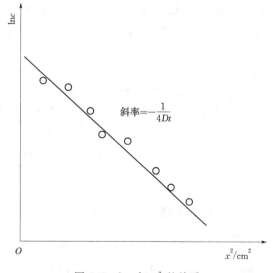

图 6.6　$\ln c$ 与 x^2 的关系

6.2　固体扩散热力学

扩散动力学方程是建立在大量扩散质点做无规则布朗运动的统计基础上，唯象地描述了扩散过程中扩散质点所遵循的基本规律。但是，扩散动力学方程中没有明确地指出扩散的推动力是什么，而仅仅表明在扩散体系中出现定向宏观物质流是存在浓度梯度条件下大量扩散质点无规则布朗运动的必然结果。然而实际上，即使体系不存在浓度梯度而当扩散质点受到某一力场的作用时也将出现定向物质流。因此，浓度梯度显然不能作为扩散推动力的确切表征。

根据广泛适用的热力学理论，扩散过程的发生与否将与体系中化学为有根本的关系。物质从高化学位流向低化学位是一普遍规律。因此，表征扩散推动力的应是化学位梯度。一切影响扩散的外场（电场、磁场、应力场等）都可统一于化学位梯度之中，且仅当化学位梯度为零时，系统扩散方可达到平衡。下面即以化学位梯度概念建立扩散系数的热力学关系。并给出扩散推动力的确切表征。

在热力学中，设某一多组分体系中，i 组分的质点沿 x 方向扩散所受到的力应等于该组分化学位（μ_i）在 x 方向上梯度的负值：

$$F_i = -\frac{\partial \mu_i}{\partial x} \tag{6.44}$$

式（6.44）中，负号表示推动力与化学位下降的方向一致，也就是扩散总是向化学位减小的方向进行，即在等温等压条件下，只要两个区域中 i 组元存在化学位差 $\Delta\mu_i$，就能产生扩散，直至 $\Delta\mu_i = 0$。

在化学位的驱动下，扩散原子在固体中沿给定方向运动时，会受到固体中溶剂原子对它产生的阻力，阻力与扩散速度成正比。当溶质原子扩散加速到其受到的阻力等于推动力时，溶质原子的扩散速度就达到了它的极限速度，也就是达到了原子的平均扩散速度。相应的溶质质点运动平均速度 v_i 正比于作用力 F_i：

$$v_i = B_i F_i = -B_i \frac{\partial \mu_i}{\partial x} \tag{6.45}$$

式（6.45）中，比例系数 B_i 为单位推动力作用下的平均速度，称为迁移率。组分 i 的扩散通量 J_i 等于单位体积中该组分质点数 C_i 和质点移动平均速度的乘积：

$$J_i = C_i v_i \tag{6.46}$$

将式（6.45）代入式（6.46）中，得到

$$J_i = -C_i B_i \frac{\partial \mu_i}{\partial x} \tag{6.47}$$

由菲克第一定律得到

$$J_i = -D_i \frac{\partial C_i}{\partial x} \tag{6.48}$$

将式（6.46）与式（6.48）联立得到

$$D_i = C_i B_i \frac{\partial \mu_i}{\partial C_i} = B_i \frac{\partial \mu_i}{\partial \ln C_i} \tag{6.49}$$

由于

$$\frac{C_i}{C} = N_i, \mathrm{d}\ln C_i = \mathrm{d}\ln N_i \tag{6.50}$$

则有

$$D_i = B_i \frac{\partial \mu_i}{\partial \ln N_i} \tag{6.51}$$

在热力学中，$\partial \mu_i = kT \partial \ln a_i$，$a_i$ 是组元 i 在固溶体中的活度，并有 $a_i = \gamma_i N_i$，γ_i 为活度系数。代入式（6.51），得到

$$D_i = kTB_i \frac{\partial \ln a_i}{\partial \ln N_i} = kTB_i \left(1 + \frac{\partial \ln\gamma_i}{\partial \ln N_i}\right) \tag{6.52}$$

式中：$1 + \dfrac{\partial \ln\gamma_i}{\partial \ln N_i}$ 为扩散系数的热力学因子，它与扩散系数有密切的联系，被作为判断扩散类型的特征项。

对于理想固溶体（$\gamma_i = 1$）或稀固溶体（$\gamma_i =$ 常数），则热力学因子等于 1。则有

$$D_i = D_i^* = kTB_i \tag{6.53}$$

式中：D_i^* 为自扩散系数；D_i 为本征扩散系数。

比例系数 B_i 是不同组元在单位推动力作用下的平均速度，而此推动力来源于化学位梯度，这说明化学位梯度才是决定扩散的基本因素。在化学位梯度的作用下进行迁移，将导致自由焓降低，表明化学位梯度才是扩散的真正推动力。而在理想混合体系中，组分 i 的本征扩散系数 D_i 与自扩散系数 D_i^* 相等。

对于非理想混合体系，则存在以下两种情况：

（1）当热力学因子 $1 + \dfrac{\partial \ln\gamma_i}{\partial \ln N_i} > 0$，此时 $D_i > 0$，称为正扩散（顺扩散，或下坡扩散）。即化学位梯度与浓度梯度方向一致，物质流将从高浓度流向低浓度处，扩散的结果使溶质趋于均匀化。

（2）当热力学因子 $1 + \dfrac{\partial \ln\gamma_i}{\partial \ln N_i} < 0$，此时 $D_i < 0$，称为负扩散（逆扩散，胡奥上坡扩散）。即化学位梯度与浓度梯度方向刚好相反，物质流将从低浓度流向高浓度处，扩散的结果使溶质偏聚或分相。逆扩散在无机非金属材料领域中也是常见的，例如，固溶体中有序、无序相变，玻璃在旋节区分相以及在晶界上的选择性吸附过程，某些质点通过扩散而富集于晶界上等过程都与质点的逆扩散有关。

综上所述，决定组元扩散的基本因素是化学位梯度，不管是正扩散或是负扩散，其结果总是导致扩散组元化学位梯度的减小，直至化学位梯度为零。

菲克第一定律描述了物质从高浓度向低浓度扩散的现象，扩散的结果导致浓度梯度的减小，使成分趋于均匀。但实际上并非所有的扩散过程都是如此，物质也可能从低浓度区向高浓度区扩散，扩散的结果提高了浓度梯度。例如，铝铜合金时效早期形成的富铜偏聚区，以及某些合金固溶体的调幅分解形成的溶质原子富集区等，这种扩散称为"上坡扩散"或"逆向扩散"。从热力学分析可知，扩散的推动力并不是浓度梯度 $\dfrac{\partial c}{\partial x}$，而应是化学势梯度 $\dfrac{\partial \mu}{\partial x}$。由此不仅能解释通常的扩散现象，也能解释"上坡扩散"等反常现象。

6.3   固体扩散机制与扩散系数

6.3.1   扩散机制

在固体中，原子在其平衡位置作热振动，并会从一个平衡位置跳到另一个平衡位置，即发生扩散。宏观上固体的扩散现象正是大量原子无数次微观运动过程的总和。一些可能的扩散机制如图6.7所示。

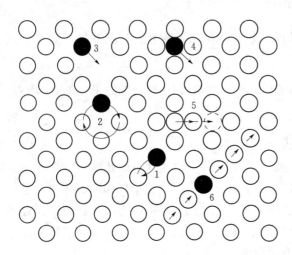

图 6.7   固体中的扩散机制

1—直接交换；2—环形交换；3—空位；4—间隙；
5—推填；6—挤列

1. 空位机制

空位扩散是指处于固体晶格点阵中的格点位置的质点通过邻近的格点空位交换位置而迁移的扩散过程。在固体晶体中存在着空位，在一定温度下有一定的平衡空位浓度，温度越高，则平衡空位浓度越大。这些空位的存在使原子迁移更容易，故大多数情况下，原子扩散是借助于空位机制的。其扩散速率取决于邻近空位的质点是否具有越过势垒的自由能，同时也与空位的浓度分布有关。

2. 间隙机制

间隙机制是指位于格点间隙位置的质点沿晶格间隙移动，从一个格点中间隙位置迁移到相邻格点间隙位置的扩散过程。像氢、碳、氮等这类小的间隙型溶质原子易以这种方式在晶体中扩散。这类原子在扩散迁移时，需要将邻近的、在晶格结点上的原子挤开，其周围晶格会发生瞬时畸变，这部分畸变能量就相当于溶质质点迁移时所需克服的势垒能量。

3. 交换机制

交换机制是指晶体中两个相邻位置的原子通过直接交换位置而发生迁移的扩散过程。这种机制在密排结构中未必可能，因为它会引起大的晶格畸变，扩散时需要太大的活化能。

4. 环形交换机制

环形交换机制是指相邻四个原子发生连续位置交换，从而实现质点的迁移。此种环形交换机制所需要的活化能小于直接交换机制。但是这种交换机制的可能性仍不大，因为它受到集体运动的约束。

5. 推填机制

如果溶质是一个体积比较大的原子，那么这个原子将难以通过间隙机制从一个间隙位置迁移到邻近的间隙位置，因为这种迁移将会导致很大的晶格畸变，需要克服较多的势垒能量。为此，提出推填机制，也就是一个填隙原子可以把它近邻的、在晶格结点上的原子推到附近的间隙中，而自己则填到被推出去原子的原来位置上。此机制多发生在离子晶体中，氟石结构中阴离子就是通过推填机制进行迁移的。

6. 挤列机制

如果一个间隙原子挤入体心立方晶体对角线（即原子密排方向）上，使若干个原子偏离其平衡位置，形成一个集体，则该集体称为挤列。原子可沿此对角线方向移动而扩散。

不管是直接交换机制还是环形交换机制，均使扩散原子通过垂直于扩散方向平面的净通量为零，即扩散原子是等量互换。

从能量角度来看，在晶格点阵中，格点位置处的质点能量最低，而处于间隙位置和空位处的质点能量较高。因此，空位扩散所需的能量最小，其次是间隙扩散和推填扩散。而对于直接交换和环形交换机制，由于他们会引起大的畸变和需要获得太大的激活能，因而在密堆结构中几乎不可能发生。由此可见，空位扩散机制是最常见的固体扩散机制。

6.3.2　扩散系数

菲克第一定律和菲克第二定律定量描述了晶体中质点的动力学扩散过程，在人们认识和掌握扩散规律过程中起到了重要作用。但是，菲克定律仅仅是一种现象的描述，它将除浓度以外的一切影响扩散的因素都包括在扩散系数中，而又未能赋予其明确的物理意义。

1905 年爱因斯坦在研究大量质点做无规则布朗运动的过程中，首先用统计方法得到扩散的动力方程，将宏观的扩散系数与质点微观运动联系起来，即在质点无序运动的基础上确定了菲克定律的扩散系数的物理意义。

设晶体沿 x 轴具有一定的浓度梯度，原子在沿晶体 x 轴方向向左或向右移动时每一跳跃的距离为 r。将某两个相邻的点阵面分别记为 1 和 2，这两个面相距为 r。在平面 1 的单位面积上扩散溶质原子数为 n_1，平面 2 上为 n_2。跃迁频率 f 是一个原子每秒内离开该平面的跃迁次数的平均值。因此，在 δt 时间内跃出平面 1 的原子数为 $n_1 f \delta t$。这些原子中一半跃迁到右边的平面 2 上为 $\frac{1}{2} n_1 f \delta t$，另一半则跃迁到左边平面上。同样，在时间间隔 δt 内从平面 2 跃迁到平面 1 的原子数为 $\frac{1}{2} n_2 f \delta t$。由此得到溶质原子从平面 1 到平面 2 跃迁时单位时间内的流量为

$$J = \frac{1}{2}(n_1 - n_2)f = \frac{原子数}{面积 \times 时间} \tag{6.54}$$

而在跃迁过程中：

$$\frac{n_1}{r} = c_1 \tag{6.55a}$$

$$\frac{n_2}{r} = c_2 \tag{6.55b}$$

$$\frac{c_1 - c_2}{r} = -\frac{\partial c}{\partial x} \tag{6.55c}$$

联立式 (6.54) 和式 (6.55)，则有

$$n_1 - n_2 = -\frac{1}{2}r^2\frac{\partial c}{\partial x} \tag{6.56}$$

因此，可以将流量 ($n_1 - n_2$) 和浓度或单位体积内溶质原子数联系起来，得到爱因斯坦做大量无规则布朗运动的质点在一维方向上的扩散方程：

$$J = -\frac{1}{2}r^2 f\frac{\partial c}{\partial x} \tag{6.57}$$

式中：J 为质点的扩散通量；r 为质点迁移的自由行程；f 为原子的有效跃迁频率。

结合菲克第一定律，得到

$$D = \frac{1}{2}r^2 f \tag{6.58}$$

若质点在三维方向上同时跃迁，则上述值将减少 1/3，即得到

$$D = \frac{1}{6}r^2 f \tag{6.59}$$

由此可见，扩散的布朗理论上确定了菲克定律中扩散系数的物理意义。在固体介质中，做无规则布朗运动的大量质点的扩散系数决定于质点的有效跃迁频率 f 和迁移自由行程 r 的平方。

晶体中扩散的基本过程实际上可看成是某个原子由正常的格点位置跃入到相邻近的空位位置，在完成这个过程时需要克服一个势垒（ΔG_m）。原子在振动过程中只有获得的能量大于 ΔG_m 值时才能跃迁，该 ΔG_m 等于原子从格点位置跃迁到下一个格点位置之间的能量势垒高度。然而，即使原子能够获得的足够的 ΔG_m 的能量，如果邻近的格点上无空位时仍然不能跃迁，及跃迁概率 f 不仅与能量的波耳兹曼分布有关，而且还与邻近的空位概率也就是体系内空位的浓度 N_v 成正比。即

$$f = AN_v\nu = AN_v\nu_0\exp\left(-\frac{\Delta G_m}{RT}\right) \tag{6.60}$$

式中：A 为一个与晶体结构和扩散机构有关的常数。

将式 (6.60) 代入式 (6.59)，得到原子通过空位机制进行扩散时的扩散系数：

$$D = \frac{1}{6}Ar^2\nu_0 N_v\exp\left(-\frac{\Delta G_m}{RT}\right) \tag{6.61}$$

式中：N_v 为空位的浓度。

若考虑空位的形成来源于晶体结构中本征热缺陷（如 Schottkey 缺陷），则

$$N_v = \exp\left(-\frac{\Delta G_f}{2RT}\right) \tag{6.62}$$

将式 (6.62) 代入式 (6.61)，得到

$$D = \frac{1}{6}Ar^2\nu_0\exp\left(-\frac{\Delta G_f}{2RT}\right)\exp\left(-\frac{\Delta G_m}{RT}\right) \tag{6.63}$$

由热力学关系 $\Delta G = \Delta H - T\Delta S$ 以及空位跃迁距离 r 成正比，式 (6.63) 可改

写为

$$D = \frac{1}{6} A r^2 \nu_0 \exp\left(-\frac{\Delta S_f/2 + \Delta S_m}{R}\right) \exp\left(-\frac{\Delta H_f/2 + \Delta H_m}{RT}\right)$$

$$D = D_0 \exp\left(-\frac{Q}{RT}\right) \tag{6.64}$$

式中：D_0 为原子自扩散频率因子，$D_0 = \frac{1}{6} A r^2 \nu_0 \exp\left(\frac{\Delta S_f/2 + \Delta S_m}{R}\right)$；$Q$ 为扩散活化能，$Q = \frac{\Delta H_f}{2} + \Delta H_m$。

在这里，扩散活化能由两部分组成，一项是缺陷形成所需要的能量，另一项是原子迁移所需要的能量。

而对于间隙扩散，由于晶体中间隙原子浓度往往很小，所以实际上间隙原子所有邻近的间隙位都是空着的。因此，间隙扩散时可供间隙原子跃迁的位置概率可近似地看出为 100%。与空位扩散机制同理，间隙扩散机制的扩散系数可写成

$$D = \frac{1}{6} A r^2 \nu_0 \exp\left(\frac{\Delta S_m}{R}\right) \exp\left(-\frac{\Delta H_m}{RT}\right)$$

$$D = D_0 \exp\left(-\frac{Q}{RT}\right) \tag{6.65}$$

式中：$D_0 = \frac{1}{6} A r^2 \nu_0 \exp\left(\frac{\Delta S_m}{R}\right)$，$Q = \Delta H_m$。

在这里，扩散活化能只由一部分组成，为原子迁移所需要的能量。

因此，对比式（6.64）和式（6.65）可以看出，空位扩散的活化能包括了原子从一个空位跃迁到另一个空位时的迁移能和扩散原子邻近空位的形成能，而间隙扩散活化能只需要间隙原子的迁移能。实验证明，空位扩散的活化能均比间隙扩散的活化能要大。

为了表征扩散过程中原子运动的复杂性，表 6.1 对不同的扩散系数进行总结。

6.3.3 晶界、界面和表面扩散

实际晶体中的扩散除了在晶粒的点阵内部进行外，还会沿着晶粒界面及表面发生。由于处在晶体表面、晶界和位错处的原子位能总高于正常晶格内的原子，因此这些区域内原子的扩散速度比原子在晶内扩散的速度要快。因此，表面、晶界和位错处往往成为原子扩散的快速通道，称这三种扩散为短路扩散。当温度较低时，短路扩散起主要作用；当温度较高时，点阵内部的扩散起主要作用。当温度较低且一定时，晶粒越细扩散系数越大，这是短路扩散在起作用。事实上，这四种扩散过程通常是同时存在的，但是，在不同的温度范围内，主导的扩散过程不同。

如用 D_g 表示原子在晶格的扩散系数，D_b 表示晶界的扩散系数，D_s 表示表面的扩散系数。则它们的扩散系数有以下关系：

表 6.1 扩散系数的通用符号及意义

分 类	名 称	符 号	意 义
晶内原子扩散	无序扩散	D_r	没有化学梯度时质点的迁移过程
	自扩散	D^*	没有化学梯度时原子的迁移过程
	示踪物扩散	D^T	示踪原子在没有化学梯度时的扩散
	晶格扩散	D_v	在晶体体内或晶格内的任何扩散
	本征扩散	D^{in}, D_a	晶体中热缺陷引起的质点迁移过程
	互扩散	$\tilde{D}$	在化学位梯度下的扩散
区域扩散	晶界扩散	D_g	沿晶界发生的扩散
	界面扩散	D_b	沿界面发生的扩散
	表面扩散	D_s	沿表面发生的扩散
	位错扩散		沿位错管的扩散
缺陷扩散	空位扩散	D_u	原子迁移到邻近的空位中
	间隙扩散	D_i	原子从一个间隙迁移到另一间隙
	非本征扩散	$D_{杂}$	非热能引起的扩散,如杂质引起的扩散

$$D_g : D_b : D_s = 10^{-11} : 10^{-10} : 10^{-7} \tag{6.66}$$

而在离子型化合物中,一般则有以下规律:

$$Q_s = 0.5Q_g$$

$$D_b = (0.6 \sim 0.7)Q_g \tag{6.67}$$

1. 表面扩散

表面扩散在催化、腐蚀与氧化、粉末烧结、气相沉积、晶体生长、核燃料中的气泡迁移等方面均起到重要作用。

2. 晶界扩散

晶界扩散与固体的结构有关。在一定温度下,晶粒越小,晶界所占的比例越多,扩散越明显。同时,晶界扩散还与晶粒位相、晶界结构有关,而晶界上杂质的偏析或沉析对晶界扩散均有影响。

晶界扩散可采用示踪原子法进行检测。在试样表面涂以溶质或溶剂金属的放射性同位素的示踪原子,加热到一定温度并保温一定的时间。示踪原子由试样表面向晶粒与晶界内扩散,由于示踪原子沿晶界的扩散速度快于点阵扩散,因此,示踪原子在晶界的浓度会高于在晶粒内。与此同时,沿晶界扩散的示踪原子又由晶界向其两侧的晶粒扩散,结果使示踪原子在晶界上比晶粒内部的浓度大很多。

3. 过饱和空位及位错的影响

过饱和空位往往形成于高温急冷或经高能粒子辐射。这些空位在运动中可能消失,也可能结合成"空位-溶质原子对"。空位-溶质原子对的迁移率比单个空位更大。因此,其对较低温度下的扩散起很大作用,使扩散速率显著提高。

位错对扩散有明显的影响。刃型位错的攀移要通过多余半原子面上的原子扩散来进行，扩散在刃型位错线上可较快地进行，理论计算这种扩散的活化能还达不到完整晶体中扩散的一半。因此。这种扩散也是短路扩散的一种。

6.4 影响固体扩散系数的因素

对于各种固体材料，扩散问题是非常复杂的。材料的组成、结构、化学键、缺陷等都将对扩散产生不可忽视的作用。

1. 温度

温度是影响扩散速率的最主要因素。温度越高，原子的热激活能量越大，越易发生迁移，扩散系数也越大。一般而言，扩散系数与温度之间关系可由下式表达：

$$D = D_0 \exp\left(-\frac{Q}{RT}\right) \tag{6.68}$$

激活能越大，温度对扩散系数的影响越敏感。

温度

固溶体类型

2. 晶体组成

对于大多数固体材料而言，往往具有多种化学成分。因而，一般情况下整个扩散并不局限于某一种原子或离子的迁移，而可能是两种或两种以上的原子或离子同时参与的扩散行为。所以实测得到的扩散系数不再是自扩散系数而应是互扩散系数。

3. 化学键

不同的固体材料中构成晶体的化学键性质是不同的，因此扩散系数也就不同。对于空位扩散，不管是在金属键、离子键或是共价键材料中，其始终是晶粒内部质点迁移的主导方式，且因空位扩散活化能由空位形成能 ΔH_f 和原子迁移能 ΔH_m 构成，故激活能常随材料熔点升高而增加。但是，当间隙原子比格点原子小得多或晶格结构比较开放时，间隙机制将占主导地位。例如，氢、碳、氮、氧等原子在金属材料中的扩散是间隙机制为主，而且在这种情况下原子迁移的活化能与材料的熔点有明显关系。

晶体结构

在共价键晶体中，由于成键的方向性和饱和性，受到成键性质的限制，间隙扩散不利于体系能量的降低，而且表现出自扩散活化能通常高于熔点相近金属的活化能。因此，其对空位的迁移有明显的影响。

4. 晶体缺陷

在实际应用过程中的材料绝大多数是多晶材料，其由不同取向的晶粒相结合而成，因此晶粒与晶粒之间存在原子排列非常紊乱。原子扩散时可沿三种途径扩散，即晶内扩散、晶界扩散和表面扩散。如果用 Q_g、Q_s、Q_b 分别表示晶内、晶界和表面的扩散活化能，D_g、D_s、D_b 分别表示晶内、晶界和表面的扩散系数，则有：$Q_g > Q_b > Q_s$ 和 $D_s > D_b > D_g$。而对于单晶材料，其扩散系数只是表征了晶内扩散系数，而多晶材料的扩散系数是晶内扩散和晶界扩散共同起作用的结果。

位错往往也是原子进行扩散的快速通道，结构中位错密度越高，对扩散的贡献越大。

晶体缺陷

杂质

5. 杂质

在固体材料中添加杂质也是改善扩散的主要途径。一般而言，高价阳离子的引入也可造成晶格中出现阳离子空位并产生晶格畸变，从而使阳离子扩散系数增大；当杂质的含量增加时，非本征扩散与本征扩散温度转折点升高，这表明在较高温度时杂质扩散仍超过本征扩散。但是，若引入的杂质与扩散介质形成化合物时，或发生沉析时将造成扩散活化能升高，使扩散速率下降；反之，当杂质原子与结构中部分空位发生缔合，往往会使结构中总空位浓度增加而有利于扩散。也就是说，杂质的引入既可以提高其扩散速度，也可以降低扩散速度，或者对扩散速度没有影响。

6.5　拓　展　应　用

6.5.1　中国古代的渗碳和渗氮技术

我国在金属热处理技术发展史上做出过杰出的贡献，取得了许多伟大的成就，包括渗碳、渗氮、碳氮共渗等工艺技术，推动了我国古代金属材料的应用和对材料的表面改性，形成了具有特色的古代热处理技术。

我国发掘的年代最久远的块炼铁制品可能是新疆哈密三堡焉不拉克墓地出土的公元前 1300 年的弧背直刃刀。也就是说，在我国不自觉地应用固体渗碳工艺可能始于公元前 1300 年以前，一般早期的块炼铁产品的含碳量都很低，渗层很浅，有的铁器甚至测不出碳的存在。我国出土的较早的铁器还有新疆和静察吾乎沟口一号墓地中出土的公元前 1000 年左右的铁器残片和河南三门峡市上村岭虢国西周晚期墓葬中发掘出土的公元前 9 至前 8 世纪的铜茎玉柄铁剑。中国古代有意识的渗碳大约始于春秋时期，其年代大约在公元前 7 至前 6 世纪，出土的器物中的碳很容易被测出。如对湖南长沙杨家山出土的春秋晚期钢剑的分析表明，其含碳量为 0.5% 左右。

（1）固体渗碳：是将工件埋入固体渗碳物质中进行处理的工艺，它是最古老的热处理技术之一。明代宋应星的《天工开物》中记载了一种焖熬法固体渗碳技术，书中写道："凡针，先锤铁为细条。用铁尺一根，锥成线眼，抽过条铁成线，逐寸剪断成针。先锉其末成颖，用小槌敲扁其本，钢锥穿鼻，复其外。然后入釜，慢火炒熬。炒后以土末松木火矢、豆豉三物罨盖，下用火蒸。"可知当时的渗碳是在釜中进行的，采用釜外供热方式，固体渗碳剂中松木火矢是一种木炭，同书有说明火矢是木材经"不闭穴火"所获产物，是主要的渗入剂；豆豉也是含碳物质是辅助渗入剂；土末是分散剂，对防止含碳物质的相互黏结和炭黑的析出有一定的作用。这种方法的优点是碳势高、碳源稳定、渗碳均匀。

（2）液体渗碳：它与固体渗碳比较，有渗速快、渗层厚度均匀和产品质量稳定等的优点。《吴越春秋·阖闾内传》中记载，铸剑师干将制剑时，遇到"金铁之精不销沦流"，乃"断发剪爪，投入炉中，使童女童男三百人鼓橐装炭，金铁乃濡。遂以成剑，阳曰干将，阴曰莫耶，阳作龟文，阴作漫理。从"三百人鼓橐装炭"来看，更像是液体渗碳，可以认为干将在制剑时，将块炼铁的剑坯埋入以铁碎末和含碳物质为主的渗剂中加热，渗剂中的铁达到一定含碳量后，"金铁乃濡"，这时铁碎末和铁坯表面与含碳物质反应而熔化，"濡"指的是铁坯未完全熔化。受当时的加热温度所限，通过三百人鼓橐装炭，有可能使炼炉的炉内温度达到铁碳合金熔点的下限1148℃，从而使块炼铁的剑坯获得渗碳效果。

《北史》："怀文造宿铁刀，其法烧生铁精，以重柔铤，数宿则成刚"。《重修政和经史正们类备用本草》中引南朝陶弘景语："钢铁是杂炼生柔作刀镰者"。苏颂《本草图经》："以生柔相杂合，用以作刀剑锋刃者为钢铁"。明代宋应星在《锤锻》篇中提及，锄用"熟铁锻成，熔化生铁淋口，入水淬健，即成刚劲"。这是熔融生铁为渗碳剂的液体渗碳方法。

公元3世纪西晋张协的《七命》："乃炼乃烁，万辟千灌。"其中"辟"是折叠，"灌"是渗入。这种制取方法被称为灌钢，是我国古代钢铁技术的一项独创性的成就。宋应星在《五金》篇中指出，将"熟铁打成薄片"，生铁安置其上，"火力到时，生钢（铁）先化，渗淋熟铁之中，两情投合。"采用熔融生铁作为渗剂要比现在用熔融盐液作为渗剂的渗碳方法难得多，主要是加热慢、温度高、渗剂消耗大，而且更重要的是要将温度控制在共晶线和液相线之间，但对于不知渗碳原理的古代工匠来说，能想到这一方法真可谓匠心独具，也使我国古代的渗碳技术遥遥领先。

（3）固-液渗碳：不同于固体或液体渗碳，它是以固态物质为骨架或载体、液态物质为渗剂的渗碳方式。《便民图纂》提及："羊角、乱发俱煅灰，细研，水调，涂刀口，烧红，磨之。"羊角、乱发经煅烧后主要成分为氧化钙、碳酸钙和未充分燃烧的生物角质，这些物质含碳。其中氧化钙、碳酸钙主要是被用作为载体，而未充分燃烧的生物角质为含碳渗入剂。明代《物理小识》"器用类·淬刀法"中干脆用未经煅烧的生物角质为含碳渗入剂："一以羊角，乱发为末，调傅刀口，不必蟾酥而自然灰埋也。"其中羊角、乱发是主要的含碳物质，它们含碳量高于其灰；"蟾酥"为癞蛤蟆皮下的汁液，是生物油脂，油脂不仅可做黏结剂，也可做渗碳剂；"自然灰"主要成分是碳酸钠，看来此工艺开始时的关键是以蟾酥为添加剂，以后发展成以自然灰为重要添加剂的工艺。自然灰的应用是一个明显的进展，不仅因为自然灰来源相对广泛，更重要的是因为碳酸钠具有明显的碳原子的催渗效果。

（4）渗碳增氮：可分为碳氮共渗和氮碳共渗两类，增氮技术还极大地依赖于所采用的温度。我国古代比较注重采用了添加含氮物质的方法。在渗碳剂中加少量的含氮物质进行渗碳，获得的渗层中有一定量的氮，将明显降低钢铁的临界点A1温度，故可以获得提高渗速、提高淬透性、提高表面硬度等诸多好处，因此，出现了渗碳增氮技术。

早在干将制剑时，古代工匠就采用了添加毛发和指甲的渗碳技术，毛发和指甲含有一定量的氮，工件经此工艺处理后，会有一定的渗碳增氮效果，这可能是无意识的碳氮共渗的开始。国外考虑加氮是从20年代初才开始的。《篆刻度》中有描述："用菊花钢，锻而为刀。刀成乃砺。砺好炼用箬皮灰、牛角灰、青盐、砂，各五六分为末，将醋调涂刀口，向灯火上，烧红为度。入清冷水淬之。复炼如药尽而止。"在此工艺配方中，箬皮是一种禾本科竹的皮，箬皮和牛角烧成的灰含有一定的碳成分，当然都含有一定的氮。在此工艺中，砂含氮，其目的主要在于供氮。"复炼如前"主要是循环渗入。

《武备志》中有："刀方：羊角、铁石砂。"其中羊角、铁石主要含碳，砂的主要成分是氯化铵。《篆刻度》对此有详细记述："尝见炼新刀者，用猪牙、头发及硝，各烧灰等分，酽醋调画刀口，如锯齿状，号为马牙钢。"其中硝是硝酸钾，属供氮原料。《物理小识》"器用类·淬刀法"中还提及"以酱同硝涂錾口，煅赤淬火"，其中酱可能是主要用作为黏结剂使用的，而硝酸钾为主要渗剂。

6.5.2 半导体 P－N 结

P－N 结：是指采用不同的掺杂工艺，通过扩散作用，将 P 型半导体与 N 型半导体制作在同一块半导体（通常是硅或锗）基片上，在它们的交界面就形成空间电荷区称为 P－N 结。P－N 结具有单向导电性，是电子技术中许多器件所利用的特性，例如半导体二极管、双极性晶体管的物质基础（图 6.8）。

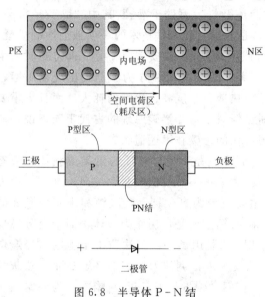

图 6.8 半导体 P－N 结

一块单晶半导体中，一部分掺有受主杂质是 P 型半导体，另一部分掺有施主杂质是 N 型半导体时，P 型半导体和 N 型半导体的交界面附近的过渡区称为 P－N 结。P－N 结有同质结和异质结两种。用同一种半导体材料制成的 P－N 结叫同质结，由禁带宽度不同的两种半导体材料制成的 P－N 结叫异质结。

P 型半导体：由单晶硅通过特殊工艺掺入少量的三价元素组成，会在半导体内部形成带正电的空穴；N 型半导体：由单晶硅通过特殊工艺掺入少量的五价元素组成，会在半导体内部形成带负电的自由电子。在 P 型半导体中有许多带正电荷的空穴和带负电荷的电离杂质。在电场的作用下，空穴是可以移动的，而电离杂质（离子）是固定不动的。N 型半导体中有许多可动的负电子和固定的正离子。当 P 型和 N 型半导体接触时，在界面附近空穴从 P 型半导体向 N 型半导体扩散，电子从 N 型半导体向 P 型半导体扩散。空穴和电子相遇而复合，载流子消失。因此在界面附近的结区中有一段距离缺少载流子，却有分布在空间的带电的固定离子，称为空间电荷区。P 型半导体一边的空间电荷是负离子，N 型半导体一边的空间电荷是正离子。正负离子在界面附近产生电场，该电场阻止载流子进一步扩散，达到平衡。

P－N 结是构成双极型晶体管和场效应晶体管的核心，是现代电子技术的基础。在二级管中广泛应用。利用 P－N 结单向导电性可以制作整流二极管、检波二极管和开关二极管，利用击穿特性制作稳压二极管和雪崩二极管；利用高掺杂 P－N 结隧道效应制作隧道二极管；利用结电容随外电压变化效应制作变容二极管。半导体的光电效应与 P-N 结相结合还可以制作多种光电器件。如利用前向偏置异质结的载流子注入与复合可以制造半导体激光二极管与半导体发光二极管；利用光辐射对 P-N 结反向电流的调制作用可以制成光电探测器；利用光生伏特效应可制成太阳电池。

6.5.3 柯肯达尔效应

柯肯达尔效应是指两种扩散速率不同的金属组成的扩散偶中的非平衡相互扩散过程导致在扩散速度较快的金属一侧中形成孔洞缺陷。柯肯达尔在 20 世纪 40 年代发现，柯肯达尔效应会减弱异种金属焊接界面的结合强度；对柯肯达尔效应进行合理应用，可实现微纳空心结构的简单合成（图 6.9）。

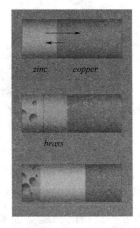

图 6.9 柯肯达尔效应

碳在铁中的扩散是间隙型溶质原子的扩散，在这种情况下可以不涉及溶剂铁原子的扩散，因为铁原子扩散速率与原子直径较小与较易迁移的碳原子的扩散速率比较而言可以忽略的。然而对于置换型溶质原子的扩散，由于溶剂与溶质原子的半径相差不会很大，原子扩散时必须与相邻原子间作置换，两者的可动性大致趋于同一数量级，因此，必须考虑溶质和溶剂原子不同的扩散速率，这首先是被柯肯达尔等人证实的。1947 年，他们设计了一个试验，在黄铜块（70%铜，30%锌）上镀一层铜，并在铜和黄铜界面上预先放两排 Mo 丝。将该样品经过 785℃ 扩散退火 56d 后，发现上下两排 Mo 丝的距离 L 减小了 0.25mm，并且在黄铜上留有一些小洞。假如 Cu 和 Zn 的扩散系数相等，那么以原 Mo 丝平面为分界面，两侧进行的是等量的 Cu 和 Zn 原子互换，考虑到 Zn 的原子尺寸大于 Cu 原子，Zn 的外移会导致 Mo 丝（标记面）向黄铜一侧移动，但经计算移动量仅为观察值的 1/10 左右。由此可见，两种原子尺寸的差异不是 Mo 丝移动的主要原因，这只能是在退火时，因 Cu，Zn 两种原子的扩散速率不同，导致了由黄铜中扩散出的 Zn 的通量大于铜原子扩散进入的通量。这种不等量扩散导致 Mo 丝移动的现象称为柯肯达尔效应。以后，又发现了多种置换型扩散偶中都有柯肯达尔效应，例如，Ag—Au，Ag—Cu，Au—Ni，Cu—Al，Cu—Sn 及 Ti—Mo。

"近朱者赤，近墨者黑"可以作为固态物质中一种扩散现象的描述。固态中的扩散速率十分缓慢，不像气体和液体中扩散那样易于观察，但它确确实实地存在着。金属结晶时液态金属原子向固态晶核的迁移再结晶的晶粒长大，钢的脱碳和渗碳，以及金属的焊接等，都可以作为固态金属中的扩散例子。为了进一步证实的存在，可作下述试验：把 Cu，Ni 两根金属棒对焊在一起，在焊接面上镶嵌上几根钨丝作为界面标志然后加热到高温并保温很长时间后，令人惊异的事情发生了：作为界面标志的钨丝向纯 Ni 一侧移动了一段距离。经分析，界面的左侧（Cu）也含有 Ni 原子，而界面的右侧（Ni）也含有 Cu 原子，但是左侧 Ni 的浓度大于右侧 Cu 的浓度，这表明，Ni 向左侧扩散过来的原子数目大于 Cu 向右侧扩散过来的原子数目。过剩的 Ni 原子将使左侧的点阵膨胀，而右边原子减少的地方将发生点阵收缩，其结果必然导致界面向右漂移。

柯肯达尔效应指两种扩散速率不同的金属在相互扩散过程中，会在扩散速率高的金属内形成空位缺陷，这些空位缺陷会逐渐团聚形成孔洞。2004 年，科研人员利用柯肯达尔效应合成空心结构 Co 纳米颗粒。他们在液相中用 S 处理 Co 的晶体纳米颗粒，发现所有晶体纳米颗粒都转变成了中空结构，进一步研究发现用 O_2 和 Ar 混合气体及 Se 处理也可得到类似的结果。Co 元素是耐高温合金的主要成分，容易和氧、硫发生反应在其表面形成氧化物、硫化物层。由于氧、硫元素的扩散系数和钴元素不同，在较高温度作用下，晶体纳米颗粒内部 Co 原子向其外围氧化层的扩散速率较快，导致其内部形成大量空穴。随着扩散反应的不断进行，Co 原子在晶体纳米颗粒的外围形成一圈壳层，而空穴之间相互融合，在壳层与晶体之间

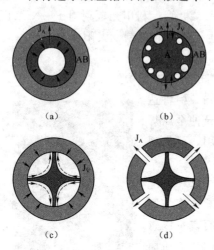

图 6.10 柯肯达尔效应制备空心微球

形成不连续的夹缝空腔和架桥结构，架桥结构连接壳层和晶体。当晶体被消耗完全时，空穴之间相互融合达到最大程度，从而形成中空结构（图 6.10）。这一结果验证了柯肯达尔效应在制备中空结构材料时所发挥的作用。

习 题

6.1 简述菲克第一定律和菲克第二定律，二者之间的区别。

6.2 氢在金属中容易扩散，当温度较高和压强较大时，用金属容器储存氢气极易渗漏。试讨论稳定扩散状态下金属容器中氢通过器壁扩散渗漏的情况，并提出减少氢扩散逸失的措施。

6.3 假定碳在 α-Fe 和 γ-Fe 中的扩散系数分别为：$D_\alpha=0.0079\exp[-83600/RT]\text{cm}^2/\text{s}$，$D_\gamma=0.21\exp[-141284/RT]\text{cm}^2/\text{s}$，计算 800℃时各自的扩散系数，并解释其差别。

6.4 在恒定源条件下 820℃时，刚经 1h 的渗碳，可得到一定厚度的表面渗碳层，若在同样条件下，要得到两倍厚度的渗碳层需要几个小时？

6.5 在不稳定扩散条件下 800℃时，在钢中渗碳 100min 可得到合适厚度的渗碳层，若在 1000℃时要得到同样后的渗碳层，需要多少时间？（$D_0=2.4\times10^{-12}\,\text{m}^2/\text{s}$，$D_{1000℃}=3.0\times10^{-11}\,\text{m}^2/\text{s}$）

6.6 Zn^{2+} 在 ZnS 中扩散时，563℃时的扩散系数为 $3.0\times10^{-14}\,\text{cm}^2/\text{s}$，450℃时的扩散系数为 $1.0\times10^{-14}\,\text{cm}^2/\text{s}$，求：①扩散的活化能和 D_0；②750℃时的扩散系数。

6.7 碳、氮、氢在 BCC 铁中的扩散活化能分别为 84kJ/mol、75kJ/mol、13kJ/mol，试对此差异进行分析和解释。

6.8 试从结构和能量的观点解释为什么 $D_{表面}>D_{晶面}>D_{晶内}$。

第7章 固 相 反 应

固相反应在固体材料的高温过程中是一个普遍的物理化学现象，是无机非金属材料生产所涉及的基础过程之一，直接影响着这些材料的生产工艺及性能。根据物质进行化学反应前后聚集态变化的不同，物质反应可分为两大类型：均相反应和多相反应。均相反应是指反应物和生成物都在同一相内，如液相反应和气相反应；多相反应是指反应物和生成物处于不同的相中，反应形式包括物理变化和化学变化，物理变化有晶型转变、析晶、蒸发和升华等各种相变过程，化学变化包括液-气、固-气、固-液和固-固等反应。广义上讲凡是有固相参与的反应都属于固相反应。例如，固-液和固-气反应，固体表面反应，固体的相转变、热分解、烧结、氧化等。狭义上讲，固相反应仅指反应物和生成物均为固相的反应。

7.1 固相反应的分类与特征

由于固体的反应能力比气体和液体低得多，在较长时间内，人们对它的了解和认识甚少。在 20 世纪 30 年代，泰曼（Tammann）等人从事对 CaO、MgO、PbO、CuO 和 WO_3 的反应机理研究，他们分别让两种氧化物的晶面彼此接触并加热，发现在接触面上生成着色的钨酸盐化合物，其厚度 x 与反应时间 t 的关系为：$x = K\ln t + C$。在确认了固态物质间可以直接进行反应，并对反应进行了详细研究后，泰曼等人提出以下结论：

（1）固态物质间的反应是直接进行的，气相或液相没有或不起重要作用。

（2）固相反应开始温度远低于反应物的熔融温度或系统的低共熔温度，通常相当于一个反应物开始呈现显著扩散作用的温度，该温度称为泰曼温度或烧结温度。

（3）当反应物之一存在有多晶转变时，则该多晶转变温度通常也是反应开始变得显著的温度。

泰曼等人的观点主要建立在对纯固体体系研究的基础之上，并长期为化学界所接受。但随着生产和科学实验的发展，金斯特林格等人发现许多固相反应的实际速率比泰曼理论计算的结果快得多，而且有些反应（例如 MoO_3 和 $CaCO_3$ 的反应）即使反应物不直接接触也仍能较强烈地进行。对此，金斯特林格等人提出：在固相反应的高温条件下，反应物体系中部分固相物质与液相或气相物质之间存在相平衡，这导致在某一固相反应物可转为气相或液相，从而可通过颗粒外部扩散到另一固相的非接触表面上进行反应。这表明气相或液相也能对固相反应过程起重要作用，这种作用取决于反应物的挥发性和体系的低共熔温度。金斯特林格等人的研究工作修正了泰曼等人在纯固相体系中所得出的局限性结论，对拓展固相反应理论起到了重要作用。

7.1.1　固相反应的分类

在固相反应的实际研究中，常根据固相反应已参加反应物聚集状态、反应的性质或反应进行的机理进行分类。

1. 依据反应物的物相状态

（1）纯固相反应（固-固反应）。反应物和生成物都是固体。

$$A_s + B_s \longrightarrow (AB)_s$$

（2）有液相参与的反应（固-液反应）。液相可来自反应物的熔化，$A_s \longrightarrow A_l$，反应物和反应物生成的低共熔物 $A_s + B_s \longrightarrow (A+B)_l$，$A_s + B_s \longrightarrow (A+AB)_l$ 或 $A_s + B_s \longrightarrow (A+B+AB)_l$。

（3）有气相参与的反应（固-气反应）。气相来源于一个反应物的升华，$A_s \longrightarrow A_g$ 或分解 $AB_s \longrightarrow A_g + B_s$，或反应物与第三组分反应都可能出现气体，$A_s + C_g \longrightarrow (AC)_g$。普通反应式为：$A_s \longrightarrow A_g$，$A_g + B_s \longrightarrow (AB)_s$。

在实际的固相反应中，通常是 3 种形式的各种组合。

2. 依据化学反应的性质

固相反应可分为：氧化反应、还原反应、加成反应、置换反应和分解反应，见表 7.1。

表 7.1　固相反应的分类

名称	反应式	例子
氧化反应	$A_s + B_g \longrightarrow (AB)_s$	$2Zn + O_2 \longrightarrow 2ZnO$
还原反应	$(AB)_s + C_g \longrightarrow A_s + (BC)_g$	$Cr_2O_3 + 2H_2 \longrightarrow 2Cr + 3H_2O$
加成反应	$A_s + B_s \longrightarrow (AB)_s$	$MgO + Al_2O_3 \longrightarrow MgAl_2O_4$
置换反应	$A_s + (BC)_s \longrightarrow (AC)_s + B_s$	$Cu + AgCl \longrightarrow CuCl + Ag$
	$(AC)_s + (BD)_s \longrightarrow (AD)_s + (BC)_s$	$AgCl + NaI \longrightarrow AgI + NaCl$
分解反应	$(AB)_s \longrightarrow A_s + B_g$	$MgCO_3 \longrightarrow MgO + CO_2 \uparrow$

3. 依据生成物的空间分布尺度

固相反应可分为（界面）成层反应和（体相）非成层反应。

4. 依据反应机理

固相反应可分为扩散控制过程，化学反应速度控制过程，晶核成核速率控制过程，升华控制过程。

5. 依据反应温度

固相反应可分为高温固相反应、中温固相反应和低温固相反应。

7.1.2　固相反应的特征

结合泰曼和金斯特林格等在固相反应中的研究结论，可得出固相反应一般有以下基本特征。

1. 固相反应是非均相反应

传统的液相反应和气相反应通常认为是均相反应，而固相反应被认为是非均相反应。这是因为在固相反应体系中，反应物和生成物通常是由微米、亚微米、甚至是纳米尺寸的固体颗粒组成，固相颗粒之间、固相颗粒与液相或气相之间存在明显的界面。

2. 固相反应通常需要在高温下进行

由于固体质点（原子、离子或分子）间具有很大的作用键力，因此固态物质的反应活性在低温下通常很低，反应速率较慢，这使得固相反应一般需要在高温下进行。反应开始温度与反应物内部开始明显扩散作用的温度是相一致的，此温度称为泰曼温度或烧结开始温度。该温度通常远低于固相反应物熔点或反应体系的低共熔点温度，不同物质的泰曼温度与其熔点 T_m 之间存在一定的对应关系。例如，对于金属为 $(0.3\sim0.4)T_m$，盐类或硅酸盐则分别约为 $0.57T_m$ 和 $(0.8\sim0.9)T_m$。此外，当反应物之一存在多晶转变时，则此温度往往是固相反应开始明显加速的温度，这一规律常称为海德华定律。

3. 固相反应过程复杂

多数情况下，固相反应是发生在两种组分界面上的非均相反应。因此，固相反应一般包括界面上的反应物发生的化学反应和物质的扩散迁移两个过程。例如，图 7.1 描述了固体物质 A 和 B 发生固相反应生产 C 的反应过程，反应开始是反应物颗粒 A 和 B 之间的混合接触，并在表面发生化学反应形成细薄且含大量结构缺陷的新相 C，随后发生产物新相的结构调整和晶体生长。当在两反应物颗粒间所形成的产物层 C 达到一定厚度后，进一步的反应将依赖于一种或几种反应物穿过产物层 C 的扩散而得以进行，这种物质的输送过程可能通过晶体晶格内部、表面、晶界、位错或晶体裂缝进行，直到体系达到平衡状态。因此，固相反应往往涉及多个物相体系，其中的化学反应过程和扩散过程同时进行，反应过程的控制因素较为复杂，不同阶段的控制因素也千变万化。因此，固相反应被认为是一种多相、多过程、多因素控制的复杂反应过程。

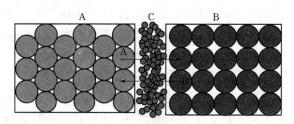

图 7.1 固体物质 A 和 B 发生固相反应过程的示意图

4. 影响固相反应的速率因素多

首先，和一般的化学反应一样，影响固相反应速率的最重要因素是反应温度。其次，固相反应过程是非均相反应，传质和传热过程都对反应速率有重要的影响。当反应进行时反应物和生成物的物理化学性质将会发生变化，并导致反应体系温度和反应物浓度分布及物性的变化，造成固相反应的热力学参数和动力学速率随反应的进行程度不同而不断地发生变化。另外，由于固相反应过程的复杂性，控制反应速率除了化学反应本身外，生成物的晶格缺陷调整速率、晶粒生长速率以及反应体系中物质和能量的输送速率等都将影响着反应速率。总的反应速率将由最慢的速率所控制。

7.2 固相反应机理

（1）典型的固相反应中，一般分三个阶段：①扩散传质，反应物扩散迁移到相界面上；②相界面反应，反应物在相界面处接触并发生化学反应生成产物；③晶核形成及增长，刚生成的产物是无定形的，通过结构单元的位移和重排而形成产物晶体。

1）扩散传质。要发生固相反应，反应物分子必须相互接触，这就需要反应物分子进行扩散。例如，颗粒 A 和颗粒 B 接触时，若颗粒 A 的扩散系数远大于颗粒 B 的扩散系数，则颗粒 A 通过二者之间的接触点沿着颗粒 B 的表面进行表面扩散，把颗粒 B 表面覆盖并发生化学反应，生成产物 AB。然后，颗粒 A 继续沿着表面进行扩散，再通过产物层 AB 向颗粒 B 进行扩散，此时发生体积扩散。如果颗粒 A 和颗粒 B 二者之间的扩散系数比较一致，那么进行相互扩散。

扩散能够进行需要两个必要条件：一是参与反应的晶体中有可供扩散进行的通道，即晶体中存在各种缺陷，如点缺陷、位错、界面等；二是有扩散进行所需的化学位梯度，如浓度梯度和温度梯度，而温度对原子获得跃过迁移势垒所需的能量至关重要，因此固相反应通常需要在高温下进行。

2）相界面反应。相界面发生的化学反应机理和均相反应的机理类似，包括旧化学键的断裂和新化学键的形成。

3）晶核形成及增长。在固相反应中，反应物分子接触、反应而生成产物分子。产物分子经位移、重排而形成晶核，晶核增长而发展成为新晶相。晶核的形成和增长都与温度有关，且随温度变化有一个最大速率，形核速率最大值出现在低温处，生长速率最大值出现在高温处，高温对晶体生长有利，低温对形核有利。当晶核的形成速率和晶核的生长速率很慢时就成为固相反应的控制步骤。

（2）在固相反应中，这三个阶段是连续进行的，并有交叉，同时还伴随着体系物理化学性质的变化。在实际研究过程中，可通过观察并测量这些变化，对其反应过程进行详细的研究。以 ZnO 与 Fe_2O_3 反应生成尖晶石的过程为例，详述固相反应的微观过程。依据反应体系 XRD 图谱、显微结构以及物化特性等的变化数据，可将整个反应过程大致分为六个阶段，如图 7.2 所示。

1）隐蔽期。如图 7.2（a）所示。对于 ZnO 与 Fe_2O_3 生成尖晶石的反应来说，随着温度的逐渐升高，当温度达到约 300℃时，参与反应的物质在混合时已相互接触，反应物活性增加，此时在界面上质点间形成了某些弱的键，试样的吸附能力和催化能力都有所降低，但晶格和物相基本没变。一般熔点较低的反应物性质在该阶段"掩蔽"了另一反应物的性质，故此阶段称为"隐蔽期"。反应体系"隐蔽期"的温度与各反应物的熔点有直接关系，其温度的高低主要是由熔点较低的反应物所决定的。

2）第一活化期。如图 7.2（b）所示。随着温度的继续升高，反应体系进入第一活化期。对于 ZnO 与 Fe_2O_3 的反应，其温度约为 300~450℃之间。此时质点的可动性增大，在两相接触的表面将形成吸附中心，两种物质开始相互吸引形成"吸附型"化合物。由于"吸附型"化合物不具有化学计量产物的晶格结构，且有严重缺陷，故

均匀形核

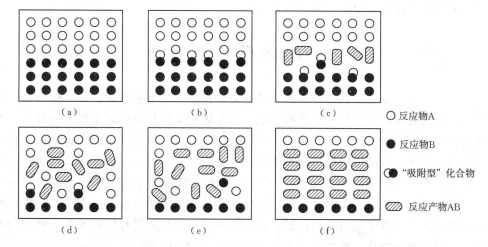

图 7.2 固相物质 A 和 B 合成 AB 化合物的反应过程示意图

（图例）
○ 反应物A
● 反应物B
（半黑半白）"吸附型" 化合物
（斜线）反应产物AB

该阶段混合物的 X 射线衍射峰强度没有明显变化，也未出现新的特征衍射峰，即无新相形成，但由于缺陷众多而呈现出极大活性，宏观上表现为混合物催化活性增强。

3）第一脱活期。如图 7.2（c）所示。进一步升高温度至 400～500℃之间后，体系进入第一脱活期。该阶段试样的催化活性和吸附能力下降，这主要是由于反应产物层的厚度逐渐增加，在一定程度上对质点的扩散起了阻碍作用。并且由于反应物表面上质点扩散加强，使局部反应物形成化学计量产物，但尚未形成正常的晶格结构。

4）第二活化期。如图 7.2（d）所示。升温至 500～620℃后，体系达到第二活化期阶段。该阶段的特征是试样的催化活性再次增强，X 射线衍射峰强度开始有明显变化，高熔点物质的 X 射线特征衍射峰发生变化，首先观察到的是反应物 ZnO 的 X 射线衍射峰呈弥散现象，但仍未有新相谱线显示出。这表明低熔点的反应物 Fe_2O_3（1565℃）已渗入高熔点的 ZnO（1975℃）晶格，且反应在颗粒内部进行，其结果是颗粒表面层的疏松和活化。此时虽未出现新化合物，但可认为新相的晶核已经形成并开始生长。

5）晶体生成期。如图 7.2（e）所示。当温度到达 620～750℃后，体系进入晶体生成期。在该阶段，X 射线谱上已可以清晰地出现反应产物的特征衍射峰，表明晶核已成长为晶体。此时随着温度的提高，反应产物的衍射峰强度逐渐增强。但此时生成的反应产物结构还不够完整，存在一定的晶体缺陷。同时由于晶体颗粒的形成，系统的总能量降低。

6）反应物结构校正。如图 7.2（f）所示。温度高于 750℃后，反应体系进入固相反应的最后阶段。该阶段由于形成的晶体还存在结构上的缺陷，故继续升高温度将具有使缺陷校正而达到热力学上稳定状态的趋势，从而导致缺陷的消除，晶体逐渐长大，形成正常的尖晶石结构。

上述六个阶段并不是分开的，而是连续地相互交错进行，且并非所有固相反应系统都会经历以上全部六个过程。如果有液相或气相参与，则反应不局限于物料直接接触的界面，而可能沿整个反应物颗粒的自由表面同时进行。此时，固相与气体、液体

非均匀形核

均匀形核和非均匀形核的区别

间的吸附和润湿作用的影响也将变得很重要。

7.3　固相反应动力学

　　固相反应动力学是在通过反应机理的研究，提供有关反应体系、反应随时间变化的规律，分析各种因素对反应速率的影响。由于固相反应自身的复杂性和多样性，其反应过程除了界面上的化学反应、反应物通过产物层的扩散等方面之外，还包括升华、蒸发、熔融、结晶、吸附等物理化学变化过程。对于不同类型的固相反应乃至同一反应的不同阶段，动力学关系通常也是不同的。因此，对某一固相反应进行研究时，一般认为此固相反应是由几个最基本的物理化学过程所构成，而整个反应的速率将受到其所涉及的各个动力学阶段速度的共同影响。从反应机理的研究和实际应用角度考虑，对控制整个反应速率及进程快慢的动力学阶段的研究也是固相反应动力学的重点内容。

　　动力学研究的另一任务是把反应量和时间的关系用动力学方程表示出来，从而定量地获得在某一个反应温度与反应时间条件下，反应进行到什么程度，反应要经过多少时间完成等重要数据。对于未知的固相反应，通过实验测定其不同温度、不同时间条件下的反应速率，并与具体的动力学方程进行对比分析，可发现其反应规律与机理，进而寻找控制反应的因素。

7.3.1　固相反应的一般动力学关系

　　固相反应的基本特点是其反应由几个简单的物理化学过程构成。因此，整个反应速率将受到其所涉及的各个动力学阶段所进行速率的影响。所有环节中速率最慢的一环，将对整个反应速率有着决定性的作用。在固相反应中一般都伴随着物质的扩散过程，扩散速率在固相反应中一般较慢，其在大多数情况下成为控制固相反应速率的最重要环节。

　　现以金属氧化过程为例，建立整体反应速率与各个反应环节速率之间的定量关系。如图 7.3 所示，其反应方程式为

$$M(s) + \frac{1}{2}O_2(g) \longrightarrow MO(s) \tag{7.1}$$

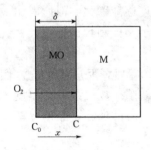

图 7.3　金属氧化反应
示意图

　　图 7.3 是该固相反应的简单示意图。反应首先在金属 M 和 O_2 的界面上进行，形成一层 MO 氧化膜。反应经过 t 时间后，金属 M 表面已形成厚度为 δ 的产物层 MO。进一步的反应将由 O_2 通过产物层 MO 扩散到 M - MO 界面以及 O_2 和金属 M 反应两个过程所组成。

　　根据化学反应动力学原理，反应速度一般可以通过单位时间内反应物的减少量（或产物的增加量）来表示。对于金属氧化过程这样的简单反应，其金属界面上的氧化速率 v_R 可表示为

$$v_R = \frac{\mathrm{d}Q_R}{\mathrm{d}t} = Kc \tag{7.2}$$

式中：$\frac{\mathrm{d}Q_R}{\mathrm{d}t}$ 为单位时间内反应消耗的氧气量；K 为化学反应速率常数；c 为 M-MO 界面处氧气浓度。

对于 O_2 通过产物层 MO 扩散到 M-MO 界面的扩散速率 V_D 可由扩散第一定律求得

$$V_D = \frac{\mathrm{d}Q_D}{\mathrm{d}t} = -D \left.\frac{\mathrm{d}c}{\mathrm{d}x}\right|_{x=\delta} = D \frac{c_0 - c}{\delta} \tag{7.3}$$

式中：$\frac{\mathrm{d}Q_D}{\mathrm{d}t}$ 为单位时间内扩散到 M-MO 界面的氧气量；D 为氧气在产物层中的扩散系数；c_0 为氧气的初始浓度，c 为 t 时间后 O-MO 界面上氧气浓度。

依据影响固相反应反应速率的关键步骤可分以下三种情况进行讨论。

1. 化学反应速率远大于扩散速率（$V_R \gg V_D$）

此时固相反应整体速率是由通过产物层的扩散速率所控制的，属于扩散控制动力学范畴。由于化学反应速率远大于扩散速率，可以认为反应物 O_2 一旦扩散到反应界面 M-MO 上就立刻被反应掉。因此，在反应界面上 O_2 的浓度 $c=0$。固相反应速率 V 可表示为

$$V = V_{D(\max)} = D \frac{c_0 - c}{\delta} = D \frac{c_0}{\delta} \tag{7.4}$$

2. 化学反应速率远小于扩散速率（$V_R \ll V_D$）

此时固相反应整体速率是由界面上的化学反应速率所控制，属于化学反应控制动力学范畴。由于扩散速率远大于化学反应速率，O_2 与金属 M 接触后反应速率很慢，来不及反应就扩散到界面 M-MO 上。因此可以认为反应界面 M-MO 上 O_2 的浓度 c 趋近于 c_0。此时，固相反应速率 V 可表示为

$$V = V_{R(\max)} = Kc = Kc_0 \tag{7.5}$$

3. 化学反应速率等于扩散速率（$V_R = V_D$）

此时固相反应的整体反应速率达到稳定的平衡状态。由式（7.4）和式（7.5）可得

$$V_R = Kc = D \frac{c_0 - c}{\delta} = V_D \tag{7.6}$$

即

$$c = \frac{c_0}{1 + \frac{K\delta}{D}} \tag{7.7}$$

将式（7.7）代入式（7.2），整理可得

$$\frac{1}{V} = \frac{1}{Kc_0} + \frac{\delta}{Dc_0} \tag{7.8}$$

由此可见，有扩散和化学反应构成的固相反应其整体反应速度的倒数为扩散最大

速率的倒数和化学反应最大速率倒数之和。若将反应速率的倒数理解为反应的阻力，则式（7.8）将具有与串联电路欧姆定律完全类同的内容：反应的总阻力等于各环节分阻力之和。反应过程与电路的这一类同对于研究复杂反应过程有着很大的方便。例如，当固相反应不仅包括化学反应和物质扩散，还包括结晶、熔融、升华等物理化学过程时，那么固相反应总速率的倒数将是上述各环节的最大可能速率的倒数之和，即

$$\frac{1}{V}=\frac{1}{V_{1\max}}+\frac{1}{V_{2\max}}+\frac{1}{V_{3\max}}+\cdots+\frac{1}{V_{n\max}} \tag{7.9}$$

式中：$V_{1\max}$、$V_{2\max}$、$V_{3\max}$、$\cdots$、$V_{n\max}$ 分别是固相反应各环节的最大可能速率。

因此，利用式（7.9）可在一定程度上避开固相反应实际研究中各环节动力学关系的复杂性，抓住问题的主要矛盾，从而比较容易地解决问题。例如，当固相反应各环节中物质扩散速率较其他各环节都慢得多时，则可以认为反应阻力主要来源于扩散，此时若其他各项反应阻力较扩散相是一小量而加以忽略的话，则反应速率将完全受控于扩散速率，其他反应过程对总反应速率的贡献可忽略不计。对于其他情况也可以依次类推。

7.3.2 固相反应控制中的反应动力学

若某一固相反应中，扩散、升华、蒸发等过程的速率很快，而界面上化学反应速率很慢，则整个固相反应速率主要由接触界面上的化学反应速率所决定的，该系统属化学反应控制动力学范畴。下面将针对化学反应控制动力学体系建立反应的简化模型，并推导相应的反应速率通式。

化学反应是固相反应过程的基本环节。根据物理化学原理，对于均相的二元反应系统，若化学反应依方程式 $m\text{A}+n\text{B}\rightarrow p\text{C}$ 进行，则化学反应速率一般可表示为

$$V_R=\frac{\mathrm{d}c_C}{\mathrm{d}t}=Kc_A^m c_B^n \tag{7.10}$$

式中：c_A、c_B、c_C 分别为反应物 A、B 和产物 C 的浓度；K 为反应速率常数，它与温度之间符合阿累尼乌斯方程：

$$K=K_0\exp\left(-\frac{\Delta G_R}{RT}\right) \tag{7.11}$$

式中：K_0 为常数；ΔG_R 为反应活化能。

对于非均相的固相反应，式（7.10）不能直接用于描述其化学反应动力学关系。这是因为对于大多数固相反应，浓度的概念已失去应有的意义。其次，多数固相反应以固相反应物间的直接接触为基本条件。因此，在固相反应中将引入转化率 G 的概念以取代式（7.10）中的浓度，同时，还考虑反应过程中反应物间的接触面积。

所谓转化率是指参与反应的一种反应物，在反应过程中被反映了的体积分数。设反应物颗粒呈球状，半径为 R_0，经 t 时间反应后，反应物颗粒外层 x 厚度已被反应，则转化率 G 为

$$G=\frac{R_0^3-(R_0-x)^3}{R_0^3}=1-\left(1-\frac{x}{R}\right)^3 \tag{7.12a}$$

$$x=R_0\left[1-(1-G)^{1/3}\right] \tag{7.12b}$$

根据式 (7.10) 的含义, 固相化学反应中动力学的一般方程式可写成:

$$\frac{\mathrm{d}G}{\mathrm{d}t} = KF(1-G)^n \qquad (7.13)$$

式中: n 为反应级数; K 为反应速率常数; F 为反应截面积。

当反应物颗粒为球形时:

$$F = 4\pi R_0^2 (1-G)^{2/3} \qquad (7.14)$$

不难看出式 (7.13) 和式 (7.10) 具有完全类同的形式和含义。在式 (7.10) 中浓度 c 既反映了反应物中的多寡又反映了反应物中接触或碰撞的概率, 而这两个因素在式 (7.12) 中则通过反应截面 F 和剩余转化率 $(1-G)$ 得到了充分的反映。

考虑一级反应, 则由式 (7.13) 得动力学方程式:

$$\frac{\mathrm{d}G}{\mathrm{d}t} = KF(1-G) \qquad (7.15)$$

当反应物颗粒为球形时, 将式 (7.14) 代入式 (7.13), 得到球形颗粒一级固相反应中动力学一般方程式为

$$\frac{\mathrm{d}G}{\mathrm{d}t} = 4K\pi R_0^2 (1-G)^{2/3} (1-G)^n = K_1 (1-G)^{5/3} \qquad (7.16)$$

对式 (7.16) 积分并考虑到初始条件: $t=0$, $G=0$, 得

$$F_1(G) = [(1-G)^{-2/3} - 1] = K_1 t \qquad (7.17)$$

若反应截面在反应过程中不变 (例如金属平板的氧化过程), 则有

$$\frac{\mathrm{d}G}{\mathrm{d}t} = K_1'(1-G) \qquad (7.18)$$

对式 (7.18) 进行积分, 并考虑初始条件: $t=0$, $G=0$, 得

$$F_1(G) = \ln(1-G) = -K_1' t \qquad (7.19)$$

式 (7.17) 和式 (7.19) 分别为反应截面为球形和平板模型时, 固相反应转化率反应度与时间的函数关系。

碳酸钠 Na_2CO_3 和二氧化硅 SiO_2 粉体在 740℃ 下进行固相反应

$$Na_2CO_3(s) + SiO_2(s) \longrightarrow Na_2O \cdot SiO_2(s) + CO_2$$

当颗粒 $R = 0.036\text{mm}$, 并加入少许 NaCl 做溶剂时, 整个反应动力学过程完全符合式 (7.17) 的关系, 如图 7.4 所示。其转化率 G 与 t 之间关系很好地符合方程 (7.16), 这说明该反应体系在该反应条件下, 反应总速率为化学反应动力学过程所控制, 而扩散的阻力相对较小, 可忽略不计, 且反应属于一级化学反应。依式 (7.13) 同样地可以得到零级反应的固相反应动力学方程。按同样思路也可以推导出如板状的

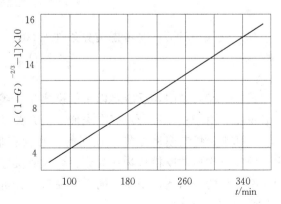

图 7.4 在 NaCl 参与下 $Na_2CO_3(s) + SiO_2(s) \longrightarrow$ $Na_2O \cdot SiO_2(s) + CO_2$ 反应动力学曲线 ($T = 740℃$)

反应物化学反应动力学方程。

7.3.3 固相反应控制中的扩散动力学

固相反应一般都伴随着物质的迁移。由于在固相结构内部扩散速率通常较为缓慢,尤其是反应进行一段时间后,产物层厚度逐渐增加,扩散的阻力增大,使扩散的速率进一步降低。因此,在多数情况下,通过反应产物层的扩散过程往往决定了整个固相反应的速率。对于这类由扩散控制的固相反应动力学问题,一般是先建立不同的扩散结构模型,并且根据不同的前提假设,推导出的反应动力学方程也将不同。在众多的反应动力学方程式中,基于平板模型和球体模型所导出的杨德尔以及金斯特林格方程式具有一定的代表性。

1. 杨德尔方程

如图 7.5 所示,设反应物 A 和 B 以平板模式相互接触反应和扩散,并形成厚度

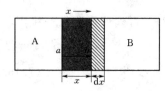

图 7.5 固相反应以平板
模式接触

为 x 的产物 AB 层,随后 A 质点通过 AB 层扩散到 B-AB 界面继续反应。若界面化学反应速率远大于扩散速率,则该固相反应过程由扩散控制。反应经过 dt 时间后,通过 AB 层单位截面的 A 物质量为 dm。由于化学反应速率远远大于扩散速率,可以认为在反应过程中任一时刻,反应界面 AB-B 处 A 物质浓度为零,而界面 A-AB 处 A 物质浓度为 c_0 保持不变。由扩散第一定律得

$$\frac{dm}{dt} = -D\left(\frac{dc}{dx}\right)_{\xi=x} \tag{7.20}$$

设反应物 AB 密度为 ρ,分子量为 μ,则 $dm = \frac{\rho dx}{\mu}$。代入式 (7.20),得

$$\frac{dm}{dt} = \frac{\rho dx}{\mu dt} = -D\left(\frac{dc}{dx}\right)_{\xi=x} = D\frac{c_0}{x} \tag{7.21a}$$

整理后得到

$$\frac{dx}{dt} = \frac{\mu Dc_0}{\rho x} \tag{7.21b}$$

积分式 (7.21b),并考虑边界条件 $t=0$,$x=0$,得

$$x^2 = \frac{2\mu Dc_0}{\rho}t = Kt \tag{7.22}$$

式 (7.22) 说明,反应物以平板模式相互接触时,反应产物层厚度与时间的平方根成正比。由于式 (7.22) 存在类似二次方关系,故常称为抛物线速度方程式。

上述平板扩散模型是将平板间的接触面积假设为始终不变的常数。在实际情况中,固相反应通常以粉状物料为原料,这时反应过程中的颗粒间接触面积往往是随时间不断变化的。因此,用简单的平板模型来分析大量颗粒状反应物,其准确性和适用性是受到较大限制的。

为此,杨德尔方程需要在平板扩散模型的基础上使用球体模型,如图 7.6 所示。

在推导动力学方程时并采用了以下假设：

（1）反应物 B 是半径为 R 的等径球粒。

（2）反应物 A 是扩散相，即 A 成分总是包围着 B 的颗粒，而且反应物 A、B 和产物 C 是完全接触的，反应自球面向中心进行。

（3）反应物 A 在产物层中的浓度梯度是线性的，扩散截面积一致。

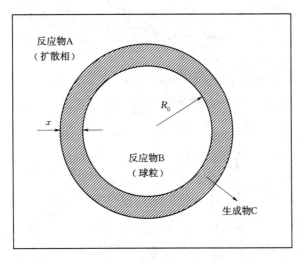

图 7.6　固相反应的杨德尔模型

通过对比可知，该模型与球形转化率 G 的推导完全相同，故有

$$x = R_0 [1 - (1-G)^{1/3}]$$

将上式代入抛物线速度方程（7.22），得杨德尔方程积分式：

$$x^2 = R_0^2 [1 - (1-G)^{1/3}]^2 \tag{7.23a}$$

$$F_J(G) = [1 - (1-G)^{1/3}]^2 = \frac{K}{R^2} t = K_J t \tag{7.23b}$$

对上式微分，得杨德尔方程微分式：

$$\frac{\mathrm{d}G}{\mathrm{d}t} = K_J \frac{(1-G)^{2/3}}{1 - (1-G)^{1/3}} \tag{7.24}$$

杨德尔方程在反应初期的正确性在许多固相反应的实例中都得到证实，图 7.7 和图 7.8 分别代表了反应 $BaCO_3 + SiO_2 \longrightarrow BaSiO_3 + CO_2$ 和 $ZnO + Fe_2O_3 \longrightarrow ZnFe_2O_4$，在不同温度下 $F_J(G)$-t 的关系。图中各直线的斜率即表示反应速率常数 K_J，反应温度越高，直线的斜率越大。显然温度的变化所引起直线斜率的变化完全由反应速率常数 K_J 变化所致。由此变化可求得反应的活化能 ΔG_R 值：

$$\Delta G_R = \frac{RT_1 T_2}{T_2 - T_1} \ln \frac{K_J(T_2)}{K_J(T_1)} \tag{7.25}$$

杨德尔方程作为一个较经典的固相反应动力学方程而被广泛地接受。但由于其是将圆球模型的转化率代入平板模型的抛物线速度方程的积分式中而求出的，反应截面 F 的变化率未加考虑。因此，就限制了杨德尔方程只能用于反应初期，即反应转化率

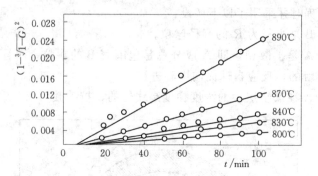

图 7.7 在不同温度下 $BaCO_3 + SiO_2 \longrightarrow BaSiO_3 + CO_2$
的反应动力学曲线

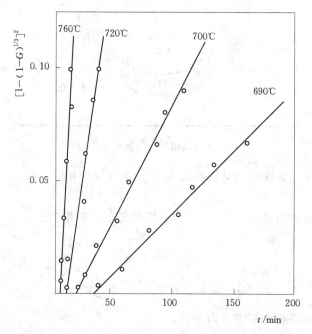

图 7.8 在不同温度下 $ZnO + Fe_2O_3 \longrightarrow ZnFe_2O_4$ 的反应动力学曲线

G 较小（或 $\dfrac{x}{R_0}$ 比值很小）的情况。这是因为只有当转化率很小时，球粒的两个接触表面积之比才接近于 1，此时产物层的表面才能近似于作为平面处理，反应截面 F 可近似地看成不变。另一方面，杨德尔方程还假设反应物 A、B 和产物 C 完全接触，但如果形成的产物体积比消耗掉的反应物体积要小时，该假设并不成立，这一假设也只有当反应率很小时才能满足。随着反应的进行，杨德尔方程与实验结果的偏差将越来越大。鉴于此，需要对杨德尔方程进行各种修正。

  2. 金斯特林格方程

  金斯特林格针对杨德尔方程只能适用于反应初期转化率不大的情况，考虑在反应过程中反应截面随反应进程变化这一事实，认为实际反应开始以后生成产物层是一个厚度逐渐增加的球壳面而不是一个平面。
也就是随着反应的进行，未起反应的颗粒
B 直径越来越小，曲率越来越大，不能将
球面近似地看作平面，因此，在反应后期
杨德尔方程不适用。而在推导金斯特林格
方程时，反应截面积是可以变化的，其反
应扩散模型如图 7.9 所示。

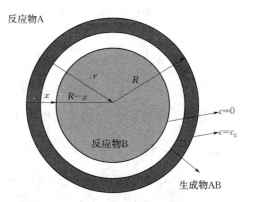

当反应物 A 和 B 混合均匀后，若 A
熔点低于 B 的熔点，则 A 为扩散相，可以
通过表面扩散或通过气相扩散而布满整个
颗粒 B 的表面。反应物 B 可看作平均半径

图 7.9 金斯特林格反应模型

为 R 的球形颗粒，反应沿整个 B 表面同时进行。在产物层 AB 生成之后，反应物 A
在产物层 AB 中的扩散速率远大于 B 的扩散速率，且在 AB–B 界面上，由于化学反
应速率远大于扩散速率，扩散到该处的反应物 A 可迅速与 B 反应生成产物层 AB，而
在 AB–B 界面上反应物 A 的浓度可恒定为 0，产物层厚度 x 随着反应进行不断增厚。
在整个反应过程中，反应生成物球壳外壁上扩散相 A 的浓度恒为 c_0，故整个反应速
率完全由 A 在生成物 AB 中的扩散速率所决定。R 则代表了在扩散方向上产物层中任
意时刻的球面半径。

为简化起见，该问题可近似认为是一个稳态扩散过程，因而单位时间内将有相同
数量的 A 扩散通过任一指定的 r 球面，其量为 M_x。设单位时间内通过 $4\pi r^2$ 球面扩
散入产物层 AB 中 A 的量为 $\mathrm{d}m_A/\mathrm{d}t$，则由扩散第一定律可得

$$\frac{\mathrm{d}m_A}{\mathrm{d}t} = D 4\pi r^2 \left(\frac{\partial c}{\partial r}\right)_{r=R-x} = M_x \tag{7.26}$$

若反应生成物 AB 密度为 ρ，相对分子质量为 μ，引入参数 $\varepsilon = \rho n/\mu$。其中 n 为
按照化学反应式生成 1mol 产物 AB 所需 A 的摩尔量，ρ/μ 表示单位体积产物 AB 的
摩尔数，故 ε 意味着单位体积产物 AB 中 A 的摩尔量。依据 $\mathrm{d}x \cdot S$ 体积中（S 为界
面面积）A 的摩尔量应等于 $\mathrm{d}t$ 时间内扩散经过面积为 S 的界面的摩尔量，即

$$4\pi r^2 \mathrm{d}x \varepsilon = SJ\mathrm{d}t \tag{7.27}$$

所以

$$4\pi r^2 \mathrm{d}x \varepsilon = D 4\pi r^2 \left(\frac{\partial c}{\partial r}\right)_{r=R-x} \mathrm{d}t \tag{7.28a}$$

$$\frac{\mathrm{d}x}{\mathrm{d}t} = \frac{J}{\varepsilon} = \frac{D}{\varepsilon}\left(\frac{\partial c}{\partial r}\right)_{r=R-x} \tag{7.28b}$$

对式 (7.28b) 在 $r=R-x$ 到 $r=R$ 之间积分，得

$$c_0 = -\frac{M_x}{4\pi D}\frac{1}{r}\Big|_{R-x}^{R} = \frac{M_x}{4\pi DR}\frac{x}{(R-x)} \tag{7.29a}$$

$$M_x = \frac{c_0 R(R-x) \cdot 4\pi D}{x} \tag{7.29b}$$

将上式代入式 (7.26)，得

$$\left(\frac{\partial c}{\partial r}\right)_{r=R-x}=\frac{c_0 R(R-x)}{r^2 x}=\frac{c_0 R(R-x)}{(R-x)^2 x}=\frac{c_0 R}{(R-x)x} \tag{7.30}$$

将式 (7.30) 代入式 (7.28b)，并令 $K_0=Dc_0/\varepsilon$，得

$$\frac{\mathrm{d}x}{\mathrm{d}t}=K_0\frac{R}{x(R-x)} \tag{7.31a}$$

积分上式，得

$$x^2\left(1-\frac{2}{3}\frac{x}{R}\right)=2K_0t \tag{7.31b}$$

将球形颗粒转化率关系式 (7.12b) 代入式 (7.31b)，经整理即可得出以转换率 G 表示的金斯特林格动力学方程的积分式和微分式：

$$F_K(G)=1-\frac{2}{3}G-(1-G)^{2/3}=\frac{2D\mu c_0}{R^2\rho n}\times t=K_K t \tag{7.32a}$$

$$\frac{\mathrm{d}G}{\mathrm{d}t}=K'_K\frac{(1-G)^{1/3}}{1-(1-G)^{1/3}} \tag{7.32b}$$

式中：K'_K 为金斯特林格动力学方程速率常数，$K'_K=\frac{1}{3}K_K$。

许多实验研究表明，金斯特林格方程比杨德尔方程能适用于更大的反应程度。例如，碳酸氢钠与二氧化硅在 820℃ 下的固相反应，测定不同反应时间的二氧化硅转化率 G，得到表 7.2 的实验数据。根据金斯特林格方程拟合得到的 $F_K(G)$ 值与时间 t 之间有很好的线性关系，如图 7.10 所示。在二氧化硅的转化率从 0.246 变得 0.616 区间内，其速率常数 K_K 恒等于 1.83。但若以杨德尔方程处理实验结果，$F_K(G)$ 值与时间 t 之间线性关系拟合很差，速率常数 K_J 从 1.81 偏离到 2.24。

表 7.2　　　　　Na$_2$CO$_3$—SiO$_2$ 反应动力学数据（$R_{SiO_2}=0.036$mm，$T=820℃$）

反应时间/min	SiO$_2$ 转化率 G	金斯特林格方程速率常数 $K_K/\times10^4$	杨德尔方程速率常数 $K_J/\times10^4$
41.5	0.2458	1.83	1.81
49.0	0.2666	1.83	1.96
77.0	0.3280	1.83	2.00
99.5	0.3686	1.83	2.02
168.0	0.4640	1.83	2.10
193.0	0.4920	1.83	2.12
222.0	0.5196	1.83	2.14
263.5	0.5600	1.83	2.18
296.0	0.5876	1.83	2.20
312.0	0.6010	1.83	2，24
332.0	0.6156	1.83	2.25

此外，金斯特林格方程比杨德尔方程具有更好的普遍性，这可以从其方程本身得到进一步的说明。在此引入参数 $\xi=\dfrac{x}{R}$，即产物层厚度在整个反应物颗粒粒径中所占的比例，该值在一定程度上即反映了固相反应的转化率。

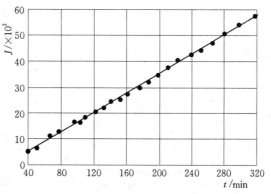

图 7.10　$Na_2CO_3-SiO_2$ 的反应动力学实验测试数据（点）及采用金斯特林格方程拟合得到的曲线（直线）

将 $\xi=\dfrac{x}{R}$ 代入式（7.31a），得

$$\frac{\mathrm{d}x}{\mathrm{d}t}=K\,\frac{R}{(R-x)x}=\frac{K}{R}\,\frac{1}{\xi(1-\xi)}=\frac{K'}{\xi(1-\xi)}$$

（7.33）

作 $\dfrac{1}{K'}\dfrac{\mathrm{d}x}{\mathrm{d}t}-\xi$ 关系曲线，如图 7.11 所示，反应产物层增厚速率 $\dfrac{\mathrm{d}x}{\mathrm{d}t}$ 随 ξ 变化规律。

当 ξ 很小即转化率很低时，$1-\xi\approx1$，式（7.33）可化为

$$\frac{\mathrm{d}x}{\mathrm{d}t}=\frac{K}{R}\,\frac{1}{\xi(1-\xi)}\approx\frac{K}{R\xi}=\frac{K}{x}$$

（7.34）

即方程为抛物线速率方程，此时金斯特林格过程等价于杨德尔方程。

随着 ξ 增大，$\dfrac{\mathrm{d}x}{\mathrm{d}t}$ 很快下降并经历一最小值（$\xi=0.5$），随后逐渐上升，如图 7.11

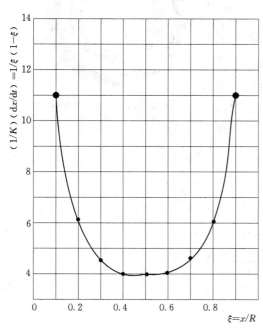

图 7.11　反应产物层增厚速率与 ξ 的关系

所示。在 $\xi\to1$ 或 $\xi\to0$ 时，有 $\dfrac{\mathrm{d}x}{\mathrm{d}t}\to\infty$，这说明在反应的初期或终期扩散速率极快，故而反应进入化学反应动力学范围，其速率由化学反应速率控制。

将金斯特林格方程式（7.32b）比上杨德尔方程式（7.24），并令 $Q=\dfrac{\left(\dfrac{\mathrm{d}G}{\mathrm{d}t}\right)_K}{\left(\dfrac{\mathrm{d}G}{\mathrm{d}t}\right)_J}$，得

$$Q=\frac{K_K(1-G)^{1/3}}{K_J(1-G)^{2/3}}=K(1-G)^{1/3}$$

（7.35）

依上式作 Q 值关于转化率 G 的关系曲线，如图 7.12 所示。由图可知，当 G 值较小时，$Q=1$，这说明此时两方程一致。随着 G 值逐渐增加，Q 值不

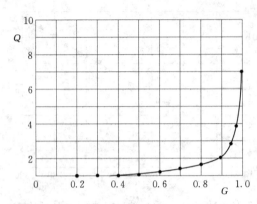

图 7.12 金斯特林格方程与杨德尔方程的比较

断增大,尤其到反应后期,Q 值随 G 值陡然上升,这意味着两方程偏差越来越大。因此,如果说金斯特林格方程能够描述转化率很大情况下的固相反应,那么杨德尔方程只能在转化率较小时才适用。

然而,金斯特林格方程并非对所有扩散控制的固相反应都能适用。从以上推导可以看出,杨德尔方程和金斯特林格方程均以稳定扩散为基本假设,它们之间所不同的仅在于其几何模型的差别。为此,卡特对金斯特林格方程进行了修正,得到卡特动力学方程式。

3. 卡特方程式

金斯特林格方程没有考虑反应物和生成物密度不同所带来的体积效应。卡特对此进行了修正。卡特假定反应物 A 为球状颗粒,其初始半径为 r_0,A 的表面被另一反应物 B 充分包围,反应物 A 与反应物 B 之间的固相反应有扩散控制,如图 7.13 所示。r_1 为反应物 A 的瞬时半径,当 A 的转化率 G 从 0 变为 1 时,r_1 的值从 r_0 减小到 0。r_2 为尚未反应的 A 之半径与产物层厚度之和(同 r_1 一样为瞬时值)。r_e 为 A 的转化率达到 1 时,即反应物 A 全部反应后的全部产物之半径。随着固相反应的进行,r_2 的值从 r_0 变化到 r_e。

由于产物层的密度通常与反应物 A 的密度不相等,因此产物层的体积实际上并非 $\left(\dfrac{4}{3}\pi r_0^3 - \dfrac{4}{3}\pi r_1^3\right)$。先考虑用一个参数 Z 来修正此值,我们定义 Z 为反应所形成的产物体积 V_{AB} 与所消耗的反应物 A 的体积 V_A 之比,常称之为等效体积比。因此,在反应进行到某时刻 t 时,颗粒球体的总体积应为尚未反应的反应物 A 之体积加上产物层的体积,即

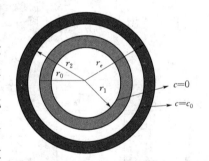

图 7.13 卡特方程模型

$$\frac{4}{3}\pi r_2^3 = \frac{4}{3}\pi r_1^3 + Z\left(\frac{4}{3}\pi r_0^3 - \frac{4}{3}\pi r_1^3\right) \tag{7.36a}$$

简化为

$$r_2^3 = r_1^3 + Z(r_0^3 - r_1^3) \tag{7.36b}$$

类比式(7.12a)可得 A 的转化率 G 表达式为

$$G = \frac{r_0^3 - r_1^3}{r_0^3} \tag{7.37a}$$

即有

$$r_1 = (1-G)^{1/3} r_0 \tag{7.37b}$$

当反应时间为 t 时，反应物 A 的剩余体积为

$$Q_A = \frac{4}{3}\pi r_1^3 \qquad (7.38a)$$

对 t 求导，则有

$$\frac{\mathrm{d}Q_A}{\mathrm{d}t} = \frac{4}{3}\pi 3r_1^2 \frac{\mathrm{d}r_1}{\mathrm{d}t} = 4\pi r_1^2 \frac{\mathrm{d}r_1}{\mathrm{d}t} \qquad (7.38b)$$

上式中 Q_A 的变化速率 $\dfrac{\mathrm{d}Q_A}{\mathrm{d}t}$ 又等于扩散物通过厚度为（r_2-r_1）的产物层的通量。为简化起见，设所讨论问题为稳态扩散范畴，由扩散第一定律可得

$$\frac{\mathrm{d}Q_A}{\mathrm{d}t} = -4\pi r^2 D \frac{\mathrm{d}c}{\mathrm{d}t} \qquad (7.39a)$$

对上式积分，得

$$\frac{\mathrm{d}Q_A}{\mathrm{d}t} = -4\pi D \frac{C_0 - 0}{\dfrac{1}{r_1} - \dfrac{1}{r_2}} = -4\pi D r_1 r_2 \frac{C_0 - 0}{r_2 - r_1} = -\frac{4\pi K r_1 r_2}{r_2 - r_1} \qquad (7.39b)$$

联立式（7.38b）和式（7.39b），得

$$4\pi r_1^2 \frac{\mathrm{d}r_1}{\mathrm{d}t} = -\frac{4\pi K r_1 r_2}{r_2 - r_1} \qquad (7.40a)$$

即

$$r_1 \frac{\mathrm{d}r_1}{\mathrm{d}t} = -\frac{K r_2}{r_2 - r_1} \qquad (7.40b)$$

将式（7.36b）代入式（7.40b），整理后得

$$\left\{ r_1 - \frac{r_1^2}{[Zr_0^3 + r_1^3(1-Z)]^{1/3}} \right\} \mathrm{d}r_1 = -K\,\mathrm{d}t \qquad (7.41)$$

将上式从 $r_0 \rightarrow r_1$ 积分，可得

$$[(1-Z)r_1^3 + Zr_0^3]^{2/3} - (1-Z)r_1^2 = Zr_0^2 + 2(1-Z)Kt \qquad (7.42)$$

将式（7.37b）代入上式，得

$$F_c(G) = [1+(Z-1)G]^{2/3} + (Z-1)(1-G)^{2/3} = Z + 2(1-Z)Kt/r_0^2 \qquad (7.43)$$

上式便是卡特方程，该方程相比杨德尔方程和金斯特林格方程更确切地反映了由扩散控制的固相反应动力学，其适用于任意转化率下的固相反应。

用卡特方程处理镍球氧化过程的动力学数据处理中发现，转化率一直进行到 100% 时该方程仍然与事实结果符合得很好，如图 7.14 所示，而杨德尔方程在转化率 $G > 0.5$ 就不符合了。

当整个反应中各种过程的速度可以相比拟而不能忽略时，情况就变得复杂了，较难用一个简单方程来描述，只能按不同情况采用一些近似关系表达。例如，当化学反应速度和扩散速度都不可忽略时，可以泰曼的经验关系估计：

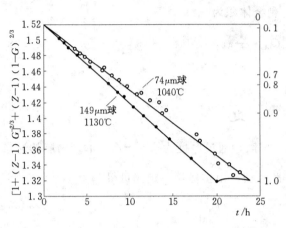

图 7.14 在空气中镍球氧化的 $[1+(Z-1)G]^{2/3}+$

$(Z-1)(1-G)^{2/3}$ 对时间 t 的关系

$$\frac{dx}{dt}=\frac{K'_{10}}{t} \qquad (7.44a)$$

积分，得

$$x=K_{10}\ln t \qquad (7.44b)$$

式中：K'_{10}、K_{10} 为速度常数，与温度、扩散系数和颗粒接触条件有关。

上述讨论的固相反应动力学关系，归纳于表 7.3。所述的各种动力学关系的积分形式均可用 $F(G)=Kt$ 通式表示，式中 $K=K'/R_0^2$。为便于分析比较，也可归纳于 $F(G)=A(t/t_{0.5})$ 的形式。式中，$t_{0.5}$ 是对应于 $G=0.5$ 的反应时间（半衰期）；A 是与 $F(G)$ 形式有关的计算常数，例如：

$$F_{6(G)}=1-2/3G-(1-G)^{2/3}=K_6 t \qquad (7.45)$$

对 $G=0.5$，$t=t_{0.5}$ 时，代入得

$$F_{6(0.5)}=0.0367=K_6 t_{0.5}=\frac{K'}{R_0^2}t_{0.5} \qquad (7.46)$$

联合式（7.45）和式（7.46），得

$$F_{6(G)}=1-2/3G-(1-G)^{2/3}=K_6 t=0.0367(t/t_{0.5}) \qquad (7.47)$$

依次求得各不同动力学方程中相应的 A 值（表 7.3），并以 G 对 $t/t_{0.5}$ 分别作图 7.15。对照图 7.15 和表 7.3 可见，各种动力学方程的 $G-(t/t_{0.5})$ 曲线可明显地分为两组：第一组是属扩散控制的 $F_{4(G)}$、$F_{5(G)}$、$F_{6(G)}$ 和 $F_{7(G)}$ 4 个方程；第二组是属界面化学反应控制的 $F_{0(G)}$、$F_{1(G)}$、$F_{2(G)}$ 和 $F_{3(G)}$ 4 个方程。因此，可通过实验测定做出 $G-(t/t_{0.5})$ 曲线加以比较确定反应所属的类型和机理。

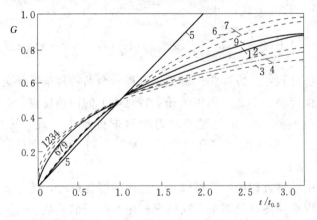

图 7.15 各种类型反应中 $G-(t/t_{0.5})$ 曲线

曲线序号对应的方程见表7.3。

表 7.3 部分重要的固相反应动力学方程

控制范围	反应类别	动力学方程的积分式	A 值	对应曲线
界面化学反应控制范围	零级反应（球形颗粒）	$F_{0(G)} = 1-(1-G)^{1/3} = K_0 t = 0.2063(t/t_{0.5})$	0.2063	7
	零级反应（圆柱形颗粒）	$F_{1(G)} = 1-(1-G)^{1/2} = K_1 t = 0.2929(t/t_{0.5})$	0.2929	6
	零级反应（平板试样）	$F_{2(G)} = G = K_2 t = 0.5(t/t_{0.5})$	0.5000	5
	一级反应（球形颗粒）	$F'_{3(G)} = \ln(1-G) = -K_3 t = 0.6931(t/t_{0.5})$	0.6931	9
扩散控制范围	抛物线速度方程（平板试样）	$F_{4(G)} = G^2 = K'_4 t = \left(\dfrac{K_4}{x^2}\right) t = 0.25(t/t_{0.5})$	0.2500	1
	对圆柱试样	$F_{7(G)} = (1-G)\ln(1-G) + G = K_7 t = 0.1534(t/t_{0.5})$	0.1534	2
	杨德尔方程（球形试样）	$F_{5(G)} = [1-(1-G)^{1/3}]^2 = K_5 t = 0.0426(t/t_{0.5})$	0.0426	3
	金斯特林格方程（球形试样）	$F_{6(G)} = 1 - \dfrac{2}{3}G - (1-G)^{2/3} = K_6 t = 0.0367(t/t_{0.5})$	0.0367	4

7.4 影响固相反应的因素

固相反应是一种非均相体系的化学反应与物流变化过程，其反应过程主要包括了内部的物质传递、相界面的化学反应、晶核的形成和增长三个步骤。因此，凡是能影响化学反应进程的各种因素，如反应物的化学组成、特征和结构状态以及温度、压力等因素均对其有影响。从固相反应中扩散过程的角度讲，凡是能活化晶格（如多晶转变、脱水、分解、固溶体形成等）、促进物质内外扩散的因素同样会对固相反应起到重要影响。

7.4.1 反应物化学组成与结构

反应物化学组成与结构是影响固相反应的内因，也是决定反应方向和反应速率的重要因素。

从热力学角度来看，在一定温度、压力条件下，反应可能进行的方向是自由能减少（$\Delta G < 0$）的方向，而且 ΔG 的负值越大，反应的热力学推动力也越大。

从结构的观点来看，反应物的结构状态、质点间的化学键性质以及各种缺陷的多少都将对反应速率产生影响。事实证明，同组成的反应物，其结晶状态、晶型由于热历史不同也会出现很大的差别，从而影响到这种物质的反应活性。如果晶格能越高、结构越完整，则其质点的可动性就越小，相应的反应活性越低。例如，用氧化铝和氧化钴反应生成钴铝尖晶石（$Al_2O_3 + CoO \longrightarrow CoAl_2O_4$）中，用在低温轻烧的 Al_2O_3 和在高温死烧的 Al_2O_3 分别做原料，其反应速率可相差近 10 倍。研究结果表明，由于轻烧的 Al_2O_3 在反应过程中存在 $\gamma\text{-}Al_2O_3 \longrightarrow \alpha\text{-}Al_2O_3$ 的多晶转变，从而大大提高了 Al_2O_3 的反应活性，即物质在相转变温度附近质点的可动性显著增大，晶格松懈、结构内部缺陷增多，故反应和扩散能力增强。这是因为 $\gamma\text{-}Al_2O_3$ 的结构比较松弛，密度为 $3.47 \sim 3.60\text{g/cm}^3$；而 $\alpha\text{-}Al_2O_3$ 的结构比较紧密，密度为 3.96g/cm^3，其晶格能也较大。

因此，在生产实践中往往可以利用多晶转变、热分解和脱水反应等过程引起的晶格活化效应来选择反应原料和设计反应工艺条件以达到高的生产效率。

7.4.2 反应物颗粒尺寸及分布

反应物颗粒尺寸对反应速率的影响，首先在杨德尔、金斯特林格动力学方程式中

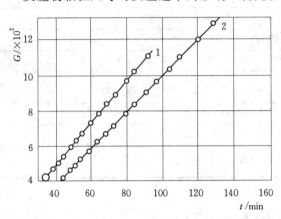

明显地得到反映：反应速率常数 K 值反比于颗粒半径的平方。因此，在其他条件不变的情况下，反应速率受颗粒尺寸大小的影响极大。图 7.16 表示不同颗粒尺寸对 $CaCO_3$ 和 MoO_3 在 $600℃$ 反应生成 $CaMoO_4$ 的影响。从曲线 1 和曲线 2 中可以看出颗粒尺寸的微小差别对反应速率的显著影响。

图 7.16 $CaCO_3$ 和 MoO_3 固相反应动力学曲线
MoO_3：$CaCO_3 = 1:1$；$r(MoO_3) = 0.036mm$，$T = 600℃$
$1-r(CaCO_3) = 0.13mm$；$2-r(CaCO_3) = 0.135mm$

另一方面，颗粒尺寸大小对反应速率的影响是通过改变反应界面和扩散截面以及改变颗粒表面结构等效应来完成的。颗粒尺寸越小，反应体系比表面积越大，反应界面和扩散截面也相应地增加。因此，反应速率增大。而依据威尔表面学说，随颗粒尺寸减小，键强分布曲线变平，弱碱比例增加，故而使反应和扩散能力增强。

对于同一反应体系由于颗粒尺寸不同，其反应机理也可能会发生变化，而属于不同动力学范围控制。例如，$CaCO_3$ 和 MoO_3 反应，当取等摩尔比并在较高温度（$620℃$）下反应时，若 $CaCO_3$ 颗粒大于 MoO_3，则反应由扩散控制，反应速率随 $CaCO_3$ 颗粒度减少而加速；倘若 $CaCO_3$ 颗粒尺寸小于 MoO_3，并且体系中存在过量的 $CaCO_3$ 时，则由于产物层变薄，扩散阻力减少，反应由 MoO_3 的升华过程所控制，并随 MoO_3 颗粒减小而加强。图 7.17 是 $CaCO_3$ 和 MoO_3 反应受 MoO_3 升华所控制的动力学情况，其动力学规律符合由布特尼柯夫和金斯特林格推导的升华控制动力学方程：

$$F(G) = 1 - (1-G)^{2/3} = Kt$$

在实际生产过程中，很难获得粒径均一的反应物颗粒。此时，反应物粒径的分布对反应速率的影响同样重要。理论研究表明：反应物颗粒的尺寸以平方关系影响着反应速率，颗粒尺寸分布越集中对反应速率越有利，少数大颗粒反应物将显著拖慢反应速率的进程。因此，在生产上应尽量缩小颗粒尺寸分布范围，使其粒径分布控制在一个较窄的范围内。

7.4.3 反应温度、压力与气氛

温度是影响固相反应速率的重要外部条件之一。一般可以认为温度升高均有利于反应进行。这是由于温度升高，固体结构中质点热振动动能增大、反应能力和扩散能

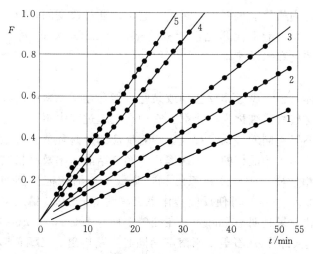

图 7.17　$CaCO_3$ 和 MoO_3 固相反应动力学曲线（升华控制）

$[CaCO_3]:[MoO_3]=15:1$，$r(CaCO_3)=0.03mm$，$T=620℃$

$1—r(MoO_3)=0.153mm$；$2—r(MoO_3)=0.130mm$；$3—r(MoO_3)=0.119mm$；

$4—r(MoO_3)=0.064mm$；$5—r(MoO_3)=0.052mm$

力均得到增强。对于化学反应，其速率常数为

$$K=A\exp\left(-\frac{\Delta G_R}{RT}\right)$$

式中：ΔG_R 为化学反应活化能；A 为与质点活化机构相关的因子。

对于扩散过程，其扩散系数 $D=D_0\exp\left(-\frac{Q}{RT}\right)$。因此，无论是扩散控制或化学反应控制的固相反应，温度的升高都将提高扩散系数或反应速率常数。而且由于扩散活化能 Q 通常比反应活化能 ΔG_R 小，而使温度的变化对化学反应的影响远大于对扩散的影响。

压力是影响固相反应的另一个外部因素。对于纯固相反应，压力的提高可显著地改善粉料颗粒之间的接触状态，如缩短颗粒之间的距离，增加接触面积等，从而提高固相反应速率；对于有液相、气相参与的固相反应，扩散过程主要不是通过固相粒子直接接触进行的，因此提高压力有时并不表现出积极作用，甚至会适得其反。例如，黏土矿物脱水反应和伴有气相产物的热分解反应以及某些由升华控制的固相反应等，增加压力可能会使反应速率下降。

表 7.4 是不同水蒸气压力下高岭土的脱水活化能。从表中的数据可以看到，随着水蒸气气压的升高，高岭土的脱水温度和活化能明显提高，脱水速率降低。

表 7.4　　　　　　　　　不同水蒸气压力下高岭土的脱水活化能

水蒸气压力/Pa	温度/℃	活化能/(kJ/mol)	水蒸气压力/Pa	温度/℃	活化能/(kJ/mol)
<0.1	390~450	214	1867	450~480	377
613	435~475	352	6265	470~495	469

此外，气氛对固相反应也有重要影响。它可以通过改变固体吸附特性而影响表面反应活性。对于一系列能形成非化学计量的化合物 ZnO、CuO 等，气氛可直接影响晶体表面缺陷的浓度和扩散速率。

7.4.4 矿化剂

在固相反应体系中，少量非反应物或某些可能存在于原料中的杂质常会对反应产生特殊的作用，这些物质被称为矿化剂。它们在反应过程中不与反应物或反应产物起化学反应，但它们以不同的方式和程度影响着反应的某些环节。实验表明，矿化剂可以产生以下作用：①影响晶核的生成速率；②影响结晶速率及晶格结构；③降低体系共熔点，改善液相性质；④改变体系结构，降低反应活化能。例如，在 Na_2CO_3 和 Fe_2O_3 反应体系加入 NaCl，可使反应转化率提高约 $0.5 \sim 0.6$ 倍之多。而且当颗粒尺寸越大，这种矿化效果越明显。再如，在硅砖中加入 $1\% \sim 3\% [Fe_2O_3 + Ca(OH)_2]$ 作为矿化剂，能使其大部分 α-石英不断溶解而同时不断析出 α-鳞石英，从而促使了 α-石英向鳞石英的转化。实验表明，在 Al_2O_3—SiO_2 系统中唯一的化合物莫来石 $(3Al_2O_3 \cdot 2SiO_2)$，如果无液相参与，仅通过纯固相反应是难以合成的。关于矿化剂的作用机理是复杂多样的，可因体系的不同而完全不同，但可以认为矿化剂总是以某种方式参与到反应过程中。

以上从物理化学角度对影响固相反应速率的诸多因素进行了分析讨论，但必须指出，在实际生产科研过程中遇到的各种影响因素可能会更多更复杂。对于工业性的固相反应除了有物理化学因素外，还有工程方面的因素。尤其是由于无机材料，生产通常都要求高温条件，此时传热速率对反应进行的影响极为显著。例如，水泥工业中的碳酸钙分解速率，一方面受到物理化学基本规律的影响，另一方面与工程上的换热传质效率有关。在同温度下，普通旋窑中的分解率要低于窑外分解炉中的。这是因为在分解炉中处于悬浮状态的碳酸钙颗粒在传质换热条件上比普通旋窑中好得多。因此，从反应工程的角度考虑传质传热效率对固相反应的影响是具有同样重要性的。尤其是硅酸盐材料，生产通常需要高温条件，此时的传热速率对反应进行的影响极为重要。例如，把石英砂压成直径为 50mm 的球，约以 8℃/min 的速率进行加热使之进行 β 向 α 相变反应，约需 75min 完成。而在同样加热速率下，用相同直径的石英单晶球做实验，则相变所需时间仅为 13min。产生这种差异的原因除两者的传热系数不同外［单晶体约为 $5.23W/(m^2 \cdot K)$，而石英砂球约为 $0.58W/(m^2 \cdot K)$］，还由于石英单晶是透辐射的，其传热方式不同于石英砂球，其不是传导机构连续传热而可以直接进行透射传热。因此，相变反应不是在依序向球中心推进的界面上进行，而是在具有一定厚度范围内以至于在整个体积内同时进行，从而大大加速了相变反应的速率。

7.5 拓 展 应 用

7.5.1 固相配位化学反应

固相配位化学反应是研究在室温或近室温条件下发生的固-固反应。传统的观念认为无机化合物的固-固反应必须在高温进行。原因是固-固相间的扩散速度极慢，只有高温时扩散加快才能反应。正是由于这种想法，长期以来束缚了无机化学家研究温和条件下的固-固反应。忻新泉等人系统地研究了各种类型的固-固反应体系，研究了固、液相反应产物的差异。例如，4-甲基苯胺与 $CoCl_2 \cdot 6H_2O$ 的反应，只需将二者混合，颜色即刻由红变蓝，令人惊讶。但同样的这一反应体系，在水溶液中即使加热煮沸也不反应。

在分析晶体结构与固-固反应的关系后，指出分子晶体结构和低维结构化合物由于分子间或层间距较大，易于扩散，反应分子或原子有较好的接触机会，因此分子化合物和低维结构化合物有可能在温和条件下，发生固-固反应。

1. 低热固相反应在合成化学中的应用

合成新原子簇化合物。采用固-固反应法合成新原子簇化合物 200 多个，确定晶体结构的化合物有近 100 个。其中有代表性的 $[Mo_8Cu_{12}S_{32}]^{4-}$ 含有 20 个金属原子，是最大的含硫原子簇化合物中的一个。

合成固配化合物。这是一类在溶液中和高温下都不能存在的介稳态化合物，只能由低热固相反应方法合成，其中包括了固配化合物、弱配化合物、嵌入化合物、中间态化合物等。

2. 低热固相反应与材料

原子簇三阶非线性光学性。忻新泉与新加坡国立大学物理系施舒博士和季伟博士、哈尔滨工业大学物理系宋瑛林教授等人合作，研究了原子簇化合物三阶非线性光学性，将非线性光学材料的研究从原先的无机氧化物及含氧酸盐、半导体、有机化合物、高分子聚合物、配位化合物，C60 等扩展到原子簇化合物。

3. 纳米材料研究

固-固反应发生在接触点，由于固相中短程扩散及生成的副产物盐的包围，因此固-固反应很容易生成纳米材料。忻新泉的研究生贾殿赠、李峰等人在此基础上制备了几十种粒晶均匀的纳米化合物，改变条件可以控制粒子大小。该方法为纳米材料的合成提供了一个新途径。

1987 年，忻新泉在第 23 届国际配位化学会议上首次宣布，两种固体在常温下可以发生显著的化学反应，并且这种反应具有节能、高效、无污染及工艺过程简单的特点。该观点得到了国内和世界学术界的普遍认可，在接下来的十余年间，他和合作伙伴一起在实验室制造出 200 多种新的化合物；在 SCI 收录的被引用次数最多的 95 篇论文中，忻新泉的名字占了 1/10。在化学界的"不毛之地"，忻新泉用中国人特有的智慧开垦出一片郁郁葱葱的"绿洲"。他的独创和敢为人先的前沿研究，使中国化学在国际化学界的地位急剧提升。

尽管如此，年届 70 的忻老还是不无遗憾地说，研究化学的目的是制备新物质，并用于生产实践。但他坦言，在自己所创造的物质中，有许多他并不知道确切用途。"我们这些高深的研究，和市场和企业脱离太远，而国外的教授比我们这些'书呆子'有眼光得多。有一次在新加坡国立大学讲学，一位同行要出 10000 美元买我手头刚刚制备出的一种原子簇。"对此，忻教授有深深的危机感。

忻教授正在积极寻找性能优良的非线性光学材料。他向记者展示了一枚五分硬币大小的暗黄色物质，"这是我们合成的钼铜硫原子簇，它对光的反应非常敏感，正常光线能透过，但对激光等强光却有'抵御力'，可以用作宇航材料，是目前世界上最好的非线性光学物质。"

忻新泉曾经为固相反应的方法申请过专利保护，但是后来放弃了。"这个方法的涉及面实在是太宽了，已经成了公共的科学领域。科学不能够搞垄断，一垄断就死了。"

7.5.2 PET 固相反应

聚对苯二甲酸乙二醇酯（PET）是目前世界上产量最大的一种化学纤维原料，其应用领域正在不断拓展。低分子量 PET（分子量 15000～20000）常被用于纺织品，而高分子量 PET 广泛应用于碳酸饮料瓶、矿泉水瓶、热灌装饮料瓶、食品包装材料、高强纤维等。瓶用 PET 的基本要求是特性黏度要达到 0.80～0.88，较纤维级的 0.65 左右为高；因为要与食品接触，乙醛含量要低于 1×10^{-6} 以下，瓶片的加工性能要好。PET 是碳酸饮料中唯一使用的塑料容易，目前，PET 瓶扩展到了啤酒瓶、食用油瓶、调味瓶等食品包装。

固相缩聚（solid state polycondensation，SSP）是一种生产高分子量 PET 的有效方法，该方法是在真空或惰性气体的保护下，将低分子量 PET 切片加热至玻璃化温度（T_g）以上，熔点（T_m）以下（低 10～20℃），这时聚合物链末端基有足够的活性进行聚合反应。该方法主要解决体系后期黏度大，传热和传质效果不好，反应速度越来越慢的问题。PET 固相缩聚中的主化学反应是酯化反应和酯交换反应，这两种同时发生的缩聚反应都是可逆化学反应，为提高反应速率，必须将反应中生成的小分子副产物水和乙二醇从反应体系中排除。因此，PET 固相缩聚的反应速率同时依赖于化学反应过程和小分子物理扩散过程。扩散过程包括小分子从颗粒内部向气固界面扩散和越过气固界面向气相扩散，这些都依赖于缩聚反应中的可变因素，如反应温度、反应时间、预聚体颗粒形状及大小、结晶度、端基含量、催化剂、惰性气体的流速等。PET 固相缩聚反应有助于理论研究及制定高分子量聚酯的加工工艺。

瓶用 PET 固相缩聚生产工艺有多种，一般过程包括 5 个工序：预结晶和结晶、预热切片、固相缩聚、冷却和循环氮气净化。

（1）预结晶和结晶工序：目的是提高 PET 结晶度（约 40% 以上），降低水分含量，以防止切片在进一步加工过程中黏结成团，堵塞设备。预结晶器可采用沸腾床设备，而结晶器则可采用移动床设备。两结晶器均用热空气加热，两结晶器内操作温度分别在 170～175℃ 范围内选取。

（2）预热切片工序：聚酯切片从结晶器排出后，要用热氮气加以预热，以降低水分和乙醛含量。在预热器内，缩聚反应已开始，进入热 N_2 的温度可控制为 220℃ 左右，因为缩聚反应是一个缓慢的放热过程，预热器内温度波动应严格控制在 ±0.5℃ 范围内。预热器也是移动床设备，切片自结晶器送至预热器后，缓缓向下移动，受到逆流而上的热 N_2 加热。切片经预热后，结晶度可提高至 45% 以上，水分含量降低，乙醛含量降低，特性黏度有所提高。

（3）固相缩聚工序：预热后的切片进入 SSP 反应器进行缩聚反应。反应在 220℃ 下进行。反应器一般为细长型塔，切片在此反应器中停留时间较长，约 14 h。

（4）冷却工序：自 SSP 反应器排出的增黏后温度约 200℃ 的切片，在冷却器中，受到经冷却的 N_2 降温至室温，然后送去包装。

（5）循环氮气工序：循环中的 N_2 含有缩聚反应产生的有机物小分子，要加以净化除去后，方能使用。

习　题

7.1　固相反应的基本特征是什么？

7.2　简述固相反应机理。

7.3　MoO_3 和 $CaCO_3$ 反应时，反应机理受到 $CaCO_3$ 颗粒大小的影响。当 MoO_3：$CaCO_3 = 1：1$，MoO_3 的 r_1 为 0.036mm，$CaCO_3$ 的 r_2 为 0.13mm 时，反应是扩散控制的；而当 $CaCO_3：MoO_3 = 15：1$，$r_2 < 0.03$mm 时，反应由升华控制，试解释这种现象。

7.4　试比较杨德尔方程和金斯特林格方程的优缺点及其使用条件。

7.5　若由 MgO 和 Al_2O_3 球形颗粒之间的反应生成 $MgAl_2O_4$ 是通过产物层的扩散进行的：

（1）画出其反应的几何图形并推导出反应初期的速度方程；

（2）若 1300℃ 时 $D_{Al^{3+}} > D_{Mg^{2+}}$，$O^{2-}$ 基本不动，那么哪一种离子的扩散控制着 $MgAl_2O_4$ 的生成？为什么？

7.6　由 Al_2O_3 和 SiO_2 粉末反应生成莫来石，过程由扩散控制，扩散激活能为 50kcal/mol，1400℃ 下，1h 完成 100%，求 1500℃ 下，1h 和 4h 各完成多少？（用杨德尔方程计算）

7.7　由 Al_2O_3 和 SiO_2 粉末形成莫来石反应，由扩散控制并符合杨德尔方程，实验在温度保持不变的条件下，当反应进行 1h 的时候，测得已有 15% 的反应物起反应而作用掉了。

（1）将在多少时间内全部反应物都生成产物？

（2）为了加速莫来石的生产应采取什么有效措施？

7.8　平均粒径为 1μm 的 MgO 粉料与 Al_2O_3 粉料以 1：1 摩尔比配料并均匀混合。将原料在 1300℃ 恒温 3600h 后，有 0.3mol 的粉料发生反应生成 $MgAl_2O_4$，该固相反应为扩散控制的反应。试求在 300h 后，反应完成的摩尔分数以及反应全部完成所需的时间。

7.9　粒径为 1μm 球状 Al_2O_3 由过量的 MgO 微粒包围，观察尖晶石的形成，在恒定温度下，第 1h 有 20% 的 Al_2O_3 起了反应，计算完全反应的时间。①用杨德尔方程；②用金斯特林格方程。

7.10　试分析影响固相反应的主要因素。

7.11　如果要合成镁铝尖晶石，可供选择的原料为 $MgCO_3$、$Mg(OH)_2$、MgO、$Al_2O_3 \cdot 3H_2O$、γ-Al_2O_3、α-Al_2O_3。从提高反应速率的角度出发，选择什么原料较好？请说明原因。

第8章 烧 结

　　烧结过程是一门古老的工艺，但对烧结理论的研究和发展仅开始于20世纪中期。现在，烧结过程在许多工业部门得到广泛应用，如陶瓷、耐火材料、粉末冶金、超高温材料等生产过程中都含有烧结过程。

　　烧结的目的是把粉状材料转变为致密体，并赋予材料特有的性能。烧结得到的块体材料是一种多晶材料，其显微结构由晶体、玻璃体和气孔组成。烧结直接影响显微结构中晶粒尺寸和分布、气孔大小形状和分布及晶界的体积分数等。从材料动力学角度看烧结过程的进行依赖于基本动力学过程——扩散，因为所有传质过程都依赖于质点的迁移。烧结中粉末物料的种种变化，还会涉及相变、固相反应等动力学过程，尽管烧结的进行在某些情况下并不依赖于相变和固相反应等的进行。烧结是材料高温动力学中最复杂的动力学过程。

　　无机材料的性能不仅与材料组成有关，还与材料的显微结构有关。配方相同而晶粒尺寸不同的烧结体，由于晶粒在长度或宽度方向上某些参数的叠加，晶界出现频率不同，从而引起材料性能的差异。如细小晶粒有利于强度的提高；材料的电学和磁学参数在很宽的范围内也受到晶粒尺寸的影响。除晶粒尺寸外，微结构中的气孔常成为应力的集中点而影响材料的强度；气孔又是光散射中心而使材料不透明；烧结过程可以通过控制晶界移动而抑制晶粒的异常生长，或通过控制表面扩散、晶界扩散和晶格扩散而填充气孔，改善材料性能。因此，当配方、原料粒度、成型等工序完成后，烧结是使材料获得预期的显微结构以使材料性能充分发挥的关键工序。

8.1 烧结过程概述

　　国际标准组织（International Organization for Standardization，ISO）对烧结的定义为：加热至粉体主成分熔点以下温度，通过粉体颗粒间黏结使粉体或其压坯产生强度的热处理过程。烧结过程有两个共性的基本特征：一是需要高温加热，二是烧结的目的是使粉体致密，产生相当强的机械强度。

　　1910年，Coolidge成功实现钨的粉末冶金工作，标志近代烧结技术的开始。此后陆续开展了单元体系（单元氧化物如 Al_2O_3、MgO，单元金属等）的烧结研究，20世纪30年代初，对金属粉末的烧结进行了详细研究，提出了烧结的定义：烧结是"金属粉末颗粒黏结和长大的过程"，1938年，研究了液相烧结的溶解-析出现象，提出了解释大颗粒长大的理论模型，这些烧结理论模型大多建立在对烧结过程中颗粒长大现象的维象解释上，这就构成了最初期和原始的烧结理论。第二次世界大战期间军工产业繁荣极大地促进金属材料制备技术与相关科学理论的发展，烧结理论研究也进入新阶段，苏联学者两篇论文《结晶体中的黏性流动》（*The Viscous Flow in Crystal Bodies*）《结晶体表面蠕变与晶体表面粗糙度》（*On the Surface Creep of Particles in Crystal and Natural Roughness of the Crystal Faces*），第一次建立了基于两个圆球黏结简化模型，提出由空位流动进行传质的烧结机制，考虑了颗粒表面微粒子的迁移对烧结传质过程的重要作用，第一次将烧结理论研究深入到原子水平，考虑晶体内空位和晶体表面原子迁移等现象，代表了烧结理论第一次突破。1949 年，论文《金属颗粒烧结过程中的自扩散》（*Self-diffusion in Sintering of Metallic Particles*），在板-球模型上建立了烧结初期基于各种扩散与蒸发-凝聚机制的较为系统的物质传质与迁移理论。20 世纪 70 年代后，以量子力学等为代表的新兴物理学理论以及计算机科学技术在材料科学，包括烧结理论研究中得到广泛应用，烧结理论进入新的阶段。Samsonov 用电子稳定组态理论对活化烧结现象进行了解释，Rhines 和 Kuczynski 分别提出了烧结拓扑理论和统计理论，Ashby 提出了热压、热等静压等加压烧结条件下的蠕变模型，这些理论建立在新兴物理学和现代烧结技术发展的基础上，反过来又极大地促进了烧结理论在金属、陶瓷及复合材料等先进材料的研究和开发。1965 年，Nichols 用计算机模拟技术对烧结颈演化过程进行了模拟研究，1974 年 Ashby 将算机模拟用于压力-烧结图的预报，20 世纪 80 年代后期多个研究小组开始用计算机模拟烧结过程中晶粒生长问题，计算机模拟烧结过程的相关研究进入了快速发展的阶段。计算机模拟烧结过程对象经历了从简单烧结物理模型到复杂的、接近实际过程的复杂烧结物理模型的变化，1990 年 Ku 等人针对经反应烧结制备氮化硅陶瓷过程建立了晶粒模型（grain model）和尖锐界面模型（sharp interface model）。

目前对烧结过程的机理以及各种烧结机制的动力学研究已经比较完善。研究物质在烧结过程中的各种物理化学变化对解决各类材料的烧结技术与工艺，有效控制材料制品显微结构与性能以及发展各类新型材料有极为重要的意义。

烧结过程是一个复杂的工艺过程，影响因素很多，已有的烧结动力学方程都是在相当理想和简化的物理模型条件下获得的，对真正定量地解决复杂多变的实际烧结问题还有相当的距离，尚有待进一步研究。

在烧结过程中，被烧结的对象是一种或多种固体（金属、氧化物、非氧化物类、黏土等）松散粉末，它们经加压等成型方法加工成坯体，坯体中通常含有大量气孔，一般约在 35%～60%，颗粒之间虽有接触，但接触面积小且没有形成黏结，因而强度较低。将坯体放入烧成设备中，在一定的气氛条件下，以一定的加热速度将坯体加热，到设定温度（低于主成分的熔点温度）并保温一定时间后，即可获得烧结样品，上述烧结过程中使用的气氛条件称为烧结气氛，使用的设定温度称为烧结温度，所用的保温时间成为称为烧结时间。

（1）在烧结过程中，坯体内部发生一系列物理变化过程：

1）颗粒间首先在接触部分开始相互作用，颗粒接触界面逐渐扩大并形成晶界。

2）同时气孔形状逐渐发生变化、由连通气孔变成孤立气孔并伴随体积的缩小，气孔率逐渐减少。

3）发生数个晶粒相互结合，产生再结晶和晶粒长大等现象。

伴随上述烧结过程中发生的物理变化：坯体出现体积收缩、气孔率下降、致密度与强度增加、电阻率下降等宏观性能的变化，最后变成致密、坚硬并具有相当强度的烧结体。

（2）可用线收缩率、机械强度、电阻率、容重、气孔率、吸水率、相对密度（烧结体密度与理论密度比值）以及晶粒尺寸等宏观物理指标来衡量和分析粉料的烧结过程。这些宏观物理指标尚不能揭示烧结过程的本质。在后来的烧结理论研究中，建立各种烧结的物理模型，利用物理学等基础学科的最新研究成果，对颗粒表面的黏结发展过程、伴随的表面与内部发生的物质输运和迁移过程、发生的热力学条件和动力学规律，以及烧结控制等进行了大量的研究。例如，铜粉经高压成型，在不同温度的氢保护气氛中烧结 2h 后，取出样品测试密度、电导率和拉力，实验结果为：

1）烧结温度增加，电导率和拉力迅速增高，但在约 600℃ 以前，密度几乎无变化，说明颗粒间隙被填充之前，颗粒接触处可能已产生某种键合，从而导致电导和拉力增大。

2）继续增大温度，除键合增加外，物质开始向间隙传递，使密度增大。

3）当密度达到一定程度后（约 90%～95% 理论密度），其增长速度显著放慢，且在通常情况下很难达到理论密度。

通常可将烧结过程分成几步，如图 8.1 所示。

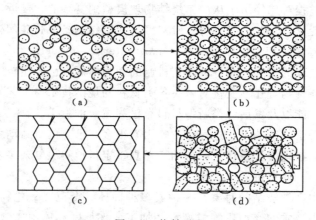

图 8.1 烧结过程

烧结前，颗粒堆积：颗粒间彼此以点接触，有的相互分开，有较多的空隙。随着温度升高，产生颗粒间键合和重排，粒子相互靠拢，大孔隙逐渐消失，气孔总体积迅速减少，但颗粒间仍以点接触为主，总表面积没有缩小，随着烧结时间增加，出现了明显的传质过程，由点接触逐渐扩大为面接触，粒界增加，固-气表面积相应减少，但空隙仍连通。随传质继续，粒界进一步扩大，气孔则逐渐缩小和变形，最终变成孤立闭气孔。同时，颗粒粒界开始移动，粒子长大，气孔逐渐迁移到粒界上消失，致密度提高。总结可得，烧结过程伴随的主要物理过程有：粉料成型后形成具有一定外形的坯体，坯体中包含百分之几十的气孔率，颗粒之间只有点接触，随着烧结进行，颗粒间接触面积扩大，颗粒聚集，颗粒中心距逼近，逐渐形成晶界，气孔形状产生变化，体积缩小，并逐渐从连通的气孔变成孤立的气孔，气孔逐渐缩小，直至最后大部分甚至全部气孔从晶体中排除。伴随这些物理变化，坯体中的气孔率下降，密度、强度增加，电阻率下降，晶粒尺寸增加。

根据烧结过程是否施加压力可将烧结分为不施加外部压力的无压烧结（pressure-less sintering）和施加额外外部压力的加压烧结（applied pressure or pressure-assisted sintering）；根据烧结过程中主要传质媒介的物相种类可将烧结分为固相烧结、液相烧结和气相烧结，无液相参与的烧结，即只在单纯固相颗粒之间进行的烧结称为固相烧结，有部分液相参与的烧结称为液相烧结，通过蒸发-凝聚机理进行传质的烧结称为气相烧结。

根据烧结体系的组元多少可将烧结分为单组元系统烧结、二组元系统烧结和多组元系统烧结。单组元系统烧结在烧结理论的研究中非常有用。而实际的粉末材料烧结大都是二组元系统或多组元系统的烧结。根据烧结是否采用强化手段可将烧结分为常规烧结和强化烧结两大类。不施加外加烧结推动力、仅靠被烧结组元的扩散传质进行的烧结称为常规烧结；通过各种手段，施加额外的烧结推动力的烧结称为强化烧结或特种烧结。

8.2 烧结热力学与推动力

8.2.1 粉末烧结性

相互接触的粉末颗粒具有大的表面能量而处于热力学非平衡状态，当加热到一定温度时，粉末体系便向表面能量减少的方向移动，即通过物质移动减少体系的表面积，发生颗粒间的结合。因此，烧结粉末表面能量减少是烧结进行的关键因素，烧结时颗粒间的物质输运导致表面积减少，降低了体系表面能量，推动了烧结进行。

从热力学原理，烧结过程中伴随表面积的减少（开始仅为相互点接触的粉末颗粒球经传质、黏结，最终长大为完全整体的一个球），体系表面能不断降低，直到体系总的自由能达到最小的烧结终点的理想状态。从热力学角度看，烧结是一个不可逆的变化过程。

烧结使用的粉末可通过多种方法制备，如破碎球磨法等的固相方法和溶胶-凝胶法、湿化学法等的液相方法。固相破碎研磨法获得的粉末颗粒，粉料在粉碎与研磨过程中消耗的机械能，以表面能的形式储存在粉体中，使粉状物料与同质量的块体材料相比具有极大的比表面积，相应地粉料也具有很高的比表面的过剩能量。粉碎与研磨也会导入晶格缺陷，使得粉体具有较高的活性，因此烧结使用的粉末颗粒具有非常大的表面能量和反应活性。

烧结体为大量颗粒（其尺寸比烧结前的粉末颗粒要大）和部分气孔（完全烧结致密时，气孔率接近为零）的集合体，颗粒之间存在许多颗粒间界（又称晶界）。烧结体是一种具有复杂微观组织的多晶材料，由于气孔的消除和颗粒的长大，烧结体的自由能比粉末坯体要远小得多。任何系统都有向最低能量状态转化以降低体系的自由能的稳定趋势，将粉末加热到烧结温度保温时，颗粒间就发生由减少表面积、降低表面能量驱动的物质传递和迁移现象，最终变成体系能量更低的烧结体。因此，表面能降低是烧结过程的推动力。

在一般的烧结中，由于粉状物料的表面能大于多晶烧结体的界面能，其表面能量就是烧结的推动力。系统表面能的降低，导致烧结能够自发地进行。

相同细度粉末状物料，如金属、离子键无机物和共价键无机物等之间的比表面过剩能量相差不大，但是其烧结所需条件和速度却相差很大，所需粉末的烧结方式、烧结条件和烧结特点也不同。共价键无机物大都属于难烧结材料。金属烧结性最好，是易烧结材料。而离子键无机物的烧结性居中。这种不同粉末烧结的难易特性也称为粉末烧结性。实际烧结过程中，粉末状物料经过压制成型后，在颗粒之间仅仅存在点接触。在烧结所需的高温条件下可不经化学反应，而仅仅靠物质的传递和迁移来实现致密化成为坚硬的烧结体，推动物质输运迁移并实现坯体的致密化的化学位梯度，包括质点离子与空位浓度梯度、压力梯度等就是烧结的推动力。

松散粉末细颗粒具有的过剩表面自由能将随比表面积的减少而降低，伴随表面积减少的烧结过程是一个自发的不可逆过程。推动系统表面积减少的自由颗粒表面的表面张力是本征的或基本的烧结推动力。热力学理论认为，室温条件下烧结可以自发进行，但烧结仍然要在高温下才能以明显的速度进行。我们可以用晶界能 γ_{GB} 和表面能 γ_{SV} 之比值来衡量烧结的难易。γ_{GB}/γ_{SV} 越小，则越易烧结，反之难烧结。为促进烧结，须使 $\gamma_{SV} \gg \gamma_{GB}$，$\gamma_{SV}$ 越大，烧结越容易。例如，Al_2O_3 粉的表面能为 $1J/m^2$，而晶界能为 $0.4J/m^2$，两者差别较大，烧结容易进行，而共价键化合物如 Si_3N_4、SiC、AlN 等，它们的 γ_{GB}/γ_{SV} 较大，故其烧结推动力小而不易烧结。

8.2.2 烧结热力学

考虑固体粉末坯体烧结体系，单个粉末颗粒与完整晶体的吉布斯自由能相比，表面原子不同程度偏离完整晶体结构平衡位置，由此额外增加的界面能量称为界面能。单位面积表面能（比表面能）γ，主要来源于表面原子的断键等键合结构变化增加的化学能，以及表面原子结构变形等引起的应变能。忽略颗粒内部和颗粒间各种界面的影响，仅考虑固-气表面能（γ_{SV}）作用时，颗粒在比表面能作用下可自发收缩，在外界向体系做功时发生扩展。一定温度 T 下，表面可逆扩展 dA 时，外部向体系做功 $\gamma_{SV}dA$，等温等压条件下，粉末体系吉布斯自由能增加 dG。忽略体系体积变化，则 $dG = dF$，F 为等温等容条件下的热力学参数，有

$$dG = dF = \gamma_{SV}dA$$

则
$$\gamma_{SV} = dG/dA = dF/dA \tag{8.1}$$

按热力学定义，γ 为单位面积表面自由能，简称为表面自由能。除了固-气表面能 γ_{SV} 之外，粉末颗粒的表面能还包括各种界面能量，实际粉末体系总的表面能为所有界面能量之和 $\sum \gamma_{SV}$。

室温条件下细颗粒之间仅发生团聚现象，不能进一步产生烧结，烧结必须在高温条件下进行。从能量变化大小考虑，过剩比表面能不如晶界界面能的减少，更无法和化学作用导致的自由能变化相比。在烧结过程中，除了单纯比表面积减少对应的能量

因素（即热力学判据）之外，还需考虑比表面积减少过程所需的扩散、传质等物质运输过程的热力学和动力学条件等的作用因素（实际烧结过程的推动力）。实际烧结体系中，除了本征烧结推动力外，还存在着毛细管表面张力和化学势等烧结推动力。

1. 自由表面的表面张力

若比表面积为 $S(\mathrm{cm^2/g})$，松散的无接触粉末颗粒，经烧结变成一个完全致密的、密度为 $d(\mathrm{g/cm^3})$ 的烧结体，粉末颗粒对应晶体的摩尔质量为 $M(\mathrm{g/mol})$，忽略其他种类界面能量的变化和体系吸热量 $Q=0$ 的条件下，则烧结前后总能量的变化为

$$\Delta G = G_p - G_d = \gamma_{SV}\left[MS - 6\left(\frac{M}{d}\right)^{\frac{2}{3}}\right]$$

MS 数值远大于 $6\left(\dfrac{M}{d}\right)^{\frac{2}{3}}$，上式可简化近似为

$$\Delta G = \gamma_{SV}MS \tag{8.2}$$

2. 接触部的毛细管力

实际烧结体系中，松散颗粒的过剩表面自由能使得颗粒之间自发产生团聚，烧结粉末经成型后在颗粒之间形成了大量的有效的点接触，并在相互接触的颗粒之间形成"空隙"或"孔洞"结构，这些"空隙"或"孔洞"结构形状并非球形，而是呈现尖角形、圆滑菱形或近似球形，并随烧结进行逐渐向球形过渡。表面张力会使弯曲液面引起毛细孔引力或附加的压强差 ΔP。对于半径为 r 的球形液滴，压强差为

$$\Delta P = \frac{2\gamma}{r} \tag{8.3}$$

对于非球形曲面

$$\Delta P \approx \gamma\left(\frac{1}{r_1} + \frac{1}{r_2}\right) \tag{8.4}$$

r_1、r_2 如图 8.3 所示。

固相颗粒相互接触的情况，一般接触处不是理想的点接触，而是一个有一定面积的接触区域，称桥或颈，颗粒接触颈部的毛细管作用力 σ 为

$$\sigma = \Delta P = \gamma\left(\frac{1}{r_n} - \frac{1}{r}\right) \tag{8.5}$$

式中：r_n 为颈部接触面的半径；r 为颈部外表面的曲率半径，如图 8.2 所示。

这种作用于接触面颈部的应力有多种称呼，如毛细管力，或拉普拉斯拉应力，或表面张力导致的力，甚至也称为表面张力的力。作用在固体颗粒接触颈部的毛细管力起源于表面张力，大小主要取决于颈部表面与接触面的曲率半径。

固体表面存在一个平衡蒸气压，而固体表面张力对不同曲率半径的弯曲表面处的蒸气压有较大影响，平衡蒸气压与表面形状相关。表面张力使凹表面处的蒸气压 p 低于平表面处的蒸气压 p_0，凸表面处的 p 高于平面处的 p_0，并可用开尔文公式表示：

$$\ln\frac{p}{p_0} = \frac{2M\gamma}{dRTr} \tag{8.6}$$

式中：γ 为表面张力；M 为分子量；d 为密度。

该式表示弯曲表面的曲率半径和表面张力与作用在该曲面上的压力之间的关系。

对于凹凸不平的固体颗粒，如图 8.3 所示，其凸平面呈正压，凹处呈负压，故存在使物质自凸平面处向凹平面处迁移或使空位反向迁移的趋势，此时，物质迁移的推动力是 Δp_1 与 Δp_2 之和。若固体在高温下有较高蒸汽压，则可通过气相传质使物质从凸表面向凹表面传递。

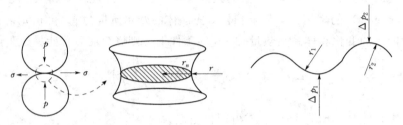

图 8.2　颈部接触面示意图　　　　图 8.3　固体颗粒的凹凸面

以固体表面空位浓度 c 替换式中的蒸气压 p，则对于空位浓度有类似的关系：

$$\ln \frac{c}{c_0} = \frac{M\gamma}{dRT}\left(\frac{1}{r_1} + \frac{1}{r_2}\right) \tag{8.7}$$

作为烧结动力的表面张力可以通过流动、扩散和液相或气相传递等实现物质的迁移。由于固体有巨大的内聚力，只有当固体质点具有明显可动性时，烧结才能以可度量的速度进行。

8.2.3　粉末烧结机理

烧结包括颗粒间的接触和键合及在表面张力推动下质点的传递过程，烧结机理也涉及颗粒间怎样键合及物质经什么途径传递等两个问题。

1. 颗粒的黏附作用

黏附作用是烧结初期颗粒间键合，重排的一个重要作用（图 8.4）。黏附是固体

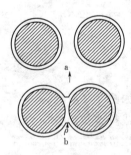

图 8.4　颗粒黏附作用
示意图

表面的普遍现象，起因于固体表面力，当两表面靠近到表面作用力场时，就会发生键合而黏附。如果将二根新鲜的玻纤叠放在一起，然后沿水平方向轻轻相互拉过，则可发现其运动是黏滞的，说明它们在接触处发生了黏附作用。只要两固体表面是新鲜的或清洁的，且其中有一个足够细或薄，黏附总会发生。因为一般固体表面从分子尺度看总是很粗糙，接触面很小，黏附力比起两者的重量就显得很小。黏附力的大小取决于物质的表面能和接触面积，故粉状物料的黏附作用特别显著。若两个表面均匀润湿一层水膜的球形粒子相互接触，水膜将在表面张力作用下变形，导致颗粒靠拢和聚积，

水膜总表面积减少了 ΔS，总表面能降低了 ΔS，在两个颗粒间形成了一个曲率半径为 ρ 的透镜状接触区（称为颈部）。

若固体粒子无水膜，则当黏附力足以使固体粒子在接触点处产生微小塑性变形时，就会导致接触面积增大，而扩大了的接触面，又会使黏附力进一步增加，并获得更大的变形，依次循环和叠加就可使固体颗粒间产生类似的黏附（图 8.5）。

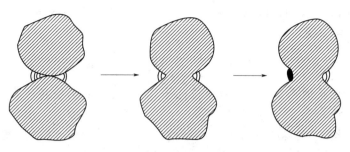

图 8.5 黏附过程

2. 粉末烧结的传质机理

烧结过程的致密化主要通过物质的迁移来进行，烧结过程中，物质迁移传递途径多种多样，但都以表面张力作为推动力。在烧结过程中，主要包括四种传质机制：黏性流动传质、扩散传质、蒸发-凝聚传质、溶解-沉淀传质。

（1）流动传质机理。高温条件下，颗粒接触部分在毛细管力和烧结应力等的作用下变形，并发生以原子团、空位团和部分烧结体的流动，按黏性流动、蠕变流动和塑性流动等方式进行。Frenkel 采用微观液态黏性流动假设分析了空位团的迁移行为，空位团在毛细管表面张力等外力作用下沿表面张力的作用方向移动，产生与表面张力大小成比例的物质迁移（物质流），称为 Frenkel 经典黏性流动模型。Lenel 等将蠕变概念引入到烧结过程研究中，用幂指数蠕变规律描述烧结颈部长大，称为蠕变流动模型，对加压烧结的研究具有重要意义。在高温和加压烧结条件下，当烧结颗粒接触处的应力足够大，超过极限应力时发生了应力屈服，导致大量原子团簇滑移等物质迁移，这种模型称为塑性流动模型。

（2）扩散传质机理。扩散传质可分为五种机理：

1）通过晶格格点位置上原子（或离子）进行扩散传质。无化学势梯度条件下，格点上原子具有无规行走的本征扩散能力，用自扩散系数（或本征扩散系数）D 表示。存在化学位梯度时发生的扩散，用原子（离子）的互扩散系数表示，如离子晶体的负、正离子在化学位梯度作用下的化学扩散系数。原子（离子）的自扩散系数 D 可以表示为

$$D = D_0 \exp\left(-\frac{\Delta G}{RT}\right) \tag{8.8}$$

式中：D 在纯固体中为自扩散系数；D_0 为扩散常数；ΔG 为自扩散激活能；R 为气体常数；T 为热力学温度。

2）通过晶格内点缺陷进行的扩散传质。通过晶格内点缺陷进行的扩散传质可分为结构性点缺陷和化学点缺陷两大类。晶体本身热运动产生的点阵空位和间隙原子两种点缺陷属于结构性点缺陷，发生的扩散为本征扩散，通过掺杂手段产生的格位取代（通常称为固溶）杂质和间隙杂质等为化学点缺陷，发生的扩散为非本征扩散，一般较易进行。

对烧结传质，空位是一种最重要的点缺陷，在扩散过程中起至关重要的作用。空位扩散可以看作是同时出现了空位扩散和相反方向的原子扩散。在处于平衡条件的未

掺杂本征材料中，原子的自扩散系数 D 可以与空位扩散系数及空位的平衡浓度相关联，用式（8.9）表示

$$D = D'N_v = D'A\exp\left(-\frac{Q_V}{RT}\right) \tag{8.9}$$

式中：D' 为空位扩散系数；N_v 为空位的平衡浓度；Q_v 为空位扩散能；A 为指前因子。

因此，可将空位浓度大小作为烧结活性的一个重要判据。例如，金属铜粉 $Q_v = 117\text{kJ/mol}$，$T = 1356\text{K}$ 可以计算出，接近熔点的平衡空位摩尔浓度 $N_{v,Cu}$ 约为 10^{-3}，共价键的 SiC 粉末的 $N_{v,si}$ 非常小，近似为零。金属粉末的空位浓度大，扩散能力大，烧结活性也高，称为易烧结粉末，而共价键陶瓷粉末空位浓度非常小，扩散能力低，几乎没有烧结活性，称为难烧结粉末。

实际材料中，往往通过物理、化学和力学手段在晶体内部引入非平衡空位浓度，提高粉末的烧结能力。掺杂条件下，引入的过剩空位浓度与所掺杂的杂质浓度相关。离子键结合的晶体材料中，掺杂范围和浓度较大，导入的过剩空位浓度可远远高于平衡空位浓度，对烧结的促进作用较大，因此引入杂质是一种非常有效地提高烧结活性的途径。

3）通过晶格内线缺陷进行的扩散传质。由晶体内部质点排列变形导致的原子行列间相互滑移产生的位错是最常见的线缺陷，按其走向分为刃型位错和螺旋位错两种。位错易移动，可发生滑移和攀移运动。位错运动过程中，位错之间，位错与其他晶体缺陷之间，如空位、间隙原子、杂质原子、自由表面等面缺陷之间，可以通过位错的弹性场或静电场发生交互作用，并伴随着物质的传递过程。

4）通过面缺陷进行的传质。实际晶体存在各种类型的缺陷，除了零维的点缺陷和一维的位错之外，最重要的缺陷就是二维的面缺陷。面缺陷通常包括表面和界面两种。表面是有限尺寸晶体平移对称性的终止处，是一大类表面缺陷，如固-气表面、固-液表面等；界面一般指有限尺寸晶体内部的面缺陷，如通常所指的晶界、固-固相界面等。

与点缺陷和线缺陷相比，实际研究的表面和界面种类繁多，其特性对烧结过程的传质有非常大的影响，包括与理想点阵结构偏离、化学组分或相差异和电磁结构的有序转变。

5）通过三维体缺陷的传质。实际烧结体中存在大量三维体缺陷，如气孔等孔洞、包裹体等。在特定烧结过程中，颗粒的烧结速度与过剩空位从空位源到空位阱的流动速度有关，颗粒内部的晶界、位错和孔洞既可以作为空位源，当晶粒尺寸远远小于孔洞尺寸时，晶界也可以起空位阱的作用。

（3）蒸发-凝聚传质机理。固-气相间的蒸发-凝聚传质产生的原因是粉末体球形颗粒凸表面与颗粒接触点颈部之间的蒸气压差。烧结体中烧结颗粒平均细度较小，而且实际颗粒表面各处的曲率半径变化较大。Kelven 公式表明不同曲率半径处的蒸气压不同，物质从正蒸气压的凸表面处蒸发，通过气相传质到呈负蒸气压的凹处表面（如烧结颗粒的颈部）处凝聚，颈部逐渐被填充，导致颈部逐渐长大。这时，颗粒

间接触面增加，伴随颗粒和孔隙形状的改变，导致表面积减少，促进烧结体致密化过程。

（4）溶解-沉积传质机理。高温下，烧结体内部出现部分液相。当液相润湿固相颗粒表面使固相颗粒溶解时，溶解度与颗粒尺寸存在如下关系：

$$\ln \frac{c}{c_0} = \frac{2\gamma_{SL}M}{\rho RTd} \tag{8.10}$$

式中：c 为小颗粒的溶解度；$\bar{c}_0$ 为颗粒平均溶解度；γ_{SL} 为固液界面张力；d 为小颗粒的半径。

溶解度随颗粒半径减少而增大。小颗粒具有大表面能，在液相中的溶解度也较大，会优先溶解进入液相，在液相中产生被溶解物质的浓度梯度，并向周围扩散。当被溶解物质浓度达到并超过大颗粒表面处的饱和浓度时，就会在其表面析出或沉淀。在液相参与下，烧结颗粒之间发生物质迁移，导致颗粒间界面移动，颗粒形状和孔隙发生改变，导致烧结体致密化。

8.3 烧结动力学

8.3.1 烧结初期特征和烧结动力学

烧结是从粉状集合体转变为致密烧结体的过程，颗粒形状和大小直接决定了颗粒间堆积状态和相互接触情况，并最终影响烧结。烧结之前样品一般为粉末颗粒成型体，烧结初期简化模型：粉末颗粒是等径球体，成型体中的颗粒趋于紧密堆积，平面上，每个球分别与 4 个或 6 个球接触，立体堆积中，最多与 12 个球相接。随烧结进行，各接触点处开始形成颈部并逐渐扩大，最后彼此烧结成一个整体，整个成型体烧结可看作是通过每一个接触区的颈部成长加和而成。各接触点所处的环境和几何条件相同，可以用一个接触点处的颈部成长速度来近似描述整个成型体的烧结动力学。根据简化模型，各颈部所处环境和几何条件相同，故只需确定两个颗粒形成的颈部成长速率，就基本代表了整个烧结初期的动力学。双球模型是典型的烧结初期模型。

在双球模型中，用 r 表示颗粒半径，用 x 表示颈部半径，ρ 表示曲率半径，如图 8.6 所示，分为两种情况：①颈部的增长不引起两球间中心距离的缩短，②颈部增长导致两球间中心距离缩短。

在烧结初期，颗粒和空隙形状未发生明显变化，一般为颗粒半径 x/颈部半径 $r < 0.3$，线收缩率小于 6%。在表面能和曲面压力推动下，物质发生迁移，迁移方式不同，烧结机理也不同。主要的迁移机理有扩散传质机理、液态黏性流动机理（包括黏滞流动、塑性流动机理及滑移机理等）、蒸发-凝聚传质机理和溶解-沉淀传质机理等。

粉末颗粒接触部分在表面张力、毛细管力等烧结应力的作用下，会发生变形、伴随以原子

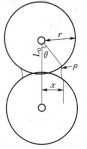 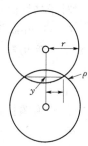

（a）颈部的增长不引起两球间中心距离的缩短

（b）颈部增长导致两球间中心距离缩短

图 8.6 双球模型

团、空位团和部分烧结体流动为特征的流动传质过程。流动传质可细分为黏性流动、蠕变流动和塑性流动等，统称为流动传质烧结模型。

(1)Frenkel 经典黏性流动模型不同温度下，晶体中存在热平衡空位数不同。温度升高，空位数增加，离子热振动也变大，离子通过空位进行迁移的数目也增加。迁移的结果是引起相邻空位与离子的依次移动，这样的移动只有靠近空位附近的离子比较容易进行。晶体中存在大量空穴或空位团，处在接触表面处的空穴或空位团在毛细管力作用下，沿表面张力作用方向移动。如图 8.7 所示，没有外力时，离子移动方向是随机的，但如果受到外力作用，离子就要沿外力作用方向依次占据晶格中的空位而移动。这样的移动类似液体的黏性流动，可产生与表面张力大小成比例的物质迁移，称为物质流。

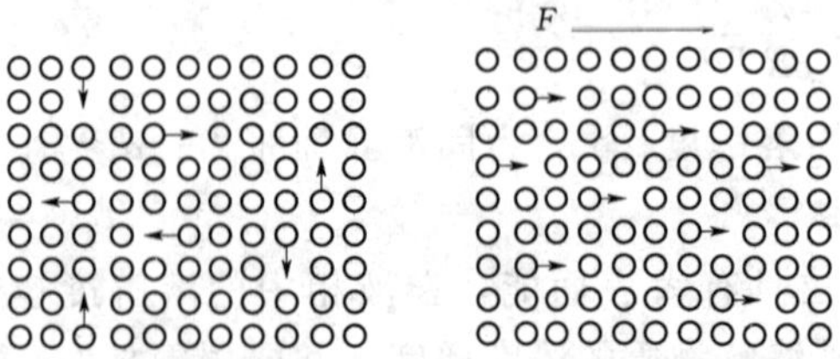

图 8.7　Frenkel 经典黏性流动模型中离子迁移的方向

(a) 无外力作用　　　(b) 在外力 F 作用下

根据 Frenkel 经典黏性流动模型，晶体的自扩散系数与晶体宏观黏度之间存在一种对应关系，可用式（8.11）表示

$$\frac{1}{\eta} = \frac{D\delta}{kT} \qquad (8.11)$$

式中：η 为晶体宏观黏度；D 为晶体自扩散系数；δ 为晶格常数。

此种接触面的黏性流动可分为两个阶段，首先是颗粒接触面的增大过程，并逐渐导致"孔隙"闭合，对应烧结的初期阶段。然后是封闭气孔受压，开始黏性收缩变小，气孔率明显降低，对应于烧结的中后期阶段。Frenkel 认为实际粉末颗粒形状和接触面形态异常复杂，不可能准确地计算颗粒间的"黏结"速率，他从等球液滴的简化模型出发，通过计算两液滴的对心运动，获得颗粒接触面"黏结"速率方程，该方程就是粉末颗粒在黏性流动机制下的颈长方程，如式（8.12）表示：

$$\frac{x^2}{r} = \frac{3}{2\pi r\eta}\gamma t \qquad (8.12)$$

式中：x 为接触面形成的颈部半径；r 为球半径；γ 为表面张力；t 为时间。

对于黏性流动传质机理，烧结时接触颈部半径的平方与烧结时间成比例。

(2)German 流动烧结模型。1990 年，German 直接用 Frenkel 黏性流动颈长方程研究了含固相颗粒的液相烧结，得到黏性流动机制下的线收缩方程：

$$\frac{\Delta L}{L} = 0.75 \frac{\gamma_{LV}}{R\eta} t \qquad (8.13)$$

式中：R 为颗粒直径。

与 Frenkel 扩散黏度不同，上式中的 η 为固-液相体系的宏观黏度。

假设烧结体相对密度为 ρ_s，生坯相对密度 ρ_g，线收缩与坯体参数的关系为

$$\rho_s = \frac{\rho_g}{\left(1 - \dfrac{\Delta L}{L_0}\right)^3} \qquad (8.14)$$

可以看出，Frenkel 的黏性流动是基于能量平衡前提下导出的颈长方程，黏度系数指的是扩散过程的黏性流动系数。而 German 的黏性流动采用了流变学理论中的非牛顿流动概念。

（3）Ristic 伪热激活流动模型。非晶态材料烧结适用流动传质机制，可用具有一定黏度关系的连续介质描述。晶态材料中的扩散是一种热激活过程。两者似乎并不相关，然而，将非晶态和晶态材料的处理方法关联起来，即用热激活的观点来研究非晶态材料中物质运动的观点，就是由 Ristic 提出的伪热激活烧结模型的基础。

Ristic 认为，非晶态材料烧结过程的黏性流动，本质上也是一种物质质点（分子、原子）在一定高温热运动作用下被连续热激活，随后发生在物质内部的位置跳跃与迁移运动。非晶态材料经热激活机制传质发生的烧结过程称为黏性流动传质的伪激活烧结过程（pseudo activation process of a viscous flow），以区别于晶体材料中热缺陷激活过程。

（4）塑性流动机理。黏性流动是由结构基元（原子或离子）依次占据晶格中的空位而产生的。塑性流动主要是通过晶面的滑移，即晶格中结构基元间产生位错来进行的。固体受外力时一般变形较小，只有当外力足够大到一定程度后，固体变形超过一定范围，固体中的结构基元排列被破坏，此时固体要么发生脆性断裂，要么发生塑性变形，晶面产生相对位移。只有当应力超过极限应力之后，才能发生由晶面产生相对位移所产生的塑性流动。

8.3.2 扩散传质烧结动力学

陶瓷材料在高温下挥发性一般都很小，烧结过程的物质迁移靠扩散迁移来实现。一定温度下，晶体中出现热缺陷（如空位等），缺陷的浓度随温度升高而成指数规律增加。借助于浓度梯度的推动，空位等热缺陷在颗粒表面或内部产生扩散迁移。粉末颗粒各部位，空位浓度有差异，在颗粒表面和晶粒接界上的原子或离子排列不规则，它们的活性比晶粒内的原子或离子大，故在表面与晶界上的空位浓度较晶粒内部大。在晶粒接界的颈部与任何细孔一样，可看作空位的发源地。在颈部、晶界、表面和晶粒内部存在一个空位由多到少的空位浓度梯度。颗粒越细，表面能越大，空位浓度越大，烧结推动力越大。

1. 颈部应力

烧结初期，黏附作用使粒子间接触界面逐渐扩大并形成具有负曲率的接触区——颈部。任一弯曲表面，在表面张力作用下将产生一压力，曲率半径越小，压力越大。固体粉末聚集体中的气孔为一弯曲表面，两个颗粒间的颈部，为一环状弯曲表面。弯曲表面上将产生曲面压力，压力方向指向曲率中心。

取颈部曲面上 $ABCD$ 单元曲面（图 8.8），该单元曲面可用 ρ 与 x 两个曲率半径及曲面圆内角 θ 表示，曲率半径为 ρ 的圆内角与曲率半径为 x 的圆内角大小相等（θ）方向相反，设 x 为正值，ρ 则为负值。

由表面张力产生的作用于 $ABCD$ 表面上切线方向的

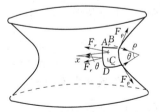

图 8.8 两个颗粒间的颈部
曲面上 $ABCD$ 单元曲面

力，可由表面张力定义求出。$F_x = \gamma_{AD} = \gamma_{BC}$，$F_\rho = \gamma_{AB} = \gamma_{CD}$，其中，$\gamma$ 为表面张力，$AD = \rho\sin\theta$；$AB = x\sin\theta$。当 θ 很小时，$\sin\theta \approx \theta$，则有 $F_x = \gamma\rho\sin\theta = \gamma\rho\theta$，$F_\rho = -\gamma x\theta$。垂直于 $ABCD$ 面的作用力总和 F 等于：

$$F = 2\left[F_x\sin(\frac{\theta}{2}) + F_\rho\sin(\frac{\theta}{2}) \right] \tag{8.15}$$

将 F_x 和 F_ρ 值代入式（8.15），并取 $\sin(\theta/2) \approx \theta/2$，则有 $F = \gamma\theta^2(\rho - x)$。

作用于单元面积 $ABCD$ 上的应力 σ，可由上式除以面积获得

$$\sigma = \frac{\gamma\theta^2(\rho - x)}{x\rho\theta^2} = \gamma\left(\frac{1}{x} - \frac{1}{\rho}\right) \tag{8.16}$$

通常 $x \gg \rho$，则有 $\sigma \approx -\frac{\gamma}{\rho}$ 作用在颈部的应力主要由 F_ρ 产生，F_x 可忽略不计，σ_ρ 是张应力，并从颈部表面沿半径指向外部。若有两颗粒直径均为 $2\mu m$，接触颈部半径 x 为 $0.2\mu m$，此时颈部表面的曲率半径 ρ 约为 $0.01 \sim 0.001\mu m$。若表面张力为 $72J/cm^2$，则可计算得 $\sigma_\rho \approx 10^7 N/m^2$。

烧结前的粉末聚集体如果是由尺寸相同的颗粒堆积成的理想密堆积，颗粒接触点上的压应力相当于外加静压力。实际系统中，由于颗粒尺寸大小不一，颈部形状不规则，堆积方式不相同等因素，颗粒之间接触点上应力分布将产生局部剪应力。在剪应力作用下可能出现晶粒彼此之间沿晶界剪切滑移，滑移方向由不平衡的剪切力方向确定。在烧结开始阶段，在局部剪应力和静压力的作用下，颗粒间出现重新排列而使坯体堆积密度提高，气孔率降低，但晶粒形状没有变化，故颗粒重排不能导致气孔完全消除。

2. 曲面过剩空位浓度

凹面上及气孔内曲面压力为负值，在这一负压作用下，凹面上蒸汽压比平面上低，凹面与气孔表面附近含有的空位浓度也比平面处大，即在凹面与气孔表面附近存在过剩的空位浓度 Δc。在不受应力的晶体中，空位浓度 c_0 是温度的函数：

$$c_0 = \frac{n}{N} = \exp\left(-\frac{\Delta G_f}{KT}\right) \tag{8.17}$$

式中：N 为晶体内原子总数；n 为晶体内空位数；ΔG_f 为空位形成能。

在颈部由于曲面特性引起的应力（毛细孔力）为

$$\sigma = \gamma\left(\frac{1}{\rho_1} + \frac{1}{\rho_2}\right) \tag{8.18}$$

若质点（原子或离子）直径为 δ，则空位浓度可近似看作 δ^3，这样，在颈部区域形成一个空位时，毛细孔所做的功为

$$W = \gamma\delta^3\left(\frac{1}{\rho_1} + \frac{1}{\rho_2}\right) \tag{8.19}$$

则在颈部表面形成一个空位所需的能量为 $\Delta G_f - \gamma\delta^3\left(\frac{1}{\rho_1} + \frac{1}{\rho_2}\right)$，在颈部表面的空位浓度 c 可表示为

$$c = \exp\left[-\frac{\Delta G_f}{KT} + \frac{\gamma\delta^3}{KT}\left(\frac{1}{\rho_1} + \frac{1}{\rho_2}\right)\right] \tag{8.20}$$

颈部表面相对其他部位的过剩空位浓度为

$$\frac{c-c_0}{c_0}=\frac{\Delta c}{c_0}=\exp\left[\frac{\gamma\delta^3}{KT}\left(\frac{1}{\rho_1}+\frac{1}{\rho_2}\right)\right]-1\approx\frac{\gamma\delta^3}{KT}\left(\frac{1}{\rho_1}+\frac{1}{\rho_2}\right)$$

即
$$\Delta c=\frac{\gamma\delta^3}{KT}\left(\frac{1}{\rho_1}+\frac{1}{\rho_2}\right)c_0 \tag{8.21}$$

一定温度下，空位浓度差与表面张力成比例。在空位浓度差推动下，空位从颈部表面不断向颗粒的其他部分扩散，而固体质点则向颈部逆向扩散。此时，颈部起着提供空位源作用。迁移出去的空位最终肯定要在颗粒的其他部位消失，实际上消失的部位就成了提供颈部原子或粒子物质源。空位在扩散传质中主要在自由表面、内表面（晶界）和位错等三个部位消失。

3. 体积扩散传质烧结

中心距缩短的双球模型为烧结模型，物质由晶界通过体积扩散到颈部表面。烧结速度可用颈部体积生长速度表示。而颈部体积生长速度又是空位扩散速度的函数。要获得动力学方程，需先获得两个参数，空位（或物质）扩散速度和颈部体积增长速度 dV/dt。

由 Fick 扩散定律可得

$$\frac{dV}{dt}=AD_V\frac{\Delta c}{\rho} \tag{8.22}$$

式中：D_V 为空位扩散系数；A 为扩散截面积；ρ 为颈部表面曲率半径；Δc 为颈部表面与平面间空位浓度差。

假设扩散距离为 ρ，则 $\Delta c/\rho$ 为空位浓度梯度。烧结初期，Δc 可由式（8.21）求得，当 $\rho_1=\rho$；$\rho_2=x$，$x\gg\rho$ 时

$$\Delta c=\frac{\gamma\delta^3}{KT}\cdot\frac{1}{\rho}\cdot c_0 \tag{8.23}$$

空位扩散系数 D_V 与原子自扩散系数（体积扩散系数）D_S 的关系为

$$D_S=D_V\exp\left(-\frac{\Delta G_f}{KT}\right) \tag{8.24}$$

故有

$$\frac{dV}{dt}=AD_V\cdot\frac{\gamma\delta^3}{KT}\cdot\frac{1}{\rho^2}\cdot\exp\left(-\frac{\Delta G_f}{KT}\right)=A\cdot\frac{\gamma\delta^3}{KT\rho^2}\cdot D_S$$

将颈部体积 V、表面积 A 和表面曲率 ρ 与 r、x 的关系代入并积分得

$$x^5=\frac{40\gamma\delta^3}{KT}D_Sr^2t \tag{8.25}$$

即

$$\frac{x}{r}=\left(\frac{40\gamma\delta^3}{KT}D_S\right)^{\frac{1}{5}}r^{-\frac{3}{5}}t^{\frac{1}{5}} \tag{8.26}$$

x/r 与时间 t 的 1/5 次成比例。以 $\ln(x/r)$ 对 $\ln t$ 作图，可得一条斜率为 1/5 的直线。将式（8.25）代入 $\frac{\Delta L}{L_0}=-\frac{\rho}{r}=-\frac{x^2}{4r^2}$，可得烧结过程线收缩率与时间关系为

$$\frac{\Delta L}{L_0}=-\frac{\rho}{r}=-\frac{x^2}{4r^2}=\left(\frac{20\gamma\delta^3 D_S}{\sqrt{2}KT}\right)^{\frac{2}{5}}r^{-\frac{6}{5}}t^{\frac{2}{5}} \tag{8.27}$$

式（8.27）说明，烧结过程线收缩率与时间 t 的 2/5 次方成正比。收缩率大小可用于判断烧结程度，而收缩过程又由颗粒半径决定，颗粒越细，收缩越大。尽管式（8.27）中温度处于分母上，似乎收缩率将随温度升高而下降，但实际上随温度升高，扩散系数迅速增大，故随温度增加，烧结速度加快。

4. 表面扩散传质烧结

中心距不变双球模型为烧结模型。离子沿颗粒表面迁移至颈部表面，迁移过程中，离子没有离开固体表面，既没有进入气相，也没有进入固体内部。表面扩散的结果，改变了固体表面的形状，促使气孔闭合，表面积减少，表面能降低。但气孔封闭后，仅靠表面扩散很难排除。表面扩散作用比体积扩散作用开始的温度低，当颗粒较细时，在烧结开始阶段，表面扩散可能对烧结起很大促进作用。除体积扩散和表面扩散外，质点（或空位）还可沿界面或位错等处进行扩散，这样，烧结动力学方程显然会有所不同。但无论如何，都可用下面的通式描述：

$$\left(\frac{\Delta L}{L_0}\right)^q=\frac{k_2\gamma\delta^3 D}{KT}r^s t \tag{8.28}$$

式中，q、k_2、K 值随不同的扩散机理而变。

推导动力学方程时都采用了简化模型及几何参数取近似值。烧结时往往是几种机理在起作用，这样推导出的方程与实际有偏差。

5. 蒸发-凝聚（气相）传质机理

高温中由于表面曲率不同，系统不同部位有不同蒸气压，物质就会从蒸气压高的凸处蒸发，然后通过气相传递而凝聚到蒸气压低的部位。这种传质过程仅仅在高温下蒸气压较大的系统中，如氧化铅、氧化铍和氧化铁的烧结。

图 8.9 为蒸发-凝聚传质的模型。在球形颗粒表面有正曲率半径，而在两个颗粒连接处则有一个小的负曲率半径的颈部。

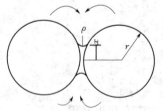

图 8.9 蒸发-凝聚传质模型

根据开尔文公式，物质将在蒸汽压高的凸形颗粒表面蒸发，通过气相传递而在蒸汽压低的凹形颈部凝聚下来，使颈部逐渐被填充。球形凸面与颈部之间蒸汽压差与颗粒半径 ρ 和颈部半径 x 之间的开尔文关系为

$$\ln\frac{p_1}{p_0}=\frac{\gamma M}{dRT}\left(\frac{1}{\rho}+\frac{1}{x}\right) \tag{8.29}$$

式中：p_1 为曲率半径为 ρ 处的蒸汽压；p_0 为球形颗粒表面蒸汽压；γ 为表面张力；d 为密度。

只有当颗粒半径在 $10\mu m$ 以下时，蒸汽压差才较明显表现出来，在约 $5\mu m$ 以下时，由曲率半径差异引起的压差已非常显著，故一般粉末的烧结过程要求粉料的粒度至少要在 $10\mu m$ 以下。

蒸发-凝聚传质特点是烧结时颈部区域扩大，球的形状变为椭圆形，气孔形状改变，但两球的中心距离不变，即烧结时不发生收缩。由于颈部长大，其机械强度有所增加，导热、导电等性能有所提高。蒸发-凝聚传质要求把物质加热到可以产生足够蒸汽压的温度，对于几微米的粉末，要求蒸汽压最低为 $10\sim1\mathrm{Pa}$，才能出现传质的效果，而烧结氧化物时往往到不到这样高的蒸汽压。如 Al_2O_3 在 1200℃时蒸汽压才有 $10^{-41}\mathrm{Pa}$。一般氧化物材料的烧结中，蒸发-凝聚传质方式并不多见。

8.3.3 烧结中期动力学

烧结中期，各颗粒间边界已相互交接组成晶界网络，气孔处于晶界上，空隙进一步变形和缩小，但仍然相互连通。烧结中期与烧结末期不能截然分开，有时是交叉进行的。烧结中期晶界已开始移动，晶粒正常长大，传质过程以晶界扩散和体积扩散为主。烧结中期以后颗粒接触处均已形成一定尺寸颈部，使球形颗粒变成多面体形，空位形状也随之变化。一般以十四面体简化模型来描述烧结中期。每个十四面体是由正八面体沿着它

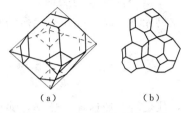

图 8.10 十四面体简化模型

的顶点在边长为 1/3 处截去一段而成，这样的十四面体有 6 个四边形和 8 个六边形的面，按体心立方的方式完全紧密地堆在一起，每个边是三个颗粒（3 个十四面体）的交界线，相当于一个圆柱形气孔通道，而每个顶点是四个颗粒的交会点。十四面体简化模型如图 8.10 所示。

十四面体边长为 l，圆柱形半径为 r，十四面体体积为

$$V=2\times\frac{1}{3}\times\frac{\sqrt{2}}{2}\times3l\times(3l)^2-6\times\frac{1}{3}\times\frac{\sqrt{2}}{2}\times l\times l^2=9\times\sqrt{2}\times l^3-\sqrt{2}\times l^3=8\sqrt{2}l^3$$

每个边棱（空隙）为 3 个十四面体所共有，十四面体空隙体积为

$$v=\frac{36\pi r^2 l}{3}=12\pi r^2 l$$

则坯体气孔率为

$$P_c=\frac{v}{V}=3.24\frac{r^2}{l^2} \tag{8.30}$$

假设空位从圆柱体空隙表面向颗粒界面扩散是呈放射状的，则单位圆柱体长度的空位扩散流为

$$\frac{J}{l}=4\pi D_V\delta^3\Delta c \tag{8.31}$$

式中：δ^3 为空位体积；D_V 为空位扩散系数；Δc 为空位浓度差；l 为圆柱体空隙的长度，相当于扩散流宽度。

假设 $l=2r$，同时考虑到从空位源出发的每个空位扩散流分岔，则有

$$\frac{J}{l}=\frac{J}{2r}=2\times4\pi D_V\delta^3\Delta c \tag{8.32}$$

每个十四面体有 14 个面，而每个面又为两个十四面体所共有，单位时间内每个十四面体中空位体积流动速度为

$$\frac{\mathrm{d}v}{\mathrm{d}t}=\frac{14J}{2}=112\pi r D_V\delta^3\Delta c \tag{8.33}$$

将式（8.23）和式（8.24）代入式（8.23），得

$$\frac{\mathrm{d}v}{\mathrm{d}t} = \frac{112\pi D_S \delta^3 \gamma}{KT} \tag{8.34}$$

积分得

$$P_c = \frac{v}{V} = \frac{32.4\gamma D_S \delta^3}{l^3 KT}(t_f - t) \tag{8.35}$$

t_f 为空隙完全消失时所需的时间。由式（8.35）可得，在烧结中期，当空位和颗粒尺寸不变时，气孔率随烧结时间线性减少，坯体致密度增高。

8.4 强 化 烧 结 理 论

凡是能够加速烧结速率，促进致密化进程的统称为强化烧结。强化烧结的核心是强化物质质点（原子、离子等）的扩散过程，扩散过程的强化可以通过以下途径实现：①提高烧结温度及使用高的温度梯度，进行高温烧结；②使用烧结助剂或者烧结活化剂；③使用特种烧结手段，如加压烧结、反应烧结、等离子体放电烧结等；④以上各种手段的综合运用等。

高温烧结是最简单强化烧结手段，烧结温度越高，原子的扩散系数越大，烧结速率也越大，但这种强化手段往往受到烧结设备及经济成本的限制，因而实用并不广泛。加入添加剂（或称烧结助剂）进行烧结是目前最简便、研究及实际运用最广泛的扩散强化烧结手段。将少量的添加剂粉末加入烧结粉末中，通过在晶格内部改变点缺陷浓度，或者在颗粒表面及晶界等处形成液相层、提供原子扩散的快速通道等方面的机理，达到增加烧结体系物质质点的扩散性，降低烧结温度的作用。某些烧结助剂还可以起抑制晶粒生长的作用，部分添加剂，如化学掺杂剂（chemical dopant）还可起改善材料韧性等性能的作用。

8.4.1 缺陷强化烧结

1. 点缺陷活化烧结

通过烧结助剂（烧结活化剂）进行烧结是目前最广泛的扩散强化烧结手段。烧结助剂加入后一般有两大类分布途径：进入晶格内部，改变点缺陷浓度；在颗粒表面及晶界等处形成液相层、提供原子扩散的快速通道。

German 针对金属粉末烧结，提出了选择烧结活化剂的三个基本依据：

(1) 扩散判据。基体原子在颗粒间界面偏析层内的扩散系数 D_E 大于基体原子的自扩散系数 D_B，即 $D_E > D_B$。

(2) 溶解度判据。当添加剂加入出现液相时，则应保证固相在液相中的溶解度必须大于液相在固相中的溶解度，才能阻止反致密化（又称烧结膨胀）的现象，保证烧结体的快速致密化。

(3) 偏析判据。烧结开始后烧结活化剂应在烧结颈部区域偏析，并且这种偏析应当保证足够长的时间，以便为基体原子提供一个在烧结致密化过程中一直稳定维持的、高扩散速度的快速扩散通道。

点缺陷

以上判据主要应用于金属粉末的烧结，对陶瓷粉末以及复合材料的烧结，反应过程更为复杂，烧结助剂的选择还应当考虑其相应离子的化合价态、离子半径大小和添加剂加入量。

纯陶瓷的本征点缺陷对烧结贡献非常低，几乎可以忽略。绝大多数陶瓷材料的物质迁移速率往往取决于晶格缺陷的类型以及材料微量杂质和添加剂（有时又称化学掺杂剂）。加入烧结活化剂的主要目的，就是增加新的点缺陷，提高烧结颗粒内部和表面与界面处的缺陷浓度，因此选择陶瓷材料的烧结助剂时，要求其活化剂离子的化合价与主晶相离子的化合价不同，同时其离子尺寸尽可能接近，添加剂的加入量尽可能要大。在陶瓷中，对添加剂另外一种要求是通过添加剂控制陶瓷烧结过程的晶粒生长，改善陶瓷材料性能。这一要求与添加剂物质迁移速率的主要目的是有矛盾的。最理想的情况是，通过添加剂的选择和其在晶界偏析层内的点缺陷分布控制，一方面提高离子在晶粒内部、平行于晶界方向的迁移率（促进烧结致密化）；另一方面减缓离子在垂直于晶界方向的迁移运动速率（阻止晶粒长大）。

离子氧化物 MO 晶格点阵是保持整体电中性条件下，金属正离子和氧负离子的周期排布。在一定温度下，形成各种点缺陷，氧化物中氧是慢扩散单元，氧化物的扩散速率通常是指氧扩散单元的速率。氧化物陶瓷固相活化烧结需要通过适当途径增加氧缺陷浓度，加快氧化物的整体扩散速率。影响氧缺陷浓度的因素有两个：氧分压和外来杂质掺杂。氧分压改变可明显改变氧化物中氧空位的浓度，而杂质引入可出现空位或者间隙缺陷。杂质引入破坏了原有缺陷间的平衡关系，使烧结速率增大；但间隙缺陷浓度的增加则常常抑制烧结的进行。杂质引起的正、负离子的非化学计量配比，是影响烧结中点缺陷组成、烧结速率高低的关键问题。

共价键陶瓷材料在烧结上具有一个共性，即非常难于烧结。它们具有两个特点：一是非化学计量范围非常狭窄，如氮化物几乎可以忽略点缺陷的存在；二是自扩散系数远比氧化物的自扩散系数低。Si_3N_4、SiC、立方 BN 和 AlN 等共价键陶瓷材料的共价键份额均大于 70%，具有优异高温特性，以及难烧结性。共价键化合物要在特殊的条件下，如热压、热等静压等，才能达到致密烧结效果。但 SiC 能够在烧结添加剂（常见的是碳与硼双掺）的活化下，不加压固相烧结致密化。

2. 位错活化烧结

位错总是容易在特定晶面上发生，并与施加在其上的剪切应力大小有关。平行于烧结颈部长大方向的位错密度比垂直于烧结颈部长大方向增加得要快。即使不加压烧结，位错在烧结颈部也会发生增殖和扩散现象，并促进烧结致密化进程。

在施加压力条件下，往往会使得烧结坯体的内部应力增大，导致烧结颈部额外的应力，会大幅度地增加位错密度。位错运动可分为保守运动和非保守运动（如位错攀移）两大类，只有位错滑移才能有效地进行烧结颈部的物质传递和促进烧结颈部长大。

8.4.2 液相强化烧结

凡有液相参与的烧结称液相烧结。由于粉末中或多或少总含有少量杂质，因而大多数样品在烧结时总会出现一些液相。即使在没有杂质的纯固相体系中，高温下也会出现"接触"熔融现象，因此，纯粹的固相烧结是很难实现的。

在传统陶瓷的烧结中，一般都有液相参加，液相烧结的应用范围很广泛。如长石瓷、滑石瓷、低氧化铝瓷、水泥熟料、高温材料（如氮化物、碳化物）等都采用液相烧结原理。

液相烧结与固相烧结的推动力都是表面能，烧结过程都是由颗粒重排、气孔填充和晶粒长大等阶段组成。但是，流动传质比扩散传质速度快，故液相烧结致密化速率高，可使坯体在比固相烧结温度低得多的情况下获得致密烧结体。而且液相烧结过程的速率与液相数量，液相质量（黏度和表面张力），液相和固相润湿情况，固相在液相中的溶解度等有密切关系。液相烧结时，坯体致密化在液体参与下进行，若液相黏度不太大并能润湿和溶解固相，则可通过溶解-沉淀机理导致致密化和晶粒长大。

1. 液相烧结特点

液固界面的构造

固体表面能 γ_{SV} 比液体表面能 γ_{LV} 大，当 $(\gamma_{SV}-\gamma_{SL})>\gamma_{LV}$ 时，液相将润湿固相，达到平衡时，有如下关系：

$$\gamma_{SS}=2\gamma_{SL}\cos\frac{\varphi}{2} \tag{8.36}$$

若 $2\gamma_{SL}>\gamma_{SS}$，则 $\varphi>0$，不能完全润湿。若 $2\gamma_{SL}<\gamma_{SS}$，液相将沿颗粒间界自由渗透使颗粒被分隔，故当 $\gamma_{SV}>\gamma_{LV}>\gamma_{SS}>2\gamma_{SL}$ 时，固相颗粒将被润湿并相互拉紧，中间形成一层液膜，并在相互接触的颗粒之间形成颈部，液体表面呈凹面。曲率半径为 ρ 的凹面将产生一个负压 γ/ρ，曲率半径越小，产生的负压越大，这个力指向凹面中心，使液面向曲率中心移动。在毛细孔引力作用下，固相颗粒发生滑移，重排而趋于最紧密排列。最后，颗粒间的斥力和表面引力引起的拉力达到平衡，并在接触点处受到很大压力。该压力将引起接触点处固相化学位或活度的增加，可用式（8.37）表示：

$$\mu-\mu_0=RT\ln\frac{a}{a_0}=\Delta pV_0 \tag{8.37}$$

或

$$\ln\frac{a}{a_0}=\frac{2K\gamma_{LV}V_0}{r_PRT} \tag{8.38}$$

式中：V_0 为摩尔体积；r_P 为气孔半径；a、a_0 分别为接触点处与平面处的离子活度；K 为常数。

因此，接触点处活度增加可提供物质传递迁移的推动力。液相烧结过程也是以表面张力为动力，通过颗粒的重排、溶解-沉淀以及颗粒长大等步骤来完成。

通过溶解-沉淀传质来实现液相烧结，必须满足条件：

（1）必须有显著数目液相和合适液相黏度，才能有效促进烧结。

（2）固相在液相中有显著的可溶性，否则，在表面张力的作用下，物质的传递就与固相烧结时类似。

（3）液体能完全润湿固相，否则相互接触的两个固相颗粒就会直接黏附，这样就只有通过固体内部的传质才能进一步致密化，而液相的存在对这些过程就没有实质的影响。

2. 液相烧结过程与致密化

液相烧结过程推动力与固相烧结相同，仍为表面张力。烧结过程可分为三个阶段：颗粒重排、溶解-沉淀传质与颗粒长大。

(1) 颗粒重排。在表面张力作用下，通过黏性流动，或在一些接触点上由于局部应力的作用而进行重新排列，结果得到了更紧密的堆积。在该阶段，致密化速度与黏性流动相应，线收缩与时间呈线性关系：

$$\frac{\Delta L}{L_0} = \frac{\Delta V}{3V_0} \propto t^{1+y} \qquad (8.39)$$

指数中的 $y<1$，这是考虑到烧结进行时，被包裹的小孔尺寸减小，作为烧结推动力的毛细孔压力增大，指数应略大于1。

颗粒重排对坯体致密度的影响取决于液体的数量。如果液体数量不足，则液体既不能完全包围颗粒，也不能充分填充颗粒间空隙。当液体从一个地方流到另一个地方后，就在原来的地方留下空隙，这时能产生颗粒重排但不足以消除气孔。当液相数量超过颗粒边界薄层变形所需的量时，在重排完成后，固体颗粒约占总体积的 $60\%\sim70\%$，多余液相可进一步通过流动传质、溶解-沉淀传质进一步填充气孔。这样可使坯体在这一阶段的烧结收缩达到总收缩率的 60% 以上。

(2) 溶解-沉淀传质。溶解-沉淀传质根据液相数量不同可有 Kingery 模型或 LSW 模型，原理都是由于颗粒接触点处（或小晶粒）在液相中的溶解度大于自由表面（或大晶粒）处的溶解度。Kingery 模型指出，在重排过程之后，紧密堆积的颗粒就被一层薄的液膜分开，颗粒间液膜厚度很薄。液膜越薄，颗粒受压力越大。由于这个压力作用，颗粒接触处的溶解度增加，接触处物质不断溶解，然后迁移到其他表面上沉积。LSW 模型指出，小颗粒溶解度比大颗粒大，对大颗粒是饱和的溶液，对于小颗粒不一定饱和，结果是小颗粒不断溶解，然后沉积在大颗粒上，使大颗粒不断增大，由此导致晶粒的成长和致密化。

表面张力作用使颗粒接触处受到压应力，引起该处活度增加，接触点处首先溶解，两颗粒中心相互靠近。在双球中心连线方向，每个球溶解量为 h，且形成半径为 x 的接触面，当 $h\ll x$ 时，被溶解的高度 h 与接触圆的半径有如下关系：

$$h = \frac{x^2}{2r} \qquad (8.40)$$

已溶解的体积约为

$$V = \frac{1}{2}\pi x^2 h = \frac{\pi x^4}{4r}$$

设物质迁移速度自接触圆出发，由沿其周围扩散的扩散流所决定，则此扩散流流量可与一个圆柱状的电热固体，自中心向周围的冷却表面所辐射的辐射热流相比拟，每一单位厚度的界面扩散流为

$$J = 4\pi D \Delta C$$

$$\frac{dV}{dt} = \delta J = 4\pi D\delta(c - c_0) \qquad (8.41)$$

接触区溶解度增加由该处压力决定，但接触区所受压力不能单纯从表面张力推

导。假设在球状颗粒堆积中，每个颗粒对应一个空隙，若每个空隙都形成一个气孔，则颗粒半径与气孔半径之间存在关系：$r_P = K_1 r$。其中，r_P、r 分别是气孔和颗粒半径；K_1 是比例常数，在烧结过程中可近似认为不变。

烧结初期，加在接触区上的压力 $\Delta P'$ 与接触面积（πx^2）和颗粒投影面积（πr^2）之比成反比，可以式（8.42）表示：

$$\Delta P' = \frac{K_2}{x^2/r^2}\Delta p = \frac{K_2 r^2}{x^2}\frac{2\gamma_{LV}}{r_P} = \frac{2K_2\gamma_{LV}r}{K_1 x^2} \qquad (8.42)$$

接触点处和其他表面处的溶解度之差 ΔC 为

$$\Delta C = c - c_0 = c_0\left[\exp\left(\frac{2K_2\gamma_{LV}rV_0}{K_1 x^2 RT}\right) - 1\right]$$

由于接触处溶解的体积与通过圆形接触区周围扩散的物质流量相当，则

$$\frac{dV}{dt} = 4\pi\delta D(c - c_0) = 4\pi\delta Dc_0\left[\exp\left(\frac{2K_2\gamma_{LV}rV_0}{K_1 x^2 RT}\right) - 1\right] = \frac{\frac{\pi x^3}{r}dx}{dt}$$

将上式中指数部分展开成级数，取第一项并整理积分得

$$\frac{x^6}{r^2} = \left(\frac{48K_2\delta DC_0\gamma_{LV}V_0}{K_1 RT}\right)t \qquad (8.43)$$

将式（8.43）和式（8.40）联立，得到烧结收缩

$$\frac{\Delta L}{L_0} = \frac{h}{r} = \left(\frac{6K_2\delta Dc_0\gamma_{LV}V_0}{K_1 RT}\right)^{\frac{1}{3}}r^{-\frac{4}{3}}t^{\frac{1}{3}} \qquad (8.44)$$

式中：γ_{LV}、δ、D、C_0、V_0 均是与温度有关的物理量，故在溶解-沉淀阶段，当温度和起始黏度固定后，相对收缩率与时间的 1/3 次方成比例，而在重排阶段，则收缩率近似与时间一次方成比例，说明致密化速度减慢了。

（3）颗粒长大。烧结继续进行时，由于封闭气孔的影响，使烧结速度下降。但如果继续在高温下焙烧，则物料的显微结构还会继续变化，即颗粒的长大、颗粒之间的胶结、液相在气孔中的填充、不同曲面间溶解沉析等现象仍会继续进行，只是比较缓慢。此阶段颗粒成长半径为

$$r^3 - r_0^3 = 6\frac{\gamma_{SL}DCM}{\rho^2 RT}t \qquad (8.45)$$

式中：γ_{SL} 为固相与液相之间的界面能；M 为固体物质的分子量；ρ 为固体物质的密度；r_0 为开始时颗粒半径；r 为长大后颗粒半径。

图 8.11 为添加 2％MgO 的高岭土在 1750℃下的烧成收缩与时间的对数

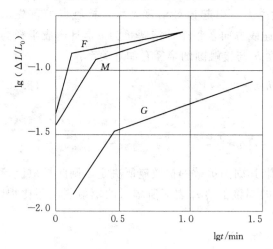

图 8.11 添加 2％MgO 的高岭土在 1750℃下的烧成收缩与时间的对数曲线（烧结前 MgO 粒度为 G：3μm；H＝1μm；F＝0.5μm）

曲线，可以看出，各曲线可明显分成三段。开始阶段曲线斜率约为 1，为颗粒重排阶段；中间阶段的斜率约为 1/3，为溶解-沉淀阶段；烧结进一步进行，曲线斜率下降，烧结进入末期。颗粒越细，开始阶段进行速度越快，但速度降低也较快。

8.4.3　应力强化烧结

普通不加压烧结的陶瓷制品一般都还存在小于 5% 的气孔，随着气孔的收缩，气孔中气压逐渐增大，抵消了作为烧结推动力的表面能作用。远离晶界闭气孔只能通过晶体内的体积扩散进行迁移，而体积扩散比界面扩散慢得多。为获得更致密化烧结体，可采用施加外部压力（获得足够的烧结推动力）的办法，使得陶瓷进行良好的烧结。

物质传输的推动力是表面张力和外部施加应力两部分之和。施加额外应力的应力强化烧结（加压烧结）是一种有效地促进烧结速率、达到烧结致密化的手段，可用来制备现代陶瓷、高温合金等高性能、难烧结材料。

加压烧结包括施加单轴应力（热压）和等静压力（冷、热等静压）两大类。在加压烧结过程中，烧结粉末在应力和温度的作用下发生变形。物质的迁移可以通过位错滑移、攀移、扩散、扩散蠕变等多种机制完成。烧结阶段的显微结构变化与不加压烧结不同，后者以孔洞缓慢的形状变化为特征。因此，可将加压烧结阶段分成两大阶段：孔隙连通阶段和孤立孔洞阶段。

加压烧结第一阶段，也称为烧结初期，在应力作用下颗粒接触区发生塑性屈服；而后，接触区变大形成了幂指数蠕变区，由各类蠕变机制控制物质的迁移。同时，原子或空位也照样进行体积扩散和晶界扩散；晶界处的位错也可沿晶界攀移，导致晶界滑动。此阶段的主要特征是孔洞仍然连通。

加压烧结的第二阶段，也称为烧结末期，上述机理仍然起作用，但孔洞变成了孤立闭孔，大多位于晶界相交处（晶界三重点）。同时，也会有部分镶嵌在晶粒内部的孤立微孔。

热压烧结具有在较低温度下较短时间内达到最大密度的优点。采用热压后制品的密度可达理论密度的 99% 甚至 100%。

以共价键结合为主的材料如碳化物、硼化物、氮化物等，由于它们在烧结温度下有高的分解压力和低的原子迁移率，用普通烧结很难使其致密化。而采用热压烧结的方式，可以使这类材料达到最大密度。如图 8.12 所示。在热压烧结工艺中，控制的主要参数有最高烧结温度、最大压制压力和加压时间。

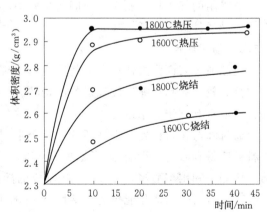

图 8.12　BeO 进行热压烧结与普通烧结时体积密度变化

8.5　影响烧结的因素

影响烧结的因素是多方面的，主要有：烧结温度和烧结时间、原料种类、物料粒度、加入物、预烧温度、烧结气氛、成型方法和成型压力。

8.5.1　烧结温度和烧结时间

晶体晶格能越大，离子结合也越牢固，离子的扩散也越困难，所需要的烧结温度也越高。各种晶体离子结合情况不同，烧结温度也相差很大，即使是同样的晶体，用活化的晶体粉末或有外加剂，也会使烧结速度差别很大。烧结温度是影响烧结的重要因素。随着温度升高，物料蒸汽压增高，扩散系数增大，黏度降低，从而促进了蒸发-冷凝，离子和空位的扩散，颗粒重排，黏性、塑性流动等过程，使烧结加速。

单纯提高烧结温度不仅浪费能源，很不经济，而且还会给制品带来性能的恶化，而且，过高的温度会促使二次再结晶，使制品强度降低。在有液相参与的烧结中，温度过高还会使液相量增加、黏度下降而导致制品变形。

延长烧结时间一般都会不同程度促使烧结完成，但对黏性流动机理的烧结较明显，而对体积扩散和表面扩散机理影响较小。在烧结后期，不合理延长烧结时间有可能加剧二次再结晶作用。

8.5.2　物料颗粒度

无论在固相或液相烧结中，细颗粒由于增加了烧结推动力，缩短原子扩散距离以及提高颗粒在液相中的溶解度而导致烧结过程的加速。

为防止二次再结晶的出现，原始颗粒应细而均匀，以避免细颗粒基相中出现大晶粒成核而导致晶粒异常长大。用化学方法制备的粉末粒度一般在 $10\sim1000nm$ 范围内，晶粒越细越能促进烧结。但晶粒越细，表面键活性很强，常吸附大量气体或离子，被吸附的气体将不利于颗粒间的接触而起了阻碍烧结的作用。故颗粒原始粒度须根据烧结条件进行合适选择。

8.5.3　物料活性

烧结通过表面张力作用下的物质迁移实现，高温氧化物较难烧结，主要原因就是它们具有较大的晶格能和较稳定的结构状态，质点迁移需要较高的活化能。所以，提高物料活性有利于烧结进行。

通过降低物料粒度来提高活性是一个常用的方法，但是，单纯靠机械粉碎来提高物料粒度是有限的，而且能耗太高。所以，常用化学方法来提高物料活性和加速烧结。例如，利用草酸镍在 $450℃$ 轻烧制成的活性 NiO 很容易制得致密的烧结体，其烧结致密化时所需的活化能仅为非活性 NiO 的 $1/3$。

活性氧化物通常用其相应的盐类热分解制成，采用不同形式的母盐以及热分解条件，对所得的氧化物活性有重要影响。例如，在 $300\sim400℃$ 低温分解 $Mg(OH)_2$ 制得的 MgO，比高温分解制得的具有更高的热容量、溶解度和酸溶解度，并呈现很高的烧结活性。

8.5.4 外加剂

在固相烧结中，少量外加剂可与烧结相生成固溶体等促使缺陷增加而加速烧结。在有液相参与的烧结中，外加剂则能改变液相的性质从而促进烧结。

(1) 外加剂与烧结物离子尺寸、晶格类型以及电价数相近时，外加剂能与烧结物形成固溶体，引起主晶相晶格畸变，缺陷增加，促进烧结。外加剂与烧结相形成有限固溶体比形成连续固溶体更能促进烧结的进行。外加剂离子电价数和离子半径与烧结物离子的电价、离子半径相差越大，越能使晶格畸变程度增大，促进烧结程度也越显著。例如，在 Al_2O_3 烧结中，通常加入少量 Cr_2O_3 或 TiO_2，以促进烧结。这是因为，Al_2O_3 与 Cr_2O_3 的正离子半径相近，能形成连续固溶体。而当加入 TiO_2 时，烧结温度可以更低，因为除了 Ti^{4+} 离子与 Cr^{3+} 大小相同，能与 Al_2O_3 固溶外，还由于 Ti^{4+} 与 Al^{3+} 电价不同，置换后将伴随正离子空位产生，且在高温下 Ti^{4+} 可能转化为半径较大的 Ti^{3+} 而加剧晶格畸变，使活性更高，能更有效促进烧结。

(2) 有些氧化物在烧结时发生晶型转变并伴随较大的体积效应，会使烧结致密化发生困难，并易引起坯体开裂，若选用适宜的添加剂加以抑制，则可促进烧结。例如，1200℃左右时，稳定的单斜 ZrO_2 要转变为正方并伴随约 10％ 的体积收缩，使制品稳定性变差。当引入电价比 Zr^{4+} 低的 Ca^{2+}（或 Mg^{2+}）离子时，形成立方相 $Zr_{1-x}Ca_xO_2$ 稳定固溶体。即可防止制品开裂，又增加了晶体中空位浓度使烧结加速。

(3) 烧结后期晶粒长大，对烧结致密化有重要作用，但若产生二次再结晶或间断性晶粒长大过快，就会因颗粒变粗、晶界变宽而出现反致密化现象并影响制品的显微结构。所以，可以通过加入能抑制晶粒异常长大的外加剂来促进致密化过程。例如，烧结 Al_2O_3 时，为了阻止晶粒长大及防止二次再结晶，一般加入 MgO 或 MgF_2。它们与 Al_2O_3 形成镁铝尖晶石（$MgO \cdot Al_2O_3$）而包裹在晶粒表面上，抑制了再结晶作用，对促进烧结物致密化有显著作用。

(4) 烧结时若有适宜液相，往往会大大促进颗粒重排和传质过程，外加剂的另一个作用就是在较低温度下产生液相以促进烧结。液相的出现，可能是外加剂本身熔点较低，也可能与烧结物形成多元低共熔物。生产"九五瓷"（95％ Al_2O_3）时，一般要加入 CaO、SiO_2，在 $CaO：SiO_2＝1：1$ 时，95％ Al_2O_3 瓷在 1813K 就烧结了。这是由于烧成时生成了 $CaO—Al_2O_3—SiO_2$ 玻璃（液相），物质在液相中迁移容易，降低了烧结温度。

8.5.5 烧结气氛

烧结气氛一般分氧化、还原和中性三种。气氛对烧结的影响是复杂的，同一种气体介质对于不同物料的烧结，常会表现出不同甚至截然相反的效果。

由扩散控制的氧化物烧结中，气氛的影响与控制扩散的因素有关，与气孔内气体的扩散和溶解能力有关。Al_2O_3 由阴离子（O^{2-}）扩散速率控制烧结过程，在还原气氛中烧结时，晶体中的氧从表面脱离，从而在晶格表面产生许多氧空位，使扩散系数增大而导致烧结过程加速。

若氧化物的烧结是由阳离子扩散速率控制，在氧化气氛中烧结时，表面积聚了大量氧，使阳离子空位增加，则有利于阳离子扩散的加速而促进烧结。

进入封闭气孔内气体的原子尺寸越小越易于扩散，气孔的消除也越容易。氩或氮这样的大分子气体，在氧化物晶格中不易扩散而最终残留在坯体中，而氢或氦这样的小分子气体，扩散容易，可以在晶格内自由扩散，故烧结与这些气体的存在无关。

　　若气体介质与烧结物之间产生化学反应，则对烧结过程也有影响。在氧气氛中，由于氧被烧结物表面吸附或发生化学反应，使晶体表面形成正离子缺位型的非化学计量化合物，正离子空位增加，扩散和烧结被加速，同时使闭气孔中的氧，可以直接进入晶格，并和 O^{2-} 空位一样沿表面进行扩散，所以凡是正离子扩散起控制作用的烧结过程，氧气氛或氧分压较高是有利于烧结的。

8.5.6　成型压力

　　粉料成型时必须加一定的压力，除了使其有一定形状和一定强度外，同时也给烧结创造了颗粒间紧密接触的条件，使其烧结时扩散阻力减少。成型压力越大，颗粒间接触越紧密，对烧结越有利。若压力过大使粉料超过塑性变形限度，就会发生脆性断裂。适当的成型压力可以提高生坯的密度，而生坯的密度与烧结体的致密化程度成正比关系。

习　　题

　　8.1　什么是烧结过程？烧结过程分为哪三个阶段？各有何特点？

　　8.2　烧结的模型有哪几种？各适用于哪些典型传质过程？

　　8.3　试求①推动力来源；②推动力大小；③在陶瓷系统的重要性来区别初次再结晶、晶粒长大和二次再结晶。

　　8.4　在 1500℃，MgO 正常的晶粒长大期间，观察到晶体在 1h 内从直径从 $1\mu m$ 长大到 $10\mu m$，在此条件下，要得到直径 $20\mu m$ 的晶粒，需烧结多长时间？如已知晶界扩散活化能为 $60kcal \cdot mol^{-1}$，试计算在 1600℃下 4h 后晶粒的大小，为抑制晶粒长大，加入少量杂质，在 1600℃下保温 4h，晶粒大小又是多少？

　　8.5　材料的许多性能如强度、光学性能等要求其晶粒尺寸微小且分布均匀，工艺上应如何控制烧结过程以达到此目的？

　　8.6　晶界移动时遇到夹杂物时会出现哪几种情况？从实现致密化目的考虑，晶界应如何移动？怎样控制？

　　8.7　特种烧结和常规烧结有什么区别？试举例说明。

　　8.8　分析添加物是如何影响烧结的。

　　8.9　影响烧结的因素有哪些？最易控制的因素是哪几个？

附　　表

附表 1 　　　　　　　　　　　一些物质的摩尔热容（101.325kPa）

物质	$a/[J/(K \cdot mol)]$	$b/[10^{-3} J/(K \cdot mol)]$	$c/[10^{-6} J/(K \cdot mol)]$
$H_2(g)$	29.07	−0.836	20.1
$O_2(g)$	25.72	12.98	−38.6
$Cl_2(g)$	31.70	10.14	−2.72
$Br_2(g)$	35.21	4.075	−14.9
$N_2(g)$	27.30	5.23	−0.04
$CO(g)$	26.86	6.97	−8.20
$HCl(g)$	28.17	1.82	15.5
$HBr(g)$	27.52	4.00	6.61
$H_2O(g)$	30.36	9.61	11.8
$CO_2(g)$	26.00	43.5	−148.3
苯	−1.18	32.6	−1100
正己烷	30.60	438.9	−1355
CH_4	14.32	74.66	−17.43

附表 2 　　　　部分单质和无机物的标准摩尔生成焓、标准摩尔生成吉
布斯函数、标准摩尔熵和摩尔热容（100kPa）

物质	$\Delta_f H_m^{\ominus}$ (298.15K) /(kJ/mol)	$\Delta_f G_m^{\ominus}$ (298.15K) /(kJ/mol)	$S_m^{\ominus}$ (298.15K) /[J/(K · mol)]	$C_{p,m}^{\ominus}$ (298.15K) /[J/(K · mol)]
$Ag(s)$	0	0	42.712	25.48
$Ag_2CO_3(s)$	−506.14	−437.09	167.36	
$Ag_2O(s)$	−30.56	−10.82	121.71	65.57
$Al(s)$	0	0	28.315	24.35
$Al(g)$	313.80	273.2	164.553	
$Al_2O_3 - \alpha$	−1669.8	−2213.16	0.986	79.0
$Al_2(SO_4)_3(s)$	−3434.98	−3728.53	239.3	259.4
$Br_2(g)$	111.884	82.396	175.021	
$Br_2(g)$	30.71	3.109	245.455	35.99
$Br_2(l)$	0	0	152.3	35.6

物质	$\Delta_f H_m^{\ominus}$ (298.15K) /(kJ/mol)	$\Delta_f G_m^{\ominus}$ (298.15K) /(kJ/mol)	$S_m^{\ominus}$ (298.15K) /[J/(K·mol)]	$C_{p,m}^{\ominus}$ (298.15K) /[J/(K·mol)]
C(g)	718.384	672.942	158.101	
C(金刚石)	1.896	2.866	2.439	6.07
C(石墨)	0	0	5.694	8.66
CO(g)	−110.525	−137.285	198.016	29.142
CO₂(g)	−393.511	−394.38	213.76	37.120
Ca(s)	0	0	41.63	26.27
CaC₂(s)	−62.8	−67.8	70.2	62.34
CaCO₃(方解石)	−1206.87	−1128.70	92.8	81.83
CaCl₂(s)	−795.0	−750.2	113.8	72.63
CaO(s)	−635.6	−604.2	39.7	48.53
Ca(OH)₂(s)	−986.5	−896.89	76.1	84.5
CaSO₄(硬石膏)	−1432.68	−1320.24	106.7	97.65
Cl⁻(aq)	−167.456	−131.168	55.10	
Cl₂(g)	0	0	222.948	33.9
Cu(s)	0	0	33.32	24.47
CuO(s)	−155.2	−127.1	43.51	44.4
Cu₂O−α	−166.69	−146.33	100.8	69.8
F₂(g)	0	0	203.5	31.46
Fe−α	0	0	27.15	25.23
FeCO₃(s)	−747.68	−673.84	92.8	82.13
FeO(s)	−266.52	−244.3	54.0	51.1
Fe₂O₃(s)	−822.1	−741.0	90.0	104.6
Fe₃O₄(s)	−117.1	−1014.1	146.4	143.42
H(g)	217.94	203.122	114.724	20.80
H₂(g)	0	0	130.695	28.83
D₂(g)	0	0	144.884	29.20
HBr(g)	−36.24	−53.22	198.60	29.12
HBr(aq)	−120.92	−102.80	80.71	
HCl(g)	−92.311	−95.265	186.786	29.12
HCl(aq)	−167.44	−131.17	55.10	
H₂CO₃(aq)	−698.7	−623.37	191.2	
HI(g)	−25.94	−1.32	206.42	29.12
H₂O(g)	−241.825	−228.577	188.823	33.571

续表

物质	$\Delta_f H_m^{\Theta}$ (298.15K) /(kJ/mol)	$\Delta_f G_m^{\Theta}$ (298.15K) /(kJ/mol)	S_m^{Θ} (298.15K) /[J/(K·mol)]	$C_{p,m}^{\Theta}$ (298.15K) /[J/(K·mol)]
$H_2O(l)$	−285.838	−237.142	69.940	75.296
$H_2O(s)$	−291.850	(−234.03)	(39.4)	
$H_2O_2(l)$	−187.61	−118.04	102.26	82.29
$H_2S(g)$	−20.146	−33.040	205.75	33.97
$H_2SO_4(l)$	−811.35	(−866.4)	156.85	137.57
$H_2SO_4(aq)$	−811.32			
$HSO_4(aq)$	−885.75	−752.99	126.86	
$I_2(g)$	0	0	116.7	55.97
$I_2(g)$	62.242	19.34	260.60	36.87
$N_2(g)$	0	0	191.598	29.12
$NH_3(g)$	−46.19	−16.603	192.61	35.65
$NO(g)$	89.860	90.37	210.309	29.861
$NO_2(g)$	33.85	51.86	240.57	37.90
$N_2O(g)$	81.55	103.62	220.10	38.70
$N_2O_4(g)$	9.660	98.39	304.42	79.0
$N_2O_5(g)$	2.51	110.5	342.4	108.0
$O(g)$	247.521	230.095	161.063	21.93
$O_2(g)$	0	0	205.138	29.37
$O_3(g)$	142.3	163.45	237.7	38.15
$OH^-(aq)$	−229.940	−157.297	−10.539	
$S(单斜)$	0.29	0.096	32.55	23.64
$S(斜方)$	0	0	31.9	22.60
(g)	124.94	76.08	227.76	32.55
$S(g)$	222.80	182.27	167.825	
$SO_2(g)$	−296.90	−300.37	248.64	39.79
$SO_3(g)$	−395.18	−370.40	256.34	50.70
$SO_4^{2-}(aq)$	−907.51	−741.90	17.2	

注 本附录数据主要取自 Handbook of Chemistry and Physics，70 th Ed.，1990；Editor John A. Dean，Lange's Handbook of Chemistry，1967。

附 录 思 政 课 程 案 例

案例1 自力更生、艰苦奋斗的精神

教学内容： 热力学第一定律

案例意义：

(1) 充分挖掘热力学第一定律的内涵，增强学生自力更生、艰苦奋斗的精神。

(2) 树立学生要创造美好生活，必须坚持不懈的奋斗的思想。

教学过程：

讲解热力学第一定律的内涵。热力学第一定律是涉及热现象领域内的能量守恒与转化定律，反映了不同形式能量在传递与转化过程中的守恒，可表述为能量既不会凭空产生，也不会凭空消失，只能从一个物体传递给另一个物体，从一种形式转换为另一种形式。

思政引入：

基于能量不会凭空产生这一描述，在讲解这一定律时，将自力更生、艰苦奋斗的精神融入进去，引导学生思考，天下没有免费的午餐，一分耕耘一分收获。学习也是如此，想要取得好的成绩，必须在日常的学习过程中踏踏实实，努力刻苦。

习近平总书记指出，幸福都是奋斗出来的。幸福不会从天而降，坐而论道不行，坐享其成也不行。要创造美好生活必须坚持不懈的奋斗。作为新时代的大学生，只要精诚团结、共同奋斗，撸起袖子加油干，就一定能实现中国梦。

案例2 辩证唯物主义——遵循客观规律

教学内容： 热力学第一定律

案例意义：

使学生认识到物质世界是按照它本身所固有的规律运动、变化和发展的，要遵循客观规律，才可以正确的认识世界和改造世界，否则就会徒劳无功。

教学过程：

热力学第一定律告诉我们：不供给能量而可连续不断工作的机器即第一类永动机是不可能造成的，其可归因为能量是守恒的，能量既不会凭空产生，也不会凭空消失，能量可以互相转换。

思政引入：

恩格斯说过：能量守恒定律之所以重要，不但在于它说明了在任何变化中能量的数量不变，而且更重要的，是它说明了能量是物质运动的度量，能量有无限多的可能性从一种运动形态转变到另一种形态。这种观点其实就是辩证唯物主义的基本观点。

物质世界是按照它本身所固有的规律运动、变化和发展的，要遵循客观规律，才可以正确的认识世界和改造世界，否则就会徒劳无功。

案例 3　熵与构建人类命运共同体

教学内容：熵与熵增原理

案例意义：

让学生正确认识社会和自然发展的基本规律，强化建设"人类命运共同体"的意义，建立科学的世界观。

教学过程：

热力学理论产生于第一次工业革命蒸汽机的发明和使用过程中对热机效率的研究。热力学第一定律可以解决能量衡算问题，热力学第二定律从热机效率出发解决一定条件下变化是否能够发生的问题（即变化的方向），热力学第二定律的本质是一切自发过程总是向着混乱度增加的方向进行。熵是系统混乱度的量度，孤立系统中所发生的任意过程总是向着熵增大的方向进行。

思政引入：

在对熵和熵增原理的分析中，剖析其在宇宙、自然、地球、生命、社会、生产流通等领域的作用。分析热力学第二定律和熵的发展历程，帮助学生建立科学的逻辑思维方法，鼓励学生建立科学的生活方式、正确的学习理念。特别是引入我国在抗疫中积极主动的应对策略，构建全球命运共同体人人有责，使学生建立科学的世界观和人生观。

案例 4　化学平衡与矛盾的统一体

教学内容：化学平衡

案例意义：

让学生理解什么是化学平衡。平衡实际上是矛盾的暂时统一体，培养学生辩证思维的能力。

教学过程：

首先讲解化学平衡的定义。即，在宏观条件一定的可逆反应中，化学反应正逆反应速率相等，此时反应物和生成物各组分浓度不再改变的状态。根据勒夏特列原理，如一个已达平衡的系统被改变，该系统会随之改变来抗衡该改变。反应条件改变，暂时的这种平衡状态会被打破，导致正负速率不相等，会发生平衡的移动，而平衡移动的结果是可逆反应达到了一种新的平衡状态，此时正逆反应速率重新相等。

思政引入：

告诉学生化学平衡是一种动态平衡，平衡实际上是矛盾的暂时统一体，要辩证的看待问题，任何事物的发展不是一成不变的，外界条件的改变会使暂时的平衡被破坏，同学们要学会应对环境改变所带来的新的挑战。让学生学会辩证地看问题，培养学生辩证思维能力和应对环境变化的能力。

案例5　相律与社会担当

教学内容：相律

案例意义：

吉布斯通过大量公式推导提出相律，但长时间没有被人重视，但他并未放弃，最终被科学界认可，启发学生是金子总会发光的，要做一个有担当的社会青年。

教学过程：

授课过程中，在讲相律之前，先从吉布斯推导相律的过程讲起，以及相律长时间未被科学界认可的事实，直到几十年后，荷兰物理化学家罗泽布姆做了大量的和系统的实验，对相律的各项参数实地测定。把相律的实验证明与生产应用结合起来进行，人们才发现相律是相平衡中约束多组分相变的一个非常重要的规律，后被广泛应用。

思政引入：

所有推动社会发展的科学知识和规律，都是经过众多科学家长期、艰苦地科学探究得来的。院士杨乐曾说过，大学生在大学期间就可以接触到很前沿的科学知识，但要想做到最好显然是个长期过程。当将来你们继续升学深造，能够独立承担课题和面对工作的时候，还不能松懈，还需要的不断的努力。在努力的过程中肯定会遇到阻力与困难，如果退缩了，就不能很好地解决问题，也不能做出多大的成绩。不要幻想不用努力就可以有重大发现，如果没有任何困难就有成果和发现，那么这个成果肯定不是多了不起的成果。

即使你做的事暂时未得到认可，或者你的优点暂时没有被别人发现，不要灰心，坚持做对的事情，是金子总会发光的，尤其对于我们青年一代，一定要有理想、有担当，为民族的发展贡献自己的力量。

案例6　吉布斯判据与自我发展

教学内容：吉布斯自由能判据与化学平衡

案例意义：

（1）吉布斯自由能在判断一个反应到另一个反应是否自发，这个判据是有条件的。

（2）启发学生要严格自律，更要努力创造条件，成就自我。

教学过程：

授课过程中，首先提出问题：什么是吉布斯自由能判据？它在进行一个反应从另一个反应变化时是否是自发的，有什么条件？让学生自由发言，然后讲解工业合成氨以及石墨能否转变成金刚石等，吉布斯自由能在进行化学反应方向和限度方面起的重要作用，同时让学生意识到该判据在使用时是有条件的，根据判据得出的条件因素进而有目的的设计合成路径，起到事半功倍的效果。

思政引入：

学生正处在大学阶段这个世界观、人生观、价值观发展的重要阶段，要严格自律，不管发生了什么事情都要坚持，不管面对多大困难也不要放弃。任何成功的背后都是要付出努力的，生活中有顺境也有逆境，有风和日丽也有风雨交加。在顺境中认真想想自己有哪些不足和缺陷，针对薄弱的关键问题，及早调整和修改。即使危机来临，如果事先做好了应对之策，起码不至于让自己跌入绝境。在心态问题上，故步自封、自以为是、不求上进就是没有危机意识的表现。顺境时不忘警惕危机，逆境中努力创造条件，成就自我。

案例 7　卡诺循环与科学创新

教学内容：卡诺循环与卡诺定理

案例意义：

（1）让学生理解如何建立理想模型，感受建立模型法对于分析物理化学问题的重要性。

（2）让学生加深对"实践是检验真理的唯一标准"的理解，培养学生养成坚持不懈的学习态度和敢于创新的科学精神。

（3）激发学生的爱国热情和民族自豪感，进一步坚定"四个自信"，厚植国家情怀。

教学过程：

结合热机的工作原理和热机效率问题，穿插介绍青年时期的卡诺通过不断尝试探索提出卡诺循环和卡诺定理的故事。从热功转化的不可逆性出发，引入热功转换的理论模型：卡诺循环设计四个可逆过程，并且采用理想气体作为介质，通过功热计算得到卡诺热机效率，得到卡诺热机效率只与热源温度有关，与热机的工作介质无关。这体现出模型法对分析问题的重要性，模型法是基于"复杂问题简单化"的理念，通过假设条件将问题简化，得到具备普适性的结论。

思政引入：

穿插简介热机的发展历史，自然地引入国人引以为豪的中国高铁，当今"中国制造"的高铁技术令人震撼，在"一带一路"建设中发挥着日益重要的作用，同时我国在下一代超级高铁研发方面的技术储备位列国际前列。然而，在热机以及发动机制造等方面，我国的技术发展仍然面临一些瓶颈问题，通过这些介绍，强化学生对"实践是检验真理的唯一标准"的理解：任何成果，只有通过实践检验才能最终知其是否可行。激发学生的爱国热情和民族自豪感，引导学生进一步坚定"四个自信"，同时鼓励同学们积极奋斗，为国家卡脖子问题贡献智慧。

通过复杂现象看到规律性、简化性的关键点，是非常重要的能力；理论结合实际应用，是目前国家大力提倡、发展的方向。在以后的工作或科研中，遵循客观规律，敢于提出自身见解，是将来大家在工作岗位中的一种社会职责和担当。

案例8　熵增原理和个人发展

教学内容：熵增原理

案例意义：

通过对熵增原理的介绍，引申拓展到学生对个人成长与发展的理解，引导学生通过自身努力克服重重困难，实现个人价值提升。

教学过程：

介绍熵和熵增原理是热力学第二定律的核心，介绍熵是系统混乱度的度量，是统计热力学的宏观表现。当热力学系统从一平衡态经绝热过程达到另一平衡态，它的熵不减少。如果过程可逆，则熵增为零，如果过程不可逆，则熵值增加。熵增大原理随着时代的发展起着更加重要的作用，利用它可判定自发过程进行的方向和限度。熵增原理蕴含着朴素的哲学道理，在自发过程中，熵是无休止增加，然而当我们开始进行自我管理、自我约束，则能够在实际生活中实现"熵减"的效果。

思政引入：

生物熵，是表征生命活动过程质量的度量。实际上，在人成长过程中，从呱呱坠地到青年时期，生理上是熵减过程，即一切逐渐步入有序化、规律化，因而，可引导同学们正确认识到在心理上，也应当主动践行自律、追求理想目标，从而达到"身心合一"的状态，只有这样，不论是在生活还是工作中，有序化、规律化是非常良好的个人习惯，也更利于人朝着对社会、家庭甚至个人产生积极影响的方向发展。

熵增原理与社会发展、人类成长都有密不可分的关系，同学们应当时常自我督促，在个人发展的黄金时期，及时反省自己，发现思想意志方面的薄弱点，及时改正，追求德智体美劳全面发展。

案例9　多相平衡与家国情怀

教学内容：多相平衡

案例意义：

（1）充分挖掘对物理化学学科发展的重大贡献，增强学生的爱国主义情怀和社会责任感。

（2）引导学生感知中国科学家求真求实的科学精神和追求理想的科学品质。

教学过程：

讲解水的相图，介绍中国物理化学奠基人之一的黄子卿先生，在电化学、生物化学、热力学和溶液理论方面颇有建树。他以严谨的科学态度精心设计实验装置，精确测定了水的三相点，在测定过程中排除了各种可能的干扰，历经长达一年的反复测试，测得水的三相点为 (0.00980 ± 0.00005)℃，被确定为国际热力学温标的基准点（IPTS-1948），具有划时代意义。其实验设计的缜密性、坚持不懈的精神，无不令人印象深刻。他有两次机会可以留在美国而未留，坚持回国，毕生从事科研和化学教育事业，不遗余力地培育人才。

思政引入：

从黄子卿先生的爱国情怀，激发学生的爱国情怀。同时从黄子卿先生对待科研的态度，任何实验都需要精心设计，反复试验，过程可能是艰难的，但结果是美好的。

案例 10　多相平衡与民族自信

教学内容： 多相平衡

案例意义：

带领学生与穿越千年的国宝"对话"，认识到材料的性能与工匠精神密不可分，培养学生民族自信。

教学过程：

此部分重点讲解二元相图特点、相图的意义、相图的用途，在讲解铜锡相图时引出青铜器。那时没有相图，人们利用传统锻造技术制备出了很多青铜器具。青铜器的使用标志着人类进入青铜时代，其中特别有名的后母戊鼎、四羊方尊等都代表了古代中国高超工艺。古代青铜器已经发展出和现代相图一致的成分及应用材料，其蕴涵的相关技术也远超同时期的西方国家，我们为中国古代的辉煌科技成就而自豪。现在可以针对工程提出所需材料的性能，方便地利用相图进行精准设计。

思政引入：

青铜器的使用，弘扬了我国古代劳动人民的智慧和工匠精神，增强学生的民族自信。

作为当代的大学生，同学们应当严格要求自己，有更高的追求，为中华民族的伟大复兴做贡献。

案例 11　腐蚀防护与节约能源

教学内容： 电化学

案例意义：

培养学生从科学、技术、社会、经济多角度出发解决科学问题的能力，着重培养学生节约能源的意识。

教学过程：

首先引入问题：2007 年 8 月 1 日，美国明尼苏达州一座跨越密西西比河的大桥发生坍塌。造成至少 13 人丧生和 100 多人受伤。其主要原因是金属的腐蚀，全球每一分钟就有 1 吨钢被腐蚀成为铁锈，我国每年因腐蚀造成的总经济损失高达 5000 亿元，造成了大量人力物力的浪费。然后讲解腐蚀的类型和针对性的防护措施。

思政引入：

号召同学们要好好学习，利用所学知识为保护资源、节约能源，为构建人类命运共同体做出贡献。同时强调，搞好金属腐蚀的防护工作，不仅是技术问题，而是关系到保护资源、节约能源、节省材料、保护环境、保护人身安全、发展新技术等一系列重大的社会和经济问题。

案例 12　化学电源与新能源开发利用

教学内容： 化学电源的条件与种类

案例意义：

（1）使学生了解可持续发展的理念，了解国家低碳环保的经济政策，了解我国新能源利用的美好前景。

（2）使学生认识到我国新能源开发利用与国外的差距，激发学生的爱国热情和民族自豪感，激发学生奋发学习的动力。

教学过程：

介绍化学电源应具备的几个必要条件，第一要有较高的电池电动势；第二放电时电压要稳定，结合电极电势及电池电动势的理论，引导学生将看似枯燥的理论知识应用于生产实践；第三在电极及电解质的选择方面，应该考虑材料的来源的充足性与材料的经济性，结合电池电极的类型和电池反应的相关理论，引导学生了解我国的可持续发展理念和低碳环保的经济政策，选择经济环保、价廉质高的材料作为化学电源的原材料。然后介绍几种常用的电池和一些高性能电池，从铅酸电池的研发，到如今锂离子电池广泛应用，再到使用新的技术和材料，创造出新型的电池等内容。并结合我国新能源汽车的发展情况，让学生根据自己的所见所想，预见未来我国新能源电池的应用前景。

思政引入：

通过我国新能源电池这些年的飞速发展，以及目前也存在一定的技术瓶颈，激发学生的爱国热情，鼓励学生奋发图强，勇于担当，敢于知难而上，以国家发展为己任。

同时强调，电化学的基础理论和相关知识不仅具有重要的理论研究价值，更主要的是对生产实践具有重要的指导意义，在学习过程中不仅要扎实的掌握理论知识，还要结合我国的实际情况，变知识为生产力，为国家发展贡献自己的一份力量。

案例 13　电解质溶液的电导与复杂问题简单化的理念

教学内容： 电解质溶液的电导

案例意义：

培养学生"将复杂问题简单化"的思路，通过假设条件将问题简化，得到具备普适性结论的方法，对今后的理论学习和生产生活实践都具有重要的指导意义。

教学过程：

介绍电导、电导率和摩尔电导率的概念，使学生扎实掌握这些概念的异同之处，掌握强电解质溶液电导测定的实验方法，思考弱电解质溶液电导如何确定？进而引导学生理解柯尔劳许的离子独立运动定律："在无限稀释时，所有电解质全部电离，而且离子间一切相互作用均可忽略，因此离子在一定电场作用下的迁移速率只取决于该种离子的本性而与共存的其他离子的性质无关。"正是由于这样的一种理想化的假设，将复杂问题简单化，进而找到了普遍的规律，无论对强电解质还是弱电解质，只要知道了各种离子的摩尔电导率，就可以非常方便得到电解质溶液摩尔电导率，为电解质溶液的应用奠定了坚实的理论基础。

思政引入：

电解质溶液的电导相关理论在生产实践中具有重要的作用，而确定电解质溶液的电导是进行实践应用的前提，柯尔劳许的离子独立运动定律正是通过理想化的假设，将复杂问题简单化，通过复杂现象看到问题的普遍规律性，掌握这种思路和方法对于学生今后解决复杂问题具有重要的指导意义，要有意识地培养和锻炼自己这方面的能力。

案例 14　表面现象与美的享受

教学内容：表面现象与分散系统

案例意义：

（1）中国传统文化博大精深，诗歌具有文字美、韵律美、意境美的特点，选取其一二穿插于课堂，触动学生根植于内心的美育情感。

（2）引入创新性工作和课题，增长学科视野和前沿知识。

教学过程：

"接天莲叶无穷碧，映日荷花别样红"（杨万里）绘出了一池荷花的美妙画卷；"予独爱莲之出淤泥而不染，濯清涟而不妖"（周敦颐），"嫩竹犹含粉，初荷未聚尘"（徐陵）描写了荷花的高洁品质。课堂上由此开篇，带领学生明晰固体表面润湿、亲水与疏水，剖析荷花自洁净效应的原因，进一步引入科研前沿关于仿生荷叶表面微-纳米双重结构、设计制备各种亲/疏水材料的创新性工作。由表及里，使学生既感受文化熏陶，又增长学科视野。

同时引导学生理解荷花自洁净效应的原因，是由于荷叶的表面附着着无数个微米级的蜡质乳突结构。用电子显微镜观察这些乳突时，可以看到在每个微米级乳突的表面又附着着许许多多与其结构相似的纳米级颗粒，科学家将其称为荷叶的微米—纳米双重结构。正是具有这些微小的双重结构，使荷叶表面与水珠儿或尘埃的接触面积非常有限，因此便产生了水珠在叶面上滚动并能带走灰尘的现象。而且水不留在荷叶表面。

思政融入：

通过讲解，启发学生生活中处处都是美，可以利用所学知识发现美的本质所在，同时告诉学生，所有能使学生得到美的享受、美的快乐和美的满足的东西，都具有一种奇特的感染力。

案例15 表面吸附与爱国精神

教学内容： 表面吸附

案例意义：

（1）充分挖掘对物理化学学科发展的重大贡献，增强学生的爱国主义情怀和社会责任感。

（2）引导学生感知中国科学家求真求实的科学精神和追求理想的科学品质。

教学过程：

讲解表面吸附，介绍胶体科学的主要奠基人的傅鹰先生，傅鹰先生在表面化学的吸附理论方面进行了深入、系统、独具特色的研究工作，受到国际学术界的重视。但他多次婉拒国外优厚条件，一心报效祖国。他研究了中国蒙脱土的吸附和润湿、石油钻井泥浆流变性、矿物浮选等国家建设急需的应用课题，解决了生产中的许多实际问题；首次提出了利用润湿热测定固体粉末比表面的公式和方法，早于BET吸附法8年。

思政引入：

通过傅先生一心报国的热情，激发学生的爱国精神。同时，物理化学老前辈的渊博学识、高尚品德、求实作风，不断激励和鼓舞学生的科学精神和社会责任感。

案例16 可逆电池与绿色环保

教学内容： 可逆电池

案例意义：

（1）通过提出问题如何提高电池的寿命和使用效率问题，培养严谨的科学精神和创新性思维。

（2）设计电池时注意考虑绿色环保的可持续发展理念，让学生树立建设"绿水青山，安全环保"人人有责的价值观。

（3）讲到锂离子电池的回收利用中，强调学生要有专业自信，为建设绿水青山贡献自己的力量，以及作为材料人要肩负起构建人类命运共同体的责任和担当。

教学过程：

首先让学生理解并列举可逆电池的两个必要条件、可逆电池研究的意义，明确电池电极的种类及特点，然后在进行电池设计时，会选择和设计电池的电极，会运用可逆电池和电池反应的互译等基本知识，识别和判断电池设计中的关键环节，分析可逆电池的特征，提出改进措施。

思政引入：

在讲述电池的技术更新对生活品质的影响，倡导学生感恩社会。并提出现代前沿科技对电池的要求，鼓励学生具备迎难而上的探索精神。在学生进行小组讨论"如果进行新能源汽车的开发，除了选择锂离子电池，你还有其他的选择吗？比如氢能源电池？"时，跟学生强调：在设计电池时，要牢记建设"绿水青山，安全环保"的社会环境，人人有责。通过小组讨论，启发学生的创新性思维，锻炼学生的问题分析和表达的能力，以及团队协作能力。

案例 17　静态法测定液体的饱和蒸气压与世界观和方法论

教学内容：静态法测定液体的饱和蒸气压

案例意义：

（1）在实验过程中，发挥学生的主体作用，设置需要其学习探索的环节，提高其解决问题的能力以及科学文化修养。

（2）通过讲授克劳修斯-克拉佩龙方程背后的故事，帮助学生了解事物发展的规律，并树立科学的世界观。

（3）设置实验目的后，让学生设计实验方案，树立科学的方法论。

教学过程：

（1）实验目的：包括加深饱和蒸气压含义的理解、掌握静态法测定乙醇饱和蒸气压的原理以及学会测定的具体操作方法。三个目的分别解决测什么、用什么测以及如何测的问题，帮助学生了解马克思哲学史观对事物的认知规律。

（2）实验原理：介绍克劳修斯-克拉佩龙方程发现的过程，首先是克拉佩龙在卡诺定理的基础上研究汽-液平衡问题，利用一个无限小的可逆卡诺循环得出了著名的克拉佩龙方程，在 1851 年克劳修斯又从热力学理论导出这个方程，因此叫作克劳修斯-克拉佩龙方程。

思政引入：

克劳修斯-克拉佩龙方程是克劳修斯、克拉佩龙在不同的时间、从不同的角度进行反复验证的成果，表明世界观具有实践性，世界观是不断更新、不断完善、不断优化的。激励学生要培养学习能力，不断更新知识体系，跟上时代发展步伐。在实验过程中培养学生发现问题、分析问题、解决问题的能力，提高其科学文化修养。在确定静态法的过程中，培养学生科学的方法论，在以后学习或工作过程中，能够用科学的方法论解决"怎么做"的问题，对行为起到指导作用。

案例 18　燃烧热的测定和环保意识

教学内容：燃烧热的测定

案例意义：

（1）通过对燃烧热概念的理解，了解不同燃料的燃烧热、碳排放的区别，学会选择环保型燃料，进而增强环保意识。

（2）讲述燃烧热测定装置的发明过程以及国内外现状，让学生了解差距、明确努力目标，激发家国情怀。

（3）通过实验了解本专业在能源、消防以及环保等领域的广泛应用，明确学有所长、学有所用，增强学生的专业认同感以及自豪感。

教学过程：

明确燃烧热的定义、掌握燃烧热的测量技术等实验目的。在讲述燃烧热概念后，对比煤、汽油、氢的燃烧热，引出我国目前的能源结构问题。目前我国仍然以煤、石油等不可再生能源为主，而且对环境造成的污染十分严重。习近平总书记在第75届联合国大会上，向国际社会做出庄严承诺，中国力争二氧化碳排放在2030年达到峰值、2060年实现碳中和。要达到这一目标，必须寻求清洁能源替代传统能源，如风电、太阳能以及氢能等。以交通运输行业为例，交通运输（海运、陆运、空运）在过去10年全球温室气体贡献占比约14%，其中陆地运输是交运温室气体排放的主要动力，占比约为10%，且仍保持强劲增长趋势。汽车作为当下陆地运输最主要的交通工具，是实现节能减排的重要切入点，意味着新能源汽车产业的发展是将为实现"碳中和"目标做出巨大贡献。

思政引入：

激励同学们学好专业知识，在清洁能源领域有所作为，为实现"绿水青山"做出自己的贡献。国内对氧弹量热计的生产和应用还落后于国际水平，进而激发学生学习热情，引导学生要有时代紧迫感和责任感，学好专业本领和技能，投身祖国建设以及人类发展。

案例19　反应扩散与量变和质变

教学内容： 反应扩散

案例意义：

当某种元素通过扩散，扩散元素的含量超过基体金属的溶解度时，则随着扩散的进行会在金属表层形成中间相。其本质就是量变导致质变。

教学过程：

反应扩散是指通过扩散形成新相的现象。当某种元素通过扩散，自金属表面向内部渗透时，若该扩散元素的含量超过基体金属的溶解度，则随着扩散的进行会在金属表层形成中间相。通过反应扩散所形成的相可参考平衡相图进行分析。在二元合金经反应扩散的渗层组织中不存在两相混合区，而且在相界面上的浓度是突变的。

思政引入：

相界面上浓度的突变现象，体现了"量变到质变"的哲学思想。站在哲学的高度，引导学生增强自我管理能力，激励学生增强自信心。

反应扩散的本质就是扩散元素在基体材料的浓度变化引起的，对应于该相在一定温度下的极限溶解度。这就是量变导致了质变，材料的相发生了根本的变化。从而激发学生树立一以贯之、久久为功的学习态度，培养学生善于思考问题，敢于创新的态度。

案例 20　晶界与对立统一规律

教学内容：晶界的特性

案例意义：

晶界体现出的各种特性从本质上讲就是晶界处点阵畸变大，存在着晶界能，容易发生运动和各种反应。这就要求学生在分析研究问题时要抓住事物的主要矛盾，从辩证唯物主义——对立统一规律来分析问题、研究问题。

教学过程：

晶界是面缺陷的一种，属于同一固相但位向不同的晶粒和晶粒之间的界面。根据位相差的不同分为小角度晶界和大角度晶界，其能量大小也不同。晶界的特性包括各方面。总体上讲，也就是晶界处原子的能量大，处于不稳定状态，从而导致晶界的各种特性。

思政引入：

讲解完晶界的各种特性，总结其原因：就是因为晶界上的能量较高，晶界上原子活性大，容易运动，而整体系统的能量是从高能量向低能量发展。晶界的特性体现了矛盾的同一性，晶体的完整性与缺陷相互依存；也体现了矛盾的斗争性，晶界的过渡发展导致材料的断裂。晶界的特性也体现了矛盾的普遍性，晶体中大部分存在晶界；也体现了矛盾的特殊性，单晶体内部没有晶界。晶界的特征也体现了矛盾的不平衡性，主要矛盾是晶界这个面缺陷，次要矛盾是产生的各种特性。给学生强调，从晶体学中看到，缺陷是广泛存在的，要客观认识到晶界存在的客观事实，找到晶体特性的主要矛盾和次要矛盾，如何利用晶界的特性进行材料使用性能之间的相互转化。

参　考　文　献

［1］ 印永嘉，奚正楷，张树勇，等. 物理化学简明教程［M］. 4 版. 北京：高等教育出版社，2014.

［2］ 李松林，冯霞，刘俊吉，等. 物理化学［M］. 6 版. 北京：高等教育出版社，2017.

［3］ 室薛平，沈晓燕. 物理化学［M］. 7 版. 北京：高等教育出版社，2021.

［4］ 朱志昂，阮文娟. 物理化学［M］. 6 版. 北京：科学出版社，2018.

［5］ 傅献彩，沈文霞，姚天扬，等. 物理化学［M］. 5 版. 北京：高等教育出版社，2009.

［6］ 张志杰. 材料物理化学［M］. 北京：化学工业出版社，2019.

［7］ 周亚栋. 无机材料物理化学［M］. 武汉：武汉理工大学，2010.

［8］ 吴锵编. 材料物理化学［M］. 北京：国防工业出版社，2012.

［9］ 贺蕴秋，王德平，徐振平. 无机材料物理化学［M］. 北京：化学工业出版社，2015.

［10］ 杨秋红，陆神洲，张浩佳. 无机材料物理化学［M］. 上海：同济大学出版社，2013.

［11］ 胡赓祥，蔡珣，戎咏华. 材料科学基础［M］. 3 版. 上海：上海交通大学出版社，2010.

［12］ 张联盟，黄学辉，宋晓岚. 材料科学基础［M］. 2 版. 武汉：武汉理工大学，2008.

［13］ 潘金生，仝健民，田民波. 材料科学基础（修订版）［M］. 北京：清华大学出版社，2011.

［14］ 崔国文. 缺陷、扩散与烧结［M］. 北京：清华大学出版社，1990.

［15］ 刘劲松，李子全，曹洁明. 金属氧化物硫化物纳米材料的低温固相合成［J］. 化学进展. 2009，21（12）.

［16］ X. Liu, N. Fechler, M. Antonietti, Salt melt synthesis of ceramics, semiconductors and carbon nanostructures［J］. Chem Soc Rev. 2013, 42（21）, 8237 - 65.

［17］ S. Li, Y. Yue, X. Ning, et al. Hydrothermal synthesis and characterization of $(1-x)$ $K_{0.5}Na_{0.5}NbO_3 - xBi_{0.5}Na_{0.5}TiO_3$ lead - free ceramics［J］. Journal of Alloys and Compounds . 2014（586）, 248 - 256.

［18］ G. Yang, S. J. Park. Conventional and Microwave Hydrothermal Synthesis and Application of Functional Materials：A Review［J］. Materials（Basel）. 2019, 12（7）.

［19］ Y. H. Yu, T. Wang, H. M. Zhang, et al. Low Temperature Combustion Synthesis of TiC Powder Induced by PTFE［J］. Journal of Inorganic Materials . 2015, 30（3）.

［20］ Trabelsi H, Bejar M, Dhahri E, et al. Raman, EPR and ethanol sensing properties of oxygen - vacancies $SrTiO_3 - \delta$ compounds［J］. Applied Surface Science，2017, 426：386 - 390.

［21］ Y. Z. Ya, E. H. Song, T. T. Deng, et al. Waterproof Narrow - Band Fluoride Red Phosphor K2TiF6：Mn4+ via Facile Superhydrophobic Surface Modification［J］. ACS Appl. Mater. Interfaces 2018, 10, 880 - 889.

［22］ B. Liu, Y. C. Liu, C. H. Zhu, et al. Advances on strategies for searching for next generation thermal barrier coating materials［J］. Journal of Materials Science & Technology, 2019, 35（5）：833 - 851.

［23］ H. M. Rietveld. Line profiles of neutron powder - diffraction peaks for structure refinement ［J］. Acta. Crystallogr. 1967；22（1）：151 - 152.

［24］ H. M. Rietveld. A profile refinement method for nuclear and magnetic structures ［J］.

Appl. Crystallogr. 1969, 2 (2): 65 - 71.

[25] K. L. Wang, J. P. Zhu, H. L. Wang, et al. Air plasma - sprayed high - entropy ($Y_{0.2} Yb_{0.2} Lu_{0.2}$ $Eu_{0.2} Er_{0.2})_3 Al_5 O_{12}$ coating with high thermal protection performance [J]. Journal of Advanced Ceramics, Just accepted.

[26] Z. Huang, H. J. Duan, J. H. Liu, et al. Preparation of lanthanum cerate powders via a simple molten salt route [J]. Ceram Int, 2016, 42 (8): 10482.

[27] P G Lashmi, P V Ananthapadmanabhan, Y Chakravarthy, et al. Hot corrosion studies on plasma sprayed bi - layered $YSZ/La_2 Ce_2 O_7$ thermal barrier coating fabricated from synthesized powders [J]. J Alloys Compd, 2017, 711: 355.